欧亚历史文化文库

总策划 张余胜

兰州大学出版社

蒙古、安多和死城哈喇浩特

（完整版）

丛书主编　余太山

〔俄〕波·库·柯兹洛夫　著

王希隆　丁淑琴　译

图书在版编目(CIP)数据

蒙古、安多和死城哈喇浩特/(俄罗斯)柯兹洛夫著；
王希隆,丁淑琴译.—兰州:兰州大学出版社,
2011.5
(欧亚历史文化文库/余太山主编)
ISBN 978-7-311-03700-0

Ⅰ.①蒙… Ⅱ.①柯…②王…③丁… Ⅲ.①探险—
外蒙古—1907~1909②探险—甘肃省—1907~1909③探险—
青海省—1907~1909 Ⅳ.①N82

中国版本图书馆 CIP 数据核字(2011)第 097880 号

总 策 划 张余胜

书　　名 蒙古、安多和死城哈喇浩特
丛书主编 余太山
作　　者 〔俄〕彼·库·柯兹洛夫　著
　　　　　王希隆　丁淑琴　译
出版发行 兰州大学出版社　(地址:兰州市天水南路 222 号　730000)
电　　话 0931-8912613(总编办公室)　0931-8617156(营销中心)
　　　　　0931-8914298(读者服务部)
网　　址 http://www.onbook.com.cn
电子信箱 press@lzu.edu.cn
印　　刷 天水新华印刷厂
开　　本 710×1020　1/16
印　　张 27.25
字　　数 374 千
版　　次 2011 年 7 月第 1 版
印　　次 2011 年 7 月第 1 次印刷
书　　号 ISBN 978-7-311-03700-0
定　　价 82.00 元

出版说明

随着 20 世纪以来联系地、整体地看待世界和事物的系统科学理念的深入人心，人文社会学科也出现了整合的趋势，熔东北亚、北亚、中亚和中、东欧历史文化研究于一炉的内陆欧亚学于是应运而生。时至今日，内陆欧亚学研究取得的成果已成为人类不可多得的宝贵财富。

当下，日益高涨的全球化和区域化呼声，既要求世界范围内的广泛合作，也强调区域内的协调发展。我国作为内陆欧亚的大国之一，加之 20 世纪末欧亚大陆桥再度开通，深入开展内陆欧亚历史文化的研究已是责无旁贷；而为改革开放的深入和中国特色社会主义建设创造有利周边环境的需要，亦使得内陆欧亚历史文化研究的现实意义更为突出和迫切。因此，将针对古代活动于内陆欧亚这一广泛区域的诸民族的历史文化研究成果呈现给广大的读者，不仅是实现当今该地区各国共赢的历史基础，也是这一地区各族人民共同进步与发展的需求。

甘肃作为古代西北丝绸之路的必经之地与重要组

成部分,历史上曾经是草原文明与农耕文明交汇的锋面,是多民族历史文化交融的历史舞台,世界几大文明(希腊—罗马文明、阿拉伯—波斯文明、印度文明和中华文明)在此交汇、碰撞,域内多民族文化在此融合。同时,甘肃也是现代欧亚大陆桥的必经之地与重要组成部分,是现代内陆欧亚商贸流通、文化交流的主要通道。

基于上述考虑,甘肃省新闻出版局将这套《欧亚历史文化文库》确定为2009—2012年重点出版项目,依此展开甘版图书的品牌建设,确实是既有眼光,亦有气魄的。

丛书主编余太山先生出于对自己耕耘了大半辈子的学科的热爱与执著,联络、组织这个领域国内外的知名专家和学者,把他们的研究成果呈现给了各位读者,其兢兢业业、如临如履的工作态度,令人感动。谨在此表示我们的谢意。

出版《欧亚历史文化文库》这样一套书,对于我们这样一个立足学术与教育出版的出版社来说,既是机遇,也是挑战。我们本着重点图书重点做的原则,严格于每一个环节和过程,力争不负作者、对得起读者。

我们更希望通过这套丛书的出版,使我们的学术出版在这个领域里与学界的发展相偕相伴,这是我们的理想,是我们的不懈追求。当然,我们最根本的目的,是向读者提交一份出色的答卷。

我们期待着读者的回声。

总序

　　本文库所称"欧亚"(Eurasia)是指内陆欧亚,这是一个地理概念。其范围大致东起黑龙江、松花江流域,西抵多瑙河、伏尔加河流域,具体而言除中欧和东欧外,主要包括我国东三省、内蒙古自治区、新疆维吾尔自治区,以及蒙古高原、西伯利亚、哈萨克斯坦、乌兹别克斯坦、吉尔吉斯斯坦、土库曼斯坦、塔吉克斯坦、阿富汗斯坦、巴基斯坦和西北印度。其核心地带即所谓欧亚草原(Eurasian Steppes)。

　　内陆欧亚历史文化研究的对象主要是历史上活动于欧亚草原及其周邻地区(我国甘肃、宁夏、青海、西藏,以及小亚、伊朗、阿拉伯、印度、日本、朝鲜乃至西欧、北非等地)的诸民族本身,及其与世界其他地区在经济、政治、文化各方面的交流和交涉。由于内陆欧亚自然地理环境的特殊性,其历史文化呈现出鲜明的特色。

　　内陆欧亚历史文化研究是世界历史文化研究中不可或缺的组成部分,东亚、西亚、南亚以及欧洲、美洲历史文化上的许多疑难问题,都必须通过加强内陆欧亚历史文化的研究,特别是将内陆欧亚历史文化视做一个整体加以研究,才能获得确解。

中国作为内陆欧亚的大国,其历史进程从一开始就和内陆欧亚有千丝万缕的联系。我们只要注意到历代王朝的创建者中有一半以上有内陆欧亚渊源就不难理解这一点了。可以说,今后中国史研究要有大的突破,在很大程度上有待于内陆欧亚史研究的进展。

古代内陆欧亚对于古代中外关系史的发展具有不同寻常的意义。古代中国与位于它东北、西北和北方,乃至西北次大陆的国家和地区的关系,无疑是古代中外关系史最主要的篇章,而只有通过研究内陆欧亚史,才能真正把握之。

内陆欧亚历史文化研究既饶有学术趣味,也是加深睦邻关系,为改革开放和建设有中国特色的社会主义创造有利周边环境的需要,因而亦具有重要的现实政治意义。由此可见,我国深入开展内陆欧亚历史文化的研究责无旁贷。

为了联合全国内陆欧亚学的研究力量,更好地建设和发展内陆欧亚学这一新学科,繁荣社会主义文化,适应打造学术精品的战略要求,在深思熟虑和广泛征求意见后,我们决定编辑出版这套《欧亚历史文化文库》。

本文库所收大别为三类:一,研究专著;二,译著;三,知识性丛书。其中,研究专著旨在收辑有关诸课题的各种研究成果;译著旨在介绍国外学术界高质量的研究专著;知识性丛书收辑有关的通俗读物。不言而喻,这三类著作对于一个学科的发展都是不可或缺的。

构建和发展中国的内陆欧亚学,任重道远。衷心希望全国各族学者共同努力,一起推进内陆欧亚研究的发展。愿本文库有蓬勃的生命力,拥有越来越多的作者和读者。

最后,甘肃省新闻出版局支持这一文库编辑出版,确实需要眼光和魄力,特此致敬、致谢。

余太山

2010 年 6 月 30 日

П.К.柯兹洛夫像

П.К.柯兹洛夫墓地

王希隆教授工作照

丁淑琴教授工作照

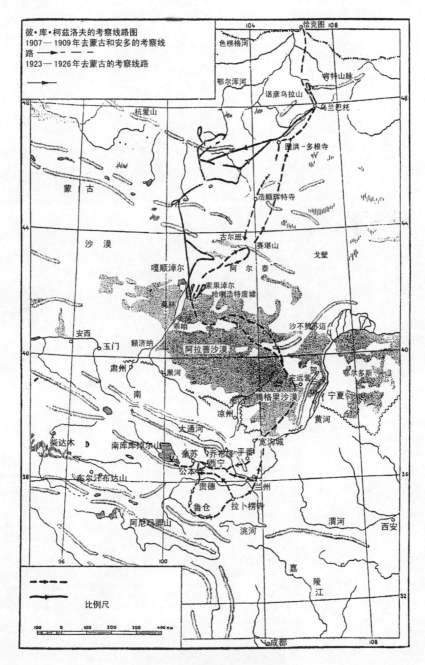

图例与地图文字：

彼·库·柯兹洛夫的考察线路图
1907—1909年去蒙古和安多的考察线路 - - -
1923—1926年去蒙古的考察线路 ——→

恰克图
色楞格河
鄂尔浑河
肯特山脉
诺彦乌拉山
乌兰巴托
腌洪-多根寺
浩顺辉特寺
杭爱山
蒙 古
古尔班
赛堪山
沙 漠
戈壁
嘎顺淖尔
阿尔泰
索果淖尔
哈喇浩特废墟
桑林
沙不赖苏迈
赤咀
安西
玉门
额济纳
阿拉善沙漠
肃州
黑河
定远营
鄂尔多斯
南
腾格里沙漠
宁夏
凉州
黄河
大通河
宽沟城
柴达木
南库库惇水山
奎苏
乔布辉
平番
公本
西宁
布尔汗布达山
贵德
兰州
鲁仓
拉卜楞寺
阿尼玛卿山
洮河
渭河
西安
比例尺
100 0 100 200 300 400 Km
嘉
陵
江
成都

Π. К. 柯兹洛夫的考察线路图

目录

4

11

导　读

一

　　彼得·库兹米奇·柯兹洛夫(1863—1935年),俄国皇家地理学会会员,著名的俄国中央亚细亚考察家。他曾七次深入到我国西部地区,对内蒙、新疆、甘肃、青海以及西藏、四川等地区的自然生态、民族社会等方面进行了深入的考察,并在内蒙古额济纳旗黑城(哈喇浩特)遗址进行了大规模的考古发掘,掠去大批珍贵文物。《蒙古·安多和死城哈喇浩特》一书,是他第六次中国西部考察的考察记。这部书有两个版本,我们曾翻译了北京图书馆收藏的1948年俄国地理著作出版局出版的简略本,于2002年初由兰州大学出版社出版。2008年夏,在俄罗斯科学院圣·彼得堡东方学研究所访问期间,经该所所长伊利娜·波波娃教授的帮助,我们借阅并拍摄了该书1923年的初版本。献给读者们的这一中译本,即按照初版本译成。

　　两个版本最主要的区别在于,简略本中删去了初版本中珍贵的摄影图片。初版本中收有百余幅途中的摄影图片,这些上世纪初拍摄的黑白图片大多很是清晰,弥足珍贵,可以使我们直观认识一百余年前中国西部的诸多人文景观与自然景观。我们用数码相机拍摄后按原版插图顺序列入中译本中。初版本中的图片大部分清晰度很高,但也有一些略为模糊,这可能是当时拍摄的问题。两个版本的章节内容大体相同,我们进行了仔细的订正,前译简略本中有一些明显的错误,在这次出版时作了改正。此外,初版本正文后附有正文中出现的动植物名称的索引和途中经过地方的地名索引,原简略本中全部略去。限于篇幅,

·欧·亚·历·史·文·化·文·库·

本次出版时也没有收入。

在圣彼得堡期间，我们拜访了俄罗斯科学院柯兹洛夫博物馆馆长安德烈耶夫教授，在交流时我们谈到柯兹洛夫的中国西部考察及其著作，他告诉我们，《蒙古·安多和死城哈喇浩特》一书是柯兹洛夫最重要的著作之一，但目前只有日译本。当我们告诉他已经有了中译本并把我们出版的中译本送给他时，他非常高兴地给我们介绍了地理学会收藏的柯兹洛夫的手稿情况，希望我们把初版本整理出版后，进一步根据手稿进行研究。

在圣彼得堡期间，波波娃教授陪同我们参观了柯兹洛夫的墓地。8月中旬一个晴朗的上午，波波娃教授驾车送我们前往参观。在瓦西里岛的一个如同原始森林的墓园中，我们在大橡树林中两旁满是草丛的小道上行走了很久，树林下草丛中安息着俄罗斯科学院的诸多精英们，一座座墓碑上镌刻着他们的姓名。最终在一块坡地上见到了这位杰出考察家的墓地——柯兹洛夫安息在大橡树丛林下，紫红色的墓碑矗立在绿茵之中，而柯兹洛夫一生的事业却是在戈壁沙漠中完成的，令人感慨万千。波波娃教授告诉我们，前些年科学院出资修葺了这些著名科学家们的墓地，这座墓碑就是在修葺时新立的。

二

彼·库·柯兹洛夫，1863年10月5日出生在斯摩棱斯克省的杜霍希纳城，他的父亲是一位以贩卖牲畜为生的小贩。贫困的家境使得他很小就开始照看牲畜，中学毕业后他一度在斯摩棱斯克省的波列切斯基县自由村的一个私人事务所做临时工。19岁时他在自由村与当时俄国最为著名的考察家普尔热瓦尔斯基相遇，普尔热瓦尔斯基欣赏这位年轻人的才华与热情，将他吸收为自己的考察队成员。从这时起，柯兹洛夫把自己的一生献给了考察事业。

1883年柯兹洛夫参加了普尔热瓦尔斯基领导的中国西部考察。这次考察深入到西藏北部和新疆塔里木盆地。考察队从恰克图进入中国，经过戈壁沙漠，到达黄河发源地，翻越唐古拉山进入西藏北部地区，然后前往新疆,考察罗布泊、塔里木河后,从新疆出境,于1885年到达卡拉塔尔(今吉尔吉斯斯坦伊塞克湖东南的普尔热瓦尔斯克),考察全程7800公里。柯兹洛夫从这次考察活动中初步获得了知识和技能。

1889年柯兹洛夫再次随别夫佐夫考察队深入新疆天山南北考察。考察队从卡拉塔尔出发,经伊塞克湖进入中国境内,翻越天山,到达南疆,经莎车、喀什噶尔、尼雅古城,沿昆仑山麓再次到达罗布泊。这次考察中,柯兹洛夫的主要任务是观察动物界,收集动物标本。此外,他在归途中还完成了两次单独的考察,即对塔里木河左侧支流孔雀河与博斯腾湖的考察。1890年考察队从斋桑湖出境。这次考察后柯兹洛夫与罗鲍罗夫斯基合著有《离开西藏考察队路线的旅行》,于1896年出版。这是柯兹洛夫的第一部考察著作。鉴于柯兹洛夫首次出色地独立完成考察任务,俄国皇家地理学会授予他一枚普尔热瓦尔斯基奖章。

1893年柯兹洛夫作为罗鲍罗夫斯基的第一助手,率考察队从卡拉塔尔出发,进入我国新疆,翻越天山,先后考察了吐鲁番、哈密、敦煌、祁连山、阿尼玛卿山。这次考察原定进入四川后与波塔宁率领的另一考察队会合,但在将要到达四川西北部时又折返青海考察黄河源头,后经吐鲁番、斋桑湖于1895年回到俄国。途中罗鲍罗夫斯基患中风,实际由柯兹洛夫领导了考察队的工作。这次考察后柯兹洛夫出版了《考察队队长助手的报告》一书。

1899年柯兹洛夫第一次独立领导了考察活动。他率领18人组成的考察队从恰克图进入我国,经蒙古高原深入青藏高原和四川西部,考察了科布多、阿尔泰山、中央戈壁、腾格里沙漠、河西走廊、西宁、青海湖、柴达木、昌都、长江和黄河发源地、兰州、库伦,于1901年从恰克图返回俄国。这次考察收集了大量动植物标本,仅爬虫和两栖动物就有750种,鱼400尾,昆虫8万余只。这次考察后,柯兹洛夫写成了《蒙古和喀木》一书。为了表彰柯兹洛夫的西藏之行,俄国皇家地理学会授予他一枚康斯坦丁诺夫金质奖章,世界上不少科学研究会也选他为名誉会员。

1904年,柯兹洛夫再次独立领导了考察活动。受俄国政府和俄国皇家地理学会的委托,他从恰克图入境,前往库伦拜会移居于当地的十三世达赖喇嘛。这次拜会活动明显带有政治目的。这次考察的著作是《西藏的达赖喇嘛》一文和《西藏与达赖喇嘛》一书。

1907年底,柯兹洛夫领导了自己一生中最为重要的第六次考察。考察活动于1909年完成,考察记即本书《蒙古、安多和死城哈喇浩特》。

1923年,已过花甲之年的柯兹洛夫再次前往蒙古乌兰巴托附近的肯特山区考察,在这里他发现了匈奴人的墓群(诺彦乌拉古墓群),挖掘出了大批珍贵古物。这次在蒙古地区的考察前后长达三年之久,期间,他再次前往额济纳黑城考察。这是他的最后一次考察活动,考察记《蒙古的三年考察》发表在《星火》杂志1926年第44期上。

1935年,柯兹洛夫去世,享年73岁,安葬于圣·彼得堡瓦西里岛。

<h1 style="text-align:center">三</h1>

《蒙古·安多和死城哈喇浩特》是柯兹洛夫第六次中国西部考察后完成的考察记。1907年,柯兹洛夫接受了俄国皇家地理学会的委托,率考察队前往中国西部,考察蒙古和四川。这次考察的目的是顺路研究中部与南部蒙古;进一步研究青海湖地区,包括考察青海湖(库库淖尔);对四川西北部的自然与历史进行深入的考察。

柯兹洛夫考察队的成员还有莫斯科大学的地理学教授亚历山大·亚历山大洛维奇·纳帕尔科夫、地形测绘员彼得·雅科夫列维奇·纳帕尔科夫、植物和昆虫类收集家谢尔盖·西里维尔斯托维奇·切蒂尔金,以及护卫队员10人,共计14人。护卫队员中有两人分别兼任气象观测员和中文译员。

1907年11月10日,柯兹洛夫一行离开莫斯科,乘坐火车到达伊尔库茨克,与部分护卫队员会合后,经上乌金斯克转而南下,在恰克图完成准备工作后,于12月28日进入中国境内。

考察队经库伦向西南,穿越喀尔喀蒙古土谢图汗、赛音诺颜汗领地,直奔内蒙古西部的额济纳旗。途中,柯兹洛夫从赛音诺颜部巴尔金扎萨克处打听到了额济纳黑城废墟的情况,得知"土尔扈特人经常在废墟中挖掘寻找埋藏的财富"的消息,感到发掘该遗址可能会有大的发现,于是,他率队直奔额济纳。在额济纳,柯兹洛夫拜会了土尔扈特贝勒达齐,并在黑城遗址进行了初步的发掘。1908 年 3 月底,考察队离开额济纳,沿阿拉善沙漠北缘,前往阿拉善旗首府定远营(巴彦浩特)。到定远营后,柯兹洛夫把黑城发掘到的文物分装为 10 个一普特重的箱子,邮寄回了俄国。

考察队在定远营期间,柯兹洛夫考察了贺兰山和山麓的寺院,并多次拜会了阿拉善亲王,受到阿拉善亲王父子很高的礼遇和多次款待。7月上旬,考察队离开定远营,沿着腾格里沙漠边缘,经过平番(永登),越过大通河谷,沿湟水河谷西行,进入预定考察的第二个地区——安多藏区。

到达西宁后,柯兹洛夫拜会了西宁办事大臣庆恕和西宁镇总兵等当地军政官员。8 月初,考察队离开西宁,前往考察青海湖及其周围地区。柯兹洛夫顺便前往湟中考察了公本寺(塔尔寺)。到达青海湖畔后,柯兹洛夫乘坐帆布船考察了湖心岛,并对湖泊及其周围地区民族和自然地理作了详细的考察。然后,他率队经由西宁南下,于 10 月初到达贵德,建立冬营,开始深入考察周围地区。

考察队在贵德停留了三个月。期间,柯兹洛夫北上考察了大通河谷并前往乔典寺(天堂寺)拜访了乔典呼图克图。12 月上旬,柯兹洛夫收到俄国皇家地理学会副会长葛里高里耶夫的来信,得知从定远营寄回的黑城文物引起了俄国科学院的高度重视,信中说:"您发现的古城废墟是兴盛于 11—14 世纪的西夏唐古特民族的都城遗址。鉴于这一发现的重要性,地理学会委员会委托我向您提出不深入到四川,而是返回沙漠戈壁,对死城的地下进行补充挖掘的建议。要不惜花费体力、时间和财力,继续深入挖掘。"[1]

按照地理学会的指示,柯兹洛夫放弃了前往四川西北部考察的目标,但他抓紧时间继续进行了安多地区的考察。1909 年 1 月 6 日,考

---

〔1〕参见本书第 262 页。

欧·亚·历·史·文·化·文库

察队离开贵德冬营,起程前往夏河拉卜楞寺。在鲁仓千户鲁本科派出的向导带领下,考察队深入到今贵南、同仁藏族聚住地区,历经一个月的艰难行程,到达夏河,对拉卜楞寺进行了详尽的考察。期间,柯兹洛夫得知十三世达赖喇嘛离京到达塔尔寺的消息。由于进入西藏考察是俄国皇家地理学会多年谋求而未能实现的愿望,而1904年柯兹洛夫曾经拜会过移居库伦的达赖喇嘛,已有交往的基础,为了进一步取得达赖喇嘛的支持,实现考察西藏的愿望,柯兹洛夫决定立即轻装赶赴塔尔寺,而考察队则前往兰州,等候柯兹洛夫。

2月16日,柯兹洛夫离开夏河,经过6天的奔波赶到塔尔寺。他拜会了达赖喇嘛,并得到了达赖喇嘛对俄国考察队进入西藏考察的口头邀请。与达赖喇嘛道别后,柯兹洛夫沿湟水河谷东行,于3月15日到达兰州府。

3月下旬,考察队离开兰州,北上前往额济纳旗黑城遗址。在定远营短暂停留之后,考察队沿来路穿越戈壁沙漠,于5月22日到达额济纳旗。在柯兹洛夫的指挥下,考察队在黑城遗址进行了将近一个月的大规模发掘。这次发掘的的文物满载了40峰骆驼。6月16日,考察队离开哈喇浩特,顺来路进入喀尔喀蒙古,经由库伦,于7月底从恰克图回到俄国。

四

柯兹洛夫第六次中国西部考察,是他考察生涯中收获最为丰硕的考察之一。考察队包括莫斯科大学教授地理学家纳帕尔科夫、生物学家切蒂尔金、地形测绘员纳帕尔科夫等专家。他们进入中部、西部蒙古地区,经由喀尔喀蒙古土谢图汗部、赛因诺颜部以及额济纳土尔扈特部、阿拉善和硕特部牧地,穿越河西走廊,进入藏族生活的安多地区,到达青海湖畔,深入安多藏区腹地,对所经地区的地质地貌、动物植物、气候变化等方面作了详细的实地考察记载,这些实地考察记载对于我们今天了解与研究百余年来西部地区生态环境变迁有着重要的意义。

20世纪初期,西方的自然科学已经发展到相当的水平。而在我国,尽管西学东渐,风气已开,但自然科学技术在实际应用中尚未普及,运用西方的科学方法和仪器来考察研究我国的自然生态环境,尤其是考察研究西部地区的自然生态环境,就更不多见。加之西部地区闭塞落后,地方官员、黎民百姓,接触西方自然科学知识者为数寥寥,甚至一些高级官员对管辖地区的自然状况也不很了解。以西宁钦差办事大臣庆恕为例,这位满族贵族出身的青海最高官员在与柯兹洛夫交谈时,听到考察队将要乘船考察青海湖时,"钦差惊骇得差点从座位上跳起,随后他控制住自己的举止和情绪,带着宽恕的微笑严厉地说道:'你大概还不知道,库库淖尔的水有一种奇怪的特点——不仅石头,就连木制的物品也会沉入水底。因此,您这个异想天开的念头不会有什么结果,它只会令您失望的。小船必将沉入湖底,而您只能两手空空地返回来。'"[1]可见庆恕对属于自己辖区的青海湖的认识还只是停留在民间传说的地步而已。

考察队行进途中进行了全面细致的专门工作:采集各种植物,捕捉各类昆虫,猎取大小动物,制作了大批动植物标本;考察沿途的水源、地质结构、植被,使用科学仪器测定纬度、风向、气温,收集各类数据。考察队每天都做详细的考察日志,记述当天的考察发现。对额济纳河下游、巴丹吉林沙漠、定远营绿洲、腾格里沙漠边缘、大通河谷、青海湖、贵德绿洲、贵南草原、夏河草原等地的实地考察留下了大量珍贵的地区自然生态环境资料。有人统计,包括第六次考察在内,柯兹洛夫在我国西部的考察中,共收集到动植物2.5万余件,超过了同一时期英法等国考察家们收集的数量。仅1899—1901年间,柯兹洛夫在西藏东北部就收集有1000种以上的显花植物,而同一时期英国人只收集到295种标本。柯兹洛夫所作的鸟类学日记中记有哺乳类动物超过1400种,鸟类超过5000只。

我国西部地区独具特色的自然生态环境使柯兹洛夫赞叹不已。他的记述栩栩如生地展示了百年前阿拉善亲王领地沙漠中的乖咱河谷、贺兰山脉和额济纳土尔扈特贝勒领地中的索果淖尔湖以及高原湖泊青

---

[1] 参见本书第172页。

海湖的生态环境。在大通河上游河谷美丽的森林田野地带,柯兹洛夫引用普尔热瓦尔斯基的话评价说:"在整个中亚,无论在哪里都不曾见到过如同大通河中游地带那样迷人的地方……"[1]柯兹洛夫还注意到喀尔喀蒙古高僧哲布尊丹巴呼图克图的生态环境保护措施对库伦附近的博克多山岭所起的作用。近些年来,西部地区自然生态环境日益恶化,冰川雪线上升,河水流量减少,地下水位下降,持续干旱、沙尘暴频繁的状况,越来越多地引起了人们的关注。百年前俄国考察队对我国西部自然生态环境考察所提供的资料,对于今天的研究有着重要的意义。

我国西北是众多民族生活的地区。柯兹洛夫第六次考察,深入到蒙古族、藏族、东乡族、汉族、回族、土族、撒拉族等民族生活地区,与这些民族的各个阶层有不少接触和交往,对这些民族社会的诸多方面都作了细致入微的观察和记载。

柯兹洛夫考察期间接触的蒙古王公有喀尔喀蒙古赛音诺颜部的巴尔金扎萨克、额济纳蒙古土尔扈特部扎萨克贝勒达齐、阿拉善蒙古和硕特部扎萨克亲王多罗特色楞等人,接触的藏族僧俗上层有十三世达赖喇嘛土登嘉措、青海湖地区仪表堂堂的藏族首领恰姆普旗长、青海贵南藏族中桀骜不驯的鲁仓千户鲁本科、乔典寺(天堂寺)活佛乔典呼图克图等。

阿拉善和硕特蒙古亲王家族系出成吉思汗之弟哈布图哈撒儿。1697 年清朝加强对阿拉善蒙古的管辖,多罗特色楞之祖上和罗理所部被编设为扎萨克旗。以后,和罗理之子阿宝尚与康熙帝之女,"授和硕额驸,赐第京师",与满族贵族之间建立了密切的联系。多罗特色楞为和罗理七世孙,于光绪初年袭亲王爵位。至柯兹洛夫到达阿拉善亲王驻地定远营时,阿拉善蒙古贵族与满族贵族之间已有二百余年的联姻关系。柯兹洛夫见到的阿拉善王公家族,传统的游牧文化早已发生变迁,他们过着定居的生活,已失去了蒙古族剽悍的气质和游牧生活习俗。多罗特色楞亲王举止高雅,他了解欧洲时局,"他的谈话很有分

---

〔1〕参见本书第 161 页。

寸,也十分委婉……在各个方面都很有修养,同他交谈不仅有趣味,而且有时还很有教益。"他的长子塔旺布里扎拉也很有修养,他的"行为举止已经欧化,备有普通的白色小型名片,接待来访者不是让他们坐在地坪上,而是桌旁的柔软圈椅,桌上铺着天鹅绒台布。"[1]塔旺布里扎拉招待柯兹洛夫,在一起喝茶、吃饼干,并谈论了各种问题。阿拉善亲王家族已经俨然是北京满族贵族王公的气质和习俗。

　　与开化的阿拉善亲王家族形成鲜明对比的是桀骜不驯的藏族部落首领鲁仓千户鲁本科。鲁本科带领的部落居住在青海贵南南部草原,这里是安多藏区的腹地。由于与外界联系很少,这里的藏族部落还保持着许多原始的习俗,抢劫过往商队和邻近部落习以为常,他们听命于自己的首领,在自己的社会生活中遵循习惯法。好战、勇敢、剽悍是安多藏区藏族部落首领的特色,鲁本科则是其中的典型人物。他尽管当时已经是 73 岁的老人,但结实健壮,威风凛凛,特别是他的臂、背以及头部多处深深的刀疤,一副久经沙场从不屈服的相貌,给俄国人留下了深刻的印象。鲁本科对持有武器装备的柯兹洛夫考察队的到来持怀疑和不欢迎态度,他试图夺取俄国人的先进武器。在接待俄国考察队的同时,暗中派骑兵夜袭考察队驻地,事后却装作与自己无关。他给考察队委派的向导,故意绕道行走,使柯兹洛夫吃尽了苦头。此外,20 世纪初期蒙古族、藏族的家庭结构、家庭成员分工的情况以及婚姻、丧葬习俗和宗教信仰等方面的具体情况,在柯兹洛夫笔下都有详细的记述。

　　民国以前,对甘肃、青海特有的东乡族、土族、撒拉族等民族社会各方面的记载不多,实地考察资料更少。柯兹洛夫亲历其地,细致入微地记述了这些民族社会生活各个方面的情况。例如他在记述青海土族的社会情况时说:"他们的田地,即业主的私有财产,靠人工开凿的灌溉渠道浇灌,农田耕作得极其精心,施用以黄土与畜粪、灰烬以及各种垃圾混合而成的厩肥……居所用土坯垒成,为一个个彼此隔开的独门小院子,也有连成一片的。房子四周的庭院用高墙围着,很像一座座小堡垒……语言和蒙古语很相近,但有一些自身的特点,夹杂着一些汉语和

----

〔1〕参见本书第 119、120、124 - 125 页。

唐古特语的语汇。宗教方面,该民族没有什么统一的信仰:……有佛教徒,有伊斯兰教徒,甚至还有萨满教徒。这个民族的人仪表优雅,予人以好感,很像我国的南方人。"[1]

柯兹洛夫还考察了沿途经过的数十座藏传佛教大小寺院,特别细致地记述了安多藏区的公本寺(塔尔寺)和拉卜楞寺的各种建筑物、寺院的组织功能、各种节日、喇嘛的日常活动和生活等情况,并收集了不少当地的民间传说。

民族学研究,田野调察资料极其重要。柯兹洛夫第六次考察过程中对西北民族的记述,是有着重要价值的田野调查资料,这些资料对于了解和研究清朝末年我国西北民族社会具有重要的意义。

五

柯兹洛夫第六次中国西部考察的最大收获是在额济纳黑城的考古发掘成果。

哈喇浩特为蒙语,汉语意为黑城,位于额济纳河下游。额济纳河河谷地带是古代游牧民族从北部蒙古高原进入河西走廊进而进入青藏高原的重要通道。为了防止北方游牧民族的侵扰,早在西汉时期,即在额济纳河下游修筑居延城,设置遮房障,沿河谷修建长城。唐朝时期,额济纳河下游是河西节度使属下的同城守捉驻地。西夏崛起后置黑山威福军司,为西夏十二监军司之一,治所即在黑城。西夏灭亡后,元世祖忽必烈在额济纳河地区置亦集乃路,"亦集乃"即源于西夏党项语黑城的音译,与额济纳同音异译。亦集乃路总管府治所即在黑城。明初,宋国公冯胜西征,攻克黑城,此后北元残余势力南下,与明朝在黑城一带又有争夺战。由于战争的破坏,导致河流改道,黑城水源断绝,居民逃散。一般认为,1378年以后,黑城就废弃了。黑城地处通道,又是多民族交替活动之地,遗留的文物丰富多彩,而且由于黑城处于沙漠干旱地区,许多珍贵文物在干燥的气候中得以完整地保存。

---

〔1〕参见本书第 192 - 193 页。

柯兹洛夫在黑城的活动，是对我国境内文物遗址的一次大规模盗掘，与斯坦因、伯希和等人在莫高窟盗走敦煌文书文物的性质相同。这次盗掘活动使我国西北地下保存的珍贵文物文献遭受到的巨大损失，其性质影响学界已有不少评论，这里不再赘述。

但同时黑城文献和文物的出土，与敦煌文书的问世一样，又具有重大的学术意义，在20世纪考古发掘史上占有重要的地位。柯兹洛夫第六次考察期间在黑城的发掘共有两次。首次发掘，运回俄国的文物有10大箱。二次发掘收集到的文物更多，是用40峰骆驼驮回俄国的。这些宝藏现在被分别存放在俄罗斯科学院东方学研究所圣彼得堡分所和圣彼得堡埃勒米达什博物馆中。

黑城究竟出土了多少宝物？说法不一。柯兹洛夫在《蒙古、安多和死城哈喇浩特》一书中介绍发掘黑城佛塔的情况时说：

"正是这座著名的苏布尔干占据了我们以后的所有精力和时间。它赐予考察团大量的收集品：一批书、画卷、手稿，近3百件画在画布、薄丝绸织物和纸上的佛像。在许多杂乱堆积在苏布尔干中的书和彩画中，我们发现了非常有趣、文明水平参差不齐的金属和木质佛像、铜板、苏布尔干模型及许多其他物品。一块代表着高超编织技艺的双面挂毯特别富丽堂皇……的确，大量书、手稿、还有神像在地下沉睡了几个世纪后，其色彩鲜亮清晰的程度让人惊叹不已。不仅书页保存完整，就连以蓝色居多的纸质和丝绸书皮也是如此"。[1]

在1926年12月8日的一次演讲会上提到，从黑城废墟中运出文物与文书计40驮，骆驼运出了一个保存完好的图书馆，计有2.4万卷。

黑城的发掘所得填补了对西夏等民族认识的空白，提供了认识汉族和藏族文化对西夏民族产生影响的丰富资料，最重要的是为学术界提供了破译早已成为死文字的西夏文的可能性。

1993年，中国社会科学院民族研究所、上海古籍出版社与俄国科学院东方研究所圣彼得堡分所达成协议，决定编辑出版俄藏黑城文献。我国学者史金波、白滨等人赴圣彼得堡对黑城文献进行登录、拍摄。亲

---

[1] 参见本书第352－353页。

历此事的白滨先生在其《寻找被遗忘的王朝》一书中说：

"东方学所中收藏的黑城文献究竟有多少？收藏近一个世纪了，可以说家底还不太清楚。黑城文献主要是西夏文和汉文文献，还有相当数量的藏文、蒙古文和其他古代文字文献。由于我们是按照东方学所已整理编目后的文献进行工作的，未经东方学所整理编目的就无法提取，他们也不允许我们过目或整理。克恰诺夫教授领我们在二楼库房参观收藏黑城文献的12个大木橱柜，指着边上的一个说，这里都是还未整理过的文献残卷，他打开橱门，望着那紧紧塞满柜中一捆一捆密密麻麻的书籍经卷，真说不清楚其中还蕴藏着什么珍籍宝卷……

黑城藏品中的西夏文文献，属于世俗著作已编目的有60种。其中有著名的西夏文字典辞书，如西夏文汉文双解词语集《番汉合时掌中珠》、韵书《文海宝韵》、西夏文形音义韵书《文海》、字书《音同》、韵图和韵表《五音切韵》、同义词词典《义同》、字书《纂要》以及用藏文注音的西夏文书等。西夏时期的历史法律文献有崇宗时期编纂的军事法典《贞观玉镜统》，仁宗时期的国家法典《天盛改旧新定律令》，以及其后修订的《新法》、《亥年新法》等。社会读物与文学作品有启蒙读物《三才杂字》、《新集碎金置掌文》、西夏文类书《圣立义海》、故事集《新集慈孝记》、谚语集《新集锦合词》。西夏文译汉文典籍《论语》、《孟子》、《孝经》、《孙子兵法》、《六韬》、《黄石公三略》、《类林》、《十二国》等。西夏文献中还有大量的政治、经济、军事、法律、社会文书，以及医方、历书、占卜书等。

黑城藏品的西夏文献以佛经为大宗，约占总数量的90%。已编目的计345种。我们已看到克恰诺夫新著的佛经叙录400多种数以千卷计，但尚未刊行问世。西夏时期用西夏文大量译经、刻经，这些珍贵的西夏文佛经，无论从内容到形式都给西夏和中国佛教史、出版史提供了前所未有的珍贵资料。如佛经中的序、跋、发愿文、题款，记载了西夏佛教的流传、译经、写经、刻经、印经、施经的情况。而西夏文佛经的书写、雕版、装帧、纸墨又提供了研究西夏书籍雕版乃至中国雕版印刷史的实物资料。

黑城藏品中汉文文献已编目的有488件,内容也以佛经为主,其次为汉文世俗著作和社会政治、经济、军事文书,以及医书、历书、占卜书、纸币等。汉文文献的时代包括了宋、西夏、金、元等王朝的作品。其中有西夏王朝时期由国家或私人刻印的各种汉文佛经;儒家等经典《论语》、《礼记》、《庄子》、《华南真经》、《吕观文进庄子义》等;医书有孙思邈著《孙真人千金方》,刻本占卜书《六壬课秘诀》;刻本《新唐书》残卷;《汉书》注释本和《金史》残卷;字书《广韵》、《礼部韵略》、《一切经音义》等刻本残卷;文学作品金刻本《刘知远诸宫调》、《新雕文酒清话》;童蒙读物写本《杂字》、《千字文》等。文书中最有价值的是81件宋朝鄜延、环庆二路和西夏边境发生关系的军事文书,文书的背面则被西夏人利用刻印西夏文韵书《文海》……

经过1993年秋冬和1994年夏秋两次共半年的工作,已经拍摄了俄藏黑城文献中的全部西夏文世俗文献和全部汉文文献以及西夏文佛经中的一部分写本和刻本精品,共12500拍,含文献约2万页(面),翻阅、整理文献的覆盖面达到3万页(面)左右。如果按我们估算的黑城藏品有15万面左右,我们已整理文献近1/5,拍摄回国的文献都是极有价值的精品。"[1]

这里说到的只是收藏在俄罗斯科学院东方学研究所圣彼得堡分所的黑城文献部分,不包括收藏在圣彼得堡埃勒米达什博物馆的那些珍贵的佛像、钱币等文物。值得庆幸的是,经过中国社会科学院和上海古籍出版社的努力,这批俄藏黑城文献中的一部分已由上海古籍出版社影印出版,开始为我国学术界的研究所利用。

这里还需要提到的是,前苏联卫国战争期间,圣彼得堡被德军围困900天,在德军毁灭性的轮番空袭与炮击下,城中3200幢建筑被摧毁,城市化为废墟。2008年夏,我们在圣彼得堡东方学所与波波娃教授交谈时,得知围城之前埃勒米达什博物馆收藏的大批珍贵文物被运送到了塔什干,而这批黑城西夏文书则被装箱弃置在东方学所一幢建筑物的墙角下。解围之后,东方学所的研究人员返回圣彼得堡,他们惊讶地

---

〔1〕白滨《寻找被遗忘的王朝》第90-93页,山东画报出版社1997年版。

发现,这批西夏文书箱竟然在废墟中安然无恙!

六

柯兹洛夫考察期间拍摄了许多照片,《蒙古·安多和死城哈喇浩特》初版本中的收有百余幅极其珍贵的照片。其中,百年前定远营(巴彦浩特)、西宁、贵德、夏河、兰州以及俄国恰克图城的照片,展示了当时的城墙、房屋、街道、市集等建筑物风貌,特别是当柯兹洛夫来到兰州时,德国泰来洋行正在承建黄河铁桥,柯兹洛夫不仅拍摄了黄河沿岸的水车和城墙,也拍摄了正在修建中的黄河铁桥以及与铁桥并列的浮桥。柯兹洛夫记到,"该城地势较高部分的对面有一座横跨黄河的浮桥,欧洲的工程师们正在附近修建一座永久性铁桥。不相信欧洲建筑艺术的当地居民认为,欧洲人的铁桥是建不成的,首批桥孔的框架在去年冬春航行期被冲毁,欧洲人今后在这方面的努力同样也会被夏季的高水位摧毁。"[1]这座号称"天下第一桥"的铁桥于 1909 年修成,已经历了一个多世纪的风风雨雨,至今仍然发挥着应有的作用。柯兹洛夫拍摄的修建中铁桥的照片对于研究铁桥的历史有着重要的意义。

藏传佛教寺院与法器是柯兹洛夫拍摄的重要方面。百年前阿拉善亲王领地的宗辉特寺、湟中的公本寺(塔尔寺)、夏河的拉卜楞寺的诸多照片,对于研究寺院的布局的变化极具价值。此外,阿拉善亲王家族成员、清朝西宁大臣及各级官员、十三世达赖等活佛喇嘛、鲁仓千户鲁本科的属民等藏族百姓的照片,也都对研究百年前蒙古、满、藏等民族上下层社会生活有着重要的价值。

看到柯兹洛夫考察队在黑城遗址发掘过程及文物初现的照片,自然会使我们对俄国考察队在我国的盗掘活动深感痛心,愤懑不已。但这些照片对于研究黑城遗址与黑城文物显然具有重要的价值,同时,也是当前我们进行爱国主义教育的重要资料。

这里还需要说明的是:柯兹洛夫的这本书中对我国西北少数民族

---

〔1〕参见本书第 330 页。

多有记载,其中自然也包括了他的一些偏见,为了保持书的原貌,我们未做删节,按原文译出。

七

百年前欧洲各国考察家在我国西部进行了多次考察探险,他们留下的考察著作,对于我们了解当时西北地区自然和社会的极其宝贵的资料,对于今天研究百年来西部地区自然生态环境的变化,研究西部地区民族社会的发展,都有着重要的价值和意义。由于当时清朝处于衰落时期,外国考察家在我国西部考察期间,大肆盗掘珍贵的文物,使我国西部的文物遭受了一场浩劫。了解这些历史事实,对于当前进行爱国主义教育有着积极的意义。

基于以上认识,我们整理翻译了俄国皇家地理学会会员柯兹洛夫的《蒙古、安多和死城哈喇浩特》一书的初版本,相信这本书的出版,将会对有关方面的研究起到一定的作用,达到我们预期的目的。

编者语(原书)

彼得·库兹米奇·柯兹洛夫是大旅行家 H. M. 普尔热瓦尔斯基当之无愧的学生。老师对研究工作的酷爱和热情为他所继承,他成功地继续了老师的未竟事业——对中亚细亚的研究,著有一系列经典地理学著作,其中主要有《蒙古与喀木》和《蒙古、安多和死城哈喇浩特》。

呈现给苏联读者的新版《蒙古、安多和死城哈喇浩特》,记叙了彼得·库兹米奇在亚洲内陆的第二次独立考察活动,书中附有《绪论》,评价彼·库·柯兹洛夫历史发现的科学意义。

《蒙古和喀木》记述了作者第一次率队去蒙古和东部藏区的考察,该书的简写本已由国家地理著作出版局出版。书中附有讲述旅行家生活、活动和工作方面的文章,我们在那篇文章中同时向感兴趣的读者介绍了柯兹洛夫的详细生平。在此谨提醒读者关注与这位著名的中亚细亚研究家个人相关的一些主要活动。

彼·库·柯兹洛夫 1863 年 10 月 5 日出生于斯摩棱斯克省杜霍夫希纳市。

1882 年与 H. M. 普尔热瓦尔斯基的相遇,决定了他的旅行和研究工作生涯。普尔热瓦尔斯基看中了这位年轻人的才华,以及他对研究未知国家和地区的渴望。1883 年秋天,普尔热瓦尔斯基吸收柯兹洛夫参加了自己的第四次中亚细亚考察,年轻的柯兹洛夫在这次考察活动中获得了对今后有益的、第一手的丰富知识和技能。

普尔热瓦尔斯基去世后,他参加了佩夫佐夫和罗鲍罗夫斯基的考察。1899—1901 年,他第一次进行了在蒙古和东部西藏的独立旅行,这次旅行给他带来了世界性的知名度。

他的第二次中亚细亚之行是在 1907—1909 年进行的,古代亚洲文化中心之一的唐古特城的发现是他执着于预定考察的结果。

柯兹洛夫在所有考察中表现出一位兴趣广泛、学识渊博的地理学家和出色的组织者,以及刚毅的领导者的才干,他善于克服旅途中出现的各种障碍。

19世纪70年代,当H. M.普尔热瓦尔斯基在广袤的亚洲大陆空间为科学考察开拓首批路线时,17岁的柯兹洛夫亲眼目睹了中亚细亚研究的开端。

在以后的几十年中,彼得·库兹米奇成为继承普尔热瓦尔斯基研究事业的同胞的功勋见证人。

假如我们看一看反映中亚细亚地理研究历史的地图就会发现,它贯穿着勇敢的研究者罗鲍罗夫斯基、柯兹洛夫、波塔宁、佩夫佐夫、格鲁姆格尔日麦洛等人几千俄里的旅行路线,他们为了科学和国家的荣誉经历了极端的艰难困苦和危险。

柯兹洛夫的坚强意志和聪颖天赋使他成功地进行了穿越炎热的蒙古平原和严酷荒凉的西藏的科学考察,为科学事业作出了重大贡献。

彼得·库兹米奇收集了大量各方面的地方自然资料,这些地方在他之前没有任何一位欧洲人问津过。他还绘制了地图并描述了蒙古及西藏各民族奇特有趣的风俗习惯。

柯兹洛夫的科学研究弥足珍贵的另一原因,是因为他发现了中亚细亚各民族的历史古文献。这些文献记载在《蒙古、安多和死城哈喇浩特》一书中。历史发现极大地提高了柯兹洛夫的考古兴趣。

1923年,已是垂暮之年的彼得·库兹米奇又踏上了去蒙古的旅程。他在乌兰巴托附近的肯特山发现了古墓——东匈奴人的墓穴(诺彦乌拉古墓),从中挖掘出了揭示亚洲古代民族文化与西方联系的极其珍贵的考古资料。柯兹洛夫在自己的最后一次旅行中再次考察了哈喇浩特,并进行了补充性发掘。

1935年,彼得·库兹米奇去世,享年72岁。他不知疲倦地进行科学工作,直到生命的最后一刻。

全世界的学者对他在地理科学方面的贡献作了公正评价,许多国家的科学协会给予这位旅行家的无数奖励就足以证明这一点。

柯兹洛夫古文献遗产的特点是思想的清晰阐述和地理描述的博大。出色的文学语言、对中亚细亚严酷自然内行而鲜明的反映，以及把用事实材料叙述的严谨科学态度同他在途中所见到的稀有动物的美妙抒情描述相结合，使柯兹洛夫的著作被列入经典地理学著作的行列。

《蒙古、安多和死城哈喇浩特》，就是其中的杰作之一。

该书以简写本的形式出版，删节的部分主要是非彼得·库兹米奇本人所写的引用其他作者作品的部分。专家们感兴趣的一些问题，如对佛教的见解、对神殿的详细评述，以及经常重复的对寺院的描写，也同时被删去。

反映蒙古人和藏族人宗教仪式的图例说明被大幅度删减。

书中附有柯兹洛夫考察的线路图，这个图是在现在的基础上完成。同时补充了几个现在不存在的名称：喀尔喀、库伦等。

因为作者对地理名称的记录与现在的音译很相近（如，柯兹洛夫的兰—州府［Лань-чжоуфу］和定—远—营［Дын-юань-ин］，现在地图上为兰州［Ланьчжоу］和定远营［Динъюаньин］），故我们未做任何变动。

为了让更多的读者读懂这本书，编者对认为需要解释的一些地理概念和现象进行了注释。

如同我们修正了动植物区系标本的拉丁文名称那样，旧的度量单位被换算成了米制，用括弧加以注明。

准备出版像《蒙古、安多和死城哈喇浩特》这样一部巨大且富含科学资料的著作的新版有很大困难，需要得到各方面专家的协助。

编辑向绪论的作者 В. П. 柯兹洛夫和给弗拉基米尔·彼得诺维奇提供个人研究资料的 С. М. 柯切托娃，以及热情参与了拉丁文名称核对的 А. Г. 班尼科夫、В. Н. 沃洛舍洛夫、Е. В. 柯兹诺娃致以诚挚的谢意。

普·布·尤素夫

·欧·亚·历·史·文·化·文·库·

彼·库·柯兹洛夫考古发现的科学意义(绪论)

我们力求在这篇特写中简短叙述苏联考古学家对彼·库·柯兹洛夫所获资料的研究结果,以及柯兹洛夫考古发现的科学意义。

特写编写过程中主要使用了 1923 年《蒙古、安多和死城哈喇浩特》首版问世后发表的一些研究哈喇浩特发现的相关著作,此外还参阅了一些手稿,如 B. H. 卡津的《哈喇浩特的历史》(1936 年的报告提纲)[1]、《哈喇浩特废墟的考古价值》(国家东方文化博物馆中国艺术史会议上的速记,莫斯科,1940 年)和 C. M. 柯切托娃的《哈喇浩特佛像遗存》(汉族风格,1946 年)[2]。

B. H. 卡津的著作以详实的中国史料为基础,阐述了哈喇浩特的历史以及居住在甘肃西部的各个民族。

C. M. 柯切托娃的成果以在哈喇浩特发现的神像为研究对象,探讨其他国家文化,特别是中国文化对这些艺术作品的影响。这些成果是对专门研究哈喇浩特西藏风格神像的科学院院士 C. Φ. 奥尔登堡研究的补充[3]。

哈喇浩特[4]的历史是这样的:这座城(唐古特语称之为亦集乃)位于额济纳河下游(甘肃境内),额济纳河自南向北贯穿戈壁,河谷是古

---

〔1〕符谢沃罗德·尼古拉耶维奇·卡津,国家埃尔米塔日博物馆研究员,死于列宁格勒被围困期间,具体时间不详。

〔2〕索菲亚·米哈伊洛夫娜·柯切托娃,科学副博士,苏联科学院东方研究所研究员。

〔3〕C. Φ. Ольденбург, акад. Материалы по будийской иконографии Хара-хото(образцы тибетского письма)(哈喇浩特的佛像资料)(藏族风格).《Материалы по этнографии России》, T. II, 1914 г.

〔4〕据文献记载,哈喇浩特是西夏政权的一个大的贸易中心和要塞。西夏都城为兴庆,后更名为宁夏,参看 см. из находок П. К. Козлова в Хара-хот(柯兹洛夫在哈喇浩特的发现), 1909 г.

代游牧民族从北蒙古向中国西部侵袭的理想通道,河的地理位置决定着哈喇浩特城的历史地位及影响。因此,毫不奇怪,当公元前 2 世纪中国人控制该河谷的时候,[1]曾极力向这里移居并修筑城堡。

"有关这一地区中国城堡的记载始见于公元前 101 年,"B.H.卡津写道,"在汉代,这里有一座居延县城,或称西海。有关这座城市的记载时断时续,并且一直持续到公元 5 世纪。"此外,还有一些记载认为,唐朝时期,即公元 7—13 世纪,额济纳河下游曾有一座同城守捉城。

从 8 世纪中叶起的几百年里,在中国文献中没有发现关于额济纳河下游的记载,因为当时整个甘肃被藏族政权控制着。

在长达 600 年的时间里,甘肃未能归入中国的疆域,但其居民仍然以汉族为主,文化也主要是汉文化。

9 世纪中叶,藏族政权崩溃后,甘肃西部分裂出几个独立的小国,10 世纪时出现了唐古特人的西夏政权。西夏政权于 11 世纪初吞并了中国西北地区的诸小国,唐古特人占领额济纳河谷的时间是 11 世纪 30 年代。

B.H.卡津的研究认为,史料第一次提到哈喇浩特城的时间是公元 12 世纪,当时在额济纳河下游有一座唐古特城,中国史料中称为黑水城,或者亦集乃,后者为哈喇浩特的唐古特语称谓。西夏政权存在于 982—1226 年间,后被成吉思汗率领的蒙古人摧毁。这也是这位于 1227 年去世的伟大的蒙古征服者的最后一次远征。

蒙古人对唐古特政权所辖境内的经济破坏非常大,但是哈喇浩特城显然未被彻底摧毁,或者有可能很快得以重建。中国元朝的历史上曾不止一次提到这座城市,最后几次提及是在 14 世纪 50 年代,著名的欧洲旅行家马可·波罗也曾提到过哈喇浩特城。

1372 年前,哈喇浩特一直控制在蒙古人手中,直到中国明朝的军队攻入额济纳河下游地区,并占领这座城市。

这座城市作为游牧民族威胁中国西部的据点,遭受了与其他蒙古城池一样的命运,被彻底摧毁。

―――――――――――――

〔1〕译者按:本书中所说的中国人,具体是指汉族人。

显然,中国人于公元前 2 世纪在额济纳河下游建立过抗击游牧民族的城堡,但目前还无法肯定,哈喇浩特就是在一座古城堡的基础上建筑起来的。

彼·库·柯兹洛夫于 1908 年发现了哈喇浩特,同年开始挖掘工作,1909 年和 1926 年他又先后进行过两次后续的挖掘,柯兹洛夫也曾在自己的最后一次旅行中再次考察哈喇浩特。除了柯兹洛夫以外,英国考古学家斯坦因也在 1914 年对哈喇浩特进行过挖掘。

柯兹洛夫的考古发现早已得到广泛承认。哈喇浩特的发现为考古学家提供了丰富的资料,填补了对中亚民族历史认识的空白,也为我们弄清汉、藏文化对这一地区所产生的影响提供了丰富资料。最为重要的是,柯兹洛夫的考古发现为学界提供了利用早已死亡的唐古特文字,或西夏文字解读古代唐古特政权历史的可能。[1]

正如彼·库·柯兹洛夫在著作中所言,大量发现来自于著名的佛塔。对这些发现,B. H. 卡津也在自己的报告(1940 年)中作了如下评论:"在著名的佛塔发现的书籍说明,佛塔大约建于 1220 年,即成吉思汗的军队摧毁哈喇浩特之前。因此,里面保存了'西夏'国的文化古物,其中唐古特'西夏'文残片占多数。"据卡津研究,有 1400 件唐古特文残卷、78 件汉文残卷、13 件藏文残卷和 1 件回鹘文残卷。

关于彼·库·柯兹洛夫考古发现的科学价值,卡津认为:"柯兹洛夫的发现对解译唐古特(西夏)文字有着重大的意义。在彼·库·柯兹洛夫运来几百件手稿和相当数量的汉文以及唐古特文印刷品之前,我们仅仅掌握了一些刻有西夏文的残币,之后又发现了为数不多的石刻和唯一的一件手稿。

"这项发现使得阅读在我们这个时代之前早已不被使用并且被忘却的唐古特文字成为可能。在所发现的书籍中,有一本唐古特—汉语字典,借助这本字典,我们可以破译在此之前无法解读的西夏文字。

"发现物中的书面文献大多是佛教经文,同时还有一定数量的儒

---

〔1〕虽然西夏文产生于 11 世纪上半叶,但汉语和汉文字在西夏却得到广泛使用。[《Библиография Востока》(《东方图书目录》),1933 г.,вып. 2 - 4.]

家文献以及两部对研究唐古特(西夏)政权的历史有重要意义的唐古特文法典。之前我们掌握的这方面的资料非常有限。还有一些谚语、颂诗和寓言、故事集、周朝和其他时期中国谋略家著作的唐古特文译本。

"我们拥有的唐古特文资料的数量大大超过了保存在世界其他地方的总量,特别是除了在我国,其他任何国家都没有非宗教内容的文献。

"在柯兹洛夫的收集中不仅有书籍,还有印刷工具、印刷唐古特文和书中插图用的各种木刻版。

"书中保存的大量版画对研究中国版画的历史也有很重要的意义。"

我们在敦煌发现了大量更早的 10 和 11 世纪的中国版画和印刷作品,[1]在哈喇浩特又发现了 11、12 和 13 世纪的上述作品,因此便掌握了反映 9—13 世纪早期中国印刷和版画艺术的完整资料。

绘画作品几乎全部以佛教仪式为题材,只有几幅表现世俗内容的绘画和版画,这些弥足珍贵的艺术古物和历史文献反映了其他地区对中亚各族绘画艺术的影响。我们有两部研究哈喇浩特神像的成果,作者分别是 C. Φ. 奥尔登堡(1914 年)院士和科学副博士 C. M. 柯切托娃(1946 年)。

C. Φ. 奥尔登堡认为,可以根据书法和构图的特点把作品分成两类:藏族风格和汉族风格。我们从研究成果的名称上便可以了解到,前者(即奥尔登堡的成果)以藏族风格的作品为研究对象,而后者(即柯切托娃的成果)是研究汉族风格作品的。

说到不同文化对哈喇浩特居民的影响,卡津认为,哈喇浩特所在的甘肃西部,从中国人第一次控制该地区(即公元前 2 世纪起)就受到汉文化的强烈冲击,只有到 11—14 世纪才经受了藏文化的熏染。我们可以根据表现手法和祭祀佛像把作品分成汉、藏两类,经过柯切托娃研

---

〔1〕敦煌莫高窟在距敦煌城(中国最西部)14 公里处。洞窟的墙壁上绘有公元 450—1100 年的壁画、佛像和祭坛。《大百科词典》,1931 年版,第 23 卷。

白度母像

保护神像

菩萨像-1

神像-1

·欧·亚·历·史·文·化·文·库·

究:"在中国,于公元 5 世纪成为国教的佛教与充分发展的中国美学规范、高超的绘画技艺和艺术手法进行了整合。裸露、灵活、身体姿态优雅弯曲的印度美学完全没有被清教徒式的儒家所接受,绘画中自然也就不允许有赤裸的体态出现。相反,儒家推崇把整个身体完全遮掩在长且宽大的服饰下面。"

"祭坛上的佛"是有代表性的藏族神像,而我们可以从"一个信徒在阿弥陀佛极乐世界的奇遇及木星和土星"中领略到汉族神像的特点。

据 C.Φ.奥尔登堡考证(1914 年),在哈喇浩特发现的藏族风格的神像与汉族的有着鲜明的差别。这无疑确凿地证明了印度绘画对古代西藏画术有主要的决定性影响。如果在唐古特王朝时期存在着独立的绘画或神像画流派的话,印度绘画艺术自然会对唐古特人产生影响,这就使我们一下子把汉、藏绘画艺术区别开来。的确,如果我们抛开总是按中式方法绘制的云和龙,就几乎找不出其他与中式绘画风格相像的东西了。

形象的构思和表现手法几乎与现代藏派神像如出一辙,艺术手法在一千多年的时间里没有发生任何变化,足以说明藏文化的保守是惊人的。

关于藏派神像,奥尔登堡随后继续认为:"我们再来研究神像的内容。首先应该注意到,作品缺乏对佛的生活场景和寺庙这些印度和中亚壁画所喜好的内容的反映,印度小型彩画至今仍乐此不疲地在一定程度将之描绘在神像中。

"在哈喇浩特,发现最多的是释迦牟尼像,从数量上来说居于首位,同时在佛教界备受尊敬的'祭坛上的佛'也占有重要的位置。随后,C.Φ.奥尔登堡列举了在哈喇浩特发现的诸神像,并强调指出,这里的神殿大体上与现在西藏和安多地区的相同,区别仅在于喇嘛教长等。在这些发现中没有与'黄教'及其创始人宗喀巴相关的内容。这毫不奇怪,因为哈喇浩特被毁于 14 世纪,这一学说尚未传入蒙古之时。

"可以认为,哈喇浩特发现的藏派神像是历史上印度神像与更晚

6

的 16—19 世纪藏派神像之间的一个重要环节。"

从哈喇浩特运来的汉派神像经 C. M. 柯切托娃整理,从中分出两类。最大的一类是与阿弥陀佛有关的诸神的群体神像,如果把混合有印度支那风格的极乐世界阿弥陀佛计算在内,这一大类总共有 30 幅。第二大类由反映天体诸神的 18 幅神像组成,其中有中间是佛、两边为菩萨的群体形象。

整个第一类是以阿弥陀佛为首的安灵祭祀仪式的神像集。这些神像与死者遗体一起存放在发现它们的地方,即哈喇浩特著名的佛塔内,说明它们的直接用途是"获得阿弥陀佛对死者的宽赦"。

第二类由反映天体诸神的神像组成[1],它更多与生活观念、自然现象有关。按佛教徒的信仰,天体诸神似乎在用自己的征兆预示社会和个人生活中的许多事件、自然界的一些现象、天灾、四季轮回等。

哈喇浩特古文献中的天体祭祀仪式是一种外来自印度的佛教仪式。在希腊文化和伊朗文化的直接影响下,印度的诸神像与当地的印度及中国神像密切交结在一起,形成了独特的混合形天体祭祀仪式神殿。

哈喇浩特发现的粘土神像与印度的非常接近,但又独具中国特色,即,中国阿罗汉的木杖,在印度土神那里被权标代替;为道家服务的魔法具有道教特征;掩盖了全身的中式宽袖衣服,服装的颜色与肤色近似,呈黄色。

唐古特式的木星以官吏的形象绘在神像上方的小圈内,表示木星的元素——木。这种形象与佛经中把他作为一个相的描述以及道教中他审理诉讼、行大赦、用木块和圆木惩治魔鬼,使国家免受骚扰的说法相吻合。

C. M. 柯切托娃认为,"值得一提的是,在 13 世纪以后,天体祭祀失去了意义。因为在藏派神像中已经很少见到,而像哈喇浩特那样的大量发现,在其他地方未曾有过。哈喇浩特天体祭祀文献的价值是不

---

〔1〕C. M. 柯切托娃阐明了诸神像在天体祭祀中的使用,这本书的首版对这些神像缺乏必要的解释。

·欧·亚·历·史·文·化·文·库·

言而喻的,它使我们有可能彻底研究东西方各国文化现象的交错相融。特别是源于近东,以古代巴比伦天体祭祀仪式为基础的中亚摩尼教的影响问题[1],会因为哈喇浩特文献以及伯希和对摩尼经文的研究而得到新的阐释。"

对哈喇浩特所在的甘肃的历史加以研究,我们可以得出如下结论:从中国控制甘肃(公元前 2 世纪)起,那里便出现了汉文化。甘肃位于中国的西部边陲,同时受到其他民族的影响,更何况甘肃有几次长时间脱离中国。如,从 8 世纪中叶到 9 世纪上半叶甘肃为藏族政权的组成部分,而从 11 世纪到 13 世纪又被归入唐古特人的西夏国,之后,这一片地区被蒙古人(成吉思汗)征服。14 世纪时,甘肃再次被中国控制,1372 年哈喇浩特被摧毁。哈喇浩特发掘的资料就属于唐古特人控制这一地区的时期。但有些学者认为,[2]这里的文化仍然以汉文化为主,但并不排除它带有一定的其他民族特征,随着对哈喇浩特文献的进一步研究,这一点将得到证实。

虽然西夏在 11 世纪就有了自己的文字,但汉语和汉文字已被广泛使用。儒家教育在 11—12 世纪时传入西夏,并仿效中国建立了翰林院。11—14 世纪,这里受到藏文化的影响,哈喇浩特发现的藏族神像说明了这一点。正如 С. Ф. 奥尔登堡所认为的那样,虽然诸神在内容和外貌上与藏派神像有许多相似之处,但就其风格而言,他们与更晚的藏派神像没有相似之处。此外,还发现了有关蒙古文字史和作品的重要资料。同时应该强调,在哈喇浩特收集到了一些日用手工器具、大量工艺品及与中国宋代时期(10—13 世纪)的陶瓷风格非常接近的陶器。

1924—1925 年,彼·库·柯兹洛夫在诺彦乌拉古墓中挖掘出了更早的,即公元前 1 世纪的文物。

A. H. 伯恩斯特就这一发现的意义做了如下评价(1937):"彼·

---

[1]景仰天体的基督教派。

[2]《Библиографический вестник》(《图书通报》)1932 г., вып. 1, и 1932 г., вып. 2-4. Восстановление первоначальных красок ковра из Ноин-Ула(恢复诺彦乌拉地毯的原始色彩). 《Акад. Наук и Гос. Эрмитаж》,1937г. Из находок П. К. Козлов в Хара-хото 1909 г(П. К. 柯兹洛夫 1909 年在哈喇浩特的发现物).

库·柯兹洛夫率领的苏联考察团,1924 年在诺彦乌拉古墓的发现的确是 20 世纪最有价值的发现之一。"

诺彦乌拉山位于蒙古首都乌兰巴托以北 130 公里的肯特山脉中。彼·库·柯兹洛夫在诺彦乌拉发现了 212 座古墓,打开了其中的 6 座大墓,4 座小墓,这些古墓是 2000 年前生活在这里的东匈奴贵族的古代墓葬遗址。墓葬中发现了地毯、毛织品和丝绸、木质和金属制品、陶器、作丧服的发辫等等。

考古学家认为:"彼·库·柯兹洛夫 1924—1925 年在蒙古—西藏考察时发现的文物品种繁多,其中有大量珍贵的古代纺织品,为科学研究提供了巨大财富。"[1]

在这些发现中,最引人注目的是具有匈奴人地方特色的地毯上的(补花)图案,其中最有趣的一块是表现动物搏斗的大地毯,描绘的是带翅膀的猞猁向驼鹿发起进攻;在另一块地毯上,一头公牛与虚幻的狮身动物在搏斗。动物的姿态自然、动作各异,考古学家把这些美妙绝伦的艺术品归为艺术发展早期阶段的兽型艺术风格。诺彦乌拉的发现表明,即使在文化发展的早期阶段,造型艺术已被运用到纺织技术中。在中亚细亚的其他地方也发现了与诺彦乌拉类似的古物,例如,在楼兰和西伯利亚[2],这说明了东匈奴文化的广泛传播。

在诺彦乌拉发现的文物中,还有一些纺织品向我们揭示了中国及希腊文化对匈奴的影响。如,描绘 3 名骑士的毛织品绣花图案,人的体形从花中出现等。这些都是希腊风格的绘画。希腊的影响和希腊的艺术作品通过各种途径传播到这里。

K.B.特列韦尔[3]认为,这种影响来自巴克特利亚。巴克特利亚建立在亚历山大马其顿的领地,曾占据了从阿姆达里亚到印度的地域,存在了 115 年(公元前 250—135 年)。

K.B.特列韦尔还认为,"诺彦乌拉发掘出土的毛织物绣花图案,只

---

〔1〕诺彦乌拉纺织品工艺研究,国家物质文化研究院通报,1932 年。

〔2〕Г. Сосновский. Древнейшие шерстяные ткани Сибири（西伯利亚古代毛纺织品）Проблемы истории докапитал. Об-ва,1934 г.,в. 2.

〔3〕苏联文化史学家,东方学家,苏联科学院院士。

有在对古罗马、中亚、伊朗、印度和中国的文化史进行一番追根溯源的研究后,才能解释这一现象。这些织物使我在1925年就确信,我们有必要研究希腊—巴克特利亚王朝的古代艺术文献。"[1]

在诺彦乌拉还发掘出了有中国文化特色的物品:绣花或不绣花的丝绸、上了清漆的木品,一件丝绸上绣着有中国特色的带翅膀的飞龙形象,一只标明了制造日期(公元前2世纪)的中国碗,非常珍贵。

古墓中发掘的中国纺织品是我们已知的最早的纺织品。据A. H.伯恩斯特考证,"早期中国,特别是汉代,纺织品种类繁多。但发现的这些东西,特别是陶器……与中国、巴克特利亚的产品及其他制品混放在一起,匈奴的产品就显得非常粗糙……制作粗糙的匈奴地方产品,领袖墓葬的奢华等雄辩地说明了匈奴社会内部的分化。"(伯恩斯特,1935年)

因此,诺彦乌拉古墓的发现为我们研究古代中亚细亚民族及其习俗、艺术、工艺提供了内容丰富的资料,也向我们揭示了当时匈奴的社会关系。"彼·库·柯兹洛夫1924—1925年蒙古—西藏考察中发掘的大量考古资料,无论从种类,还是从大量珍贵的古代纺织品来说,首次为科学提供了巨大的财富。"(诺彦乌拉纺织品工艺研究,国家物质文化史研究院通报,1932年。)因此,我们需要制定修复古代纺织品的科学方法。

首次对诺彦乌拉古代纺织品历史工艺的研究和修复工作是由考古工艺研究所进行的。[2] 这些工作让纺织品具有了鲜艳的色泽,如上面提到的有动物图案的地毯。(参看《恢复诺彦乌拉纺织品的原始色彩》过程中的着色工作,1937年。)

哈喇浩特和诺彦乌拉古墓发现的文物现存于国家埃尔米塔什博物馆[3],一些最具特色的物品已面向公众展出。

此外,有些东西被送去参加了1929年在柏林、1935年在伦敦和

---

〔1〕《Краткие отчёты экспедиции по Северной Монголии》(《考察团在北蒙古的简要总结》). 1925 г. ,Стр. 30.

〔2〕国家物质文化史研究所下设。

〔3〕译者按:即冬宫博物馆(圣彼得堡)。

1940 年在莫斯科的中国艺术国际展。

同样值得一提的是,为迎接 1935 年举行的伊朗代表大会,柯兹洛夫的一些发现物还参加了在埃尔米塔什举办的展览。

彼·库·柯兹洛夫科学发现的巨大价值还在于,有关中亚细亚的历史文献被发现的极少,只有亚德林采夫在蒙古鄂尔浑的发现[1]和 A.斯坦因[2]在与哈喇浩特年代相近的敦煌藏经洞和与诺彦乌拉相类似的东土耳其斯坦的古楼兰遗址[3]的发现堪与彼·库·柯兹洛夫的考古发现相提并论。

对彼·库·柯兹洛夫大量考古资料的加工整理工作还远远没有结束,特别是对从哈喇浩特运来的大量藏书的研究才刚刚开始。毫无疑问,对这些资料的进一步整理,在不久的将来会带来中亚细亚古代民族、历史、语言和艺术领域的一系列新的科学发现。

В.П.柯兹洛夫

---

〔1〕亚德林采夫 H.M.,1891 年在鄂尔浑和南杭爱山考察的日记和报告,鄂尔浑考察团论文集。

〔2〕A. Stein.《Ruins of Desert Cathay 1912. L.》(《1912 年沙漠契丹废址记》);P. Pelliot.《Les grottes de Toeun – houang 1914—1922 . P》(《1914—1922 年在敦煌莫高窟》).

〔3〕奥雷尔·斯坦因先生在中亚废墟中发掘的中国古代绢画。F. H. 安德鲁绘制并描述,柏林顿杂志,1920 年 7~9 月。

引　子

……你的春天将至,而我的秋天却不远了。

——普尔热瓦尔斯基

游牧民族[1]的灵魂在远方召唤着我。

对于一个旅行家来说,定居的生活无异于将崇尚自由的鸟儿关在笼中,返回家园的喜悦过后,文明环境下的一切日常生活现象再次变得沉重起来……

远处神秘的声音催醒着灵魂,用命令的口吻催人再次去接近它;想象描绘着以往的画面,生动地交替闪过。当我无数次面对亚洲荒无人烟但却奇伟无比的大自然时,幸福的感觉油然而生。我多次登上一定高度,倾心去感受大山脉的迷人魅力,幸福的时光不胜枚举。记得在那些美丽的地方,我们生活在奇形怪状的山岩和森林中,在小溪和瀑布的轰鸣声中,小溪与瀑布在山中产生了一种神奇的和声。我无法控制自己,一次次地去倾听这充满活力的迷人音符,欣赏白天一片湛蓝,而夜晚又布满星辰的大自然的神殿。自古以来,大自然的雄伟壮丽就一直在征服着人类。

这一简短的表白足以让大家明了我在 1907 年秋天接受俄国皇家地理学会的委托,去蒙古—四川[2]考察时的惊喜之情。

这次考察的固定经费为 3000 卢布,是从国库的款项中拨付的。此

---

〔1〕游牧民族——源于希腊语的 nomas 一词。牧人、游牧人是广泛应用在地理学文献中的词汇,意指从事畜牧的游牧人。

〔2〕虽然这次考察被称为蒙古—四川考察,但实际上考察队没有到四川,因为地理学会建议彼·库·柯兹洛夫将精力用在对哈喇浩特的挖掘和研究上,因此考察队离开安多的拉卜楞寺后又返回到死城。

·欧·亚·历·史·文·化·文·库·

外,旅行过程中,几乎考察队的所有成员都按职务得到了足够的薪水。

蒙古—四川考察队成员

为期两年的蒙古—四川考察的任务是:第一,顺路研究中部和南部蒙古;第二,对库库淖尔(青海湖)地区进行补充研究,包括库库淖尔湖;第三,取得对四川西北部的研究成果,对这一地区进行自然—历史方面的资料收集。

考察队的成员除了我担任领队以外,还有我的亲密助手、莫斯科大学的地理学家亚历山大·亚历山大洛维奇·切尔诺夫,地形测绘员彼得·雅科夫列维奇·纳帕尔科夫,植物和昆虫类收集家谢尔盖·西里维尔斯托维奇·切蒂尔金。

由10人组成的护卫队依旧由我的老伙伴、掷弹兵加夫林尔·伊凡诺夫率领,成员有外贝加尔人、担任猎手和制备员的哥萨克军士——潘捷列·捷列绍夫、阿里亚·马达耶夫,新旅伴有掷弹兵符拉斯·捷米坚科、马丁·达维坚科夫(后来成为阿拉善气象站的观测员)和马特维·萨纳科耶夫,来自外贝加尔的哥萨克有叶费姆·波留多夫(中文译员)、布杨塔·马达耶夫、加木波扎普·巴特玛扎波夫(曾在1905年陪

2

我去库伦拜见达赖喇嘛)和巴巴桑·索特鲍耶夫。这样,考察队共由14人组成。

考察队3名成员的中国护照是通过俄国在中国的外交公使馆,从北京政府那里搞到的。

无论在彼得堡、莫斯科,还是在边境上,大家都得为各种装备忙活上一阵子。我牢记难以忘怀的恩师H. M. 普尔热瓦尔斯基的教诲,并做了一些个人的补充。总之,这次我们在各方面都做了几乎与以往西藏考察同样细致的准备,[1]"几乎"的表白不包括我们现在没有的一些特别礼物,它们曾经是我以往去西藏考察的掩饰。

在我内心深处深深埋藏的念头是:在蒙古的沙漠深处发现古城废墟,在库库淖尔找到有人居住的岛,在四川发现丰富的动植物区系……四川美丽的自然、竹类植物、熊猫、猴子,而最主要的是神奇的虹雉从未间断对我的吸引力,H. M. 普尔热瓦尔斯基在生命的最后日子里仍充满激情地幻想着这种动物。

10月18日是我离开彼得堡[2]的日子。尼古拉耶夫站[3]聚集了不少朋友和熟人、与地理学会或科学院有密切关系的人,这一方面使我感到精神饱满,精力充沛,另一方面又在提醒我所肩负的重大使命。

在莫斯科的3个星期,我们不但顺利完成了装备的补充工作,并且稍事休息了一番。我为并非我之过失而耽搁了行期感到懊悔,但却无可奈何。饱满的精力和对事业忘我的忠诚占据了上风,再加上我年轻的同行一个劲儿地谈论与旅行相关的事情,他们迫不及待地想尽早踏上旅途。

11月10日,考察队现有的一半人员离开莫斯科,旅行家们被安排在舒适的客车车厢,装备放置在随行的行李车厢。站台上聚集了许多

---

〔1〕参阅彼·库·柯兹洛夫的《Монголия и Кам》(《蒙古和喀木》)。1899—1901年去西藏的考察是彼·库·柯兹洛夫的首次独立考察。这次考察的任务是继续进行普尔热瓦尔斯基开创的中亚研究工作,柯兹洛夫在西藏东南部和蒙古收集到了丰富的独一无二的自然和民族学资料,因此获得康斯坦丁诺夫金质奖章。

〔2〕该书的日期均按旧历计。

〔3〕尼古拉耶夫车站,即今彼得堡的莫斯科车站。

3

送行的人,德高望重的教授们夹杂在年轻人中间,男人女人挤成一堆,对遥远亚洲的梦想和想对旅行者说一声"再见"的想法把大家聚在一起,分别的时刻是沉重的……

机车头扑哧、扑哧地启动了,车轮轰隆作响。这里的一切都结束了,而远方……那里一两年新的生活将充满惊恐、贫穷,同时又不乏引人入胜的新发现。

火车急驰在俄国辽阔的大地上,车速在西伯利亚放慢了一些。祖国沿途最美丽的地方仍然要数乌拉尔,它吸引着旅行家们一整天都守候在车窗旁,欣赏窗外如画的风景。真是无法把自己的目光从万花筒般变化无穷的活的自然美景中移开,哪怕是片刻功夫。供考察队使用的从萨马拉到兹拉托乌斯特的奢华"公务"车厢,更加深了我们的美好印象。车厢里的大窗户时而向我们展示着乌拉尔的全景——特别是南边的地平线,时而又反射出一条绯红的霞光。过了乌拉尔,远处似网状花纹般架设在宽阔而深邃的西伯利亚河上的大型铁路桥吸引了我的同伴的注意力。在经过这些桥梁时,火车减速行驶,车轮奇特地度量着钢轨,寒冷的河水从桥下急速淌过,桥那边又闪现出与以往相同的灌木丛、草地和小树林。

我们终于到达了伊尔库茨克,清澈美丽的安加拉河被薄雾笼罩着。严寒加剧,空中飘洒着洁白的雪花,西伯利亚人把自己裹在厚厚的皮毛服装里。地形测绘员 П.Я.纳帕尔科夫和哥萨克人巴特玛扎波夫、索特鲍耶夫在这里迎接我们。伊尔库茨克是西伯利亚的历史中心,考察队在这里停留的数日在不知不觉中闪过。我求助于自己的新、老朋友。边境和伊尔库茨克市的最高代表,俄国地理学会东西伯利亚分会的会员很热情地协助我们,使我们尽可能快且圆满地完成了考察队在此的任务。

上乌金斯克[1]是我们乘行的最后一站,在此我们结束了长途乘

〔1〕译者按:乌兰乌德之旧称。

4

行。由此向南已浮现出辽阔的草原,出现了游牧的布里亚特人、蒙古人[1]和衣着花哨的喇嘛。地方佛教的住持堪布喇嘛伊罗尔土耶夫用象征幸福的哈达[2]欢迎我,有温暖的话语。他的临别赠言对我来说是珍贵的:"您是一位天才的旅行家,再次踏上信仰温和的佛教的国家,佛教信徒在这个国家有千百万之众。佛的国度会喜欢您,也许就像您喜欢他们一样。这次她一定会赐予您一些最美好的东西! 对此我深信不疑……"

奔驰的3架马车——有的地方用4架马车——载着我和我的同伴切尔诺夫,起初行驶在沿色楞格河及其右支流奇科伊河沿岸,随后又穿过一片宽广向南延伸的多山地区。前方突然出现大范围的亚洲自然景观,山链、冲击矿床、孤零零的山岩吸引了切尔诺夫,并成了我们谈论的话题。考察队在山垭顶部停了下来,以便能尽情欣赏广袤山区的全景。

考察队的沉重货物在近卫军士兵和哥萨克的押送下到了通道,经验丰富的伊凡诺夫管理着这些人,并不时给予他们教导……

П. К. 柯兹洛夫

---

〔1〕有关蒙古人的渊源问题目前尚缺乏研究,他们被认为是中亚最古老的居民。有人认为中国人提到的公元前3世纪的匈奴人就是蒙古人。在后来的历史长河中,蒙古人显然只是改变了部落的名称。蒙古人被分成3个大的群体。第一个是西蒙古人,包括喀尔梅克蒙古人、卫拉特蒙古人。(卫拉特是一个总称,是4个部落的联盟。但不同作者所指的4个部落不同:帕拉斯说的四部指卫拉特部、辉特部、土默特部、巴尔忽及巴图特(барга-бураты?);雅金夫指的四部是绰罗斯、土尔扈特、和硕特和辉特部;蒙古游牧记的四部指和硕特、准噶尔、杜尔伯特、土尔扈特。)蒙古语将西蒙古人称为额留特,汉语称额鲁特。第二个是北蒙古人——布里雅特蒙古人。第三是东蒙古人。其中包括喀尔喀蒙古和南蒙古诸部,后者也同样分内蒙古——察哈尔、苏尼特、哈喇沁、土默特、乌拉特、鄂尔多斯蒙古——和东蒙古各部和满洲的郭尔罗斯、科尔沁、杜尔伯特。上述分类不包括单独的巴尔忽特(баргуты)、土族。

〔2〕哈达:长形丝绸或棉布织物,常见的有黄、黑、白、蓝4种颜色。最长的丝绸哈达有二三度长,但也有15和2俄尺长的。多数哈达上有花纹图案:有的上面织有各种佛像,见得最多的是令人长寿的菩萨像,这种哈达叫"旺若";另一种以黄色居多,上面有悦目的圆圈形图案的哈达叫"索诺木"。有花纹,但没有佛像的小哈达叫"达奚哈达";没有任何花纹修饰的棉布哈达称"撒木拜"。

蒙古　发现哈喇浩特
（1907—1908 年）

1　蒙古北部

1.1　旅行的出发点——恰克图

　　12月2日,我们终于到达了中国边界地带,到达了我们熟悉的小城恰克图,并在当地的集会场所找到了不错的暂居地。我的恩师普尔热瓦尔斯基也曾在旅行前后多次在这幢房子里栖居。过去的一切再次浮现脑海中。

图 1-1　恰克图

　　好客的恰克图人,特别是莫尔恰诺夫、索宾尼科夫、鲁什尼科夫、舍维佐夫,都热情地款待我们,争先恐后地为考察队提供各种帮助。时间过得很快。我们白天忙于驼队的装备工作,夜晚到别人家做客,或者参加地理学会地方分会举行的会议,过节的时候就去围猎野山羊。恰克

9

图在打猎方面的条件可谓得天独厚:蒙古人的居住地和大量的野兽有时赋予这一娱乐活动传奇般的色彩。

1.2　围猎山羊

12月,宜人的一天,寒冷的早上。几架三套四轮长途马车奔驰在松软的尘土路上。东边的朝霞泛着金色的光芒,南边深蓝色的天空与覆盖了远处群山的灰色云彩融为一片,山坡上有些地方泛着冰雪的白光。我用毛皮衣服紧裹住自己的身体,任由思绪在广阔的空间里驰骋。我无数次沉浸在无边的遐想之中,直到到达打猎营地,听到蒙古围猎手的声音。等候已久的猎手卡拉什尼科夫早已点燃了跳跃的篝火。

过了几分钟,猎手们跨上早已备好的马,并用半小时时间占据了射击点。森林中的寂静顷刻间被打破:号角声四起,猎手们呼喊着,受到惊吓的鸟儿到处乱飞,惊恐的兔子从灌木丛中一闪而过。啪……啪……右边传来射击声,不远处又是几声枪响。之后,一切都停止了。第一次围猎结束,这次围猎的收获是两只山羊和一只狐狸。

接下来,猎手留在射击手们刚才待过的地点,而射击手们又疾驰向新的射击地点。如此这般,在早饭之前我们已完成了4次围猎。虽然在此期间有几只山羊从远处的灌木丛中跑过,让我有幸欣赏到它们袅娜多姿的跳跃,但我却一枪未发。

"天气不错",一位猎手说。的确,过了晌午之后阳光令大地明显回暖。稍事休息后的射击手在卡拉什尼科夫的号角吹响之前停在原地待命,号角一响,他们便翻身上马,迅速列队。目前我们所在的这个地方的地形与先前有所不同:稀疏的小桦树林替代了先前连绵不断的云杉密林,有些地方星星点点地闪动着黑琴鸟的身影。在我们试图接近时,黑琴鸟悄然飞走了。

猎手们各就各位。几群小鸟从我身后飞过:山雀、白腰朱顶雀……

远处传来号角声,蒙古骑士的队列又活跃起来。枪声四起,山羊开始乱蹿。由于紧张,我手中紧紧握着枪一步步缓慢前进。对面地平线上不时有野兽出现。[1] 突然,有几只山羊向我冲来,一只大狍子或山羊跳离地面。一分钟,又一分钟,猎物已经完全接近了,枪声此起彼伏……太棒了!两只山羊在彼此相距15步的地方倒下,这一幸福时刻对一名猎手来说是难忘的。不一会儿,枪声停了,一切又恢复了平静。

成群结队的山雀又开始出现,啄木鸟在桦树的躯干上大声地啄击着,旁边的灌木丛中不时闪出几只惊慌失措的雪兔,如箭般闯过猎手队列。

几次围猎之后,冬日的白天变得暗淡下来,黄昏降临大地。我们坐在急速行驶的西伯利亚四轮马车内,欣赏着蒙古繁星闪烁的夜空,思绪就像脱缰的野马——对遥远故乡幻想般的回忆与即将进行的徒步旅行生活同时出现在我的思绪中。

除了野山羊,我们还打到了几只要收集的鸟类。从到达边界的前几日起,制备员就对恰克图周围的地区进行过考察,收集当地动物群最有意义的标本。

1.3 冬季的节日里驼队出发

起初,我打算在12月20日之前完成考察队的装备工作,在圣诞节之前启程。结果这种打算由于一些原因而无法实现,其中最主要的原因是中文译员拒绝参加考察队,我不得不再找一名译员。总的来说,在恰克图人——市代表们的鼎力相助下,我们才于1907年开始了旅行:出发的那天是12月28日。

考察队做完了出发前的所有准备工作。按节日期间的惯例,我们又浪费了几天时间。我们的朋友莫尔恰诺夫执意邀请我们参加"枞树晚会"。在晚会上,我们收到了旅行途中派得上用场的可爱礼物。此外,慷慨好客的恰克图人向我们提供了可口的食物,这在亚洲旅行的开始阶段显得尤为重要:我们得一下子告别文明生活的各种舒适条件,去适应游牧民族的艰苦生活环境……

---

〔1〕西伯利亚人常常把偶蹄目的麋、鹿、山羊称为野兽。

·欧·亚·历·史·文·化·文·库·

启程的那一天对我来说是值得记忆的。寒冷的早晨,刮着风,天空罩着浓厚的云层。我们在天亮前早早起床,收拾整理好所有的行李物品。喝完早茶之后,我们把所有的东西搬到宽敞的院子,按梯队把托运的行李分成3路。骆驼很快被牵了过来,大家开始装驮子。看热闹的人将院子团团围住,摄影爱好者从不同角度调整暗箱。人的嗓音和骆驼的嘶鸣声混杂在一起,这与往常一切进行得干净利落、即无驼鸣、又无不同言语声的情景截然不同,令人有点不快。

"准备好了!"上士略带担忧地说。"一路顺风!"我对自己的老旅伴、驼队的向导回敬道。几分钟后,驼队沿着街道轻快地向前行进,而考察队员穿着行军的装束拐到 B. H. 莫尔恰诺夫家,在他那令人有好感的家中用早餐。在对主人的关心表示了一番谢意之后,我们便赶上了在中国的大地上鱼贯前行的驼队。欣赏俄国考察队整齐壮观的驼队是一件令人愉快的事,更让人兴奋的是,今天是旅行的第一天。简直不敢相信,旅行已经开始,我的心中充满了巨大的喜悦。此刻,我敬仰的恩师的在天之灵是否能感觉得到? 在这庄严的时刻我期盼着他的祝福。

1.4　严寒中的行进线路

严寒加剧,夜幕降临大地。天空浮现出神奇的霞光。考察队离开中国的买卖城进入蒙古,寄宿于吉兰—淖尔[1]。万籁俱静,蒙古群星闪耀的美丽夜空让人更加深刻地感受到广阔宇宙的伟大。我们留下一个哨兵警戒,一小时之后考察队员们进入了沉沉的梦乡。

第二天,天气变了。刺骨的寒风夹带着雪花,乌云低垂在河谷上空。考察队从宿营地动身,依旧向着朝南的方向前行。我们的"客人",大学生 И. A. 莫尔恰诺夫[2],曾经怀有一腔与我们一起旅行的强烈愿望,但在这时却含泪向我们说:"再见!"这位招人喜爱的年轻人徒

〔1〕淖尔或诺尔——蒙古语的"湖"。
〔2〕И. A. 莫尔恰诺夫,矿业工程师,后来在北蒙古从事研究工作。

劳地回头张望,机灵的溜蹄马载着他向我们内心送去告别祝福的那个地方奔去。接近傍晚时分,寒风怒吼,漫天飞舞着的絮状雪花让我们在行军途中和停留地都感到寒气袭人。接下来的几天同样很少慰藉,但我们继续卓有成效地赶路,走过一站又一站,或者如本地人所说的,从一个驿站到下一个驿站。

应该说,在蒙古地区或者在长城以外的中国,驿站交通与俄国的交通有所不同。蒙古地区,至少恰克图—库伦大道的驿站都是这样设置的:沿路在一定的地点,大多是有人烟的地方安置五六座蒙古车夫住的帐篷。这些车夫除了驿差外,不从事其他工作。驿差由土谢图汗、赛音诺颜济亲王和巴尔丁扎萨克等4个旗来承担。绵延335俄里,由11个站组成的库伦大道是由头戴红顶的官员监管的。同样,每个驿站设驿站长1名,仓根和助手各1名。

蒙古的驿站提供几十匹,甚至成百匹由8~10位车夫驾御的马匹。根据需要,人和马匹由上面提到的各旗替换或补充。不过,这种规定只限于马匹。驿站监管人和车夫的职位通常可以继承——有人向我们列举了许多世代相承的驿站工作人员。

在驿站工作的蒙古人不承担其他差役。

根据与我们在恰克图和库伦的代表的特别协议,蒙古驿站不仅需要运送自己或中国的货物,还要运送俄国的货物:首先是官方和私人的信件、包裹等,其次是持有官方和个人命令的过路人的行李,轻、重邮件或者是这里所谓的"驿件"。除官员和商人常常乘坐马车以外,其他主要载客工具便是马。

蒙古车夫用自己独特的方式驾御欧式轻便马车:2个或4个骑手抓起多努尔[1],一声令下:"走!"马车便会飞驶过一站又一站。驿站根据过路者的身份和地位派遣大小不等的护送队和数量不等的骑手。当一部分骑手拖拉四轮马车时,另一部分则跟在马车旁奔跑以便中途替

---

[1]多努尔——横向固定在欧式轻便马车上的木板。通常由两边的一个或者两个骑手抓住木板的两端,搁放在鞍旁或车夫腹部。换马时轻轻抬起木板,然后新车夫替换原来的车夫,再次将木板放下并固定。上山时另有两名车夫拉着固定在木板上的两根绳子拖拉马车,上山之后两个车夫迅速闪到一旁并在奔跑的过程中松开绳子,马车的运行速度明显减缓。

欧·亚·历·史·文·化·文·库·

换。如果你在大老远处看见飞扬的尘柱和一队快速向你奔来的人马，那便是荒凉的地方出现了达官贵人的车骑。水渠、石头、路上遇到的各种障碍，都无法阻挡游牧民族的车夫，无法让他们将车速减缓一些。他们一路飞奔……这时我们也十分乐意在每一站慷慨地付给车夫几个"喝茶钱"，约3个或更多俄国银币。

由于恰克图边境官员——已故的 Π. E. 亨卡——及时与中国蒙古地方的管理部门进行了接洽，考察队的所有成员顺利地骑上了蒙古驿站的马匹。但我们多半时间是与专门从蒙古承包人那里雇来驮运行李的骆驼相伴、徒步前行的。

蒙古人是无与伦比的车夫或赶车人，他们善良、勤劳、坚韧。如果有一匹善于长途跋涉的烈马，他们更是出色的信使或送急件的信差。蒙古人也是矫捷的骑手，再加上他们视力敏锐、擅长骑术，能够应对各种不良的气候，一句话，这是一个名副其实的游牧民族。蒙古人用祈祷、歌声、烟叶和茶等让单调的长途旅行变得多姿多彩，他们在山口上祈祷，沿河谷唱歌，休息时在沿途每一座帐篷中抽烟、喝茶等。

考察队的驼队以梯队方式前进，占据了相当长的距离。我骑马走在前面，大尉纳帕尔科夫断后，地理学家在行进的过程中配合进行一些专门观察，制备员为了履行自己的职责，有时会落在驼队后面，或者离开队伍去打猎。

我们一般在天亮前起床，在晨曦中拆除营房。前进到下一个宿营地，通常需要走一整天的路。大家早早吃早饭，深夜才能吃上午饭，然后草草收拾入睡。由于沿途木柴充足，行军用的铁炉烘热我们的帐篷才能让大家得到很好的休息。严寒加剧，雪越下越大，周围是一派冬日的景象。从恰克图到伊比茨克雪几乎就没有停过，这大大妨碍了我们对山坡的观察。只有旧年的最后几天天空才晴朗了一些，天空在日出和日落时呈现出绯红色。空气在新年的曙光中显得格外清新，气温达到 −47.3℃，这种严寒我好像从未体验过。值得庆幸的是，周围非常宁静。

山里的燕雀和灰山鹑挤在蒙古人住所旁被牲口踏松的黑色地面

上。最易轻信人的是山鹑,它们像家禽一样飞到跟前捕捉我们抛出的食物。白天的太阳下,山鹑更多。它们在尘土中打着滚,扑棱扑棱地抖动着翅膀。只有它们的尖叫声偶尔打破笼罩在四周的寂静。但是,当可怕的敌人——鹰突然飞临时,鸟群中会出现一阵巨大的骚动。鹰这种高傲的猛禽像离弦的箭忽然出现,在捕捉到一只山鹑后又以同样的速度消失。它用利爪将山鹑抓到附近的山冈,然后贪婪地享用自己的猎物。其他常见的鸟类有:成群栖息在桦树林中的黑琴鸡和松鸦,在林边及峡谷栖息的衣着华丽的玫瑰色西伯利亚长尾雀。

1.5　新的 1908 年

1908 年新年的第一天,考察队一半在路上度过,一半在沙拉—哈塔[1]——"黄色山岩"(由含有奇特的古生代化石的沉积岩形成)度过。我在这里向 3 名晋升为士官的掷弹兵表示祝贺,希望他们在今后的旅行中取得新成就。新的一年不得不在亚洲腹地度过,对我的新旅伴来说,这真是一件可怕的事,并且不仅仅是这一年,在旅行的整个过程中,他们都不能像在家里早已习惯的那样发信和收信件。我们这里所说的家,是指距离我们一天比一天遥远的祖国。

起初的恶劣天气很快有所转好。由于空气清新,在积雪覆盖下闪耀着金色光泽的大地一目了然,山丘的顶部因此也显得楚楚动人,寂静的严寒给周围的一切涂抹上它的痕迹。在严寒中冷得瑟瑟发抖的驼队披着银装,总算顺利走完了一天的路程。

1.6　曼哈岱山脉

沙拉—哈达向南,道路被在深深的积雪中显得分外威严且挺拔的曼哈岱山阻隔,山上的木本植物在白色背景下十分引人注目。由于大量的积雪,我们不得不离开平常行走的曼哈岱山道,走一条经过海拔

---

[1]哈塔——蒙古语,被严重破坏的陡峭高地或者山峰、高峰、悬崖。

·欧·亚·历·史·文·化·文·库·

4500英尺(1360米)的色扑苏尔—达坂的只有冬季才走的路。这条路更为曲折,但略为偏低并且少石。由于道路修整得不错,加上往来穿梭的驼队不断夯实,攀登色扑苏尔—达坂困难不会太大。

与中亚细亚的所有山口一样,这里矗立着用附近山中的岩石堆砌成的神圣建筑"鄂博"。干枯的树枝上挂着羊肩胛骨和写满"玛尼"的碎布料。[1] 我们在山口上遇上了一个阳光明媚的早晨。尽管如此,空气还是刺骨地寒冷,黑琴鸡不时地从附近的桦树上扑向松软的积雪。近处跑过几只胆小的狍子,冬天要想捕捉到它们是相当不容易的。我们决定打几只鸟来补充我们感兴趣的鹰科、鸥枭、乌拉尔林枭等鸟类的收集。

1.7 哈拉河谷与汉人移民的痕迹

曼哈岱山的南麓被长长的哈拉河围绕着,沿河岸随处可见汉人的农场,这是中国内地向蒙古地区移民的尝试。为了能同化当地的民族,中国政府严禁汉族男子将家室迁到长城以外的地方;而汉族男子本身又过于贪恋家庭生活,命运将他们抛向哪里,他们就在哪里成家。这样,汉人有计划地迁居北蒙古地区,就像曾经部分地使东南部蒙古人失去自己原貌那样与喀尔喀蒙古融合。

在汉人的小土屋中间,卡尔梅克人用圆木搭盖的一幢俄式小屋非常显眼,冷得发抖的我们奔到那里取暖。屋子里只有几个女人,她们立刻张罗着用热腾腾的早饭招待我们并请我们喝茶。令她们非常吃惊的是:俄国人竟然选择在冬天旅行。对于我的问题:"你们家主人呢?"妇女们回答道:"在恰克图,去买粮食和其他东西了,不会很快回来。我们的男人可不像你们,选择在这么寒冷的天气里出行……"

后来我们在途中也陆续发现了多处窗户被钉死似的俄式小屋。这

---

〔1〕蒙古人的"玛尼"是一种神秘的说法。"唵—嘛—呢—叭—咪—吽",意思是说:"啊,莲花宝物!"吽——神圣的赞叹。莲花是一种漂亮的植物,是印度神话中创始者的宝座,同时也被认为是大地的象征。

些建筑都是巴特马耶夫不成功企图的结果,它们因此被称为"巴特马耶夫式建筑"。

在哈拉河谷,专管恰克图—库伦驿道的蒙古官员来探问我们的健康和平安情况。

1.8　下一段路

出了哈拉河谷,又是一片山地。驿站在高高的山岩和针叶林地带。道路,特别是只有轻装的骑手方能通过的捷径小道,起伏不平,驼队沿着山脚下曲折而更加悠长的道路行进。考察队在洪钦尔的宿营地设在地势极高处,由此向西望去,视野十分开阔。我的旅伴游览了地势更高的地方,并惊喜地评论呈现在他们面前的半圆形全景。"太美了!"A.A.切尔诺夫说,"能欣赏到高度低于我所在山岭,并且向四面伸展的巨大山岭,夺目的晚霞更加深了对周围一切的美好印象……"

在洪钦尔,我们遇上了库伦翻译学校一名叫康达科夫的学生。他告诉我们,地方领事馆急切地期待着考察队的到来,并因为从未有过的严寒而担心考察队的安全。持续多日的严寒已经将所有的行人都耽搁在路上了。

1月5日下午大约两三点钟,我在行进途中观察到了太阳周围的晕圈。这使我想起1899年12月18日我曾经提到过的[1]在大戈壁中部出现的类似景观[2]。

离库伦还有4天的路程,我们下决心在4天走完这段路。严寒没

---

〔1〕参阅 П. К. 柯兹洛夫:《Монголия и Кам》(《蒙古和喀木》),国家地理著作出版局,1947年版。

〔2〕大多数人以为,戈壁是没有水、寸草不生的沙漠,其实这种想法不完全正确。В. А. 奥布鲁切夫在著作中这样写道:"蒙古人把地形略有起伏、没有流水,较之于山中植物更加贫乏的无森林地区称为戈壁。蒙古的大片空间属于戈壁类型,真正意义上的沙漠或者接近于沙漠的非常贫瘠的草原仅占很小面积,并且这些地方都有一个补充性的名称,例如,戈壁沙漠。"许多地图上的名称"戈壁或者沙漠"也是不正确的,后一名称为汉语的"沙漠"。大片沙漠集中在蒙古南部与中国的接壤处,汉人在进入蒙古时会遇上流沙,这个名称由此而来。蒙古人从来不认为戈壁就是像个别地方那样的沙漠。参看 В. А. Обручев.《От Кяхты до Кульджи》(《从恰克图到伊宁》),Акад. Наук СССР. Москва-Ленинград, 1940 г.

有减弱的意思,似乎更加剧烈。1 月 8 日对考察队来说是值得记住的一天。虽然大家都戴着大大的毛皮帽子,但当时我们每个人的脸部还是不同程度地冻伤了。大家在零下 26～28℃的严寒里顶风前行,实在难耐。我相信,我们永远不会忘记这一天,同样也不会忘记"该诅咒的"严寒和"火辣辣的"风。一个星期以前,我们相对轻松地经受了途中零下 47.3℃的严寒,当时大家处之泰然,那种低温没有在我们身上留下丝毫沉重的印记。

总的来说,白天在太阳下——特别是当太阳爬到最高点时——气温明显回升,天气变得非常宜人,令人不由自主地想打个盹。不远处的山顶上积雪闪闪发亮,空中传来红嘴山鸦愉快的叫声。金雕在空中任意翱翔,吸引了驽的目光。

离库伦越来越近,我们对这一佛教圣地的向往与日俱增。考察队在天亮之前借着月光早早离开了最后一个宿营地"卡尤什"。

1.9 托洛戈伊图山口印象,博格多山

我总是走在驼队前面。驼队落后的距离越长,说明道路越难走。今天我们一开始就得攀登海拔 5500 英尺(超过 1600 米)的托洛戈伊图山口。自然,当我爬到山口顶部时,驼队仍然穿行在山底。我不由得被面朝库伦的一片尚未开垦的山岭、蒙古的明珠——博格多山的鄂博所吸引!一看到这座山岭,赞叹之情油然而生:"我已经不止一次地观赏你,长久注视你那神奇的冷峻之美和傲然的处女装束。你依然如故,沉思着,默默不语,笼罩在瓦灰色烟雾和严整地从你头顶上掠过的两三朵柔和而薄如蝉翼的云朵之中。库伦寺院的喇嘛护卫着你那奇特而神圣的被覆,虔诚地遵守最英明的中国康熙皇帝和同等英明的库伦第二个

呼图克图——温杜尔活佛的遗训[1],你林中的居民——鸟、兽享有无限的自由,每一个珍惜和爱好纯净大自然遗迹的欧洲人都以非常激动和受教益的心情来把你赞叹……"[2]

测量了山口的气压高度之后,考察队开始下山。刺骨的寒风再次让人难以忍受。现在已经可以碰上迎面骑马而来的蒙古人,或者由郁郁寡欢的牛牵着的一连串吱吱作响的蒙古大车。道旁聚集的帐篷也越来越多,还可看见成群的盛装的喇嘛,以及向不同方向疾驰的官员。我们也加快了步伐,一边做各种观察,一边赶路。时间就这样在不知不觉中度过,土拉河谷到了。从北向西环绕着博格多山的蛇形道路是考察队去沙漠的必经之路。开始出现一些小鄂博、乞丐凄凉的住所,还有几只凶恶的狗正在吞食按僧侣指示抛弃在道旁的死尸。

1.10 库伦[3]

右边向西延伸着甘丹寺的建筑,西藏的达赖喇嘛不久前曾到过这里。左侧,在东北方向上有为纪念游牧人的保护神——麦特列而修建的库伦,另一座佛教寺院。过去的一切十分清晰地在记忆中翻腾活跃起来。

沟状道路把我们带到城郊和市场边,从蒙古住宅中升腾而起的浓烟在到达一定高度后就变成一朵灰云顺着土拉河谷弥漫。又过了几分

〔1〕温杜尔活佛在与彼得大帝同时代的人——中国康熙皇帝的保护下,宣布博格多山、山中的森林和动物是神圣而不可侵犯的。许多通往深山的隘口(约80个)不许猎人和伐木工进入。现在蒙古卫队仍然禁止这些人进入,仅允许一些观察员进入博格多山。蒙古人和俄国人可以自由进入到空旷的深山中,欣赏高躯干的树木、阴森的山岩、喧嚣的瀑布,还有由五颜六色馥郁的花朵铺成的林中草地,及夏天阳光明媚的日子里草地上飞舞着的无数蝴蝶。在博格多山的深处有一座为纪念智慧之神文殊师利而建的寺院。

〔2〕E. Козлова.《Поездка в столицу Монголии, Ургу》(《去蒙古都城库伦的一次旅行》). Отдельный оттиск из журнала Землеведение , 1916г. KH. Ⅲ – Ⅳ. Стр. 30.

〔3〕库伦,即现在的乌兰巴托——蒙古人民共和国的首都。"库伦"的名称显然源于被俄国人曲解的蒙古语词汇"奥尔嘎",意为"重要人物的宫殿、营地"。蒙古人曾经将库伦称为博格多房舍或达库勒,即"神圣的营地"。参看 A. M. Позднеев.《Монголия и Монголы》(《蒙古和蒙古人》),T. I. 1896г. Стр. 63.

钟,我们已置身在喧哗市区形形色色的蒙古人、汉人、俄国人、喇嘛和平民百姓、男人与女人、成人和小孩中间。骆驼的叫声、马的嘶鸣、狗吠声,所有这些与嘈杂的人声混合在一起,让刚刚告别寂静单调旅途的我们感到不适。

我们在市场外面受到领事馆哥萨克卫队的热情迎接,他们将考察队送到库伦最漂亮的建筑——俄国领事馆前。领事馆左边是中国驻防军的营房和中国的衙门——行政管理机关,右边是一些不大的寺庙和库伦呼图克图亲信的房舍。但是,能一如既往地引起我最大兴趣的,仍然是美妙的博格多山。展现在我们面前的是被冰雪覆盖的山岭北面,艳丽的蒙古阳光照射进领事馆的窗户,从领事馆正面正好可以眺望博格多山。

出乎预料的是领事馆没有给我们准备公寓,我们想住的那所屋子很久以前被部队的指挥员占用了。领事馆决定把我们的队伍分成若干部分,寄宿在领事馆工作人员中间,这样会同时给主人和客人带来不便。我们不得不争取住"朵梅龙克塞"[1]的小屋。到手之后,大家立刻动手用火炉将小屋烘热。起初,我们住处的温度略高于户外的零下17℃,到傍晚时分室内温度已接近零下 6.5℃,子夜时分我们睡觉之前,室温已达到 0℃。大家把一切安顿停当,炉中的火苗欢快地跳跃着,木柴噼啪作响,窗户上结了厚厚一层冰凌花。凌晨时分,我们有了些许温暖的感觉。由于大家一直把火生得很旺,室温达到了 8—9℃。温暖的感觉就这样持续了数日,直到出发前大家一直有一种满足感。

朵梅龙克塞的小屋有 4 个房间,我和我的同事占了两间,剩下的两间给部队用。从到这里的第一天起,我便打开气压计,安装好其他的工具,并开始整理日记和记事本上的记录。同事们也坐在那里做一些书面工作,或对周围进行考察。制备员用鸟类和啮齿目动物做了几十件标本。这些鸟类和啮齿目动物一部分是在途中猎获、并以冷冻的方式带来的,一部分是在库伦捕到的,还有部分是在土拉河谷附近猎获的。

---

〔1〕Н. Ф. 朵梅龙克塞——总部的军官,部队的指挥官。参阅《Монголия и Кам》(《蒙古和喀木》),издание 1905—1906гг.

库伦——蒙古神圣的都城,是蒙古人集行政、文化和宗教为一体的生活中心,游牧人通常称之为达库勒。每一个蒙古人,无论其游牧地点距离库伦有多远,都渴望一生能有机会来到伟大的达库勒,即使一次也就心满意足了。正如游牧人所言,要去顶礼它的庙宇和圣洁的转世者——呼图克图。

1.11　博格多活佛

博格多活佛的健康状况不佳,不能像过去那样频繁地会见自己的人民,他的活动仅限于短时间接见蒙古王爷,及其他贵族和富有的来访者。

图1-2　博格多葛根

图1-3　博格多葛根之兄

现在的博格多活佛,是哲布尊丹巴呼图克图的第 8 世转世。哲布尊丹巴被认为是受佛教徒景仰、在印度和西藏很有名的佛教传教士多罗那它(1573—1635 年)的化身。按照佛教徒的习惯,博格多活佛的名字与其他重要人物的名字一样,在他生前我们是无法知道的,圆寂后方

·欧·亚·历·史·文·化·文·库·

能公布。

　　藏族人讲,哲布尊丹巴呼图克图转世者的选择每次都是按以下方式进行的。在向西藏通报关于呼图克图圆寂的消息后,由班禅—林巴册[1]——"极乐世界"阿弥陀佛的转世[2],与达赖喇嘛一起指定约在同一时刻出生的 12 名男孩的名字,并将他们送到拉萨的布达拉宫[3]。孩子们将在那里接受师长的观察,逐步排除不具备佛的素质的孩子,最后剩下的 3 个孩子被认定为转世者。[4]

　　经过喇嘛观察后留下的 3 名候选人,要在布达拉宫接受最后筛选。筛选是当着达赖喇嘛、班禅—林巴册和德毛—呼图克图的面进行的。[5] 3 个孩子的名字被写在 3 张单独的小纸上,并放入金瓶——色尔奔中。在举行祈祷仪式的过程中,其中的 1 张确定为派往蒙古的转世灵童。选定 3 个候选人,是因为每一个菩萨都将转世为意、语、身三个独立的部分。

　　剩下的两名男孩被认定是语和身的转世,同样接受宗教册封:通常住在西藏并受到尊敬,有时担任由多罗那它创立的寺院的住持,有时仅为这些寺院的僧侣。

　　至于被派往蒙古的呼图克图,他同样要接受达赖喇嘛的册封,然后聆听达赖喇嘛关于经文的教导,然后去一个由多罗那它在西藏创立的寺院,在这里用 3～5 年的时间潜心研究佛经和祈祷仪式,等待从蒙古来的使者到达拉萨迎接他。

　　呼图克图从西藏到蒙古的行程是非常隆重的。为了邀请他,必须从沙比那尔(庙丁)[6]和北蒙古或喀尔喀蒙古四部的每一部中抽调不

---

　　〔1〕关于班禅—林巴册,请参阅 П. К. Козлов.《Тибет и Далай-лама》(《西藏与达赖喇嘛》),Петербург, 1920г. Стр. 18－20.

　　〔2〕参见本书第 178 页注释〔2〕。

　　〔3〕布达拉宫——达赖喇嘛在西藏拉萨的府邸。

　　〔4〕А. М. Позднеев.《Ургинские хутухты》(《库伦的呼图克图》). Стр. 19 и последующие.

　　〔5〕德毛—呼图克图是拉萨最主要的 4 个喇嘛之一。因达赖年幼,德毛—呼图克图为摄政者。

　　〔6〕喀尔喀或北蒙古亲王早已有这样的习俗,即建造庙宇并赠送给活佛,以便让大家尊敬的转世者住在其中,让他为人民的幸福祈祷。寺庙建成后,每位亲王要从自己的纳贡者中拨出几户家庭交给呼图克图永久支配。这些家庭现已形成单独的部门,称为"沙比那尔"(庙丁)。

少于 200 的人丁。这样去西藏迎接呼图克图的人数至少有千人,事实上往往要比这个数目多得多。呼图克图的马车总是非常缓慢地移动,被各种仪式和会见延误,从拉萨到库伦的全程都有西藏和蒙古的军队护送。

随着呼图克图进入喀尔喀境,沿路追随他的人数不断增加。跟随不舍的喀尔喀人大多是要送呼图克图到库伦城外。最后,库伦城的人们在距库伦 10～15 天行程的地方迎接呼图克图。

博格多活佛到达库伦的第一夜是在土拉河畔的夏宫度过的。第二天才被一顶黄轿子送进城。为迎接呼图克图入城,在城的西南面装修了几座金碧辉煌的城门,上面挂满了哈达和丝绸织品。

进入库伦后,呼图克图首先被带入一顶毡帐,由土谢图汗以哲布尊丹巴呼图克图亲族长者的身份迎接,然后被送往措可辰寺,达库勒世俗政权的上层在那里迎候他的到来。以前还要在这里举行中国皇帝向博格多活佛颁发象征权利的金印和金册的仪式。

接下来,博格多活佛在深宫的生活对一般人来说是神秘的。在佛教徒眼中,呼图克图的全部行为是神奇的,都是为了有益于一切生命。

博格多活佛圆寂后,他的尸体被涂上防腐剂。喇嘛通常要花 3 个月或更多的时间去完成这项工作。他们不对尸体解剖,而是让活佛保持姿势,在尸体上涂抹各种香料和酒精液体,然后再抹上盐和其他物质的混合物。活佛的尸体在这种状态下保存约两个月,直到完全变干为止。露在服饰外面的身体部分,首先是面部,被饰以金粉,画上眉毛、胡须、嘴唇,眼睛仍然闭着。博格多活佛尸体的这种状态被称为“沙里勒”。放入银色的佛塔内的活佛的尸体被庄严抬入庙内,随后举行适当仪式表示对其的恭敬。

目前呼图克图的府邸坐落在距土拉河右岸不远的郊外,面朝神圣的博格多山。在大致与俄国领事馆旧楼相像的简朴行宫的白色高墙外,有几座小庙,里面居住着活佛亲信的喇嘛。

作为一个名副其实的佛教徒,呼图克图守护所有的动物,他喜欢马、狗,甚至自己还拥有一个不大的动物园,园内只有偶蹄目动物:鹿、马鹿、狍子等。

1.12 俄国领事馆和德高望重的领事 Я.П.希什马廖夫

库伦——蒙古的拉萨。由于交易额的日益增长,俄国商人区也在日益扩大。目前在库伦约有 500 户俄国商人。俄国的威望保持在一个应有的高度,往来的俄国人在北蒙古就像在国内一样平安。作为国家利益的代言人,资望极高的雅科夫·巴尔芬耶维奇·希什马廖夫孜孜不倦地工作,努力使俄国人和蒙古人相互亲近,彼此融合。

对 Я.П.希什马廖夫做一番简要的介绍是极为必要的。他是俄国驻库伦领事馆的首创者和首任领事,为俄国效力长达半个世纪。

已故的 Я.П.希什马廖夫是西伯利亚人,他开始在国内工作是在那个忙碌的年代。当时,著名的 Н.Н.穆拉维约夫—阿穆尔斯基伯爵管理着东西伯利亚。值得一提的是,这位国务活动家的优点之一是知人善任,在他选拔的人中,有一位年轻人,他就是当时并不显眼,后来却因自己的才华和勤勉而被擢拔的希什马廖夫。

Я.П.希什马廖夫,1833 年 9 月 14 日出生于外贝加尔的特罗伊茨科萨夫斯克。他在家乡的俄—蒙学校接受初等教育,16 岁参加工作。1855 年之前,希什马廖夫在特罗伊茨科萨夫斯克的办公室工作。因为要任命他为北京宗教使团的世俗成员,他开始向外交部派到恰克图管理俄—蒙学校,并同时执教于此的东方学家 К.Г.克里姆斯基学习满语和汉语。

1855 年,Я.П.希什马廖夫作为蒙古语和满语的翻译,第一次到阿穆尔。此后 5 年中,他受伯爵的指派多次前往那里。从阿穆尔回到伊尔库茨克后,为了送第 3 批阿穆尔考察队去瑷珲,1856 年,希什马廖夫经阿杨再次踏上去阿穆尔的行程。在 1858 年总督去阿穆尔的旅行和与中国进行边境问题谈判的过程中,希什马廖夫供职于穆拉维约夫—

阿穆尔斯基手下。《瑷珲条约》[1]的签订使乌苏里边区并入俄国，Я. П. 希什马廖夫前往乌苏里参加新边界的考察、勘定工作。

1859年，Я. П. 希什马廖夫结束在阿穆尔的工作，去布拉戈维申斯克和更远的北京[2]完成外交使命。在万分紧张的英、法联军与中国的战争和《北京条约》[3]的签订时期，他听命于特命大使 Н. П. 伊格纳切夫伯爵。希什马廖夫学识渊博的新上司与他的靠山穆拉维约夫—阿穆尔斯基一样器重希什马廖夫。北京之行后，Я. П. 希什马廖夫很快得到嘉奖，并被派往俄国重新在库伦开设领事馆。

几乎是在领事馆设立的同时，从1861年的最初活动开始，Я. П. 希什马廖夫在库伦担任过内涵不同的领事、领事馆的负责人及总领事职位。在这段时间内，他偶尔脱离自己的岗位去完成一些特殊的使命。例如1881年，Я. П. 希什马廖夫被派往伊宁，以全权委员的身份向中国政府转交伊犁地区；第二年又被派往西蒙古研究商贸问题，调查俄国人和中国人的相互诉求。Г. Н. 波塔宁客观地认为，Я. П. 希什马廖夫对俄国的重要功绩，在于他为俄国在蒙古的贸易利益服务；多年来，他责无旁贷地保护这些利益，长期维持俄国在满洲西部边境的贸易往来。

Я. П. 希什马廖夫在获得三级文官之前的所有功绩，都是他在蒙古—库伦时期取得的。他在蒙古的声望，可以用他早年从库伦博格多活佛那里得到的一尊檀香木盅作为见证——异教徒得到这样的礼物，在蒙古佛教史上几乎绝无仅有。

在库伦的日子里，Я. П. 希什马廖夫游遍了蒙古，特别是北蒙古。有些北蒙古的地理信息，是他首次公布的。例如，在杭爱山脉和蒙古的

---

〔1〕中俄《瑷珲条约》签订于1858年5月16~28日。根据这个条约，从额尔古纳河至海的阿穆尔河左岸归俄国占有，右岸到乌苏里江属中国。乌苏里江以东到太平洋，直到边界的土地为中、俄两国共管。有关远东边界的勘定参看本页注释〔3〕。

〔2〕北京，或现在的北平，是中国历史名城（1421—1928）。迁都南京后北平成了河北省的行政中心。

〔3〕《北京条约》（1860年）最终承认了《瑷珲条约》确定的属于俄国的领土。此外，还承认包括南河口的乌苏里边区直到太平洋沿岸属于俄国。与《瑷珲条约》一样，《北京条约》是由东西伯利亚总督 Н. Н. 穆拉维约夫代表俄方签订的。由于他努力将远东并入俄国的版图，因此，在他的名字后面又增添了阿穆尔斯基一词。

25

阿尔泰存在雪峰的事实,是他首次宣布的。他的克鲁伦的旅行札记,长期以来一直是我们了解北蒙古这一地区的唯一资料。Я. П. 希什马廖夫的博学体现在哪一方面?他最了解的是什么?那就是蒙古人、蒙古王爷的家庭生活,他们之间的相互关系,他们对蒙古的管理,蒙古的经济条件、下层人的生活、佛教僧侣的作用,还有对俄罗斯人来说最重要的——俄国在蒙古的贸易。他是近四五十年俄国在蒙古贸易发展的见证人。

遗憾的是,Я. П. 希什马廖夫的著述活动,只有刊登在西伯利亚地理杂志上的几篇文章:《喀尔喀人领地概述》、《从库伦到鄂嫩河》,以及《库伦呼图克图所辖达尔哈特—乌梁海概述》等。

以 Н. М. 普尔热瓦尔斯基为始的许多中亚大考察家和考察队——他们的足迹遍及库伦,在一定程度上都得到了 Я. П. 希什马廖夫的协助和他特有的俄罗斯式的殷勤款待。

我与这位德高望重的领事相识于 1883 年。当时,我同与希什马廖夫关系十分要好的普尔热瓦尔斯基一起,进行自己的第一次中亚之行。关于这一点,有 Я. П. 希什马廖夫热情向我提供的 Н. М. 普尔热瓦尔斯基给他的信件为证。

1.13 运输队出发去阿拉善[1]

我们从设在库伦的俄—中银行,提取了考察队在亚洲腹地商道上必需的中国银锭和汉堡银锭。我们还要在这里弄到大量的糌粑[2]——干大麦或小麦面粉,还有其他日用食品。哥萨克从许多以垃圾为生的野狗中,毫不费力地挑选了两条行军用的看家狗。

从到达库伦的最初日子起,我们就被那位愿意将考察队送往蒙古

〔1〕阿拉善——内蒙古的一个地区,位于黄河弯曲处以西。这里居住着厄鲁特蒙古人。
〔2〕糌粑——用炒熟的大麦、玉米或者小麦制成的面粉。中亚也采用这种加工面粉的方法,吉尔吉斯人称之为塔尔糠。糌粑或塔尔糠可以直接就着黄油、牛奶、茶或水食用,这对游牧人来说简直是太方便了,因为他们不是总能够生火并准备可口饭菜的。用塔尔糠作的粥味道可口,类似于用麦糁熬的粥。

阿尔泰去的蒙古车夫搅得无法安宁。其中有一位很快就要返回定远营的阿拉善人,我十分满意地选择了他,可以说是举双手赞成。首先,他有当时作为俄国"索宾尼科夫和莫尔恰诺夫兄弟"商贸公司在南蒙古的代表,现住在定远营的同伴巴特马扎波夫的推荐。其次,阿拉善车夫答应将我们以后必需的 20 个最沉重的驮子运到定远营。还有,轻装的驼队有很大的机动性来完成经过额济纳河下游、乖咱河谷到定远营的绕道远行。

我们很快便同阿拉善人达成了协议。1 月 18 日,考察队的货物在切蒂尔金和哥萨克人布杨塔·马达耶夫的押运下出发了。这支驼队将穿越戈壁,沿着 H. M. 普尔热瓦尔斯基曾经走过的路线到定远营。

1.14 蒙古族节日"察罕—撒尔"[1]

同时进行的工作是,我们为计划在 1 月 21 日离开库伦的主驼队,雇佣了当地的蒙古人,但蒙古人在出发日期上与我们发生了分歧。原来,他们 20 号开始过重大的察罕—萨尔,即"白月节",因此强烈要求将出发的日子改在 25 号。没有办法,只能向这些游牧民让步。大部分考察队员只好利用这几天时间写信。总的来说,我不喜欢在市区长期逗留,因为它会使人丢下分内的工作,产生更多、有时甚至是无益的财力消耗。

这样,我们不得不在库伦停留两周多时间。虽然生活很单调,但日子却过得很快。大家的全部心思都不由地集中在即将开始的旅行上,完全没有觉察到短暂的白天是如何过去的,而寒夜却是那么漫长。每到夜晚,天气变得非常寒冷,而我却常常无法将目光从繁星点点的夜空美景中移开。这里的天空特别明朗,在旅行望远镜中观察到的天体,特别是木星及其卫星,令人赞叹不已。在结束了专门的观察之后,由于我们的行军天文台吸引了当地居民欣赏宇宙令人惊讶的美景,所以持续数夜没有收拾起来。

---

〔1〕"察罕—撒尔"——白月节,新年的开始,在二月上旬。蒙古人认为春天开始于这个月。

　　蒙古人的察罕—撒尔节给库伦带来了无限的生机。领事馆的屋前从早到晚，川流般往来着盛装的蒙古男女。我总是喜欢欣赏尽情驰骋的游牧民和他们特有的乘骑姿势。市中心来来往往着从周围地区赶来向呼图克图及主要官员祝贺节日的人流。到处锦旗飘展、张灯结彩，不时有爆竹的噼啪声传来。这段时间买卖停止，小店铺也歇业了。但所有佛教寺庙的门却依然敞开着，召唤人们去做祈祷。

　　考察队的向导履行了自己的诺言，按时来到我们的驻地。该出发了。

2 从库伦到蒙古阿尔泰

2.1 对蒙古及其居民的简述

在讲述在蒙古内地的旅行之前,让我们先了解一下这一地区的自然和居民。

从恰克图向北,便进入了蒙古地区。先是蒙古草原,接下来,是有着或多或少块状山脉和丰富动植物的蒙古山区。远处就是作为宗教和行政中心的库伦。出了库伦,蒙古的自然面貌发生了明显的变化,特别是在蒙古或阿尔泰大戈壁东端的山区以南,山岭变得平缓,植被贫乏、居民稀少。这里已是真正的沙漠戈壁。它时而延伸为平坦多沙的平地,时而变成轮廓不大分明的陡峭小山褶,小山的顶部在夜幕降临时显现出如画般的落日余晖。

南蒙古几乎完全是流沙的海洋,这里大多为一百多英尺高的新月形沙垅。蒙古地区的土著居民——蒙古人也发生了变化。这一方面是由于自然条件,另一方面是受了世袭王爷和汉人不同程度的影响。在北蒙古,旅行家们尚可以见到那些以自身的剽悍、传统的勇敢、衣着的花哨、敏捷的溜蹄马和马具,以及他们自己迅猛熟练的骑术为荣的游牧人。这些蒙古人令目睹者的思绪穿越历史隧道,来到蒙古人统治草原的那段岁月。库伦喇嘛教的教长博格多活佛以及各旗有世袭统治权的蒙古王爷,在很大程度上坚持保留昔日的优良传统。中国人有礼貌地对待博格多活佛和蒙古王爷,尽力使他们在中国皇帝的朝廷中占有一席之地。中部蒙古地区的蒙古人在财富和衣着上远远逊色于他们北部的邻居,但往往在上述方面超过了南蒙古人。南蒙古人无论外表还是

·欧·亚·历·史·文·化·文·库·

心理,都越来越接近汉人,他们忘记了自己的传统生活,摈弃了世代相承的习俗。总之,在我们看来,虽然蒙古人有别于他们周围的其他游牧民族,他们有相对发达的智力、有自己的文字和公开的法律、在学习藏文,但他们的生活状况是贫穷和不佳的,他们的内心世界同样也是贫乏的。

2.2　离开库伦

1908 年 1 月 25 日对于考察队来说,是一个有着重要意义的日子。这一天,我们要告别亲朋好友,告别熟悉的语言和环境。这一别,归期遥遥。接下来的一切,无论是自然还是人,都是全新而神奇的。

早晨,天灰蒙蒙的,风带着寒气。领事馆的院中挤满了考察队的骆驼、马匹和行李,蒙古人与掷弹兵、哥萨克一起忙碌着。当地的同胞组织也来为我们送行,最令我感动的是领事学校的男、女学生。女教师 M. Π. 特卡琴科代表学生祝愿考察队取得成就,用新发现填补科学的空白。

在我们告别的过程中,伊凡诺夫的主驼队已经出发了。跟随其后的是第二、第三梯队。旅行开始了。

驼队很快就排成了一条壮观的线,壮大了的队伍迈步前进。开阔的河谷中,风刮得比以往更加肆虐。我们蜷缩着身子骑在马上。一路上,时不时地跳下马来,步行热身。迎面而来的蒙古人将双手紧抱在胸前,亲切地与我们道别:"归东—巴伊那!"意思是"太冷了!"

队伍一路行进很顺利,但翻越横亘在土拉河谷和我们视线之间的贡根—达坂花费了考察队很长时间。展现在我们面前的是广阔的草原,只有布满黑压压密林的博格多山支脉在东部逶迤。向前行走一段时间之后,那支脉也消失了。我们进入了中央亚细亚的内陆。

2.3 沙尔瀚洪杰河谷及行军生活印象

第二天的整个行程,是穿过宽阔的生长着蓬松鲜亮的黄色茋茋草[1]的沙尔瀚洪杰河谷。这里随处可见聚集的游牧帐篷、游牧人的大量牲畜,以及善于辨别爱好和平之人与猎手的蒙古羚羊。我问向导:"这群马、骆驼和羊是谁的?"向导回答说:"这都属于呼图克图和寺院。"

沙尔瀚洪杰河谷有许多戈壁鼠兔,它们是在蒙古越冬的鵟,以及时常出现在路旁小山顶上的大、小隼的猎物。我们在这个地方猎获了一只受乌鸦长时间追逐的有趣的大艾鼬。当时乌鸦正鸣叫着从空中扑向艾鼬,而艾鼬则弓背弯腰发威似地吼叫,拼命地保护自己。

由于每天只能看见蒙古人和他们的游牧点,我们很快就习惯了行军途中的环境:骆驼、马、帐篷以及自己主要的工作——赶路。换言之,我们的生活方式与游牧人无异,自己感觉也很惬意。晚上,在我们的行军营地总能感觉到一丝暖意,但在深夜,特别是我们起床的黎明时分,住所里就变得寒冷异常。大家起床穿衣的速度特别快,牙齿冻得直打颤,你只能听到噗噗声……匆匆忙忙就着味道不佳的糌粑喝下几杯热茶之后,我们就动身上路了。时间过得很快,不知不觉中就度过了数日。四五天以后或走了四五天的路程之后,我们便停下来休整一天,这对大家来说简直就算是过节了。

第一次的休整安排在离高大的锥形海尔汗山不远的地方,旁边就是考察队租用的骆驼的主人——殷实的蒙古人策凌·德尔智的游牧营地。这位主人显然是一个十分善良而且健谈的人,这一点特别表现在对一些问题的态度上:如关于扩大我们的旅行路线,放弃大部分原有计划,向西南去在我们之前地理学家尚未涉足的图洪淖尔及其南部地区,这是起初未列入考察计划的。作为对俄国人的纪念,德尔智和他的妻

---

〔1〕德勒嵩——木本植物。高1.5米,草茎很坚硬,能刺穿骆驼的脚掌,一般生长在沙漠中潮湿的低地,在中亚被称做茋茋草。

·欧·亚·历·史·文·化·文·库·

子得到了考察队赠送的礼物。

考察队日益接近朝思暮想的南方,积雪每天都在减少,人在阳光下能感到丝丝暖意。夜晚还是很冷,天空依然繁星闪烁,焕发出迷人的风采……

周围一片寂静,没有一丝声音打破辽阔大草原的庄严和肃静,只有陨落的星星在天空拖曳闪烁,然后消失在地平线附近。

2.4 图洪淖尔湖的生灵

前往图洪淖尔湖的下一段路蜿蜒在并不高峻的索宁—杭盖山褶,并穿过海拔4650英尺(1417米)的乌楞—达坂山垭,道路的一侧是额尔钦克,另一侧是翁金蒙古、当格特—托特。这里的岩石以玫瑰色花岗石居多,并被厚厚一层长满草原植物的卵石层覆盖。极目远眺,路边散布着吃草的羊群。途中一座清楚裸露出风化花岗岩的小山旁聚集着许多鹫或大鹫,这种动物非常厌恶比它们更凶狠的猛兽——不时沿着山岭或小丘飞过的雕。很快我们又在路边丢弃的马的尸体上看到了先前在蓝色天空中翱翔的玄褐色秃鹫,这群凶猛的家伙发出响亮的尖叫声,为了猎物拼命地争斗。这可是最容易让秃鹫在不知不觉中进入射程的好时机。我们在这一地区看到了今年第一次出现的愚鸠科鸟,它们大多出现在毛腿沙鸡喧闹着四散飞去的早晨,且飞行速度非常之快。与毛腿沙鸡一起出现的通常还有各种在山谷冰雪几乎融化殆尽的草地上觅食的成群百灵(大耳朵百灵、藏百灵、沙百灵等)。

由于这里的空气清新异常,旅行家在确定距离时常常会产生错觉,将实际距离大大缩短。如果观测人员身在高处,而他的面前又是那种常常出现耸立在遥远的高空、在颤动的湖状空间时隐时现的虚幻建筑物海市蜃楼——"沙漠之魔"的河谷,那么,类似的差错会更大,我们在去图洪淖尔湖的途中也产生了类似的错觉。从周围的山丘上看这座湖离得很近,事实上到达那里还需要几个小时的路程。同时,远看为平坦的河谷,当你不断接近时它时则又变成了使驼队疲惫不堪的沟壑纵横之地。

考察队将营地安置在图洪淖尔湖东北岸的图洪—多根寺旁。

冬季的图洪淖尔湖是一片凄凉苍白而又无水的空地,与覆盖着一层积雪的河谷几乎没有什么两样。这个湖的规模不大,长6俄里,宽4俄里,集尔加兰泰河是唯一一条自西注入图洪淖尔湖的河流。湖岸低平,只有不大的一块长形地带略有升腾,湖底有含盐的泥泞。岸上植被稀少,有锦鸡儿、芨芨草、几种猪毛菜及其他几种这一地区的特有植物。

据蒙古人讲,春、夏时节,图洪淖尔湖装满了水。湖面有许多鸟类——鸭、鹅、海番鸭,岸边有鸫、鹭、仙鹤和鸥。目前我们在这里遇到的鸟还有机警的白鸮、黑鸢、金雕,小鸟类只有一些百灵。至于说哺乳类,除了上面提到的蒙古羚,这里常见的还有每到晚上就嗥叫的狼,然后是狐狸、兔子和几种更小的啮齿动物。当地有一种数量极多的蒙古小兔子,它们了解蒙古人的善良美德,像豢养的狗一样拥挤在蒙古人的住所附近。但"小兔子"非常惧怕以它们为食的凶猛飞禽——鹰。我在北蒙古不止一次亲眼目睹了威严的猛禽追逐怯懦的兔子时的有趣情景:小兔子竭尽全力奔跑着,鹰在空中从容跟随。当后者向猎物扑下来时,兔子拼命一跳,常常是从鹰的背上跳过。如此这般,山中的猛禽又一次冲向瞄准的猎物,再次扑下去,兔子又重复上次那令人难以置信的一跳。兔子最终还是被抓住了,鹰通常落到附近某个较高的地方享用这份美餐。[1]

趁着天气晴好,我对图洪—多根寺的位置进行了天文测量。整个晚上,寒冷的空气中落下了优美的小雪星,月亮被美丽而祥和的光环围绕着。

我们打算在图洪—多根寺附近休整一天,但车夫以缺少饲料对马会产生很大影响为由,坚决反对。因此,除我和A.A.切尔诺夫以外,驼队在第二天早晨又像往常一样启程赶路了。我和A.A.切尔诺夫俩晚上就决定多在湖上停留几个钟头,对可骑马通行的祖露湖底作一番

---

〔1〕В. Бианки.《Материалы для авифаунф Восточной Монголии и Северно-восточного Тибета по данным Монголо-Сычуаньской экспедиции 1907—1909гг., под начальством П. К. Козлова》(《东部蒙古和西藏东北部鸟类区系资料,以1907—1909年 П. К. 柯兹诺夫率领的蒙古—四川考察资料为据》). Стр. 76 - 77.

了解。上面对图洪淖尔湖的简短记录就是我们这次观察的结果。

2.5 下一段行程的特点

考察队径直向南行走了两天,然后转向西偏南方向直奔古尔班赛堪山北麓。这个地方总的特征是多山,值得一提的是线路的南、北两侧大半是开阔的河谷,沿数条主河谷有一些从西北蒙古到呼和浩特[1]的驼道。山、丘、河谷的表面显示着自然力作用的痕迹——风和暴风改变了内蒙古的地貌。距离原生岩越远的大量的碎石材料因磨损而变小,更小的碎石粒则被削磨成小的砾石,有时呈典型的三棱形,个别时候呈四面体,被风刮到更远处。坚固性较强的山岩露头最惹人注目的是沙漠岩漆[2]的保险层,其抛光面仍能让人观察到风力作用的痕迹。保险层上既有火成岩,又有古岩。就像源自高山冰川的水滴,经过直线运动流向河谷底部后汇积成河流与湖泊一样,被风卷走的沙粒飞流直下,最终形成新月形沙湖。这里大部分地方是单调乏味的,暴风卷起的沙尘铺天盖地,天空雾时暗淡,行人也会因此感到精神压抑,心情沉重。所有的动物也都销声匿迹了,只有风在怒吼,呼啸,这一切只会增加迷信的游牧人的恐惧。

在这种气候条件下,由于沙漠景观的惊人雷同,即使习惯了这里的人也不容易辨清方向。蒙古人因此便在附近的山顶或途中的高地上,同样也选择在所有特殊的转弯处用石头垒起路标。就像行人在天气晴好时依据从数十俄里以外便能看到的山的奇特轮廓来确定方向一样,路人也可以根据垒起的路标达到同样的目的。每一个,或者几乎每一

---

〔1〕呼和浩特城,或者中国人称之为归化城,在中国内地山西省的北部,距离向东南延伸的长城80俄里以外。归化城几乎与长城内的中国地区进行广泛的商贸活动,它与蒙古的交易额在国内尚无对手。

〔2〕沙漠岩漆——沙漠中的一种特殊现象。在岩石表面和它的个别断片上太阳和风吸取了循环在其中的盐溶液,其中的水蒸发了,而盐形成了一薄层深褐色的硬壳。后来由于受到坚硬的粉尘粒子的作用,盐壳被磨得有了光泽。"沙漠岩漆"不仅常见于气候干燥炎热的沙漠中,同时也出现在地球上的其他地带:从北极地带到亚热带及热带。参看 Л. С. Берг.《Климат и жизнь》(《气候与生命》),Издательство:ГИЗ. Москва,1947 г.

个山垭向我们展示的是新的外貌、新的景象。有些山丘相互靠近,而有些则延伸到对面的地平线之后。一路上我手里拿着小本子和罗盘仪,不停地留心观察和记录所有值得注意的东西和有特征的现象。考察队常常要花几天时间,或几昼夜的行程观察和测量同一座山,如果这些山丛就竖立在道旁,当你先是接近,随后与之平行,最后将它们甩在后面时,类似的情况就更是经常发生了。离开图洪淖尔的第二或者第三天,上述情况就得到了验证:广阔的地平线横空展开在我们面前,正前方德勒格尔杭盖山的山脊已经发乌,被我们甩在后面的是读者熟悉的索宁—杭盖、奥尔钦克等,显然我们已非常接近德勒格尔杭盖了,这时南面又出现了一条横向延伸的山脉。

下一段路程沿途依旧多为山丘、地形复杂的连绵高地[1]、夹在高地中间的凹地。局促狭小的井或泉边拥挤地居住着人家,考察队也把营地安在这里。考察线路依旧是直线形的,方向或方位的测定不得不参照从宿营地到下一站的邻近物进行。

考察队日复一日地向南推进,蒙古的天气一天比一天暖和,百灵鸟的歌声也越发频繁嘹亮。空气又变得清新起来,四周是一望无际的蔚蓝色。在 2 月 5 日的朝霞中我们观测到一种有趣的现象:一边是蓬勃升起的太阳,而另一边月亮在缓缓下沉。有时在东、西两面的山峦上会出现两个天体,我永远不会忘记草原的庄严寂静与奇伟的沙漠景观和谐组合给人留下的印象,对一个旅行家来说,能有机会多年面对未经雕琢的大自然,欣赏它的千姿百态是一种幸福。

驼队行进过程中目睹的一切都不同程度地吸引着考察队的目光,我们对一切都进行观察,作下记录,时间就这样在不知不觉中很快过去了。冬季短暂的白天正发生着变化,驼队白天的活动随着行军的结束而告一段落。考察队员抓紧时间,在享用晚吃的午饭之前忙着记日记,整理观察所得。吃过午饭并完成晚间气象观测记录之后,大家立刻收

---

〔1〕在这些千沟万壑、起伏不平的地区,常会遇到无边的沙漠。这里没有丝毫有生命的动植物及活的声音,到处是让人感到压抑的灰黄色调。蒙古人称这些地方为"大戈壁"。参见本书第 17 页注释〔2〕。

拾入睡。我们睡得早起得也很早。冬天,护送队每天深夜分两班担负守卫工作,他们的工作常常特别辛苦,在寒冷的夜幕中连续站上 5 个小时,可真不是一件容易的事,只有俄国的掷弹兵和哥萨克能经受这样的困难和冬天行军的困苦,我们这些年长的同志不得不爱戴和尊敬他们。护送队履行着自己的职责,我们也在另一方面一点一滴地完成着复杂而责任重大的工作。

2.6 图古流金多根寺及寺里的乐器

2 月 8 日早上,突然刮起的大风给地面盖上了一层积雪,如果不是分立在路两旁的鄂博状路标,肯定会迷失方向。我们走了整整一天,直到暮色降临时才在哈沙泰—戈尔河扎营。风更加猛烈,到深夜时分变成了真正的暴风,直到第二天早上才平息下来,气温骤降至零下 26—27℃。

在刮暴风的这一天,我们经过了由图古流金多根寺附近到呼和浩特的上行驿道。寺院是经中国人允许、由科尔沁人,即在呼和浩特驿道上服务的蒙古人自愿捐资修建的。[1] 它的建设者主要是汉族工匠,曾经烧砖用的塔炉还矗立在那里。

当驼队在图古流金多根寺附近行进时,寺里传来大喇叭和鼓的声音。佛教寺庙的乐器一共有 4 类:震动类、打击类、吹奏类和弦乐。不过最后一种现在已经不使用了。

乐器中的第一类是摇铃和"达马鲁"。达马鲁是一种不大的木桶鼓,上下蒙着皮革,桶中间是一个奇特的栓上系有两只小圆球。当你快

---

〔1〕A. M. 波兹涅耶夫认为,从喀尔喀蒙古编年史和收集到的该民族民间口头传说中可以有根据地得出结论,即喀尔喀蒙古寺庙的来源可分为 4 类:其中一部分是满洲帝国动用国库财力在中国建筑的,这一部分称之为帝国的寺庙;另一部分是喀尔喀人专门为他们的活佛(格根)、呼图克图和呼必勒罕——圣徒、转世灵童所建,供活佛居住并为民祈福的地方,这一部分被称为活佛或呼图克图的寺庙;第三部分是某一单独集团或个人捐资修建的,所有这些寺庙很早以前属于喀尔喀人的单个氏族,而现在喀尔喀人完全告别了氏族生活,寺庙属于喀尔喀人组成的不同行政单位,这一部分称之为旗和苏木寺庙;最后,即第四类是由富有的蒙古王爷、显贵富人,以及行善的喇嘛个人出资兴建的。参看《Очерк быта будийских монастырей и будийского духовенства в Монголии》(《蒙古佛教寺院和佛教僧侣日常生活概要》). Стр. 3.

速转动木桶时,小圆球就会敲击紧绷在桶上的皮子,发出急促的声音。

第二类为土耳其式的浅盆状鼓"肯格克"。"肯格克"高度近 5 俄寸,木质和桦树皮侧壁涂成红色并用 5 或 7 条相互交错的龙形图案加以修饰。鼓的侧壁没有箍,直接用鞣制得像羊皮纸一样,截面直径为 1.5 俄尺或更大的羊皮蒙着。这种鼓一般被固定在鼓架上,演奏时用一种叫做"多库尔"的特制弯棍敲打。多库尔的手柄端头刻着神话中的动物马大尔头,敲鼓用的凸出部分镶嵌在马大尔口中。除了鼓之外,第二类乐器中还包括铜铙和小铙。

佛寺中的第三类乐器有东布列、比什库、甘灵,还有布列。东布列是一种普通贝壳,它发出的声音类似用动物角吹出的声音。贝壳作为在举行佛教祈祷仪式时使用的乐器起始于释迦牟尼。波兹涅耶夫教授认为[1],佛教改革者宗喀巴[2]传记中的记载,有一次龙王给释迦牟尼一枚白色贝壳,后来佛教徒们用它代替了布列——一种夏天用来召集举行祈祷仪式的号角。随后佛命令最年长的佛徒牟德噶尔瓦尼到红脸膛的西藏人那里,并将这枚贝壳藏在杜里和图山下。据说,佛当时预言,宗喀巴将会发现这只贝壳。这个预言在建造甘丹寺时确实应验了。

这枚贝壳被当成神奇的圣物,至今保存在甘丹寺。[3]

"比什库"是一种声似木笛的乐器。它由 3 个独立的部分组成:中间部分由结实的木头或动物的角制成,两头是铜制的,长度一般在四分之三俄尺以上。蒙古喇嘛将比什库用于宗教仪式的时间与珠阿吉失在西藏的时期联系起来,并认为,当这位佛教传教士从印度到西藏时,由于没有发现许多在印度被认为是圣物的东西,于是他就想用某种方式规范宗教仪式。例如,这里没有神鸟噶琅答嘎和做熏香用的噶尔比瓦

---

〔1〕参阅 A. M. Позднеев.《Очерк быта будийских монастырей》(《佛教寺庙生活习俗概述》). Стр. 105 - 106.

〔2〕14 世纪中叶以前蒙古和西藏的佛教主要是红教(萨迦派)。原文如此,萨迦派俗称花教——译者。14 世纪中叶藏北出现了一种新的佛教,即宗教改革家宗喀巴(宗哈瓦、宗哈巴)创立的喇嘛教(黄教—格鲁派)。改革后的佛教与原有佛教的不同之处不仅表现在哲学问题上,同时还制定了不许喇嘛成家的规矩,这对地区人口的增长产生了负面影响。

〔3〕参阅 П. К. Козлов.《Тибет и Далай-лама》(《西藏与达赖喇嘛》),Петербург,1920г. Стр. 49 - 51.

思树。据说,为了模仿前者的声音,他发明了比什库;为了代替后者,他制作了红色的香。有趣的是在用比什库演奏时,演奏者面前总是燃烧着一烛红色的香。甘灵是一种吹奏乐器,同样由 3 部分组成,中间部分是用人的胫骨做成的,两端镶着银。甘灵的前面部分通常略有收缩,并且在其中一侧有两个叫"阿吉奈—莫灵—哈梅那易—努禾"的眼孔,即马鼻孔。甘灵的音色与传说中将信徒从这个世界带到幸福彼岸的马——"阿吉奈莫灵"的嘶叫声相像。

"布列"是一种长约一俄丈的铜号。"乌赫尔—布列"也是一种长约 2.5 俄丈的铜号,它的最低音轰鸣,能震撼人心。有关这三种宗教乐器来源的传说与佛教传教士巴特玛—萨木巴瓦拒绝去乌尔章[1]有关。这位传教士拒绝邀请的原因有两个,首先(在印度)他听不到阿吉奈莫灵的嘶鸣,其次,他在那里听不到大象的咆哮。巴特玛—萨木巴瓦在印度的崇拜者执意想在本土见到这位圣者,于是他们就发明了甘灵来模仿马的嘶鸣,用布列模仿象的咆哮。

2.7　翁金河谷

离开图古流金多根寺,横卧的博伊—盖切山向我们展示着向南延伸的旷野。附近的左方突起着德勒格尔杭盖山,右边是哈赫尔山,两山之间是一条向南延展的蜿蜒河床。目力所及的远处显出蒙古阿尔泰山的东段轮廓——古尔班塞堪,我们急忙赶往那里去,周围依旧是一片沙漠。

进入河谷,我们迅速越过山与翁金河之间的这段距离,并在河岸台地上的浩顺辉特寺附近安营。

蜿蜒 150 俄里的翁金河在 2 月里仍然是干涸的。沿岸的居民一般要挖深度为 5~7 英尺(1.5~2.0 米)、个别情况下还要挖稍深的淡水井。同时,沿河经常能见到远处的发亮冰面,那是水量充足的泉水。

翁金河发源于杭爱山东南,河水上、中游急速向东南流去,下游则

---

〔1〕伟克拉马吉齐(Викрамадитьи царь)古都,印度七大圣城之一。

径直朝南奔入乌兰淖尔。我们观察到的翁金河下游河谷的宽度从 1.5 俄里到 2.0 俄里不等,多石的河床忽而居中,忽而又蜿蜒延伸向两侧,河床大多被高度接近 70 英尺(约 20 米)的陡岸围绕着。

翁金河岸边不大高的阶地,有些地方覆盖着低矮的杞柳,有些地方生长着白色的芨芨草,高地上则生长着白刺及其他多刺灌木。翁金河岸的良好植被集中在紧贴山岭的河谷地带,而在开阔的平地上只有小溪与荒漠为伴。这里的动物与前面见到的没有什么两样,我们遇到的野兽有狼、狐狸、蒙古羚,兔子及小啮齿类,鸟类有原先见到的大小隼科、鸢、枭、乌鸦、少量的金雕,今年第一次出现在浩顺辉特寺附近的松鸦、大耳朵百灵、燕雀、毛腿沙鸡等。

驿道北段在寺院附近横穿翁金河以后,一直沿右岸向南延伸到河流急转向西的地方,之后它再次横穿翁金河进入蒙古阿尔泰山系的支脉。

2.8 浩顺辉特寺

从表面上看,浩顺辉特是一座有许多白色纪念性建筑物佛塔[1]的华美寺庙。除主佛塔之外,其余的佛塔坐落在庙宇的偏北处。主佛塔的雕像,带有月亮、太阳和熊熊燃烧的智慧之火——纳达的尖顶引人注目。与庙宇南端毗连的是美丽的中式塔楼,喇嘛可以从这里瞭望周围的一切。

这个寺庙的固定僧侣有 200 名,夏季举行佛教仪式时,僧侣人数能达到 500 名。考察队到这里时,寺院的住持尚聪特巴不在寺内,寺院暂

---

〔1〕佛塔——古印度"浮屠"和"洞庙"的传承。根据佛教的传说,苏布尔干作为对最著名的神圣事件的纪念物始建于印度释迦牟尼生前,后来苏布尔干不仅建在事件的发生地,而且成了弘扬佛法的虔诚喇嘛们的陵墓。由此可以明了,建于不同地区和不同时间的苏布尔干,其形状应有所不同。但蒙古佛教苏布尔干的外观没什么大的差别,从建筑学的观点研究苏布尔干,我们发现它由 3 部分组成:基座——仙台,主体部分——遗骸安放处和由 13 个金属环装饰,众所周知,顶上有月亮、太阳和熊熊燃烧的智慧之火——纳达的尖顶。参阅 A. M. Позднеев.《Очерк быта будийских монастырей и будийского духовенства в Монголии в связи с отношениями сего последнего к народу》(《关系到人民的蒙古佛教寺庙和佛教僧侣生活习俗概述》),1887г. Стр. 58 – 60.

由精力充沛且严厉的大喇嘛代管。他来拜访我们,并讲了不少有趣的事情。大喇嘛到来之前考察队的营地被一些纠缠不休的喇嘛包围[1],他们提各种可能的要求。大喇嘛一到这里便呵斥他们:"回到自己的地方去!这不是汉人的商队!"喇嘛由于害怕他很快就不见了,他们像耗子一样躲藏起来,并不时从角落里探出剃得光秃秃的脑袋。

考察队用普通茶水招待大喇嘛。来者在喝茶的时候客气地询问:"俄国是否给日本支付了赔款?"在得到回答之后,这位健谈的僧侣说:"日本需要花费多少资金才能走上正轨?要知道它把所有财力都消耗到战争上了。俄国无论财力还是其他财富都很充足。我们这里传说俄国有数不清的财富。虽然孕育了神圣的贝加尔湖的源泉也是我们蒙古财富的源流,它们汇集成河,向下流入俄国……"贝壳发出的集合声打断了我和僧侣之间的谈话,他得回去参加晚上的祈祷仪式了。

浩顺辉特寺外部华丽,但其内部,无论藏书阁,还是各种金属和绘制的佛像或者庙宇的整体环境都还要富丽堂皇得多。

在大喇嘛的准许下,我们不仅参观了庙宇,甚至还聆听了喇嘛们在早晨举行的宗教仪式,这项活动持续数小时并且中间有间歇。喇嘛在休息的时间出去透气,年轻人则利用这段时间着实奔跑嬉戏了一番。我们的到来起初使他们感到不安,但很快他们就习惯了,而且恭敬地凑过来与我们攀谈。考察队的外表和衣着吸引着众喇嘛,但最让他们感兴趣的还是我们要去哪里,是拉卜楞还是拉萨?在他们看来,像我们这样一支大而有钱的驼队,除了上述所说的著名胜地之外,再没有其他地方可去了。我自己在与喇嘛的不断交往中对整个中亚的僧人数量之庞大感到吃惊,他们的数量在西藏会更多。

2.9 僧侣和佛教教义

波兹涅耶夫教授写到[2]:"如果从北蒙古的僧侣入手研究整个接

---

〔1〕在考察家的叙述中,喇嘛是指佛教界人士,这不完全准确。高级僧侣(寺院的住持、堪布)被称为喇嘛。根据喇嘛教的学说,最高级别的喇嘛拯救人在尘世的生活,在精神上达到涅槃;其次是菩萨;接下来是体现于人的佛陀;最后是极乐佛。参见本书第178页注释〔2〕。

〔2〕А. М. Позднеев.《Очерк быта будийских монастырей》(《佛教寺庙生活习俗概述》).Стр. 110 - 112.

受僧侣身份和受戒的人，那么，僧侣在喀尔喀蒙古形成了一个人数众多的阶层，它能占喀尔喀总人数的八分之五以上。这种初看起来非常惊人的现象在一定程度上是由佛教的教义造成的。释迦牟尼佛认定，脱离凡尘，蔑视一切世俗人的特有活动是拯救灵魂的唯一方法。这样，按照佛的最基本和最初的教义，他的追随者应该是隐士和苦行僧。"

斋戒、祈祷和节制一切肉欲仍是对佛教徒的最基本要求。同时，一个人节制的念头越强，就越有可能获得拯救，没有一个德行堪与节制相提并论。"拒绝给获胜的对手送上珍贵礼物的美德比不上严守戒律德行的百分之一，甚至千分之一。"

佛教教义分为高、中、低三部分，因此，人只有在受相应的戒之后才能探究和掌握一定的教义，不受戒就阅读经文被认为是有罪的。这一规定被现在的蒙古佛教徒严格遵守，是蒙古人成为宗教人士和把自己的孩子从小送到寺院的主要原因之一。没有受戒的孩子无权阅读经文，自然，他们不仅无权谋求高层次的司祭职位，而且基本无从了解佛教的教规。

由此出现的喀尔喀蒙古[1]僧侣数量剧增的现象明显影响了这一地区的富裕，并因此引起中国政府的干预，更何况后者历来都采取对佛教僧侣减免各种赋税、差役和税收的政策。但中国人的宗教政策是很有特色的，只要喇嘛能证明自己是宗教人士，政府仍然不欺压他们。

2.10　寺院的其他认识

我们认为，在蒙古既没有村庄，也没有城市。这里的城市和村庄就是祈祷的集聚地，而且常常为集社会和商业以及管理中心为一身的寺院。寺院通常修建在风光秀丽、舒适宜人的地方，首先是河谷、深山中等，有时寺院之间相互离得很近。例如，据蒙古人讲，在逆流约 8 俄里处还有两座引人注目的小寺庙，它们几乎面对面错落于翁金河的两岸。

---

〔1〕北蒙古被称为喀尔喀蒙古。它建立了一个独立的国家，1924 年 6 月 13 日宣布成立蒙古人民共和国。喀尔喀意为盾牌、壁垒。喀尔喀的居民无论过去还是现在主要由喀尔喀蒙古或者喀尔喀人组成，所占比例达 90%（参见本书第 5 页注释〔1〕）。

走近寺院,老远就能看到色彩缤纷并闪着金光的庙宇屋和浮屠尖顶,听到缓缓飘扬的各种旗帜发出的声音和悦耳的小钟声。有围墙或没有围墙的寺院内杂乱错落着僧房,庙宇、小佛堂、洞庙、转世者和资深喇嘛的宫殿散布于街道和胡同的中间或者一侧。大多数藏族建筑风格的庙宇,特别是耸立在绿草丛中的庙宇,雄伟壮丽。它们的四周清洁而宁静,只有悬挂在雕花屋顶上的小钟发出悦耳的声音,旗帜簌簌作响并送来阵阵香火的气息。庙堂内神奇昏暗,香烟缭绕,挂着许多神像、幔帐、幡幢及各种装饰物,远处是祭坛、佛和菩萨的塑像。这些塑像有的很大,有的堪称工艺高超的艺术品。塑像前面摆放着闪烁的酥油灯。举行祈祷仪式的时候,喇嘛坐在一起念经、颂歌,古怪稀奇的乐队在演奏。一大早就会响起凄凉而绵延的贝壳声,它的吹法与号相同。此时,在小院的各个角落就会出现身着黄色和红色外衣的僧侣身影,他们慢悠悠地边走边拨弄手中的念珠,静静地绕寺庙一周,然后鱼贯似地进入寺庙敞开的像黑洞一般的大门。现在他们分别坐到各自的位置,执事开始用非常低沉的声音唱起对战无不胜的佛的颂歌,每天司空见惯的祈祷仪式就这样开始了。有时,佛教寺院也举行华丽庄严的仪式,数千盏灯碗同时点燃,还有僧侣鲜红色的庞大队伍,舞者在专门留出的一块空地上表演被称为"查木"的宗教舞蹈。如果表演出色,欧洲观赏者常常会被色彩、动作、舞蹈节奏与音乐以及整个仪式的和谐所折服。此外,还有宗教界人士才能参加的最神秘,最复杂的密教仪式。[1]

在浩顺辉特有一个不大、由居住在 7 顶帐篷中的 10~12 名汉族移民组成的商贸中心,帐篷的一半被货物占用,一半用来住人。汉人不仅向蒙古人提供必需品,还有丝绸及各种珠串、镶嵌有各色石头的银耳环、戒指、镯子等物品。作为交换,汉族商人从蒙古人那里得到原料、毛皮和家畜,特别是常常数年无偿地留在蒙古人牧场牧养的羊只。汉族商人是一群贪婪的剥削者,他们用一张复杂的网封锁住游牧人的地方。可以肯定,一个蒙古人的生存,无论在路上,还是在家里,都依赖于汉

---

〔1〕Б. Я. Владимирцов. 《Буддизм в Тибете и Монголии》(《西藏和蒙古的佛教》). СПб., 1919 г. Стр. 41 – 43.

人。蒙古人出门上路需要钱,在家里需要茶叶、烟草、达列巴[1]、平纹细布等,汉族商人根据需求向富有的蒙古人提供上述物品,同时每年一次向对方提出对原料、毛皮或羊的需求。

浩顺辉特的汉人住在距离我们营地不远的地方,因此我们对他们非常了解。

在浩顺辉特的第一天天气很好,万里无云,这为我们做一些天文方面的工作,确定这一地点的地理坐标提供了机会。我们通过两天的气压报告弄清楚了这一地区的海拔高度。确切地说,浩顺辉特寺的海拔高度是4100英尺(1250米),或者可以说,它的高度比库伦低250英尺(约70米)。

从2月下旬开始,春天的温暖气息越来越浓。百灵鸟的歌声更加响亮悠长,有时这些鸟用爪子残酷地争斗起来,我多次目睹了一些雄性动物可能是为了自己的雌性伙伴而加入到格斗的行列中。表现得异常兴奋的鸢飞向高空,明净的天空响彻着欢腾的音符。

2.11 发生在沙漠深处的事

在接近蒙古阿尔泰山时,我们发现在平顶高山表面、岩屑以及河谷和隘口表面大量砾石上有比以往更加强烈的风化作用痕迹。由于砾石的形状和硬度不同,作用于砾石的沙砾大小不等,最后由于空气动力和沙砾作用于上述岩石的时间不一样,后者常常被磨成几节,变平、磨光,有的变得古怪难看,有的则美丽而神奇。在沿着这一地区行进的过程中,我多次驻足欣赏拣起的一块又一块小石子,并从上面辨别风的主要方向,然后或装入口袋或将它扔掉。考察队的小桌子上经常分类堆放着各种地质样品,还有自然学科其他门类的样品。被削磨得奇形怪状的砾石也时常吸引了掷弹兵和哥萨克们的目光,他们常常收集几口袋的砾石送到我们的帐篷。我们在风化削磨和荒漠岩漆方面收集到了数量可观的最典型、最有代表性的样品。最近几天考察队行进得非常顺

---

[1]蒙古人把白色棉布叫达列巴。

利,走完了许多路程,古尔班赛堪山顶上的风光仿佛给了考察队新的力量。2月15日我们已经到了与乌纳根台山相邻的绍万根—洪台,乌纳根台山周围的梭梭[1]成了考察队营地的最佳燃料。附近山丘上传来鹌鹑的叫声,打破了笼罩着单调的深灰色沙漠的宁静。

考察队到达时正赶上这里在迎候从乌里雅苏台前来审理蒙古族犯人的中国官员。当地的官长们在见到我们时立刻围拢过来,热情地建议考察队使用为官员搭建的帐篷,因为地方官长同时得到了考察队要经过此地的通告,我们愉快接受了他的建议并很快安了营。晚上围着篝火喝茶的时候,健谈的地方官长向我们讲述了当时一起引起宽厚的蒙古人恐慌的刑事案件。1年前在这个地方发生了一件事:在我们的对面方向来了一伙人,有8个蒙古人,他们也像我们一样在这里过夜。伙伴们围着篝火融洽地谈着话,突然其中一人提高了嗓门,并开始向对他开过俏皮玩笑的同伴,另一名年轻的蒙古人进攻。傻里傻气并受了委屈的那位蒙古人觉得受到极大嘲弄,因此变得异常凶狠并在不知不觉中离开了大家。蒙古人忘情地狂笑,那年轻的小伙子成了当天晚上的英雄。没过几分钟,那位好斗的蒙古人手里握着一根木棒回来了。他从后面接近并用力朝小伙子的头上砸去,这一击太猛了,被击者当场毙命。同伴们陷入一片惊骇,诅咒着将凶手抓住。后者显然非常害怕,并大声哭喊着说他从未想要杀人,只想让被击者感到疼痛,以便这"小子"今后不再抬杠和取笑长者。蒙古人在夜幕下长时间地讨论他们自己的处境,最后决定将尸体驮在骆驼上,运到附近的小山里掩埋在沙地。早上,这伙蒙古人若无其事地上路了。目睹了这一切,并将全部经过通知土谢图汗的行政管理机构的蒙古官长与我一起继续分析案情,……凶手和他的伙伴被就地抓获,案件移交给了将赶到出事地点来的中国执法人员。

如果你了解蒙古人的话,就不难猜出,中国执法人员到来的消息是

---

〔1〕梭梭——中央亚细亚和中亚的一种特有树种,高3到6米,长达20米的根茎直伸向地表深处,是一种耐旱植物。梭梭的木质很脆,不适合做手工制品,但它含有大量的树脂,最宜燃烧,骆驼也喜好吃梭梭的嫩枝。戈壁特有的斋桑梭梭在中亚被另外两个品种代替:生长在沙地的白梭梭和粘土地的黑梭梭。

非常令他们犯愁的,因为它常常会严重影响蒙古居民的财富。严格地说,蒙古人爱好和平,这使得他们远离刑事犯罪。如果说类似的现象在蒙古人中间还存在的话,那或者是出于意外,或者就像现在说到的这样,是发生在极端仇恨和激愤的情况下……

2.12　眺望古尔班赛堪山

乌纳根台山以南的高地向我们展示着横向延伸的古尔班赛堪山的显明轮廓。在高地与"三杰"山(古尔班赛堪)之间有一条被小山、垅岗和插入其间,周边被红色小盆地阻隔的宽阔河谷。在盆地底部生长着梭梭草且高低不平的沙地,蒙古人放牧着一千多峰帝国或"大汗"的骆驼。

考察队在这里受到蒙古人用加了骆驼奶的奶茶的招待。沙漠地区的居民很了解游牧于前面蒙古阿尔泰山区的巴尔金扎萨克旗[1]的情况,他们还知道该旗管理者——在方圆一带很有威望的老人巴尔金扎萨克。我们在这里偶然遇上巴尔金扎萨克旗一个要去库伦的居民,这位富有的蒙古人给了我们实质性的建议:顺着他刚刚留下的足迹走他方才经过的路,我们将登上乌楞达坂山垭。

中午置身于沙地和梭梭草丛中让人感到十分温暖,空旷的沙地表面的温度在阳光下能达到16℃。梭梭丛中的麻雀大声啁啾着,孤单的灰伯劳唱起婉转的歌。在发现我们到来后,这种聪明的鸟立刻安静下来,为了不使自己进入有效射程,它们飞走了。这一地区我们以往见过的鸟类有毛腿沙鸡,在这里首次遇到的哺乳动物有鹅喉羚和尖叫着暴露自己身份的大沙鼠。

2.13　塔拉哈沙塔泉[2]

我们从最深的一个盆地顺着被吹掉的红色瀚海沉积层[3]爬上高

---

〔1〕有影响的显赫王爷、执政王公在蒙古被称做扎萨克。

〔2〕塔拉——蒙古语的草原一词。在中亚,哈萨克人将草原叫达拉。

〔3〕瀚海沉积层——以砂岩和砾岩为主的红色沉积层,其年龄尚未确定。

岗，上面明晰地展现出了通往呼和浩特的大道。沿着这条路又走了几俄里，考察队选择在一汪清亮的塔拉哈沙塔泉边宿营。我设想，这里夏日的景色会很美，这汪水源充足的泉水像银色的带子一般顺着绿草如茵的斜坡哗哗地四散奔流，是旅行家们舒适的乐园。与偶然到此的行人为邻的有候鸟等迁徙的鸟类、无数飞舞的各色蝴蝶，或者在早晚偷偷潜入饮马场的谨慎而又轻巧的红额羚羊。

即便是在这个时节，这里的一切也能让人感觉到一线生机和安逸。泉边斜坡上覆盖着湖状平原的冰已经化解，泉水从地下冒出一股细流，顺着峭壁的斜坡淙淙而下，如水晶般晶莹，水温有 1.4℃。

从塔拉哈沙塔可以眺望蒙古阿尔泰山的广阔景象，眺望我上次旅行时熟知的阿尔查博格多山及其漏斗形的顶部。一条弯弯曲曲的小路正好通向那里，路边一口叫恰采林吉胡图克的井曾经是我蒙古—木考察时的天文观测点。往呼和浩特运毛皮、纺织品及其他原料的驼队在这条小道上慢腾腾地移动着，中国的骆驼显得异常疲惫，状态不佳的蒙古向导也抱怨严寒和饲料缺乏使他们损失了近十头驮载牲口。与中国人的驮载牲口相比，我们的骆驼还算状态不错，考察队完全可以无所畏惧地面对前面的山岭……

3 古尔班赛堪山,巴尔金扎萨克的营地,以及前往额济纳戈尔

3.1 古尔班赛堪山道路的特点

我们现在要去的雄伟的古尔班赛堪山[1]由3座独立的山脉组成:西边的巴伦赛堪,中间的敦杜赛堪和东边的宗赛堪,3个部分同时坐落于宽广且高高隆起的台座上。B.A.奥布鲁切夫曾经对这一纵向分布的山岭十分关注[2],他明确指出,台座在毗连河谷上的垂直走向超过了台座上山脉本身的相对高度。

当我们接近古尔班赛堪山时,山体变得越加高大,覆盖在敦杜赛堪山北坡山腰以上部位的积雪泛着耀眼的白光。前缘的山链——阿尔噶林台和哈尔加向东延伸成为独立的布依鲁塞、登和胡扎尔峰,遮挡了主山岭的一部分,也挡住了我们的视线。考察队的驼队在山脚下布满茅草的碎石上拉开长长的阵线,在长满茂密草本植物的金色背景衬托下显得十分引人注目。这些良好的牧场不仅吸引着蒙古牧民和他们的马群、牛羊,同时也吸引了草原上动作优雅敏捷的瞪羚和鹅喉羚等野生动物。我们在沿途见到了许多这样的动物。由于它们长期与和善的游牧民及其家畜为邻,这些可爱的野生动物不怎么怕人,因而也就表现得不大警觉。我们经常能够观赏到这些动物并完全把它们圈入射程。这样

---

[1]《古尔班赛堪山》,意为"三杰"山。

[2]《Центральная Азия, Северный Китай и Нань-шань》(《中亚细亚、华北和南山》). Том Ⅱ. Стр. 432.

一来,我们没费多大周折就猎到了一头不错的公瞪羚……

这里距离蒙古官员图萨拉克齐扎萨克[1]的游牧营地不远,我临时离开考察队的驼队去拜访他,希望能得到一名当地的向导。虽然图萨拉克齐本人不在,他当时在北京,但我受到他夫人的热情接待,她答应给考察队提供各种可能的帮助。当晚,这位夫人果真派来了一名向导。

接下来的路横穿古尔班赛堪附近的草原。顺便说一句,这片草原的特征与库库淖尔有相似之处。考察队穿过草原,在查干尼尔格—布车宿营,计划第二天翻过山岭前往蒙古王爷巴尔金扎萨克的营地,在那里进行长时间的休整。

路途中绝大部分时间里都与我们相伴的西南风照例在接近夜晚时才平静下来,微小沙尘被风抛向河谷,周围有点阴暗,明净的天空露出了美妙的晚霞。中部蒙古的霞光总是充满无限静谧的魅力,纯净的空气使柔和颜色的变幻显得非常鲜明,形成了一幅无与伦比的艺术画面。我长时间一动不动地默默注视着黯然失色的落日,阳光的色调时刻都在发生变化,从紫红到绯红及紫罗兰色。天空变得越来越暗,越来越深邃,星星一个接一个地由大到小闪亮起来。月亮从遥远而且轮廓分明的戈壁上空探出头来,大地沉入梦乡,雄伟的苍穹显得更加引人入胜。

2月18日早上,考察队精神饱满地上了路。大家都知道,距离蒙古阿尔泰山南坡令人愉快的休息地只剩下一天的路程了。附近山区的风光使人赏心悦目,部分山岩、裂罅、高山草地已经明显突出。又走了几俄里,考察队便进入一条径直通向山垭,蜿蜒悠长,个别地方甚至堆满积雪的峡谷。我们爬得越高,小路就变得越加陡峭多石,脚下的草地上是用石头堆砌成的锥体形"凯勒克苏雷"(古墓)[2],峡谷底部是一条孤独的潺潺作响的小溪,周围死一般的寂静。稀稀落落的蒙古人游牧点紧紧依偎在山的怀抱,单调灰暗的岩崖上立着几只红嘴山鸦,高山燕雀在振翅飞翔。

---

〔1〕译者按:扎萨克意为执政官,图萨拉克齐意为协理台吉。
〔2〕关于"凯勒克苏雷"请参阅《Монголия и Кам》(《蒙古和喀木》)。

3.2　从乌楞达坂山垭到巴尔金扎萨克营地

乌楞达坂[1]山垭在敦杜赛堪的西部,与蒙古和中亚细亚的所有山垭一样,山垭上有竖立的鄂博。考察队在平坦而又积满雪的山垭顶部的鄂博附近遇上了来送信的蒙古人,他向考察队指点了巴尔金扎萨克营地的准确位置。我们在这里用气压测出乌楞达坂的绝对高度为7985英尺(2436米),然后开始小心地向南而下。古尔班赛堪山在这个方向跌落成又高又陡的峭壁。附近高空中翱翔着高傲不安的秃鹫,鹰双翅贴近躯体从我们脚下峡谷的窄处箭似地滑过……

过了峡谷以后,我们改变方向向东,通过无数让距离突然缩短的冲沟、宽谷,在陡峭山脊的南麓蹒跚。和顺辉特是巴尔金扎萨克封地内一座出色的寺院,它坐落在幽深并且干涸河床右岸的台地上。我们经过寺院时,懒洋洋的喇嘛们正离开自己的栖身处攀上亲切的山岩,他们要去接受春天阳光的沐浴。与巴伦赛堪和敦杜赛堪南坡毗连,被厚厚积雪覆盖的宽广凹地向南延伸到大、小阿尔嘎林台山的慢坡处。

疲倦的骆驼慢腾腾地往前挪动着,大家迫切期待着地方管理者营地的出现。突然出现了两个骑马人,他们疾驰的速度之快,仿佛从地下钻出似地,其中一个正是考察队在前面山垭派去问候蒙古王爷的哥萨克巴特玛扎波夫,另一位是巴尔金扎萨克属下的官吏。这位官吏带来了自己上司对考察队的问候和浅蓝色的哈达,并邀请我们去"喝茶"。几分钟之后,我们赶超过疲惫的驼队来到乌戈尔沁—托洛戈伊。招人的草地上矗立着事先为考察队准备的两顶游牧帐篷和一顶天蓝色行军帐篷。这些对旅行者看得见的关怀以及巴特玛扎波夫的报告的确使我感到十分兴奋,我十分愉快地赶往好客的巴尔金扎萨克处饮茶。

3.3　与巴尔金扎萨克初次见面

由四顶帐篷组成的亲王营地位于偏东方向,距离我们宿营地约几

---

[1]达坂——蒙古语,山口。

俄里之遥的一个看似隐蔽的不大谷地中。我们在第一座专为客人准备的帐篷旁受到官吏们的热情迎接,一进帐篷,他们就把我让到贵宾席上。我坐在松软的毛毯坐垫上,眼前不知不觉摆上了一张小桌子和吃的东西:一杯蒙古砖茶(加奶和油),一盘很可口的面饼,糖和葡萄干。很快,衣着讲究,热情好客的主人便出现了……

巴尔金扎萨克个头不高,长着一张坦诚且招人喜欢,同时不乏高雅的脸,是一位善于交际的老头,初次见面就给我留下了十分的好感。相互寒暄一番之后,王爷开始仔细询问有关旅程、徒步旅行生活以及我的祖国俄国的情况。记得上次旅行时,我和王爷间的交往是通过他的官员与我当时还年轻但却不可缺少的伙伴措科多·加尔马耶维奇·巴特玛扎波夫以书信方式进行的。我们融洽的谈话被考察队驼队到达王爷营地的消息打断。告别自己的新交,我匆忙出去迎接。

当日傍晚,我派人给王爷送去了礼物。

3.4 关于去额济纳戈尔和
哈喇浩特[1]的谈判

从到乌戈尔沁—托洛戈伊扎营的第一天开始,考察队就安排进行气压测定及其他定时的气象观察,标出了一系列必要的天文测定,在山区进行了必要的地质和生物考察。一切仿佛都很顺利,只有缺水的现实让我们感到不方便,大家只好用少量柴火融化附近山上突出部位背阴处的积雪。乌戈尔沁—托洛戈伊的绝对高度为 6160 英尺(1878米)。春天仿佛胆怯似地渐渐到来,2 月底深夜的最低温度一直保持在 $-15 \sim 12\,^\circ\!\text{C}$,2 月 27 日白天[2],背阴处的气温达到零上 $0.8\,^\circ\!\text{C}$。[3]

宗赛堪山上的积雪在融化,山体的颜色明显变浓,南端与宗赛堪山

---

〔1〕哈喇浩特即蒙古语的"黑城"(哈喇,黑色的;浩特,城)。П. К. 柯兹洛夫认为,哈喇浩特是古代唐古特人政权西夏的都城。根据其他作者的资料,西夏的都城是现在宁夏的兴庆(译者按:即今银川市)。

〔2〕白天的气温读数一般是在 1 点钟测出的。

〔3〕第二天,2 月 28 日,同一时间的温度达到 2.7 ℃,而在 2 月 29 日温度已经为 4.6 ℃。

50

相接的乌斯腾塔拉盆地的积雪也几乎消失殆尽。阴天的时候,雪云把邻近的山岭变得白茫茫的,但这些新落的雪一般很快就化掉了。总的说来,这里的空气非常干燥。2月底,我们在附近山中的井里发现了非常活跃的小虾。特别是在宁静并且阳光明媚的早晨,大耳朵百灵悦耳的歌声传入我们耳中,让人在霞光中更能感觉到春的气息和脚步。

在乌戈尔沁—托洛戈伊的头两三天,我们忙着与王爷交涉去额济纳戈尔的事宜,确切去那里的路线。王爷和他的两位谋士坚持要让我们相信,没有路通往额济纳戈尔,那里是一片或石或沙的荒漠,即便是最好的骆驼也未必能够到目的地。按照巴尔金扎萨克的说法,从额济纳戈尔到阿拉善—衙门,我们必须与土尔扈特贝勒打交道。我的朋友最终还是答应将考察队送到贝勒的营地。值得一提的是,我为此支付了高额的报酬。

解决了我们下一段路程的问题,考察队决定于3月1日出发。巴尔金扎萨克不失时机地问我:"您为什么一定要坚持去额济纳戈尔,而不直接去阿拉善衙门呢?到那里的路既好走,又节省时间,大概会免去不少劳累和艰辛,自然也会减少旅行的物资花费。"亲王接着又补充道:"您预料在额济纳戈尔会有什么能让您产生极大兴趣的东西吗?!"——"是的,"我回答道,"您说得对,那里有非常引人入胜的古城废墟!"我的朋友又问:"您从哪里知道的?""从我国旅行家的书和我朋友的信中了解到的。"我答道。"原来是这样,"亲王拖长声音沉思着道,"我也从我的人那里听到过哈喇浩特的事,他们去过那里。要知道,确实有一座被城墙围起的城址,但是它已经渐渐被沙子淹埋了。我的人告诉我,土尔扈特人经常在废墟中寻找埋藏的财富,我还听说有人真的发现了一些东西。您去看看,也许能亲手找到一些好东西,你们俄国人什么都知道,只有你们才有能力干这样的事。我想,土尔扈特人不会在去废墟的路上为难你们,也不会阻止你们进行挖掘。至今还没有一个像您这样的人到过那里,况且土尔扈特人最近仔细隐埋了哈喇浩特,以及经过这座城去阿拉善衙门的老路……""请您"——老头最后又补充说——"不要说是我给您讲了有关废墟的事,就说您自己早已

51

知道这件事,执意要巴尔金扎萨克派向导和骆驼,是为了去土尔扈特贝勒的营地。"我们微笑的眼神会意地相遇,我欠起身来,紧紧握住我朋友的双手……

我现在比以前更执着地想去废墟进行挖掘工作,如果幸运的话可以用成功挖到的古代珍品来让地理学会感到欣慰——在旅行出发前我将深藏在心里的计划坦白地告诉了我的朋友们。

我与邻居巴尔金扎萨克几乎每天都会见面,他向我介绍了他的家庭。他的家是由妻子——一个有一张大而招人喜爱的脸盘的非常典型的蒙古女人以及三个儿子和三个女儿组成。两个年轻而羸弱多病的儿子是喇嘛,一个在王爷所在旗的寺院,另一个在库伦。小儿子曲利图姆是一位英俊健壮并且剽悍的蒙古人,中国政府已经赐封给他贵族爵位,我也很喜欢他。在考察队的营地,老王爷对我们的武器非常感兴趣,丝毫不掩饰他想得到一把左轮手枪和一支别旦式步枪的强烈愿望。

总的说来,游牧人酷嗜武器,为了得到它,情愿牺牲几乎所有简单的家产。当我送给巴尔金扎萨克一把左轮手枪并答应再给他一支他想要的步枪,但条件是他得把他那支蒙古老火枪给我时,老头显得十分高兴,甚至忘记自己时常抱怨两眼昏花的事了。他先是抓起我的一把手枪,然后又抓起另一把开始瞄准,之后又反复练习,折腾了一番之后,王爷坐下来,但仍然爱不释手地抚弄着枪身。我问巴尔金扎萨克:"我们的枪如何?"王爷笑了笑,并将右手的大拇指高高竖起,以示极大的赞赏。最后我们用俄式手枪和步枪为我的朋友进行射击表演,王爷及其随从简直欣喜若狂。

我们在营地的生活忙忙碌碌。结束了与巴尔金扎萨克的公务会谈,在进行天文观测的同时,我们对收集物进行分类,与3只装着信件的箱子同时运寄回国。

蒙古王爷的亲戚、亲信或者邻居经常在我们的工作场地周围转悠,他们感兴趣的是我们旅行过程中不可缺少的那架留声机。每当留声机播放悠扬动听的歌曲时,这些游牧人就像好奇的孩子般嬉笑着,尽量将头探到喇叭跟前,询问是谁在里面唱歌。最让他们惊叹不已的是留声机能传出狗叫和鸡鸣的声音！他们多次缠着我们，让我们重放留声机里马的嘶声、骆驼含糊不清的嗷嗷声，以及羊的哞哞声，对歌剧却丝毫不感兴趣。但是，他们却能够对手风琴伴奏的俄罗斯合唱进行曲产生强烈的反映和共鸣。

3.5 深入宗赛堪山旅行

在乌戈尔沁—托洛戈伊的 10 天里，我们仅对附近的深山进行过一次考察。我和地质学家切尔诺夫、两名制备员去了宗赛堪山陡峭的部分。该山最突出部位，海拔高度达 8200 英尺（2500 米）的海尔汗峰的巨大砾石隘口中生长着喜欢慢坡和河谷台地的草本和小灌木植物，滋养着巴尔金扎萨克的无数牲畜。干涸河床的许多地方有泉水井，在这种情况下，优良的牧场和宗赛堪山温和并且夏季凉爽的气候，使得无论野生还是家畜都能免受夏季在附近大戈壁肆虐的消耗体力的炎热的袭击。这次考察在动物收集方面是不能令人满意的，我们在正常距离内所能见到的动物只有狼、鹅喉羚，考察队猎获了一只有趣的鼠兔。我们见到的鸟类有以往见过的动作迅捷的秃鹫、鹰、高山燕雀、从山坡上飞下并很快消失的雕鸮，考察队只捉到了一只岩鹨。地质学家像往常一样得到了大自然的丰厚赏赐，他详尽收集了古尔班赛堪山东部的岩石。

考察队营地附近的鸟类，数量和品种都少得可怜，最常见的到访者是乌鸦。它们一大早就成对出现，在与我们共同度过一天的时光后，深夜又飞回到附近的山中。随之而来的还有给营地注入一阵活力的燕雀、松鸦、大隼和雕，飞行迅速的毛腿沙鸡只出现在距离考察队营地较远的地方。当我们置身于游牧和行军帐篷内时，经常能感觉到毛腿沙鸡的出现。因为沙漠中的这种鸟出现时，翅膀扇动出剧烈的响声，或者发出古怪的叫声……

时间过得飞快，2 月这一寒冷异常的月份已接近尾声。平静的白天很少见到，在不同程度上偏北或偏南的强劲西风夹杂着沙尘使天空变得阴暗。有时，一阵更加强烈的风把沙尘顺山刮走。蒙古或戈壁刮起暴风时，确实让人感到无处躲藏。风轻轻渗入毡房，动物也渐渐消失,除了风暴,仿佛一切都躲藏了起来,一切都安静了下来。暴风过后,万籁俱静,第二天必定会出现一个少有的好天气。阳光会即刻让人感到温暖,雪迅速融化。由于有了温暖的感觉,大耳朵百灵鸟也唱着春之歌飞向空中……

3.6　驼队继续上路

　　2月底临近,这意味着驼队继续上路的日子也越来越近。上士伊凡诺夫为首的队伍精神饱满地完成了对行军用品的修整工作,并腌制好了风干的羊肉[1]。据蒙古人讲,前面去额济纳戈尔的路可是一片荒无人烟的沙漠地区。考察队员也写完了报告和最后的信件,一句话,出发前的一切都准备工作都就绪了。在拆除营房的前一天,我们大家把最后的一些石头——鹅卵石放到了考察队在巴尔金扎萨克营地垒起的大鄂博顶上。这座石头砌成的锥形体标示着旅行家们在地图上标出的天文站的准确位置,此外,也能够让蒙古人记得,这里是俄国地理学会考察队的长期营地。

　　3月1日早晨,天气阴郁寒冷,我们拆掉营地,在可亲的王爷及其侍从的护送下向西偏南方向出发。一道缓坡很快将驼队带到临近河谷的最低处和巴尔台胡图克井。这里根本就没有雪,下午1时,井中水的温度是0.2℃,空中传来小百灵愉快的叫声。巴尔金扎萨克要在这里返回自己在临近山中的又一个游牧地,老头友好地向我们道别,并在临别时向我耳语道:“再见,我相信您会到达哈喇浩特,并在那里找到不少好东西。”几分钟后,我的朋友就消失得无影无踪:草原马旋风似地载着敏捷的蒙古骑手离开了我们的视线。

　　由于空气清净透明,我们的目光可以看到很远的地方。南面的山褶变成了青色,河谷的芨芨草色彩斑斓。游牧人的营地依然紧贴山体,

――――――――

　　[1]储备或将羊肉制成罐头食品的方法是:尽量同时杀几只好的羊,换句话说,就是杀几只肥羊,从羊胴上剥去毛皮,剔除骨头。将肉切成薄片,放入沸腾的盐水中约10～15分钟,然后用绳子挂到通风处风干,三五天之内就好了。它常常是我们一年中的季节性补充食物。我们通常每天只打一只羊,肉被统统吃掉,而毛皮送给向导。

以向南呈环形的凹沟为屏障。

3.7 沙拉哈塔山

慢慢走出巴尔台胡图克凹地,考察队在出发的第一天就进入由东西向红色玢岩和粗粒花岗岩堆叠成的阿尔噶林台山地。第二天,考察队穿过这一山地,最后停在结了冰的或者完全被冰封住的留东布雷克泉边。

我们从这里去附近的沙拉哈塔山进行过两次不大的狩猎活动,希望能打到西伯利亚山羊,可惜一无所获!野兽警觉性很高,完全无法接近并将它们圈入有效射程。陡峭的山坡,加上我们在尖形石头上行走艰难,这一切让人无法顺利潜近猎物。有一次我手握双筒望远镜,尽情欣赏远在我眼前山脚下接连不断出现的美丽动物:走在前面的是一只雌性老山羊,紧随其后的是一大群幼畜,经验丰富的公山羊断后。显然,所有的动物都敏感地谛听并注视着周围的一切。尽管我们之间相距遥远,但我还是一动不动,甚至尽量屏住呼吸,以免破坏这一野生动物生活场景的完整和自然。也许,这些山羊群在我们来打猎的第一天,当我们前往打猎营地时就收到了惊吓,因此变得警觉。山羊本来就处在居高临下的山体凸起部位,看到我们这一群骑马的人,它们极度恐惧,拔腿就溜,从此我们也就再无法在不知不觉的情况下接近它们。考察过程中我除了看到红嘴山鸦、敏捷的秃鹫、鹰科和孤单的红尾鸲之外,再没有见到其他鸟类。

从沙拉哈塔山顶上望去,四面广阔神奇的景色一览无余。向南伸展的沙漠平原渐渐消失在雾霭中,群山从北边围绕地平线,闪烁着美丽明晰且柔和雪光的古尔班赛堪山显得十分突出。从这里望去,山的基盘是最雄伟的,无论山轴还是山脊都相应变得渺小。正如我前面所述,蒙古阿尔泰山东部和戈壁部分的特征就是如此。

3月3日太阳下山前,考察队在经过祖伦台和措浩垒—施利通往呼和浩特[1]的大道南边的哈喇鄂博扎营。这天夜里,我观察到天空中月亮的周围出现了奇特美丽的七色环,北边吹过丝丝微风,显然没有吹到稀薄的大气层上层,因为薄如蝉翼的云彩正从南边飘来。

3.8 布克特

考察队下一段的路程是向西南方向行进,穿过一边被小山冈阻隔,另一边是干涸河床的沙漠碎砾石地。在这片毫无生机的沙地上,到处是被风和流沙削磨的多面体,唯一使这一郁闷风景变得生动的就是鹅喉羚了,考察队在一天的时间里见到不少于一百只上述动物。翅膀长度超过一俄丈的秃鹫偶尔在空中翱翔或者甚至在我们驼队的上方盘旋,要不就落到距离蒙古牧民居住地不远的地面上。

我们沿着缓缓的斜坡下行,很快就看到如幻影般高耸,坡势险峻,时而呈黄色,时而又略显红色的土山,井通常都分布在这些悬崖的脚下,考察队选择在其中的一个叫阿门乌苏或者布克特的井旁安营。这个营地看起来不错:牲口的饲料是最好的,水也一样,营地边沙丘带上浓密的梭梭是不错的燃料。

春天的温暖气息明显迫近。太阳地里开始出现第一批甲虫和蜘蛛,当地的麻雀在梭梭丛中唧唧喳喳叫个不停,不时传来白腰朱雀的叫声和空中凤头百灵的洪亮歌声。啮齿目大沙鼠不停地吱吱尖叫着从自己深深的洞穴中跑出,他们用两只后腿站立着,好奇地四周环顾,居住在井附近的贫穷的蒙古人专门以捕猎这种沙鼠为食。蒙古人认为沙鼠的肉要比羊肉细嫩得多,仅凭简单的木制鼠夹,一名猎手一天可以捕到30只幼鼠。在用如此简单的方式获取肉类食物作为补充的同时,这些蒙古人也与阿拉善人一样,能毫不费力地为自己搞到粮食——戈壁沙蓬。布克特附近的河谷里生长着大量的戈壁沙蓬,我经常见到这种沙漠植物垛成的圆锥形垛体,以及地上留下的糠秕。

---

[1]呼和浩特或归化城,位于中国内地山西省的北部,沿太行山北部丘陵山脊向东南延伸的长城以外约80俄里处。

离开布克特,地形又变得起伏不平。考察队经过极其难以通行的梭梭丛进入凹地的最低处,梭梭钩住了我们的衣服,含盐的灰尘顿时溅满全身。这里坡度缓慢的小山之间和沙地里明显地留下了从额济纳戈尔来的野驴[1]的足迹。蒙古人说,那里的野驴特别多。

像往常一样,这时出现了沙漠中的魔幻——海市蜃楼。遥远的高地及小山处耸立起轮廓十分新奇的虚幻建筑。对于一个疲惫不堪、饥渴难耐的行路人而言,再没有什么比眼巴巴地看着虚假中波光粼粼的湖泊渐渐远去更让人沮丧的了。

沙砾河床的有些地方生长着许多弯曲多结的沙漠杨,杨树上落着几对孤独的乌鸦和寒鸦。关于后者我曾在安营过夜的"巴克—莫多"或"树荫"时提起过。

迎面扑来的强劲西南风拼命摇晃着井边营地上遮蔽了毡房的枝叶茂密的古树,树林发出熟悉但又久违的吼叫声,特别是在像中央戈壁这样的沙漠中旅行,早已麻木的听觉很快就会想念这种声音。傍晚,风暴平息了,我们清楚地听到大耳朵猫头鹰(长耳朵鸮)的叫声,早晨与两位制备员去打猎时,我猎到了5只这种有趣的鸟。需要再次说明的是,猫头鹰通常10只以上一伙,明亮的阳光显然并没有让它们感到不安。这里见到或猎获的长羽毛动物有:鸮、伯劳和唱着响亮的春之歌的百灵。П. Я. 纳帕尔科夫在干涸的多石河床中挖到了当年的第一批甲虫。

考察队营地附近住着几位蒙古人,他们的骆驼相当不错。用梭梭围起的围墙里拥挤着刚出生的小骆驼,我兴致勃勃地观察小姑娘们是怎样十分温柔并充满无限爱意地对待这些毛茸茸的笨拙家伙的。她们十分怜爱地抚摸着小骆驼,有时将小脸蛋贴向小动物的嘴唇,吻它们的鼻子。

在与邻近蒙古人的友好交谈中我得知,考察队原来拟定的经由什里比斯前往索果淖尔的道路沿途是一片沙漠,既远又乏味,其实还有一条经过多尔措的笔直捷径。经过仔细研究后,我们决定选择第二条路

────────────

〔1〕野驴或蒙驴——源于原始马群的奇蹄类哺乳动物。生活在蒙古和中亚国家一些地方的沙漠和半沙漠中,中亚称之为野驴。这种驴只有野生种类,无法驯服。

·欧·亚·历·史·文·化·文·库·

尽快赶到索果淖尔,将余出的一天时间用在离我们虽然很近,但仍然是一个迷的哈喇浩特古城。

3.9 荒凉的沙漠和对"索果淖尔"的 第一印象

接下来的几天,从3月7日到12日,考察队一直行走在非常令人郁闷的荒凉沙漠中,宽谷、小山丘、河谷没完没了地交替着。

从达贡开始,我们沿着通往索果淖尔的驼路行走。这条路以北是广阔的平原,它一直延伸向高低不平的诺彦博格多山,南面沿地平线矗立着洪戈尔仁山丘,由北而来的干涸河床向山丘的东翼伸展去。

由于沿途很少遇到井,我们不得已改变了行军方式。考察队在有水的地方过夜,直到很晚时,近中午才开拔,一直走到日落时分,第二天一早,大家又拔营。这样,在吃饭时,也就是说一昼夜以后又可以在欢快的泉边休息。这种午后在沙漠中的行军由于缺水的缘故确实很折磨人,况且已是春天,我们越来越强烈地感觉到了已经降临的暖意。一路上,开始出现了苍蝇和甲虫,地上有时爬动着蜘蛛。3月11日,我们第一次见到了蜥蜴。迎面而来的阳光有时让我们感到乏力,周围既无野兽,又无鸟类,一切都处于死一般的寂静中,只有风无拘无束地散着步,有时卷起一阵滚动的沙尘。

总之,从古尔班赛堪山到索果淖尔湖或额济纳戈尔下游的道路是一片毫无乐趣可言的沙漠,水全部流入干涸的河床,在地面形成许多深5~7英尺(1.5~2米)的井。植物种类大多是逐年代替了柽柳的梭梭、小灌木和骆驼喜欢吃的坚硬的沙漠草类。我认为,骆驼是唯一能够忍受这里的炎热气候和贫乏的植物食物的动物。3月11日傍晚,当考察队的驼队很顺利进入覆盖了一层密密的砾石并略微向索果淖尔倾斜的蒙古中部平原时,我们愉快地将目光投向附近湖岸上银白色的一片地方,……温暖的阳光耀眼地射入水中,我在双筒望远镜中清楚地看到似一张黑网般在湖区飞旋的鸟群。这一切让人忘却了疲劳、饥饿,以及我们置身于其中的沙漠,一种特别崇高的感觉控制了我。我完全被春天大自然热火朝天的气息所吸引。我们一直走到天黑才停在能看到在周围灰色背景中显得很与众不同的索果淖尔湖岸。沙漠灯塔——博罗鄂博终于在高高的湖北岸显现出来,春天的夜晚悄悄降临大地,天空闪烁着无数耀眼的群星……

第二天,我们想去索果淖尔的心情更加迫切了。地平线上可以看到一行淡白色或银白色的鹭、天鹅或孤独地落在水面的鸥和燕鸥。再往近处,我们开始听见鸟的叫声,但湖身却渐渐地被岸边的缓坡挡住。一群鹅喉羚和受惊的野驴或蒙驴疾速穿过我们行走的道路向沙漠奔去。在最后一个路边的高地上出现了宽阔岸边金黄色的芦苇地带,土尔扈特人的马群在芦苇中悠闲地吃着草。可能是我们的驼队引起了人们的注意:两名全副武装的骑士从西边向群马奔去……

4　额济纳戈尔下游和哈喇浩特废墟

4.1　春天鸟类在索果淖尔湖迁徙

就这样,在候鸟大量迁徙的季节,考察队来到了额济纳戈尔[1],在多尔措附近被高高山冈环绕的靠近并两个淡水湖的地方安营。虽然湖面的一半是裸露的,另一半被淡蓝色的冰所覆盖,但仍然吸引了无数的鸟类。冰融化得很快,特别是白天,旁边新月形沙丘南坡的气温在阳光照射下能达到40℃以上。在索果淖尔湖距离考察队营地较近的东南面湖湾也有破冰而出的湖水,湖与营地之间是一片隐没了许多小湖的宽广芦苇地。我们把精力集中在其中一个距我们约3俄里,向周围延伸近2俄里的小湖上,并对当地春天的自然景观进行观察。

需要强调说明的是,在一个叫多尔措的地方,考察队先派译员到土尔扈特贝勒的营地与这位王爷进行联络,因为他在很大程度上决定着我们今后能否顺利到达哈喇浩特,而其余的人利用这段时间观察鸟类的迁徙活动,以及这些鸟在索果淖尔湖和上面提到的散布于芦苇丛中的小湖上度过的充满生机的春天生活。活跃的鸟类也让我们精力充沛起来,我总是十分乐意访问这个小湖,它勾起了我对与难忘的普尔热瓦尔斯基首次合作进行旅行的生活的美好回忆,不由得让人又回到罗布泊畔。不论在罗布泊,还是在这里,我们都步履艰难,静静地穿行在芦苇丛中。寂静中传来一阵嗡嗡声,有时变成喧哗声,那是鸟在欢跃,有时传出鸭子清晰激昂的声音。地平线上到处晃动着迁徙的鸟类,时而黑压压一片,时而一片银白色,有时又出现一片灰色。偶尔能听到天鹅

---

[1]戈尔——蒙古语,河流。

飞行发出的悦耳声音,这种声音很难形容,却令人心旷神怡。水面终于从山顶上露出,黑头鸥像絮状雪花般在空中飞旋,到处是色彩斑斓的鸭、潜鸭、浅色的秋沙鸭、黑色的鸬鹚,却不见鹬的踪影,只有一只凤头麦鸡尖叫着摇摇晃晃地飞行。大多数鹅卧在那里,其余的漫不经心地站立着,走动着吃点东西。天鹅在鹅的附近来回游动并像鹅一样灵巧地半潜入水中捕食。拿起双筒望远镜望去,到处是游来游去的鸟儿。

射击声总会引起一阵非同寻常的慌乱。喧哗和喊叫声顿时增加了一倍,甚至二倍,空中黑压压一片,无数从外地远道而来的鸟儿惊慌失措地四散飞去,数百只鸟儿盘旋在被击中的雌性伙伴上空。太阳渐渐垂向地平线,湖面上那种热闹的景象慢慢消失,附近只能听到寒雀悦耳的喀喀声和文须雀呖呖的啼啭声。远处飞旋着几只老鹰,近处白尾海雕飞行着画出一个宽大的圆圈。小芦苇上悄无声息地滑过一只棕褐色鹞,大麻鳽不知在何处咕咕叫了一声,然后一切又恢复了平静。

我慢悠悠地返回营地,这里已燃起篝火,同志们在火旁热烈地谈论着考察的事,彼此交流着今天的感受和心得。

概而言之,索果淖尔湖东南部深绿色的蒿属、高高的芦苇、掩蔽在芦苇丛中的小湖,如漂泊者般从尘土飞扬的灰色地平线上空飞过的大量鸟类,所有这一切喧嚣着湮没周围的一切,这些生动景象不由得让我想起与 H. M. 普尔热瓦尔斯基的考察队在罗布泊湖岸上度过的那个春天。无论当时还是现在,我都被鸟类非同一般的喧闹嘈杂的热闹景象所震撼。无论在此地还是在彼处,我同样被这一鸟的乐园深深吸引着,经常花费数小时观看和欣赏它们。

3月12日,也就是我们观察额济纳戈尔鸟类迁徙活动的第一天就发现:虽然有相当数量的灰雁停留在当地的小湖中,但仍有一群接一群向北飞去的这类鸟儿。黑头鸥大量滞留在此,有少量海番鸭、鹊鸭、潜鸭出现,野鸭和针尾鸭属于我们所见到的数量众多的迁徙鸟类。在这一天中,我的眼前经常出现凤头麦鸡的身影,丘岗顶上或灌木丛中常密密地站立着一群伯劳,在考察队营地旁的芦苇和灌木丛中不时攒动着石鸡。

·欧·亚·历·史·文·化·文·库·

3 月 13 日仍有鹅、鸭川行如流,新出现了灰鹭、白尾雕、黑耳鹰和懒洋洋的石鸡。

从 13 日深夜到 14 日,由南向北飞过许多鸭、鹅、天鹅、鹤及其他默默地完成自己长途旅程的鸟类,我们根据这些鸟在空中飞行过程中发出的叫声辨别出了它们的存在。3 月 14 日白天,一只白鹳鸰时高时低地朝我们营地飞来,不大一会儿就变得多了起来,这种鸟一会儿成对飞来,一会儿又飞来一大群,每一种迁徙的新客人都吸引着我们的目光。傍晚,又有斑头秋沙鸭出现在邻近的一个小湖上。

3 月 15 日,在野鸭和针尾鸭行列中出现了美丽的翘鼻麻鸭,还有琵嘴鸭、红嘴潜鸭和大鸬鹚。这一天,上面提到的灰鹭定时向北飞去。

3 月 16 日早晨,我们所在的小湖上游动着骨顶鸡、凤头鹏鹜,以及曾经提到的一些鸟类。新加入迁徙行列的黑喉石鸡为考察队的营地增添了一丝生机。

第二天,即 3 月 17 日,考察队已经转移到额济纳戈尔上的托罗伊—翁车。大鵟在这里的高空欢跃着,响亮的鸣叫声在空中回荡。

3 月 18 日,第一次听到了大杓鹬的啁啾声,第二天,它们就挤满了河的浅水处以及岸边的小草地,不远处有一对黑鹳傲慢地踱来踱去。

3 月 20 日,约有 10 只黑耳鹰在营地上空盘旋,它们机警地窥视着厨房的垃圾,并选择适当时机飞扑过去。又过了一天,3 月 22 日,传来大麻鸦古怪的咕咕声。3 月 24 日,大天鹅悦耳地狂叫着沿河谷飞去……[1]

我们在额济纳戈尔下游观察到的鸟类在春天的局部迁徙情况以及万物复苏的情景就是这样。

4.2 索果淖尔湖的总体特征和
额济纳戈尔下游

索果淖尔湖方圆近 50 俄里,我们观察得较仔细的东南部湖区地势

---

〔1〕当时我们第一次观察到,嫩绿的芦苇刚刚从潮湿的地面探出头。3 月 25 日喜鹊将鸟巢修葺一新;3 月 28 日苍蝇、金龟子和蜥蜴开始越来越频繁地出现,小草也开始发绿。下午 1 时,河水的温度为 11.3℃,与此同时阳光下新月形沙丘南坡的表面温度达到 54.4℃;3 月 30 日,一条又细又长的灰蛇从洞里爬出来晒太阳。

低矮,土壤潮湿,水边泥泞。距离湖岸越远地势渐高,土壤逐渐干燥,黄土层逐渐被沙和新月形沙丘替代。

索果淖尔湖位于中央戈壁沙漠的深凹地带,海拔 2750 英尺(838米)。因光线和观察者所处距离的不同,索果淖尔湖水面的颜色也变化多端。总的来说,有两种主色调:近距离看略呈绿色,远处看呈深蓝色。水的味道略咸,万不得已时可以饮用。根据我们的观察并参照鱼类学动物群的样本,湖中只有一种鱼——鲫鱼。[1] 有趣的是我们在中亚内陆地区至今没有观察到鲫鱼,也没有一个旅行者捕到过它。

根据从当地土尔扈特人那里得到的消息,索果淖尔湖东南部巨大的湖岸现在长满了连绵不断的挺拔芦苇,[2]四年前那里曾经是开阔的东南部湖湾,或确切地说是湖湾向陆地的延伸部分。当时额济纳戈尔东支流穆鲁金河的水量相对较大,目前剩余的水流入另一支流——注入嘎顺淖尔咸水湖的木林河。需要说明的是,中亚沙漠河流的河床总是不大固定,常常改变位置。

无论在塔里木河[3]下游,还是在这里,强大的河流沉积层覆盖了大片地方。有确凿资料证明各支流河水的位移,以及由于部分河床中积聚了太多的沉积物和在另一部分河床中强烈的冲刷所引起的河床下部的位移情况。河流在水和河床移动时留下薄薄的沙土沉积,为我们研究风化层的形成提供了丰富的材料。

无论在额济纳戈尔水系,还是在塔里木河水系,沙漠河流所具有的

---

〔1〕Л. C. 贝格教授主动承担了考察队的鱼属类别的整理工作。列夫·谢苗诺夫·贝格——院士,苏联地理学会主席,当代伟大的地理学家,著有许多地理学方面的经典著作。

〔2〕索果淖尔湖西北岸是一片由斑岩小山组成的高地,其中最高的一座小山上矗立着一个惹人注目的鄂博。

〔3〕塔里木河——中亚细亚的一条大河。各种资料表明,它的长度为 1200—2000 公里。塔里木河由源自喀喇昆仑山 6000 米高处的叶尔羌河及从帕米尔高原流下的喀什噶尔河汇集而成,这两条河汇合以后得名塔里木河。塔里木河流入由于泥沙淤积引起河床在历史上不断自西南向东北往返移动 150 公里的“游移”湖泊罗布泊。Н. М. 普尔热瓦尔斯基是第一个研究塔里木河的人。他指出:“当地人很少用塔里木这个名字来讲述这条河,通常用塔里木河的一条最大源头——叶尔羌河来称呼它。有人告诉我们,塔里木源自‘塔勒’一词,意即耕地,因为在叶尔羌河上游河水被大量用来灌溉田地。”Н. М. Пржевальский.《От Кульджи за Тянь-шань и на Лоб-нор》(《从伊宁越天山到罗布泊》). ОГИЗ, Географгиз, москва,1947 г., Стр.41.

这些特征使这些地区的面貌十分相近,并产生了难以分辨的雷同。无论在这里,还是在那里,都能遇到同样的动、植物,同样的非常干燥的空气、弥漫的黄土或咸土层。人的视野受到局限,太阳显得苍白。

考察队在索果淖尔湖附近充满春天气息的大自然中不知不觉地度过了 4 天的时间。

4.3　托洛伊—翁车

派往土尔扈特贝勒那里去的哥萨克巴特玛马扎波夫带来了肯定的答复:起初态度傲慢的蒙古或土尔扈特王爷很快改变了他的策略,委托自己的警卫向导把考察队带到其坐落在木林河左岸的"达齐鄂博"营地附近,王爷答应全力以赴协助我们通过阿拉善沙漠到达哈喇浩特废墟。

应该马上出发。3 月 16 日,我们最后一次去营地附近的小湖。湖面上的冰已经完全融化,湖的水量明显增多。清晨的阳光下,骨顶鸡、野鸭和潜水鸭在平静的蔚蓝色湖面上悄然滑动,一只凤头鸊鷉漫不经心地在湖心游来游去。

因为穆鲁金河的汛水可能会妨碍考察队的行程,所以我们暂时离开这条河谷,紧贴高高的新月形沙丘地带,沿着穆鲁金河十分干涸的支流前往托洛伊—翁车。从迹象上看,这条支流曾经水量很大,随处可见古坝和风车的痕迹。

高度达 80 甚至 100 英尺(近 30 米)的新月形沙丘呈东西向出现在河谷附近。其中几条沙丘是独立的,有几条的轮廓像蛇一样弯弯曲曲,还有几条沙丘的斜坡呈等腰的锥体形,显然是常年受定期的西风和东风的作用而形成的。在我们行军过程中刮起了偏东南风。风卷着沙尘,个别沙丘的顶部如火山爆发一般冒起了"尘烟"——沙尘腾空而起又如柱般落下,它将遍地的沙子从沙丘陡峭的一端沿慢坡吹下,一直吹到碎石构成的平原。这场风很快转成了暴风,周围蒙上了浓浓的尘雾,天空暗淡下来,能见度只有半俄里。平原上延伸着一条类似于我们的风揽雪的沙带,不时刮来的一阵暴风让人呼吸困难,沙子损坏了视力,真是寸步难行啊。大、小沙粒被抛向空中,扑打在骑着骆驼的人的脸上,让人感到一阵疼痛。从路旁沙丘顶部刮下的大量沙子堆积在一起,改变了地形的小轮廓。

由于在沙尘中迷失了方向,向导稍稍偏离了路线,但在大家的努力下,我们经过一个大概是在哈喇浩特时期用生砖和芦苇建成的信号点——阿查庄子塔废墟,很快到了鄂木达尔井。第二天,3 月 17 日,我们来到土尔扈特贝勒王爷为我们指定的驻地——托洛伊—翁车。

发源于雄伟的南山雪原的额济纳戈尔奔流向北,在 500 俄里的距离内经过与炎热沙漠的抗争,被分成若干支流,最后枯竭。支流的水汇集在两个地方:一个是东部流动的水量较小的索果淖尔湖,它几乎是个淡水湖;另一个是位于西部、比索果淖尔大约两三倍的封闭的嘎顺淖尔湖。额济纳戈尔最主要的支流有:注入嘎顺淖尔的水量充足的木林河和水量少得可怜的大河。大河同样又分出几个支流,最东边的一条支流就是消失在索果淖尔湖的穆鲁金河。额济纳戈尔下游水系的这种分布状况显然不是一贯的,从 B. M. 奥布鲁切夫[1]以及后来 A. H. 卡兹纳科夫[2]提供的材料中可以看出,当时的"大河"确实是名副其实的,其水量大大超过了木林河。把旅行家们提供的材料,以及土著的口述加以比较便可以得出这样一个结论,在长期的历史时期里,额济纳戈尔下游水路干线是自东向西移动的。

托洛伊—翁车位于穆鲁金河地势较高的右岸,我们准备在这里停留一段时间。这条河的水位经常发生变化,我们到达时这里的水面宽 70～80 英尺(约 25 米),个别地方宽达 100 英尺(30 米),深 2～3 英尺(0.6～0.9 米)。浑浊的河水或平稳或湍急,体积不大的透明冰块顺着河面从远处漂过。单调安静的河岸上极少出现大自然的春意,沿岸的芦苇也才开始发绿。浅水处的有些地方出现了迁徙的鸟类,例如,一小群大杓鹬或者一对黑鹳。在这平静、明媚的短暂时刻,没有令人生厌的

---

〔1〕《Центральная Азия, Северный Китай и Нань-шань》(《中亚细亚、华北和南山》). Том Ⅱ. Стр. 398 – 399.

〔2〕《Монголия и Кам》(《蒙古和喀木》). Том Ⅱ. Выпуск первый. Стр. 48 – 49.

东、西风暴,营地不远处有一对衣着华丽的野鸡,从我们身边偶尔顺流漂过几只鹅、天鹅和发出刺耳叫声的鸥。营地上空时常盘旋着几只抑扬婉转地鸣叫的老鹰,它们急速冲向考察队哥萨克挂在那里的风干的羊肉。标本制作员被它们粗鲁无礼的举止惹恼,开枪射杀了它们。每到晚上,我们都能听见当地的歌手——不太大却很机敏的田鼠的愉快叫声。

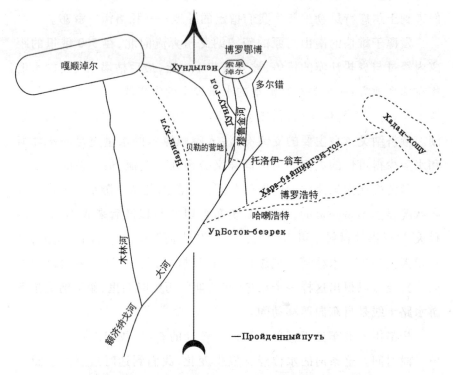

图 4-1 额济纳戈尔下游示意图

在额济纳戈尔下游定居的鸟类除上面提到的一些之外,还有文须雀、芦苇寒雀、喜鹊、乌鸦、寒鸦、松鸦、孤零零的渡鸦、麻雀、凤头麻雀,越冬的鸟类有鸢、鹠、伯劳、红尾鸲等。说到哺乳动物,额济纳戈尔谷有鹅喉羚、狼、狐狸、野猫、猞猁,土著人按毛色将猞猁分为红、灰、黑色 3 种,还有兔子、沙鼠及其他小啮齿目动物。

4.4　土尔扈特贝勒的旗和管理者达齐

考察队营地附近的居民数量与在额济纳戈尔河谷的一样少,在中、下游地区总计约 130～150 顶帐篷或家。大约 450 年以前,未经开垦的额济纳戈尔两岸被难以通行的密林覆盖,土尔扈特蒙古从准噶尔[1]和布克赛尔来到这里,他们在最初的 3 年时间里焚烧森林,开出一片新牧场。土尔扈特人至今与自己在和布克赛尔的同族人保持着亲属和友好关系,不放过任何一次顺路相互拜访的机会。出门旅行的土尔扈特人常把自己疲惫的牲口留在好客的朋友那里喂养直到返回,自己可以暂时借用朋友那体力充沛的骆驼和马。

这个旗由三等世袭王爷——贝勒管理,他的营地在木林河西支流水系距离我们营地约 10 俄里的地方。高龄的莫楞赞格钦登达赫翰是王爷的亲近助手和谋臣,他娶了贝勒年仅 26 岁的女儿为妻,并兼管土尔扈特贝勒所有并不复杂的行政事务。行政管理机构只有两三名小官吏。

名叫达齐的现任贝勒是土尔扈特人迁徙后的第十任管理者。他的贝勒地位并非承袭于父亲,而是从自己的兄长那里继承的。据说,兄长的猝死与后来成为一族之长且沽名钓誉、吝啬残忍的弟弟不无关系。

我们到达托洛伊一翁车后,即刻派巴特玛扎波夫再次去见这位土尔扈特贝勒。王爷殷勤地接受了我们的哈达,并送来了供我们临时用的游牧帐篷,以及供使唤的人员,答应尽量简化我们去哈喇浩特及以后去阿拉善衙门的行程。我欣喜无比。坦白地说,自从在已故旅行家 Г.П. 波塔宁的书中得知了关于哈喇浩特废墟的信息后,我一刻也没有停止对这片地方的向往。波塔宁在书中写道[2]:"土尔扈特文献中曾提

---

〔1〕准噶尔——中国新疆自治区北部与苏联(哈萨克共和国)接壤的地区(新疆南部——喀什噶尔,参看本书第 84 页注释〔2〕)。历史上称准噶尔为游牧民族经此(巴赫塔山口和准噶尔山口)由东向西迁移过程中通往西西伯利亚、中亚甚至西方的门户。准噶尔的居民有东干人、塔兰奇人(维吾尔族,参看本书第 360 页注释〔1〕)、土尔扈特蒙古人和哈萨克族人。

〔2〕《Тангутско‐тибетская окраина Китая и Центральная Монголия》(《中国的唐古特—西藏边区和中央蒙古》). Том I. Стр. 464.

到,在距离额济纳戈尔最东边的一条支流坤都伦河向东约一天的路程的地方,有个厄尔格—哈喇—布鲁特废墟。据说在那里可以看到不大的科力木,即小城的城墙。附近有许多灌满沙子的房屋痕迹,扒开沙子就能发现银光闪闪的东西。科力木的周围是一片流沙,附近没有水。"在我 1900 年蒙古—喀木之行中,А. Н. 卡兹纳科夫专门对额济纳戈尔下游及其湖泊进行研究,[1]他试图通过询问的方式得到一些有关哈喇浩特的补充材料。但是,一切都是徒劳无益的,土著异口同声地否认周围有什么废墟,并强调:"你们这些俄国人怎么想比我们更透彻地了解属于我们的地方。"在我的蒙古—喀木之行前,В. А. 奥布鲁切夫踏着Г. П. 波塔宁的足迹来到额济纳戈尔河谷。在蒙古—四川旅行之前,我与奥布鲁切夫就波塔宁关于哈喇浩特废墟的简短叙述交换过意见。土尔扈特人向 В. А. 奥布鲁切夫隐瞒了存在哈喇浩特废墟和可以沿捷径去阿拉善的事实,使这位天才的地质学家在穿过向往已久的阿拉善亲王在东北部而不是西北部的营地时走了不少弯路。[2]

4.5 进入哈喇浩特的考古发现

这次旅行一开始,我一路上不时地向沿途的土著人打听有关死城的事,几乎都能得到或多或少的首肯,没有遭遇什么抵触。当地居民本身对沉默的古代废墟遗址没有多大兴趣,更谈不上进行考古挖掘,甚至对我出高价收买从哈喇浩特挖掘的每一件东西的建议也无动于衷。我发现许多人显然害怕接近哈喇浩特,认为那是个危险之地。

哈喇浩特吸引了我们全部的注意力和猜想,我在彼得堡、莫斯科、蒙古……无数次为此浮想联翩,幻想哈喇浩特及其神奇的纵深之处!如今我们终于离目的地不远了,随时可以轻装前往那里!

3 月 19 日,我们首次相对轻装地出发去哈喇浩特,随身只带了一

[1]《Монголия и Кам》(《蒙古和喀木》). Том Ⅱ.《Выпуск первый. Мои пути по Монголии и Каму》(《我在蒙古和喀木的旅行路线》). Стр. 47 - 53.

[2]参看 В. А. 奥布鲁切夫:《Центральная Азия, Северный Китай и Нань-шань》(《中亚细亚、华北和南山》). Том Ⅱ. Стр. 399 - 400.

图4-2 哈喇浩特附近的两座佛塔

些储备水、不多的食物和工作用具,并在那里呆了约一周的时间。与我同去的除了 A. A. 切尔诺夫和 П. Я. 纳帕尔科夫之外,还有两名旅伴——有经验的伊凡诺夫和马达耶夫,考察队其他成员则与驼队一起留在托洛伊—翁车。哈喇浩特距离我们的营地20俄里,我们在土尔扈特贝勒派来的出色向导巴达的引导下走一条东南方向的捷径。向导本人曾多次到过死城,并从他父亲及当地其他老人口中聆听过许多关于废墟的故事。大家很快走出穆鲁金河沿岸的植物带,眼前出现了一边为裸露平原,另一边是沟壑纵横的生长着柽柳和梭梭的荒漠山丘。半路上开始出现农耕或定居文化的痕迹——磨盘、灌溉渠、陶瓷碎片等,最让我们着迷的是那些土建筑,特别是那些三五成群矗立在自古以来通往哈喇浩特这个被沙石填没的古代遗址的道路旁的佛塔。越接近朝思暮想的目的地,大家的心情就越激动。……我们穿过绵延3俄里、堆积着被风沙吹磨得光秃秃的树干的干涸河床,这与我在穿越古老而枯死的孔雀河河床时所见的罗布泊[1]周围地区的景观丝毫不差。岸边

---

〔1〕参看《Труды экспедиции Русского Географического Общества по Центральной Азии, совершенной в 1893—1895 гг.》(《皇家地理学会1893—1895年中亚细亚考察成果》)。

高地上曾耸立着阿克唐浩特废墟,传说,这个地方过去驻扎着一个马队——哈喇浩特的守卫者。显然,干涸的河床两岸曾经是农耕文化地带。

坐落在粗大且坚硬的瀚海沙岩低地上的哈喇浩特城终于显现在我们的眼前。要塞西北角上矗立的尖顶大佛塔被许多与之相邻的,依墙和在墙外附近修建的小佛塔群围绕,十分惹人注目。越接近这座废墟,遇到的陶瓷碎片就越多。城被高高的沙岗遮蔽,当我们终于登上台地时,哈喇浩特迷人的外貌尽现在我们面前。

从哈喇浩特西边而来的人会被一个离要塞西南角有一定距离,类似伊斯兰教清真寺的宽圆顶形小建筑物吸引。几分钟之后我们从与东门斜对的西城门进入这座死城,在这里见到了一片边长约1/3俄里,散布着大小不一、高低不平的建筑物废墟的正方形荒芜空地,并有陶瓷碎片堆起的高地。到处可以看到佛塔,用烧制得很厚实的砖砌成的庙宇地基同样地明显突出着。大家不由得预感到,在观察和挖掘置身于其中的这一切的过程中,运气加上劳动会让我们得到回报。

图 4 - 3　哈喇浩特废墟西南部,右侧的清真寺

考察队把营地设在要塞中央一幢大的两层土屋的废墟附近,坍塌到地基的庙宇从南端与这幢房屋毗连。考察队来了不到一小时,死城就变得活跃起来,一边在进行挖掘,另一边在搞测量和绘图,还有人在废墟表面往来穿梭。沙漠中的鸟——松鸦来到营地,它落在梭梭枝头后就放大嗓门叫起来,沙漠中的出色歌手石鸡柔和地回应着,远处传来沙鼠的声音。死城的废墟上虽然没有水,但并非没有生命。由于这里缺水,我们不得不把自己所有装着水的家当都带来,以便能在废墟停留

图4-4　哈喇浩特废墟(西北角)

尽可能长的时间,当然,这些饮用水必须节约使用。干自己喜欢干的事,时间总是过得让人无法追回。因为频繁刮风而显得半阴半晴的灰色白天很快便被宁静而明朗的夜晚代替,夜给废墟涂抹上一层冷峻昏暗的色调。因为白天过于劳累,我们很快就进入了梦乡。鸦从主佛塔顶上发出不祥的叫声,搅得我们的几个队员从上床开始就心神不安。

哈喇浩特的绝对高度为2854英尺(870米)。地理坐标:北纬41°45′40″,东经101°5′14.85″。

哈喇浩特要塞土砌的城墙(参看平面图)高3~4俄丈,地堞处的厚度为2~3俄丈,墙顶厚度为1~1.5俄丈,城堞的痕迹在个别地方依稀可见。在挖掘过程中,我们发现城墙的一些地方有补嵌的痕迹,北墙上有一个骑手能自由出入的豁口。

图4-5　哈喇浩特废墟北部

·欧·亚·历·史·文·化·文·库·

　　要塞的内部被分成一些规范的街区和通道,商业街或主街同与之毗连的小街道把一连串地基处被连续不断的坚硬外壳覆盖的小土屋连在一起,大而气派的房子还是很少见到。通常只要在某个圆形小丘上挖一下,底下就会出现依稀可辨的房屋痕迹,干涸的地下就会立刻出现麦杆、草席、木柱等,说明屋顶是坍塌在住宅内部的。许多小庙及其他建筑被毁坏殆尽,变成了顶部布满沙子、砾石以及大小不均的各色陶瓷器具碎片的圆形丘岗,交错夹杂其间的还有铸铁和铁器残片,铜的残片很少,银的就更少见到了。

　　小庙的地基一般用结实美观的正方形或者近似于正方形的砖砌成[1],我们收集了砖的样品:一块近乎正方形、重18俄磅(7千克)的砖,一块重36磅(14.5千克)的正方形砖(后者没有收藏)。小庙的墙用垂直或水平的体积较小的半成品砖砌成,这种砖的重量和结实程度较地基用砖次之。庙顶上是一种底部和边上饰有中式几何图案的凸面瓦。小店铺为考察队提供了丰富的瓷器碎片、各色日用品和商品,硬币、纸币是最常见的,此外,还有一些偶尔遇到的佛事用具。有经验的俄国博物馆民族学分馆最后收藏了其中的茶杯和盆。

　　有些废墟与众不同地高高凸出地面,如1号废墟(参看图4-6)或集中在要塞东南角,或可能是马队曾经驻扎的地方。可以认为,马队的头目住在西北部佛塔边最靠近城墙拐角的附近。根据废墟的情形来看,它更接近于庙堂建筑,也许曾经因其规模和精湛的技艺而引人注目。要塞西北角看来是哈喇浩特的管理者居住的最佳地点,这个地方建筑有通向墙头和佛塔的阶梯式入口,登上去可以眺望到周围的地区,视野十分开阔。

　　我们在哈喇浩特的研究和挖掘工作进行得十分小心谨慎,并带着特别的感情,每一件从地下或地面上发现的东西都会引起大家的惊喜。我永远也不会忘记,当在1号废墟上空挥划几铲子之后,我发现了一幅画在大小0.081×0.067米画布上的佛像时洋溢在心的那种欣喜。

---

〔1〕正方形的边长为8俄寸,厚1俄寸。

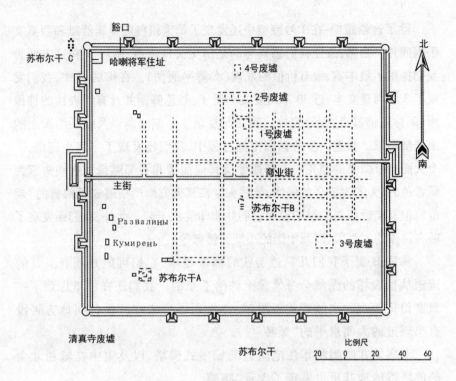

图 4-6　哈喇浩特废墟平面图

"……这幅画反映的是一位佛教僧侣[1]，大概是一位印度传教士，因为，可以从时间上排除西藏会出现像弥拉赉巴或者他的老师马尔巴巴特摩挛木菩哈巴这样的早期传教士的可能性，当然，也不排除是当地传教士的可能。虽然佛像受到严重磨损，但画的轮廓还是清晰的，这本书中所附，由 H. M. 别列佐夫斯基临摹的画完全准确地传达了原画的内容和风格。虽然画像本身毫无疑问地褪色了，但我们完全可以准确判断出原画像的色调……"

"……在这幅画像中，首先引起人们注意的是画的所有细节：画像上光滑圆润的人体外形、圣者头上光环的处理，背景上撒开的小花与孟加拉佛教小型彩画十分相似，是 12 至 13 世纪这类彩画的杰作。"

〔1〕С. Ф. Ольденбург. Материалы по буддийской иконографии Хара-Хото(哈喇浩特废墟运来的佛像). 《Известия И. Р. Г. О.》, том. XLV. 1909 г. Стр. 471 – 474. Материалы по будийской иконографии Хара-хото(образцы тибетского письма)(哈喇浩特的佛像资料)(藏族风格). 《Материалы по этнографии России》, Т. II, 1914 г.

除了这幅画像,在 1 号废墟中还发现了笨重粗糙的金属器皿和西夏文手稿残片。当然,最让我们感兴趣的是历史文件手稿,佛塔 A 在这方面为我们提供了最丰富、最有价值的发现(参看平面图)。在佛塔 A 中,我们发现了 3 本西夏文本、近 30 本西夏文小册子,颜色鲜艳并且有代表性的神像画《阿弥陀佛显灵》保存完好。我在此复制了一幅绘画以及绘在绢绸上的中式佛画像。在进一步的纵深挖掘过程中,我们还发现了一些小瓷像,一个大而略带微笑的漂亮的头部雕像及其他面像和头部雕像。这些头部为藏青色的、头发为镀金的佛像,虽然头像在其他方面严格遵守了佛教的"规范",但其略微倾斜的眼睛说明它们并非印度之工艺。此外,我们还发现了雕有佛像的木刻版,以及中国的小型石佛像等。

佛塔 B 赐予我们几只透明状的佛像眼球,它们可能是随着岁月的流逝从被毁坏的泥塑全身佛像上跌落下来的。我们还在那里拣到了一只磨得很美观的水晶或黄玉眼球,并发现了后来在其他任何地方再没有出现过的大而扁平的"嚓嚓"[1]。

考察队在哈喇将军住宅附近的城堡式佛塔,以及集中在城西北角的佛塔群的地基里也发现了大量"嚓嚓"。

据土尔扈特人推测,3 号废墟曾经是伊斯兰教徒的居所,他们的清真寺建在城外的西南角,那里发现了数页波斯手稿。经 C.Ф.奥尔登堡鉴定,"其中一张手稿很珍贵,是著名的《七智者》的故事片断,也称基塔布伊辛德拜特。"

在后来的挖掘中,考察队又发现了伊斯兰教写经和硬装帧书籍,书中的插图现由 H.M.别列佐夫斯基复制完成。画边缘有一连串类似于敦煌晚唐及宋朝时期的装饰图案,里面的纽花与中国和印度的风格有许多相似之处,两条带状条纹具有伊斯兰和更典型的波斯特征。C.Ф.奥尔登堡认为:"我们手头的东西很有可能是一件 13 世纪的作品。"

哈喇浩特城里的地面上堆积最多的是大小不等、质量不同、形状各异的器具残片。一件大概是用来储存饮料,也许是储存必需的饮用水的大陶器,上面绘着奇特图案,十分引人注目。我们在地面上发现了硬

---

[1]"嚓嚓"一词通常指不大、甚至很小的泥塑佛像。

币——乔黑[1]、珠串、玉块及各种小什物。总之,在哈喇浩特发现的物品目前保存在俄国博物馆民族学分馆。

沙主要从北部掩盖了哈喇浩特。北墙和东墙内外都堆积有大量的沙粒,人、骆驼能够自如地攀上东北偶和西城墙头,甚至从个别地方能非常轻松地进入到城内。呈现出规范街道模样的城郊东连城墙,一条向东连接博罗浩特的路将它一分为北、南两个分部。

在早已过去的那个时代,有两条支流从南、北环绕哈喇浩特,最后向北汇入同一个消失在北部含盐盆地的河床中。

在哈喇浩特的几天里,考察队总计发现了书、手稿、文书、金属货币、妇女用的饰物、家什和生活用品、佛事用具等大量物品。从数量上来说,我们收集到的考古文物装满了 10 个沉甸甸的箱子,准备随后寄往俄国地理学会和科学院。

与此同时,我利用土尔扈特贝勒对考察队的友善态度,立刻通过蒙古邮驿寄出了发往库伦及更远的彼得堡的几个相同的包裹,以及有关发现哈喇浩特、在哈喇浩特城中发现文物的消息,并附上文稿和神像画样[2],以便他们尽快进行研究。我们最关心的是"死城"存在的时间和这座城的居民。

对于谁曾经住在哈喇浩特这个问题,现在的居民土尔扈特人通常的回答是:"汉人。"但他们对我们提出的汉族居民与在城里废墟中发

---

〔1〕乔黑——中国的硬币,相当于十分之一,至多五分之一戈比。

〔2〕А. И. Иванов. Тангутские рукописи из Хара-хото / Из находок П. К. Козлова в г. Хара-хото(在哈喇浩特发现的唐古特文手稿).《Известия Императорского Русского Географического Общества》, XLV. 1909 г. Стр. 463 – 470 中写道:"……П. К. 柯兹洛夫寄来的东西中有汉文的佛教典籍、汉文草书收据、两份小的藏文片断和 11 本西夏文手稿……"

"4 页汉文佛经,刻本……

"5 小页汉文诗……

"1 页汉文草书的缴银收据。印件难以辨认……

"《华严经》片断。作者 Nagarjuna

"周朝时期(951—960)皇帝的绪言译文。皇帝的尊号为太祖,年号广顺(951—954)……

"《佛说父母恩重经》片断。

" 佛说父母恩重经。"

参看 P. Pelliot:《柯兹洛夫在哈喇浩特发现的中国古文献》(Les documents chinois trouves par la mission kozlov a khara-khoto, journal Asiatique May-June, 1914). Paris MCM XIV.

现的佛事用具相矛盾这一异议无法作出解释,对存在的明显矛盾感到有点为难。土尔扈特人只能肯定一点,那就是他们的先人发现的哈喇浩特就是我们目前所见的这样,即一座坐落在昔日额济纳戈尔从两边绕过的岛状台地上,四周环绕着高高的土城墙的中国城。河水顺着向东、东北、最后向北部蜿蜒的槽形河床流入沙漠,以及与现在的索果淖尔、嘎顺淖尔湖区在同一条线上的含盐多沙的凹地"霍宕—霍舒"。这条河干死河床的前部在博托克—贝埃垒克。

4.6 有关死城被毁灭的传说

民间关于"哈喇浩特"或"哈喇拜胜",也就是"黑城"或者"要塞城"的传说如下:

"哈喇浩特"的最后一位统治者——巴图鲁哈喇将军[1]打算依靠自己战无不胜的军队夺取中国皇帝的王位,结果中国政府派出大量军队进行征讨。皇帝的军队与巴图鲁哈喇将军的军队在哈喇浩特的东部,即现在的阿拉善北界进行过多次战役,这对后者极为不利。占据优势的帝国军队迫使对方退守到最后的藏身地——哈喇拜胜,并包围了该城。我们无法得知攻城用了多长时间,至少,它没有被立即攻下。由于无法用猛攻拿下哈喇浩特,帝国的军队决定让被包围的城池断水,为此他们用装满沙子的口袋筑坝拦截原有的河床,使上面所说的绕城而过的额济纳戈尔河水左转向西流去。那里至今还保存着土堤式的拦河坝,不久前,土尔扈特人在坝里发现过残余的口袋。

由于没有了河水,被困者开始在要塞的西北角挖井。虽然他们掘出的深度近80丈[2],但还是没有找到水。这时,巴图鲁哈喇将军决定与对方进行最后的总决战,但为了防备万一,他将自己的所有财富埋在了挖好的井里。传说这些财富不少于80阿尔普或双轮马车,每车不计其他珍宝,仅银子就有20~30普特(每普特=16千克),随后他便杀死

---

〔1〕蒙古语,勇士。
〔2〕丈——中国的长度单位,约等于3.5米。

自己的两个妻子、一个儿子和一个女儿,以免遭受敌人的凌辱。……作完这一切之后,巴图鲁命令部下在北墙角靠近埋藏自己财富的地方打开一个缺口[1],并率领军队从缺口处冲向敌人。哈喇将军在这场决定性的交锋中身亡,与他一起覆灭的还有他那曾经"战无不胜"的军队。帝国的军队按惯例将攻占的城池破坏殆尽,但他们没有发现隐藏其中的财富。"据说,虽然邻近城池的汉人和当地的蒙古人曾经多次试图得到这些珍宝,但它们至今仍埋在地下,人们将自己在这件事上的不顺归咎于哈喇将军的咒文。土著的确相信极有威力的咒语,特别是在最近一次,当挖掘者在寻找宝藏时发现了两条闪闪发亮的红体绿鳞巨蛇之后,他们对咒语的威力就更是深信不疑了……"

由于我们忙于自己感兴趣的工作,忙着进行各种观察,时间过得很快。终于,原定离开的日子到了。我们舍不得离开"我们的"哈喇浩特,大家现在这样称呼它,我们已经熟悉并习惯了这里,习惯了与我们已经略有发现的埋藏于地下的神秘宝物朝夕相处。奇怪的是,在古老的死城和我们之间仿佛已经建立起一种难以言表的心灵沟通。

4.7 在额济纳与土尔扈特贝勒进行互访

经过一番讨论后,我决定让 A. A. 切尔诺夫留下来,继续在哈喇浩特停留两天,并让马达耶夫协助他的工作,我自己需尽快与土尔扈特贝勒进行一次十分重要的会面。

在离开哈喇浩特的前一天晚上喝晚茶的时候,我请考察队的向导,一个喇嘛预测明天会发生的事情。喇嘛立刻拿出羊肩胛骨,把它放到火中熏黑,直到出现裂缝才从火中取出,并小心翼翼地拿到自己跟前。他用左手拿着羊肩胛骨做沉思状,右手拿着一根细茎秆沿裂缝来回滑动,然后预言到:"明天长官有两件喜事,第一件是大喜,第二件是小喜。这第一件可以归结在挖掘中发现的财富上;后一件事则会在去主营地的路上发生,长官会猎获到一头不错的野兽。"值得一提的是,这

---

[1] 这个缺口至今还在。

· 欧 · 亚 · 历 · 史 · 文 · 化 · 文 · 库 ·

两个预言准确无误地实现了。П. Я. 纳帕尔科夫和阿里亚·马达耶夫在佛塔 A 中发现了大量手稿和一幅绘在画布上的佛像《阿弥陀佛显灵》，而我确实在去托罗伊—翁车的路上打到了一只出众的羚羊……

主营地的旅伴们迫不及待地等待着我们返回。一到营地，我赶忙派两名哥萨克为仍然留在哈喇浩特的同伴送去食品和饮用水，并忙着张罗即将进行的穿越沙漠去阿拉善衙门方向的艰苦行程。

3 月 23 日一大早，显赫的哈古沁土尔扈特达齐贝勒（土尔扈特贝勒封号的全称）光临我们营地。这是一位 60 岁的高个头老人，虽说瘦削，但精力仍然很饱满，他待人接物的方式完全是汉人式的。贝勒礼貌得近乎自卑自贱，一再请求原谅他领地的贫穷和人烟稀少，并将这些不足归咎于伊斯兰教徒（东干人）的多次起义和破坏。贝勒在任何方面都不敢提出异议，对我的问题尽量给予肯定的答复，并答应尽力让考察队走新的、未经研究的轻松道路，经过哈喇浩特、乖咱和定远营再到达黄河。

结束了公务谈判之后，考察队用留声机为贝勒解闷，并招待他吃早饭。土尔扈特贝勒在我们那里坐了很长时间，一支接一支地吸烟，显然他得到了异乎寻常的满足。告别时，我给我的客人拍了张照片，送给他一张我自己的小照作为礼物。贝勒在临走前告诉我们，他将十分荣幸地期待我们的回访。贝勒把我送给他的其中两件礼物——一块表和一只音乐盒留在考察队营地，请求我们教会他的下属使用这些东西。

第二天一整天，考察队忙于各种事务：对已经完成的工作进行了书面总结，同时在总结中特别详细地提到哈喇浩特。在哈喇浩特发现的手稿和佛像即可被收拾停当，准备寄回彼得堡。昨天刚刚从哈喇浩特返回，并带来有价值的补充性发现物的地质学家切尔诺夫也写了一份关于自己工作的专题报告。托罗伊—翁车流传的关于一个欧洲考察队正从库伦出发向古尔班赛堪山方向运动的传闻，使我们对所有寄往地理学会和科学院[1]的报告采取了极为谨慎的态度。

---

〔1〕Вести из Монголо – Сычуаньской экспедиции под начальством П. К. Козлова（来自柯兹洛夫率领的蒙古—四川考察团的消息）。《Известия И. Р. Г. О.》，том. XLIV，вып. VII，1908 г. Стр. 453 – 466.

第二天,3月25日早上,考察队终于做好了拜访土尔扈特贝勒的准备。贝勒的住地就在离我们营地不远的木林河与大河之间。大河4条水流量不小的支流将两个营地隔开,水流浑浊的河流中间随处修建的井说明河床的移动变幻无常。殷勤的主人早早就给我们派来了自己的向导和马匹,因为如果没有熟悉这里情况的人,要在额济纳戈尔河谷无边无际的丘岗和各种灌木丛中旅行是非常困难的。我们经过位于大河中间支流上的巴嘎达齐乔楞小庙,顺利地渡过了前3条支流,最后一条支流的水位很高,河底有淤泥,我们当中有人不慎落入河中洗了个冷水澡。大家终于看到了王爷的营地。王爷的属下,我们的向导巴达在看到自己主人的营地时必须下马步行,而我们则一直骑行到拴马桩跟前,将马交给匆忙赶过来的仆人照管,自己则朝围栏围起的花园走去。在园中的一座柽柳林中恬静地竖立着几顶贝勒的大帐,其中一座帐篷附近聚集了许多人,盛装的妇女奔忙着从一座帐篷钻进另一座帐篷,并不时地偷偷瞧我们几眼。王爷与属下衣着华丽地站在那里,他非常热情地迎接我们,显得很激动:他的手在颤抖,声音不时中断[1]。贝勒抑制住自己的不安,非常殷勤地用味道极佳的饺子和茶招待我们,喝茶时还端上了纯正的糖、饼干、水果软糖等欧式甜点。考察队已经好久没吃到这样可口的东西了,这些食物对我们来说简直是非常讲究的美味佳肴。

在拜访的全部过程,谈话在一定程度上是程式化的。贝勒尽量回避谈论我们感兴趣的哈喇浩特,只是说他属下的人民是一些不文明的草原野蛮人,他们什么也不知道,不搞科学,"不像你们俄国人,……不过,"他最后说,"我不阻挠任何人在死城进行挖掘,但好像至今所有想找到什么埋藏宝物的企图都没有顺利实现过。"捎带说一句,我们的向导说过,小时候他听老人们讲过关于在哈喇浩特废墟发现大量金银的事。

我们到贝勒家时,正赶上和布克赛尔王的妻子及护送她去公本寺朝圣的扎黑拉克奇在贝勒家中作客[2],朝圣者准备返回准噶尔。我与

---

〔1〕私下流传着一些刻薄的言论:"王爷吸食少量鸦片……"
〔2〕译者按,即青海的塔尔寺。

扎黑拉克奇聊了许多,当和布克赛尔王的夫人得知俄国考察队的领队很熟悉她的家乡并对它很有好感时,夫人派人给我送来了祝福的哈达,并抱怨说礼节不容许她在异乡与我相识,只能转达对我的祝福,祝我一路顺风,并希望我业已开始的工作取得成就。

在与贝勒亲信的私下交谈中我偶然得知,土尔扈特人承担的过往中国官员的"阿勒邦"赋役十分繁重。为了永远避免这些赋役,土尔扈特人甚至在达赖喇嘛及其随从路过他们旗时也会毫不客气地拒绝提供部分牲口。但这一次他们受到了惩罚,为所欲为的西藏官员发怒了,他们用言语和行为侮辱贝勒的助手,威胁着让土尔扈特人派出一定数量的大车,完成"阿勒邦"。

考察队雇佣土尔扈特贝勒的牲口,他因此得到了不错的礼物和一定的预付款。贝勒非常感动,派人送给我两匹好马以示谢意,可惜我们马上要穿越沙漠,我不能接受。王爷有点发窘,但当他得知我对佛教的好感后,亲自到营地给我送来挂着哈达的一尊佛像,让我留下作个纪念。

与此同时,暖气袭人。下午1点钟穆鲁金河的水温达到8.9℃,营地附近成双成对的喜鹊忙着筑巢;依然有大量的天鹅向遥远的北方迁徙,偶尔有10—12只为一群的大杓鹬在空中拉开长长的战线。河边越来越多地冒出最早放青的芦苇,但总的来说植被还是非常胆怯地从地下探出,它们的生长在很大程度上受到几乎每天从西面和东面刮来的暴风或者大风的阻挠。

4.8　在哈喇浩特的最后日子及营地

天气状况很难使离我们很近的阿拉善沙漠早早就出现极消耗人的炎热,因此考察队并不急着向南移动,最好再花几天时间对我们神秘的哈喇浩特进行补充研究。出于这种考虑,3月28日我又打发了3个年轻旅伴去死城,同时在挖掘活动上给予他们完全的自由。我本人和切尔诺夫、纳帕尔科夫则在托罗伊—翁车滞留了1天,以便完成给地理学会和科学院的信件和报告。地质学家切尔诺夫的简要记录写成了一份很详细的报告,那是他花了第二天一个晚上的时间完成的。

3月29日早上,我们向正南方向出发了。天气阴暗寒冷,顽固的东风使气温有所下降,空中布满沙尘。

正是沙漠中这些从东边或西边刮来的风给哈喇浩特带来越来越多的沙尘,风沙沿着沙坡越过死城的城墙,沙尘的厚度年复一年地增加着,逐渐淹没了哈喇浩特的各种财富——小庙宇和佛塔等大小建筑废墟的遗迹。

再过十来年,古城哈喇浩特未来的研究者就会在这里看到另一番景象——沙尘的分布状况就会与现在完全不同。

在前往哈喇浩特的途中,考察队发现了又一个城堡废墟。城堡内院子的长度为60步,宽50步,传说这里曾居住着生活在古城附近的农耕居民。距离哈喇浩特越近,我们静静沉睡中的朋友就更强烈地吸引和召唤着我们接近它……这时出现了我们熟悉的坐落在古城西北角的佛塔尖顶。登上台地后我指点驼队走城的西门,而自己则沿着一条更捷径的小道向城的北缺口走去。穿过缺口,我很快就出现在考察队考古学家们的宿营地旁。此刻他们正在要塞东南角努力地挖掘着,3个勤恳工作的身影上空升起一根高高的尘柱,盘旋上升。

阿里亚·马达耶夫新发现了有趣的椭圆形板、马蹬等笨重金属物品、新的硬币、甚至新的手稿,这让我感到振奋。安好营地,喝完茶之后,我们便开始工作,每个人都表现出极大的主动性和积极性。接近傍晚时分,我们的精力明显减弱,以往丰硕的挖掘成果把我们宠坏了,大家都不由自主地想发现一些新的、尚未见过的东西。夜很快降临到这座沉睡已久的死城,营地很快就安静下来,大家都进入了梦乡。不知为什么,我无法入眠,只好长时间在废墟中来回走动,猜想着发现的手稿中隐藏的秘密,神秘的文字会向我们揭示些什么呢?能否尽快破译这些文字,这座被遗弃城市的古代居民是谁?一想到翌日中午就要离开我艰辛劳动的产儿——哈喇浩特,心中便有一种忧郁的感觉。我在这里经历了多少次欣喜若狂的时刻!我沉默的朋友让我产生了多少奇思妙想!它无意中开阔了我的知识视野,打开了对我来说至今仍然陌生

·欧·亚·历·史·文·化·文·库·

的科学领域,从这一刻起,我要倾全部的求知欲去钻研它。

第二天,考察队的所有成员又分散到城的各个角落进行挖掘,年轻的哥萨克索特鲍耶夫在城南墙意外发现了掩埋在其中的一间圆顶房屋。房间是空的,窗户上放着唯一的一枚硬币。几个外贝加尔人执着地向 1 号废墟所在的东北方向挖了 100 步,在掘开古代建筑的遗迹后,从中发现了瓦乞尔、念珠、小茶碗、秤砣、锤子等物品。掷弹兵萨那科耶夫在被存放有大型泥塑佛像的增补建筑包围的佛塔 A 附近挖掘,他在这里成功挖掘出上面提到的中式小石佛像。

当我正在收拾最后一批发现物,准备返回营房时,自愿加入工作的蒙古喇嘛给我拿来了整套外观相同,但大小各异的中国纸币[1],上面盖有执政者的印章。这卷纸币是在"商业街"附近的屋子外面、厚度达半英尺(15 厘米)的干燥沙土下发现的。我们将这些有趣的收获归入其他发现物中,最后将装满哈喇浩特考古珍宝的箱子打包,继续前行……

---

〔1〕Из находок П. К. Козлова в г. Хара-хото(П. К. 柯兹洛夫在哈喇浩特的发现物). Вл. Котвич.《Образцы ассигнации Юаньской династии》(《中国元代的纸币样品》).《Известия И. Р. Г. О.》,том. XLV, Стр. 474 – 477 (1909). "在柯兹洛夫寄来的东西中"——В. Л. 科特维奇写道——"有 8 张 1280—1368 年元代(蒙古人建立)的钞票。元代纸币通行的事实被马可·波罗行记(Ⅱ,第ⅩⅩⅣ章)和研究这位旅行家的评论家——Vule、Pauthier、考古学家帕拉亚,以及其他许多学者,如:布舍里、日本人 Shioda saburo 证实,他们从中国文献中得到了许多有价值的信息。但这些学者没有得到一张元朝的纸币,只有布舍里有幸听说山东有一个中国人收藏有这种纸币。因此,П. К. 柯兹洛夫的发现很有价值……"В. Л. 科特维奇在文章的结尾部分写道:"上面所说的纸币除了它作为不能兑换的钱币在蒙古人统治的国家,首先是中国大量使用这一基本意义外,它在其他方面也具有重要性,即在哈喇浩特发现这种纸币使我们有根据认为这座城在 1287—1368 年间还存在。"

А. 伊凡诺夫《15 世纪前中国的纸币流通》(文中有 3 幅图片),《俄国民族学资料》,第 2 卷,第 1 页下,《以 П. К. 柯兹洛夫在哈喇浩特发现并收集的样品为据论述 14 世纪的钱币》。

马可·波罗(1254—1324 年),著名的意大利旅行家。他从意大利出发,沿途经过阿美尼亚、波斯、帕米尔高原、撒马尔干、喀什噶尔,曾到过中国、印度支那。返回意大利时经过爪哇、锡兰、印度、印度洋、波斯、伊斯坦布尔。回到家乡后(1295 年)马可·波罗参加了意大利与热那亚的战争,被俘后在热那亚度过了 3 年时光。被俘期间,马可·波罗向狱中的伙伴口述了自己的旅行经历(他本人不识字),第一次向欧洲人介绍中亚细亚和中国。

5 从哈喇浩特到定远营

5.1 沙漠中古老的瀚海

在蒙古沙漠中心地带逗留的目的是为了研究额济纳戈尔和索果淖尔湖附近春季的生命活动迹象,其中最主要的是哈喇浩特废墟的发现,它就像一场美梦般一闪而过,出现在我们面前的是难以通行并且缺乏魅力,向东南延伸 560 俄里的阿拉善沙漠。这种十分干燥,由嶙峋不平的垅岗和小丘组成的沙海使人不禁联想起海洋中起伏的波涛。我们的沙漠之舟——骆驼要在 25 天内穿越古老的"瀚海",其中包括因沙尘暴和暴风雪天气而不得已进行的两天休息时间,以及在乖咱河谷绿洲度过的 3 天时间。考察队有意识放慢行程:每天只行军 15 到 18 或者16 俄里。考察队目前的处境减轻了旅途的艰辛,因为一方面我们完成了第一项任务,现在经过的这片新奇之地在历史上有一条连接西夏[1]唐古特都城和中国西部或宁夏城的繁荣大道。另一方面,我们将在阿拉善衙门停留,到旅行一开始就向往的阿拉善山脉中去旅行 。

考察队第一天的行程是在瀚海沉积岩中走过的。道路的一部分延伸在布满小砾石的平坦阶地表面,一部分深入到"部分地方已经龟裂"的沙土凹地。粗粒岩系或者含云母和土的瀚海沙岩分布得十分有趣:在连绵数俄里的距离内向东南和东部方向缓慢降低。[2]

---

〔1〕西夏,汉语的意思是西部的夏,是 11 世纪初到 1227 年存在于藏北以及贺兰山地区的唐古特人政权。宋真宗时,唐古特人首领元昊建立了西夏政权,新建立的政权成功地发动了对中国的侵袭。但是,从 1204 年开始,成吉思汗的军队多次向西夏政权发动进攻,蒙古人于 1227 年占领西夏,一部分西夏政权的臣民被消灭,而另一部分融合到战胜者中间。

〔2〕А. А. Чернов.《Известия И. Р. Г. О.》, том. XLV, 1909 . Стр. 132.

考察队离开曾经从东南部方向环绕哈喇浩特的干涸河床,登上五彩缤纷的沙石台地。回头望去,灰色的粘土城堡几乎完全淹没在尘雾之中。上面提到的河床两岸地势非常陡峭,[1]岸边有些地方生长着怪柳和梭梭,周围是一些颇大的由沙尘堆积而成的沙丘。怪柳和梭梭善于从地表深处汲取水分,因此这种植物在沙漠中水位层不太深的地方随处可见。在经过两三个南北向的宽沟时,考察队注意到东南边地平线上有一长条形的瀚海沉积层,其上星星点点耸立的"庄子"给人以海市蜃楼般的深刻印象。土制塔楼在南部蒙古被称作"庄子",类似现在汉人在东土耳其斯坦[2]的建筑物。这些塔式建筑或者沙漠中的灯塔矗立在商道两边,是古代从额济纳戈尔纵向到黄河,更准确地说是到阿拉善衙门,以及从甘州横向北到喀尔喀或者达库勒的商道上的路标。

考察队登上通往阿拉善,确切地说是历史上去定远营的驿道,任务是对驿道进行全方位的研究。这条古老大道无疑是多砾石的,它在沙漠中的个别地方轮廓比较明晰,而在有些地方则完全消失在流沙之中。

5.2　包尔全吉

离开哈喇浩特之后,我们的第一站宿营地是坐落在典型的红色瀚海沉积层岛状基盘上的包尔全吉。走近包尔全吉时,我们发现了今年春天第一条爬出来晒太阳的蛇——箭蛇。受到我乘骑的骆驼的形状和叫声的惊吓,箭蛇非常迅速地消失在自己那不大的洞穴之中,因此未能列入我们的收藏。我们在沙地里捉到了一条蜥蜴……

在包尔全吉河谷,水位的深度只有 2~3 英尺(不足 1 米),河水水质清洁,口感极佳。河谷里有一些非常好的牧场,大片连绵的芦苇丛,丛中偶尔可以看到散开的弯曲杨树。蒙古人的帐篷和他们的牲畜散布

---

〔1〕在陡峭的岩壁上灰色或红色的瀚海沉积层十分引人注目。

〔2〕东土耳其斯坦或喀什噶尔——中国新疆自治区南部与苏联塔吉克斯坦共和国西部接壤的地区。喀什噶尔在塔里木河流域,被高大的天山、帕米尔高原、昆仑山和喀喇昆仑山包围的内陆盆地中(参看本书第63页注释〔3〕)。在喀什噶尔居住着喀什噶尔人(维吾尔族)、吉尔吉斯、塔吉克、哈萨克、东干人和汉人。

在平原上饲料丰盛的地方。这里聚集着来自北部、西北部、东部和东南部邻近各旗的蒙古人,据考察队的向导讲,现在包尔全吉的居民还不算多,到了夏天,居民数量要增加好几倍。

3月30日这一天,天气晴朗宜人。对这种地方来说空气算得上是清新异常了,周围一片寂静。尽管如此,鸟类却踪影全无,阳光下只有一只黑喉石鸡坐在杨树枝上凄凉地发出节奏简朴的声音。中午,准确地说是下午1点钟,背阴处的温度达到13.1℃,第二天同一时间的气温上升至19.3℃。夜间气候非常寒冷,桶子里的水冻得结结实实,井里的水面上覆盖了一层薄冰,大陆性气候的特征就是这样。

考察队离开土尔扈特贝勒和阿拉善亲王领地的分界线——水草肥美的包尔全吉河谷[1],面前又是一片沙漠地带,我们很快就进入到南北向延伸的多垅岗新月形沙丘带。从总体上看,沙丘的高度很少超过15~20英尺(5~7米),但我们也遇到过一些较高的沙丘,特别是道路南面独自矗立着一个高达200~300英尺(70~100米)的庞然大物。沙丘迎风的西坡通常缓慢而坚实;东坡陡峭并且疏松。沙地蜿蜒出美丽的皱褶,忽而消失在道路两旁,给我们腾出广阔的空间,忽而又彼此接近,将考察队揽入它们的怀抱。我们的驼队有时会在无意中落入又长又窄的沙丘迷宫,并长时间徘徊其中,寻找被风沙遮盖的那些勉强才能发现的小道。沙地的有些地方隐约可见蒙古人在地势凸起的地方用梭梭垒起的鄂博,沙丘之间偶然会出现覆盖着薄薄一层盐的空旷地带,或者分布有大颗沙粒的波状空地,或者积满了水的半月形凹地……土著常在这些被称作"淖尔",即"湖"的地方过夜。

沙地上最常见的植物是芦苇和梭梭,偶尔也能遇到柽柳和棕榈状的植物——锁阳。能让人赏心悦目的动物很少,最常见的动物是小啮齿类的沙鼠等,兔子很少出现,蜥蜴几乎还没有出现,蛇也是刚刚才开始苏醒。只有甲虫精力充沛地来回奔忙着,给被太阳烘热的沙地带来一线生机。[2]

---

〔1〕上面说到的从甘州往达库勒的古商道就经过包尔全吉。

〔2〕3月31日下午1时,古勒尔查干宁伊里苏沙地的气温达45.3℃。

·欧·亚·历·史·文·化·文·库·

考察队见到的候鸟类有灰鹅、时常落在几乎距过往驼队很近处的白鹳鸹、石鸡、白头鹞以及向北方迁徙的其他鸟类。栖居的鸟类有梭梭松鸭和愚鸠科鸟或者毛腿沙鸡。

5.3　乖咱河谷和"美好的绿洲"

沿着忽而延伸在长满灌木的丘岗中间、忽而又伸向沙丘中的道路行走,离开包尔全吉85俄里之后,考察队穿过一片不大的沙漠,从最后一个慢坡上远远看见了向东蜿蜒的宽阔河谷——乖咱河谷。这条河谷的东边是在微风吹拂下如浪花翻腾的金黄色芦苇,北边是像一堵黑色的围墙般高高凸起的海尔汗高地,它的西部、中部和东部是额尔古哈拉山南端的组成部分。[1]

作为著名的"中央戈壁盆地"向东的延伸部分,乖咱凹地海拔2750英尺(840米),并在南北方向上从偏西北向偏南延伸约80俄里,它的宽度从15到30俄里不等。凹地的北端和南端分布着有趣并且形状奇特、类似于城市废墟和被风沙吹蚀削磨的塔楼般的瀚海沉积峭壁,瀚海南边的阶地上布满了高高的沙丘。

图5-1　乖咱河谷的一处休息地

---

〔1〕参看 П.К.柯兹洛夫:《Монголия и Кам》(《蒙古和喀木》),莫斯科,国家地理著作出版局,1947年版。

图 5-2　乖咱河谷的一处小湖

乖咱中部分布着被灌木覆盖的山丘,其间散布着光秃秃的小块地段或一些大的淡水区域。在地势较为平坦的凹地西部,小块地段更多一些,因为这里沙丘较少,代之而来的是生长着芦苇的绵延沙漠。虽然乖咱河谷与降水贫乏的中央戈壁为邻,但却水量富足。在这里不仅常常能见到不少占据了很大区域的泉,还能看到因泉水不断流出而变得泥泞的斜坡。非常有趣的是流出地面的泉源不在凹地的底部,而是在南部高地脚下一些单独的小凹地表面。

丰富的水源为乖咱相对丰富的动植物的生长创造了条件,也使它在游牧人的眼中变成为一个"美好的绿洲",吸引着穿越沙漠后疲倦不堪的旅行者和蒙古游牧民。

我们决定每天只沿乖咱凹地南端行进不长一段距离,以便在不十分劳累的情况下更为详细地研究这片地区。考察队在从西边接近奥洛尔根—胡图克井时惊起了一大群迁徙的大鸨,它们即刻朝西北方向飞去。欣赏成群结队在水边或小湖边嬉戏的鸟类,注视着姿态优美的单身汉鹅喉羚和常常从灌木丛中跳到空地上的胆小兔子,我们心中充满了惊喜。

4月2日天气晴朗、温暖,考察队停留在蒙古人在一个小湖边上的"哈沙特"牧场附近。天鹅、吱嘎叫的鸭、寻常的鹤、苍鹭及其他迁徙的鸟类常常飞向水边并停在岸上。它们对我们的存在没有感到丝毫的不适应,喊叫几声便飞走了。同一天,我们在营地附近看到了一只形影单吊的鹀、白鹡鸰,以及它的另一种黄颜色的姐妹黄鹡鸰、白头鹀和我们一路上常见的黑耳鸢。傍晚,自然界的一切又恢复了平静。月亮升起来后,沉睡的河谷披上了银装,我的心情更加愉快了。虽说是在晚上,但随处都能感觉到生命的气息:小湖上偶尔传来不安静的海番鸭和迁徙的灰鹅的叫声,五月金龟子愉快的嗡嗡声在空中回荡,青蛙唱着自己那春天的乐章,只有因潮湿而很快繁殖的蚊子略略破坏了人们夜晚愉快的心情。白天的气温一般保持在25℃左右,同以往一样,气温在深夜急剧下降,旁边沼泽地的水面被一层透明的薄冰覆盖。

总之,可以这样认为,乖咱河谷,它的泉水和小湖、高高的芦苇、居住在芦苇丛中的当地朴素的居民,所有这一切在很大程度上使我联想起柴达木盆地的情况[1]……

5.4　新种类的野山猫

4月3日,考察队将宿营地设在能让我们避开牧人好奇目光的"淖尔"附近高高的芦苇丛中。这是一个最让人感到愉快的营地之一,无论白天还是黑夜,附近小湖上忙碌的鹅、鸭、天鹅的声音不时地传到我们的耳中,每天早上和傍晚,文须雀、黑喉鸫的歌声中偶尔夹杂着出色的歌手灰伯劳的附和声,带给我们几分喜悦。考察队在这里捉到了刚现身不久的甲虫——水龟虫等;我在这里终于幸运地打到了一只野猫,土著人叫它作"宗贡达",这只猫原来是我从额济纳戈尔开始就一直在

---

〔1〕参看 П К 柯兹洛卡·《Монголия и Кам》(《蒙古和喀木》),国家地理著作出版局,1947年版。

寻找的一种很有趣的新品种山猫[1]。

这种凶猛的动物栖身在芦苇丛中干燥的湖岸边。它可能是乘游禽经常出来到岸上晒晾和休息的时机捕猎鸟类为食的。这只猫显得很容易轻信人,它在看到陌生人时并不躲闪,只有当我们几乎完全接近它藏身的柽柳时才跑开。宗贡达伤得很重,被2号霰弹射中了肩胛骨,它在倒地死亡之前,曾竭尽全力跑出三四十俄丈。除了毛皮和骨架之外,这只猫还为考察队增添了3只美妙的并且尚未发育完全的虎斑幼仔,考察队将它们完好地保存到酒精中。

向导在仔细观察了我们的猎物后说:"除了浓密的毛,在双耳附近的些许白色斑点让这张毛皮变得极为罕见和贵重。"

稍晚些时候,我在附近的小湖上打到了一只正在与同它一样孤单的鹅一起戏水的天鹅。土著人说这种"埃雷伯巴",即天鹅每年都飞到这里,常常在众多游禽中显得形单影吊……

第二天,考察队将营地向东移动16俄里,转移到了一个名叫祖斯勒的地方的悬崖顶部,美妙的泉水从下面流淌而出。为了获取地理坐标[2],我对这里进行了天文测定。这个地方干燥,多草,空旷,附近静静流淌的冰冷的银白色透明水流是水量充沛的小溪之源。从悬崖顶上可以一览附近湖泊的美丽景象。[3] 湖对面东部和北部方向是海尔汗高地三个组成部分的黛青色轮廓。海尔汗高地的三个组成部分从西向东依次为:海尔汗、祖斯勒海尔汗和霍杰梅尔海尔汗。遥远的东部地平线被高于海尔汗高地并且轮廓更加模糊的一些山群遮挡住。附近开阔的湖岸边不仅有我们熟悉的鸟类:鹬鸰、鹦,还有今年新出现的我们在此之前还没有见到的鸧、若干大鸨、很难圈入射程的䲹鹬类和戴胜等。

利用这里温和的天气、洁净的水源和富足的木柴,考察队集体进行了一次理发、洗澡和洗衣物的大活动。一般来说,旅行中很难避免污垢

---

[1]А. Бируля. О двух новых азиатских кошках (两种新的亚洲猫).《 Ежегодник Зоологических музея Императорской Академии Наук》, Том. XXI, 1916. Мелкие известия (I – II).

[2]纬度:北纬 40°21′58″, 东经:102°32′0″。

[3]湖和小湖平均向周围延伸 1~3 俄里。

89

和灰尘,特别是在冬天,而在无水的沙漠中旅行就更无法避免。然而我们还是尽量保持自身相对整洁。夏天,只要有条件,能弄到水,我们甚至可以保持清洁。

5.5 神圣的鄂博和能治病的泉

考察队在沿乖咱河谷行进时,不断有土著人来探访我们,考察队便从他们那里获得了各种各样的消息。这样我们就打听到,考察队的运输队从库伦出发,中途在仓根胡图克休息了两天,在切蒂尔金的带领下已经沿捷径顺利到达了阿拉善衙门。此外,地方官长或者仓根还告诉我,他从阿拉善衙门得到重要指示:要将考察队在乖咱和向定远营活动的情况及时通知阿拉善……

考察队的驼队犹如一条巨蛇沿着干燥的沙地和砾石路面向偏东南方向继续前进。多泉水的山坡变得比以前更加陡峭起来,蒙古人新的游牧营地与过去游牧点的痕迹相互频繁交替。白天变得更加温暖,下午 1 时,新月形沙丘南坡的表面被太阳灼热到 60℃。

4 月 5 日中午,我们在不知不觉中到达一个坐落在能治病的温泉顶部的有一定年代的鄂博附近。这座古老的建筑竖立在山丘上,它那梯形的木墙有点像我们的小教堂,仿佛在保护这一神奇小溪的源头,使其免受污染。河中间人工修建的贮水池是当地患风湿、胃病等不适症状的人用来进行水浴治疗的场所。附近的蒙古人每年都要到这里来,为住在附近寺院的病人提供服务。蒙古人的数量能达到 15 顶帐篷或户。在举行必要的仪式时,喇嘛总是点燃一小捆松树枝,燃烧中徐徐升空的烟雾起到寺庙中香火的作用。据说这个鄂博是一个活佛为感谢神灵在炎热的沙漠布下美丽的乖咱绿洲而修建的,绿洲上的泉水可以让一个经历长途跋涉而疲惫不堪的佛教徒得到几日的修养。

5.6 关于沙漠的补充思考

离开年代久远的鄂博,考察队很快便离开了最后一洼泉水,再次进入荒芜凄凉的沙漠。这条沙漠在到达阿拉善前一直将我们拥入它那炽热的怀抱。的确,周围是一片土著称之为巴丹吉林的典型戈壁沙漠,[1]它在两周多的时间里与我们须臾不离,我们从中可以看到沙漠里鲜明而有特色的红色和粉红色花岗岩及片麻岩露头。这些基岩有时完全突出,有时被堆积成高岗的大量深褐色粗沙填平,在瀚海沉积物地带,基岩便消失在与沙砾和岩屑一起移动的沙地下。这里很少见到水,而且所能遇到的只有井水。植物中最具有代表性的依然是芦苇、梭梭和柽柳。值得一提的是,柽柳从 4 月 4 日起就开出散发着阵阵清香的花。这里还有罗布麻,偶尔可以见到杨树,或者弯弯曲曲,在干涸的砾石河床撒下大片绿荫的沙漠胡杨。即便是在万里无云的晴朗日子,我们也无法见到湛蓝的天空。因为,空气中不时弥漫着被风卷起的烟尘,每天刮起的风经常会转成暴风。在南蒙古沙漠中旅行的最佳时间应该是秋天,甚至冬天,无论如何也不要选择夏天进行这样的旅行。同时要进行一定的前期准备工作:储备必须的用水,找一个出色的向导。如果没有向导,人很容易在由于风力作用而经常改变形状和位置的单调的新月形沙丘中迷路。只要一想起 H. M. 普尔热瓦尔斯基对在中亚西亚沙漠中旅行的描述[2],我就对他的论断更加深信不疑。由于向导的缘故,普尔热瓦尔斯基在阿拉善沙漠中经历了不少艰辛和痛苦。

考察队继续向东南方向行进。地势开始升高,地表的砾石也多了起来。有趣的是,在从历史久远的鄂博到扎蒙胡图克井的旅途中有一片小杨树林。我们怀着极大的兴趣向这片从大老远处看就十分诱人的小树林走去。良好的空气透明度使距离被虚幻般地拉近了,我们用了一个半小时,甚至两个小时都没能够到达目的地。大家无比扫兴地离开了小树林,因为在林中及其附近,既没有草地和疏松的土壤,也没有水,只有光秃秃如石头般坚硬的盐碱土壤,使人不禁联想起粗垦的田地和被坍塌的土填平的水井。据向导讲,这里的水从来都不是完全意义

〔1〕参看 П. К. 柯兹洛夫:《Монголия и Кам》(《蒙古和喀木》),莫斯科,国家图书杂志联合出版公司,国家地理著作出版局,1947 年版。

〔2〕Н. М. Пржевальский.《Монголия и страна тангутов: трёхлетнее путешествие в восточной нагорной Азии》(《蒙古和唐古特人地区:在亚洲东部高原的三年旅行》).

欧·亚·历·史·文·化·文·库·

上的淡水,水中含有大量的苦味杂质。

离开小杨树林,我们面前出现了一片很大的新月形沙丘和垅岗沙地,从中可以看到越来越多被风沙削磨过的石头。

受强烈的偏西南风暴影响,考察队不得不在高大的新月形沙丘北部边缘的扎门胡图克井边停留一昼夜。暴风到4月6日才平息下来。已经过去的恶劣天气强烈地改变了本来就多变的地形,完全破坏了道路上最后一点模糊的印记,所有的标识和痕迹都消失得无影无踪。气温有所下降,在灰尘消失后,我们才可以眺望到更远的地方。

考察队在这口井附近陆陆续续观察到几种鸟:地鸭,西域麻雀,大、小伯劳。我们猎到了3只不错的小伯劳作为考察队的鸟类学收集,并在这里抓到了一只大沙鼠。

从考察队再次进入中央蒙古的沙漠地区开始,再从古尔班赛堪到定远营的这段距离内,我们不得不再次改变作息时间:由早上行军变为午饭后行军,当然,中间要休息几次。这样,在缺水条件下的艰苦行军就成了家常便饭,搞得大家精疲力竭。

我一如既往地坚持认为,为了不过度消耗远行者宝贵的体力和精力,任何沙漠之行都应以最快的速度进行。单调并且毫无生气的荒漠用一种让人难以承受的方式折磨着每个穿越者,令那些忘我的献身于大自然研究的强壮之身痛苦,进而意志消沉,最后精力衰竭。

5.7　附近的山与“哈雅”宿营

考察队像往常一样午饭后从扎门胡图克井出发,很快就到达了瀚海沉积层的一个不大的陡岸,土著称之为“特克”,翻译过来的意思是“插销”或“门闩子”。周围的低沙地中间突起着一个岬,眼前出现了不同寻常的壮观景象:由于白天太阳爬得很高,下午三四点钟,阳光给由南向北蜿蜒而下的巨大皱褶[1]状沙坡摸上了一层淡淡的灰黄色。根据沙丘的结构判断,这里常刮西风。西偏北方向上,以往旅行所熟悉的

---

〔1〕沙丘呈东西向延伸出数条长长的垅岗。

额尔古哈拉山变得更加昏暗,[1]哈纳斯、库库莫里多、查干乌拉、伊赫山(大山)等主峰从山群中突起。东北方向出现了更加雄伟但不甚清晰的山褶轮廓,置身于其中真让人辨不清东西南北,至少考察队经验丰富的向导无法向我讲出这个被切割的山丛中几个山峰的名字。慢慢上行,道路伸入岗峦略有起伏的地方,地形被大量聚集的扬沙弄得复杂起来。驼队置身在无边无际的巨大蛇形坦岗中,到处可见岩石遭受破坏的痕迹,荒漠岩漆使得黑色或各色大砾石闪闪发亮。

我们开始在这里发现越来越多布满裂纹,十分显眼地突出地面的丘状红色花岗岩和片麻岩露头。

考察队在"哈雅"宿营,夏天土著人和他们的牲畜通常居住于此。在这里搞到水是一件相对容易的事。因为,在新月形沙丘脚下的凹地里,地下水位的深度只有1或2英尺(近0.5米)。我们为考察队年长的队员搭起帐篷,年轻队员们则宁愿置身于露天,选择在驼队的无数驮子中间休息。在经历了缺水的沙漠行军后,队员一般不用花太多时间相互交流,而是在喝过茶后便将一切都寄托在警惕的哨兵身上,迅速进入梦乡。周围的一切笼罩在寂静之中,沙漠中的一切生命仿佛都消失了。完全出乎预料的是,深夜刮起的旋风掀翻了"军官们"的帐篷,我们自然一下子就被惊醒了,但是睡在不远处的年轻同伴巴特玛扎波夫在帐篷倒下时被轻轻地罩在下面,他居然还能继续安然沉睡。

5.8 "蒙古—喀木"之行的线路

第二天到埃尔肯—乌苏楞胡图克的行程,我们是沿着"蒙古—喀木"的旅行路线走过的。[2] 沙漠逐渐延伸,粉红色花岗岩露头也在扩展。考察队营地所在地"美丽的井"用塔戈拉[3]仔细地覆盖着,上面压

---

〔1〕参看 П.К.柯兹洛夫:《Монголия и Кам》(《蒙古和喀木》),莫斯科,国家图书杂志联合出版公司,国家地理著作出版局,1947年版。

〔2〕参看 П.К.柯兹洛夫:《Монголия и Кам》(《蒙古和喀木》),国家地理著作出版局,1947年版。

〔3〕塔戈拉,当地的一种毛或棕毛织物,蒙古人用它缝制口袋。

着沉重的梭梭树枝,树枝中间灌满了厚厚的一层沙子。这是蒙古沙漠中对井采取的必要保护措施,否则能使人精神饱满的井很快会被垃圾填满,并彻底被埋没。

切尔诺夫在这口井边赶上了我们。他落在后面详细研究了扎蒙胡图克周围地区的瀚海沉积层。他对自己的工作成果十分满意,并以其特有的饱满精神动手研究我们路途上拣到的沙粒和本生岩露头。

稍晚,在 A. A. 切尔诺夫之后,受上司差遣的一位蒙古小官员从路南来到我们营地[1],目的是为了搞清楚考察队的准确线路。我们从这位阿拉善使者处了解到已经顺利到达定远营的考察队库伦运输队的详细状况,并得知阿拉善衙门向来对考察队态度友善。在权衡了考察队的处境后,我决定赶往"塔布阿尔丹"——即"五丈",我预料会在那里遇上曾对我表现出极大的客气和殷勤态度的亲王随从。

这里非常有趣的蜥蜴样品充实了考察队的动物学收集,其中有一种麻蜥非常珍贵,如普尔热瓦尔斯基沙蜥,这种沙蜥因其个头大并有鲜亮的花纹而被土著人称为久利比尔—莫戈伊,意为蛇蜥。考察队首次捉到了沙漠莺,此外,还有啮齿目的兔子。

离开埃尔肯—乌苏楞胡图克,我们开始上下穿行于布满花岗岩露头的宽谷之中,穿越了无数的小坨岗。最令我难忘的是一个坐落在宽谷岸边,从东偏南向西偏北延伸的沙丘,整个沙丘从基部到顶端实际上曾经是另外一种样子,类似于渐渐被沙粒填平的块状花岗岩露头。如今它的突出部分的某些地方还存在着,但毫无疑问,随着岁月的流逝,基岩在消失、磨损、淹没,或陷入沙层,花岗岩的山丘变成了现在的沙丘模样。

在石头突出部位附近的僻静处出现了美丽的灌木丛——哈图哈拉或密密麻麻缀满浅粉色花朵的野蔷薇,苍蝇和熊蜂喜欢落在这种植物的花上。阳光明显让人感到温暖,下午 1 时,背阴处的温度为 24.7℃,沉闷灼人的风让远处变得暗淡模糊。沙地表面的大部分地方奔忙着大

---

〔1〕众所周知,从额济纳戈尔谷向东有数条道路,其中最主要的有 3 条:北路,我们现在走的中路和南路。这里说的是南路。

个的黑色甲虫,我非常喜欢观察它们的行踪。有一次,我发现一群美丽的甲虫互相追逐着涌向一个僻静的角落,当我看到旁边有一群甲虫密挤在一起时,便想凑过去看个究竟。很快就弄明白了,原来有几只甲虫正在吞食自己的一个同类,并且已经啃光了它身体的一侧。不幸的受难者仍然在拼命地反抗,我的到来才使它逃离一死,因为我驱散了它那饥不择食的同类。这一景观也吸引了恰好走过来的一名哥萨克,他认为应该用另一种方法惩罚这些冒犯者。于是他随手抓起一只进犯者并将它弄死,撕成碎块抛给其他甲虫,后者贪婪地扑向这些小块食物,在片刻之间将其吞食殆尽。在还没有搞清这些甲虫的习性之前,它们也给我们带来了不少麻烦,为了消灭它们,我们放了一只装着氰化钾和苍蝇的罐子。甲虫在罐内存活的时间比苍蝇长得多,它们在死去之前吃完了罐内所有的苍蝇。当然,这些苍蝇中也有几只是有科学价值的。

考察队慢慢向上攀行到海拔 3750 英尺(1140 米)处时,道路又把我们带到顶峰高度超出一倍的"霍尔博—查干—托罗戈伊"山,随后我们沿着布满沙粒的多石河床下行,在山的另一侧宿营。一条被石头露头围着的河床向南延伸。下午五六点刮起了西北风,傍晚风力加剧,并转变成名副其实的暴风。

4 月 10 日,一个凉爽而宁静的早晨,驼队匀整地行进在连绵不断的晶状岩石露头中。首先映入眼帘的是走向不定、有陡峭褶皱的片麻岩,随后出现了横向延续的风化粉色花岗岩垅岗。

在被杨树林荫环绕的干燥砾石隘口散居着几个蒙古小吏,他们的饮用水靠从井里打取。我们在其中一个隘口看到了一座废弃约 10 年的小庙,新的庙堂建筑就耸立在南边丘陵地旁一个风景优美的地方,高大的土墙围绕着庙堂。庙的整个建筑与附近常年庇护虔诚信徒的居所免遭西北风袭击的灰色山丘浑然成一体。

这座不大的寺庙叫做沙拉托罗戈伊楞苏门,里面有近 10 名喇嘛,他们夏天大多居住在这里。目前这里死一般寂静、荒凉……

废墟和新的寺庙建筑之间有一个神圣鄂博,它就竖立在美妙的泉上。泉水源头被围在一个奇特的椭圆形花岗岩区域内,土著人称之为

"丘伦—翁格楚",即"石船"。这洼泉水真令人清爽愉悦。

在距离鄂博不远的地方,我们观察到许多典型的方块状或者盆状和凹槽状的风化花岗岩,其中有被风暴吹蚀成的大石块和石垫,位于基盘的球状圆形石。坚硬多石的地表大多铺洒着一层大块砾石和大小不等的沙粒。

在丘伦—翁格楚水附近,随处可见大量的野山羊和博罗—介列或鹅喉羚的踪迹,它们是饮马场每天必到的客人。爬行和两栖类动物也开始频繁出现。这个地方的植物仍然是杨树,这种植被通常连绵成长长的林荫或者连续成一片,很少单立独处,只有在干涸河床的中间才耸立着几棵参天古树。这里的灌木仍然是哈图哈拉,它那优雅的浅粉色很吸引人。红砂属、水柏枝和怪柳向过路行人散发出阵阵清香。浅蓝色和淡紫色的鸢尾花、黄色或白色的委陵菜构成了一幅南蒙古自然的单调景观。

考察队同往常一样,对鸟类的迁徙情况进行了持续观察。偶尔出现几只鹅、草原鸡或大鸨,小鸟类较常出现的有黑喉石鸡。又长又细的灰蛇离开自己的洞穴爬出来晒太阳。大量的蜥蜴在沙地里嬉戏着,天气越热越难捕捉到它们。稍远处不无担忧地爬出几只甲虫,大多属黑色甲虫。天气最热的时候,在哈图哈拉的花瓣上总能看到苍蝇、熊蜂和其他考察队已经收集到的双翅目昆虫的身影。有一次当我在哈图哈拉旁忙着捕捉昆虫时偶尔听到了沙漠莺求雌的叫声,一对可爱的小鸟欢快地在灰色灌木丛中舒展开扇形的尾巴,发出洪亮的叫声跳动着,它们显然是在专注地彼此讨对方的欢心,丝毫没有觉察到我和我周围的一切。我和哥萨克几乎就要走到莺的跟前了,它们一点也没有中止自己游戏的意思,以至于我的同伴试图想用捕昆虫的网子捉住它们……

5.9 沙漠里的汉族商人

在哈拉—布尔古,我们遇到了一位孤独的汉人。我们的突然出现使他一时间感到有点措手不及,但很快就恢复了常态,并向我们展示自己那简单的家业。简陋的小屋被一分为二:一部分供起居用,另一部分是堆放货物的仓库。这些货物是蒙古游牧人的日常必需品,也是汉人用来与邻近的蒙古人进行交换和贸易的商品。时常被暴风填平和摧毁的小菜园中栽种着汉人用勤劳和耐心培育的葱和蒜,小屋附近有两只母鸡和一只公鸡悠闲地踱着方步。

4月10日当天傍晚,气温骤降至2.6℃,深夜时分天气突然变得寒冷起来。展现在我们面前的是一个很大的盆地——沙拉扎金霍勒,其中有许多干涸的河床与考察队从霍尔博—查干—托罗戈伊沿途穿过的河床一样。在由偏东北向偏西南延伸的盆地对面耸立着陡峭的纳林哈拉垅岗,它的后面是高高凸起的阿尔加林特山脉。火山喷发生成的小块横向片麻岩高地和垅岗被长满梭梭的河谷取代。在沙拉扎金霍勒盆地底部有一块大且坚硬的粘土地,老远望去就像一个泛光的湖面。

纳林哈拉山群的相对高度只有400~500英尺(120~150米),山群的不同地段有不同的名称。当地的土著给个别地段和峰顶取了许多名字,例如,西边有戈峰或霍山,稍远处耸立着戈科特尔山隘口,而我们驼队所走的这条通道叫伊利岘—科特尔等[1]。

翻过山,考察队又进入了开阔的盆地,并且一直行进到干涸的河床,在塔布—阿尔丹[2]井边停下来过夜。据我们测量,这口井的深度有16.5英尺(5.3米),水层厚22.5英尺(6.8米)。可以推测,地下水是沿着向偏西南延伸的干涸河床分布的。河床的侧壁凸出着不大的瀚海沙岩和堆积物碎片。

井附近有几间汉族商人居住的土屋。汉人谨小慎微地居住其中,并且储备了一定数量的交换商品。我们在与他们相识的时候用银元宝购得了面粉、麦糁、黍、米,还买了一些中国的冰糖、包装纸,甚至为数不多的几只鸡蛋。

---

〔1〕被岩屑遮盖的浅层状结构白云母片麻岩岩系突起在坡度缓慢的戈科特尔垭口北边,对面的垅岗被一条不大的峡谷切开,在南—东南方向突然中断。峡谷两侧出现了被磨光并覆盖了一层岩漆的玢岩:"显然,"А. А. 切尔诺夫写道,"它们冲破了白云母片麻岩……"参看 А. А. Чернов.《Известия И. Р. Г. О.》, том. XLV. вып. 1. 1909 г., Стр.135.

〔2〕"塔布—阿尔丹",意为5丈,即35英尺(12米),事实也是如此。以此为名的不仅有井,还有大的景观。

5.10 巧遇阿拉善亲王的使臣

在去塔布—阿尔丹的路上,阿拉善亲王的殷勤问候带给我们几分欣喜和意外。他派两名小官吏带着"热情的款待"来迎接我们,并在沿途给予我们协助。乘驼队卸驮的工夫,阿拉善人已经搭起了帐篷,并在喝茶的小桌子上摆上了一桌令人开心的好东西——各种饼干、糖、包括冰糖。在沙漠中受到如此殷勤的款待,对我们来说确实是不同寻常。年长的官员庄重地为我献上亲王的哈达和中国式的名片,在喝茶和吃甜点的时候又递给我几封信。我从信中得知,俄国"索宾尼克和马尔恰诺夫兄弟"大贸易公司的代表 Ц. Г. 巴特玛扎波夫是我"蒙古—喀木"之行的同伴,他为考察队的运输货物提供了存放场所并为所有队员准备了住所。与阿拉善亲王派来的官员会面以及 Ц. Г. 巴特马扎波夫的信仿佛拉近了考察队同向往已久的定远营的距离。从阿拉善官员接下来的叙述中我们得知,他们在南路徒劳地等了考察队 40 个昼夜,现在能遇上我们感到非常高兴,并请我们写信给阿拉善亲王,解释考察队不能及时到达定远营的原因。在得到我转交给蒙古亲王的哈达、名片和给 Ц. Г. 巴特马扎波夫的信件之后,其中一名官员迅速赶往阿拉善衙门,而另一人则继续留在考察队。

4 月 11 日傍晚,空气再次变得清新起来。清晨,天气寒冷得像冬天一样,井里的水一夜之间冻了有一俄寸厚。

现在考察队的驼队十分热闹,蒙古人的加入在一定程度上壮大了队伍。考察队只好解雇几个先前的赶驼人,换上新人。虽然离那个文化中心还有近 10 天的路程,但由于目的地渐近,我们同样感到精神充沛、精力饱满。说实话,考察队的成员旅途劳顿,周围毫无生机的凄凉景象时刻压抑着神经,加上大家饮水不足,同时又吃腻了用当地的方法腌制的干羊肉,一心向往着休息和吃点儿新鲜食物。白天的行军进展得也特别慢,我们真心盼望尽快到达这次旅行最艰难部分的尽头。

周围的一切依然是一派凄凉,毫无生机可言,[1]大部分地面覆盖着沙子和砾石,上面偶尔生长着一些沙漠植物,很少有动物点缀这贫乏的大自然。

　　荒凉而又没有水源的阿尔加林特山离我们越来越近。它像一条头朝西面的大鱼,是我们从额济纳戈尔到阿拉善山脉沿途遇到的最高的一条山脉。我们没有改变方向,仍然向东南方行进,并在一定程度上蜿蜒向东。西偏北方向上纳伦哈拉高地后面凸起一个叫查干—埃勒盖—全吉的橙红色尖顶峭壁,据向导讲,纳伦哈拉高地是构成东西向山链的6个垅岗之一。

　　从每一个新的山垭顶峰,每一个新的大高地望去,展现在我们面前的是同一幅景象——沙漠、沙漠、无边的沙漠。沙漠时而多石,时而又堆叠成附近露头的岩石般的沙地。

　　现在已经是春季,到处都能感觉到春天的气息。大家振奋精神,满怀着很快就要到达定远营以及附近南蒙古阿拉善亲王那骄傲美丽的阿拉善山脉的希望。我几乎每天都手捧 H. M. 普尔热瓦尔斯基的《蒙古和唐古特人地区》一书,根据他对山脉的总体描述拟定我们对"南北向山脉"的春夏季考察计划。

　　我最亲密的同事们也大谈特谈起阿拉善山脉,它的地质结构,荒凉峡谷的特征,丰富的动植物。大家同样被一个念头所控制:登上阿拉善山脉的顶端,欣赏西部一望无际的沙漠和东部如一条闪光带子般的黄河。一边是毫无生机的荒凉,而另一边是蓬勃发展的中国农耕业。

---

〔1〕从塔布—阿尔丹向南1俄里,我们发现了高达20多英尺(6米)的红色瀚海沙岩悬崖。

6 从哈喇浩特到定远营(续)

6.1 沿途山岭和丘陵的地质构造

从塔布—阿尔丹到曼达尔有 40 俄里的路程,我们走了两天,途中在一个名叫莫托鄂博希利的地方宿营。[1] 我们走的这条路穿行在特征显明的瀚海沉积岩中间,两旁连绵起伏的平缓丘陵被沙石和岩屑覆盖,因此很少见到原生岩的露头,只有在沟壑里才能发现。这里全然没有沙丘。沙土或为平矮的土堆状,或呈条形低岗,上面都生长着灌木植被。路旁的一些地方盛开着淡紫色的鸢尾花、黄色的委陵菜、细小的白色车前草。考察队见到的鸟类仅有沙漠小莺,同时,我们在沙地上发现过大鸨的足迹。离曼达尔地区越近,碎屑就越多,而且块头也越大。其中的斑岩、片麻岩和花岗岩石块特别多,大概全都是从阿尔加林台山脉碎裂下来的岩屑,这座山现在已经在我们所走这条道路的南侧了。

星期天早晨,太阳从布满尘埃的地平线上升起,看上去就像一只难看的苍白色圆盘。一小群毛腿沙鸡从考察队头顶上疾风似地掠过。云雀清亮地啼啭着飞上天空,一只白翅鹰在天的更高处翱翔,山下的丘陵中间,一些显得很谨慎的鸨在觅食,几只已经很久没有见到的岩鹨在石块上来回奔跃。需要再走 15 俄里,我们就可以抵达大家急切要赶到那里去的美妙的曼达尔水井。考察队的驮运仍然全部靠骆驼。在这次沙漠旅行期间,我们大家对这种牲口都已经很习惯了。我们骑着这些双峰朋友,没有任何不舒适的感觉,人类还是对什么事情都能够适应的。我们的身体在骆驼身上有节奏地摇摆着,缓慢而单调地向前行进。只

---

[1]在被称做"青台"的地方附近。

是每天早晨刚从宿营地出发的时候,我们喜欢徒步走一会儿,以便暖和身体,并活动活动腿脚。考察队终于见到了盼望已久的那口水井!离井不远处,在一个奇特的古老鄂博顶端停栖着一只伯劳,还有一只沙漠小莺在附近的某个地方清脆地啼叫。我热切希望今天看到的一切将会是生气勃勃的!事实正是如此。大家开始搭建营地,一切进行得轻松自如,从容不迫,速度也很快。

我们越往东南方向走,沙漠就越来越少,地面也变得越来越坚实。地形起伏呈波浪状,隆起道道低矮的岗岭,或者一个小丘陵。东方地平线上出现了毕其可台山冈,附近的道路两旁不时可以看到干涸的石头河床,河床里生长着或大或小的杨树。[1] 道路近旁一些受到严重损坏的小山岭中有晶状石灰岩和石英岩岩系出现。[2]

考察队边走边观察周围的一切,时间过得非常快,终于到达了我们在水边的营地。这次,考察队驻扎在阿尔腾布雷克[3]泉边。泉水四周围着一道高高的圆形粘土围墙,墙里边生长的茂密芦苇使泉水得以免受暑热的暴晒。在粘土高墙的偏东南段有一条通向一块不太大的淤泥地段的水沟,这便形成了一个小水池。在这个僻静的角落里,栖止着一对树鹨和一只滨鹬,它们为这个笼罩在一片寂静之中的地方增添了一线生气。

在阿尔腾布雷克地方,上文提到的那种石灰岩岩系已经被南北走向的黑云母花岗岩所取代,这种岩石地带形成一些已经风化的黄色露头,远远望去活像几块硕大的面包;走到近前,便可以看到露头上些许被风吹出的大凹孔,其分布以东北一侧和南侧最多。

6.2 汉族人对蒙古人的影响

陪伴我们的阿拉善人始终对考察队十分关心,不时用精力充沛的牲口替换已经疲乏的牲口。为此,他们时常得到距离最近的土著人游

---

〔1〕凹地中间显露出大片松散的被石灰石胶结起来的岩屑。

〔2〕岩层有时被翻转过来,并被挤压成大致与纬线同一走向的弯弯曲曲的细小皱褶。

〔3〕布雷克——蒙古语,泉;中亚各族称之为布拉克。

·欧·亚·历·史·文·化·文·库·

牧场点去,而土著人也十分乐意来拜访考察队的营地。在这种时候,土著总是给我们留下一种神情活跃,直谈善讲并且无拘无束的印象。当地的蒙古人从他们的邻居——汉人那里学到了很多东西,如服装、行为举止、民歌等,所有这一切都带有汉人文化的痕迹。据说,有些人甚至学会了吸食鸦片。阿拉善蒙古女人的脚一般都长得小而漂亮,但她们那奇异的服装却让女人的体型显得很宽厚,头部也特别的宽。阿拉善蒙古女人身上一般都缠着黑色的披巾,在这里,那些时髦女性佩戴的银饰和其他主要由珊瑚制作的饰物也同北部蒙古人所佩戴的典型首饰完全不同。

图 6 - 1　半定居的阿拉善蒙古人

　　持续不断的顶头风依旧吹个不停,搞得我们很难受,扬入空气中的尘土提高了大气温度,天气闷热难耐。考察队每天都能碰上出来活动的爬行类和两栖类动物,而且次数也越来越频繁。

　　考察队从阿尔腾布雷克向东南方向行走了 20 俄里,抵达青干井地区,并在这里有幸结识了一名奇特的蒙古人。这个牧民对于天朝帝国的臣民怀有特殊的好感,竟然摒弃了本民族的生活习惯,搬进一所在布局上极具汉人特色,四周建有很多附属房舍的宽敞大宅子。这座房子,更确切地说是一座田庄,十分和谐地坐落在泉场附近,场上有几口水井和一些牲畜饮水的器具。这一切都说明,这位已经汉化了的蒙古人从前曾经过着像地主一样富足的生活,可是现在,庞大的畜牧家业已经所剩无几,仅剩下不过200头绵羊和山羊而已。一个10岁或12岁的男孩身着一袭汉装走到我身边欢迎我们的到来。看着他的脸庞和极其文雅的风度,真不敢相信,他不是汉人,而是一个蒙古后裔。他的母亲身材高大,看上去曾经还是很漂亮的,外貌也很像一名蒙古女子。作为一名女人,她更为牢固地恪守着自己身上那些本民族所具有的特征。

顶部长着戈壁灌木的沙丘围簇着一汪泉水,泉边不时飞来几只喝水的鹥,粉红色的蒙古花鸡窜来跳去,山燕也在水面上盘旋,偶尔也会出现鹈鹕在这里翱翔的身影。随着天气逐渐转暖,到处都出现了蝎子和一些先前没有见过的甲虫。

6.3 旅途的艰辛和疲惫的考察队员

考察队登上附近丘陵的顶峰,这片似岗峦波涛起伏的沙漠的一角就展现在我们眼前。碎石遍地的荒原已经落在身后,个别地方的岩屑下面露出了白云母片麻岩,道路旁边的沙土由于混有白云母而强光闪闪。一眼望去,在灌木丛和石头地的后面全是一堆堆的云母。

过了塔木塞克山[1],片麻岩系又转换成了花岗片麻岩,它们的层理呈南北向。考察队希望能走得尽可能快一些,尽量使一天的行程不少于25~30俄里,并预定于4月15日在最远的"都尔布莫托"井(意为"四棵树")处停驻。这口井的周围长着四棵古老而枝叶茂盛的哈依里斯树,[2]在这四棵枝丫宽伸、绿荫浓蔽的古老巨树上,有鸢、鹰和重新出现在我们视野中的鹊栖息着。灰伯劳也喜欢在这里驻足。

井东南1俄里半处的高岗上有一座鄂博,这标志着此处有一座不大的察干鄂博嫩苏迈庙,庙里有10~12名喇嘛。这座朴素寺庙的房子隐蔽在南边一个岗丘的后面。

---

〔1〕山中峭壁的相对高度为250英尺(80米)。

〔2〕在向都尔布莫托行进的途中,我们第一次捕捉到一条蛇。这是一条细且长的灰蛇,就是今年春天我们在哈喇浩特附近第一次看到的那一种。

在杜尔布莫托四周,我们看到满地裸露着花岗岩的露头,粗粒的花岗岩中间夹杂着细粒花岗岩脉层,而且,这些厚达 2～3 英尺(1 米)的脉层是向不同的方向延伸的。[1]

考察队就在这口井旁遇到一名蒙古人,他带着两个孩子放牧。牧民一家挤在水井旁边一顶简陋的小帐篷里。

此后,考察队经常会遇到这种孤单的阿拉善牧民,他们离开家里的帐篷,游牧到绿草已经吐芽,能让经过一个冬天变得瘦乏的绵羊和山羊尽快吃肥的地方。

时间过得慢极了,虽然每天的行程不短,考察队却似乎永远也到不了定远营。四周单调而凄冷的环境不能为精神提供充足的食粮,肉体上的困苦因此就更为明显,情绪日渐低落。

正如我曾经说过的那样,淙淙的山溪、野花盛开的林间草地,以及林木葱茏,有各种动物出没的山岭中那些欢跃明快的自然景色可以振奋和激励人的心神,同样,荒漠也会在一个人的身上打上它抑郁的印迹。

6.4　巴音努鲁山脉

眼下也只有越来越清楚地出现在东南方向的山峰让我们从远处得到一点慰藉。它是我们将要从西半部翻越的险峻的巴音努鲁[2]山,天气明朗的时候,从定远营绿洲就可以看到这座山。在向乌兰哈丹希拉山隘攀登途中,[3]考察队见到的所有干涸河床的走向大致都是一样的,它们在杜尔布莫托东北大约 50 俄里处的一个极大的柴兰凹地与塔木塞克山周围的干涸河床汇合。

春天这块凹地是干涸的,而在多雨的季节里则是积满了水,变成一片含盐的泥泽。

---

〔1〕带有细岩枝。

〔2〕努鲁——蒙古语,山、山脉。

〔3〕乌兰哈丹希拉山隘的绝对高度为 5700 英尺(1737 米),山的北侧有路可登,南坡则在不知不觉中变成了高石台,上面横七竖八地立着一些体积很大的火山喷出岩的露头。

巴音努鲁山从东北向西南延伸40俄里,绝对高度和相对高度都不大。这些由花岗岩和花岗片麻岩构成,中间夹杂有红花岗岩矿脉的山体在可以看出层理的地方,它的走向呈南北向或近似南北向,岩系当中,沿同一走向延伸着宽厚的红花岗岩带。

考察队一行沿着多石的河床向山岭深处行进。令人赏心悦目的是,在河床两侧,随着地势的升高出现了面积越来越大的碧绿草地。不久,又出现了巨大的丛生或单株的哈依里斯。考察队在一棵巨树上捉到一对红色的花鸡。在旁边一个名为"阿敦槽都坎·阿玛",或者译为"饮马谷",或译"马蹄创出之水"的峡谷里,我们的确看到一群马正在水泉附近平静地啃食青草。过了山岭,仍然有许多已经遭到损坏的小花岗岩和片麻岩露头。

6.5 暴风雪

4月17日凌晨,风雨大作。

雨来自西北方向,当时我们正在"察开尔台克台胡图克"[1]沙溪水井附近。一到驻扎营地,考察队就迅速在干涸小河床的旁边几棵粗壮的哈依里斯树的树荫下支起帐篷。我的几个旅伴开始捕捉有趣的小蜥蜴,挖掘还没有像布甲类那样活动的象虫。下午1点钟的气温是21.5℃,晚间的气温也很舒适,我兴致勃勃,沿着花岗岩露头散了一会儿步。因路途劳累,考察队通常在晚上进行过气象观测之后便收拾入睡。几句交谈之后,营地很快就寂静无声了,蒙古人的讲话声迟迟不肯停息,终于,整个营地都沉入了梦乡。

在察开尔台克台胡图克也是这样。但是,夜里我突然被一阵迎头袭来的疾风惊醒,风把帐幕里边吹得冰凉。原来,刚到半夜天就变了,风雪交加,我们这顶帐篷因被值班人员固定在箱子和大树上,岿然挺立,牢牢地护卫着睡在里面的人。直到后来,强劲的暴风卷起了毡门。

---

[1] "察开尔台克台"意为"鸢尾花",起这样一个名称,是由于那一带有很多淡蓝色和淡黄色的鸢尾花。

一股冷空气随之吹进帐内。据值班人员讲,暴风来袭时,风力特别强劲,豆粒大小的碎石被吹得满天飞扬,风刮起的锋利石块竟然把亚麻篷布都打穿了。考察队员全部被惊醒,直到天明再也未能合眼。帐篷被风刮得吱吱作响,不住地呻吟、颤抖,树木发出令人心烦的哗哗声,透过风暴的嘶鸣呼啸声,我们隐约可以听到蒙古人的喊叫声和锤子的敲击声。蒙古人的帐篷被狂风吹跑了,现在他们正在我们这顶帐篷的掩护下,努力去把它固定住。在这种情形下迎风站立是不可能的。

早上,气温下降至1.2℃,雪夹着砾石继续在空中飞扬,部分地方被风吹来的雪堆积达2英尺(0.6米)厚。接近中午时分,雪停了,可是风还在把地上的雪吹来卷去。到晚上,暴风改朝西边刮去,风力也开始减弱。细碎的雪花几乎没有停止过飘舞,它们从帐篷的各个小窟窿中钻进来,把我们四周的一切都掩埋了。大家躲在各自的角落,披着皮衣服,愁闷地望着纷纷扬扬的雪花朝地面落去,朝那个可当小桌用的箱子和装着天文钟的箱子上落去。我们不得不过一段时间就清扫一次帐篷,把积雪铲出门外。大家只好在这种郁闷的气氛中度过4月17日全天和其后的部分夜晚时间。18日气温下降到-7.0℃,暴风被阿拉善山脉的西坡阻挡,减弱为强风。

可怜的土著人因为这场沙漠风暴的袭击而遭受重创。不久前刚出生的小骆驼、小马驹、小牛犊部分死亡,部分受了重伤,山羊羔和绵羊羔就更不必说了。刚剪过毛或在戈壁中脱毛较早的成年骆驼也承受不住寒风的袭击,纷纷挤到我们的住所寻求庇护。我们后来才得知,定远营有一批幼嫩的植物枯萎了,刚刚萌发的花苞凋谢了,从外地飞来的候鸟也被冻死了。

4月18日考察队继续前进。我们在路上见到一对鸨,随后,一小群雨燕从我们队伍上空向南疾飞而去,小心谨慎的鸟儿匆忙躲避着严寒和大雪。路上到处是大片大片的积雪,本来就很糟糕的道路变得更加难走。太阳光经过白雪的反射,异常光亮耀眼。为了保护眼睛免受这种强光的伤害,考察队员戴上了两侧加有网罩的眼镜。

6.6 沙拉布尔德地区以及
与巴特玛扎波夫相会

过了察开尔台克台胡图克,地表还是那些花岗岩和花岗片麻岩的露头。突出的岩面,特别是那些深灰色的岩石显得十分光滑,并带有一层很厚的岩漆。随后,考察队很快就进入一个径直朝地平线延伸的宽阔盆地,盆地里是许多由厚厚一层瀚海沉积岩形成的台地[1]。

在察干布拉克的台地之间有泉水在流淌,海番鸭、鹬鸰、鹦等鸟喜欢栖息在那里的一片小沼泽地旁边,附近的小山丘上还有凤头百灵。

我们的营地搭建在泉水形成的小溪之间,西边有一股清澈的小溪流过,东面则是一块窄小的条状沼泽。空气宁静透明,我抓紧时机对察干布雷克进行天文观测,确定了这里的地理纬度[2]。可是,接近夜里11点钟的时候,天气又转坏了。天空乌云密布,刮起了偏西北风,空中尘埃弥漫,不久,风向转向西北,并不断加剧成为暴风。第二天队伍向前行进时风力更加强烈,并且风从背后吹来,加快了我们的行走速度。

离巴彦乌拉越来越近了[3]。道路沿着一个颇陡的斜坡向一片凹地的底部伸延,凹地最低处为沙质盐土土壤,绝对高度为3570英尺(1088米)。地面布满的小丘岗与我们走过的蒙古沙漠其他地方的情形一样,是靠生长在小岗或丘陵上的灌木固定了流动的沙土而形成的。大风刮得天昏地暗,山岭久久笼罩在滚滚沙尘之中,偶尔才能朦朦胧胧地显现出它们那错落不齐,却线条柔和的轮廓。沿途很少遇到放牧的人。

---

〔1〕察干布拉克附近的汗哈依崖中有细薄的盐脉纹红色砂岩和灰色细粒结成岩。后来,我们又发现砂岩中有盐、砂层粘合层和大块碎岩。这些东西组成的岩层略向北倾斜,所形成的陡崖高达20英尺(6米)或更高。这类陡崖中最具代表性的一个是"埃尔德尼布雷克",或是"埃尔德尼乌茨祖尔",意思是"高地边缘"。悬崖中间通常有泉水渗出,泉水附近可以看到盐霜和小片的绿草地,这就给这片地方增添了一种亲切感。我们在一个瀚海沉积岩的冲蚀台地上发现了石膏露头。

〔2〕纬度:北纬39°39′58″,东经104°52′0″。

〔3〕奥拉或者乌拉——蒙古语,山。

走过一口孤井,考察队开始向巴彦乌拉的北侧峰峦攀登。山的基底部位分布着约 5 俄里的鲜红色松软瀚海砂岩露头,山基部位的砂岩受破坏后生成的砂粒也完全是这种颜色。总而言之,从东北向西南延展的巴彦乌拉是由深灰色的黑云母片麻岩和角闪片麻岩岩系构成的,中间夹杂着一层层浅色的片麻岩、绿泥石岩和数量不多的深色硅酸盐。岩系经过强烈的褶皱作用,且褶皱的走向在迅速地发生着变化,其中由南北向东西方向的变化更大。

登上山脉北侧绝对高度为 4930 英尺(1490 米)的峰峦的鞍状部,我们看到了一片由巴彦乌拉山南侧支脉围拢而成的宽阔谷地。考察队就宿营在这个谷地的纳克桑都鲁尔乞伊附近的一口井水旁边。离考察队宿营地不远处栖息着一对小蓑羽鹤、几只海番鸭和一只灰伯劳。

天刚刚破晓,队伍就已经做好了出发的准备。显然,长时间的沙漠旅行已经搞得大家疲惫不堪,人人都渴望到达最近的目的地——令人亲切的定远营绿洲。地平线上每出现一个黑点,考察队希望它是派来与我们联系的急使。可惜,偏偏事与愿违。高大的阿拉善山脉仍然没有从巴彦乌拉山南岭的顶峰那边或是从谷地这面出现,雾气遮住了地平线到处可以看到暴风雪留下的痕迹:山坡上背阴处残留着片片的积雪,凹地和石沟里积着雪水。这一天,我们在路上收集到许多五颜六色的蜥蜴:轻佻的沙蜥,普尔热瓦尔斯基沙蜥等等。

考察队朝东南方向走了大约 18 俄里,来到一个叫"察罕佛塔"的小庙跟前。庙宇的名称来自赫然挺立在其北墙旁边的那个白色墓碑。

从察罕佛塔向北 2 俄里,经过一条向东北方向伸延的狭窄砂土地带,在察扎门胡图克井附近有一座汉人的店铺。铺子由 15 个汉人经营,他们盘剥心地忠厚的蒙古人,狡猾并且善于钻营的汉族小商人如同蜘蛛一样,到处铺张自己的商业之网,巧妙地捕捉每一个手里有原料的游牧民。

终于,从"乌祖尔胡图克"地区,即到达定远营之前的倒数第二个宿营地开始,考察队看见了阿拉善山脉的北部轮廓。旅途劳顿的旅伴们的情绪立刻活跃起来,他们尽力让疲惫不堪的牲口加快步伐。一条宽阔的道路蜿蜒在由砂质粘土混合而成,个别地方仍然有许多石头的地面上,道路变得越来越像一条车道了。在通往沙拉布尔德河的下坡路上,越往前走天气越加暖和。温暖和文明的信使——家燕和沙燕从河谷对面朝我们飞来,大量的甲虫和蜥蜴在路边窜来窜去。在最靠近沙拉布尔德河的砂坡上,我们看见了路边的赫赛古布雷克泉向东北方向的低地急泻而去(流向沙拉布尔德),泉水水质良好,适宜饮用。过路人大概总是会

图 6-2 定远营北部的一处佛塔

选择在这里停歇的,因为沙拉布尔德的水是咸的,不能饮用。这条小河在我们渡河的地方有两条支流:北边的支流宽 1 俄丈,水却很浅,仅有能勉强盖住河道的淤泥;南边的支流较宽较深(达半英尺,即 0.5 米),河道总宽度超过 30 俄丈。沙拉布尔德河的源头在西南方向上约 20 俄里的地方,那里有汉人的耕地,生长着一丛丛高大的杨树和柳树,河床淤泥非常厚。

　　过了河刚刚登上对面高高的右岸,考察队便受到巴特玛扎波夫的迎接,我与他一起到一个汉族商人那里作短暂休息。迅速浏览了一下收到的信件后,我们随即起身追赶驼队。同伴们此时已顺利走过了大约 4 俄里,并在"哈图胡图克"水井旁边搭建起营地。这天晚上,我的旅伴们互相之间很少交谈,每个人的心中暂时忘记了中亚,忘记了行军生活中的一切艰难和困苦,飞回了故乡的家园,完全沉浸在温暖亲切的回忆之中。阅读简报以及整张的报纸又把我们这些与文明世界长时间隔绝的人与欧洲发生的时事拉近了。很遗憾,我在欧洲的时局中没有看到任何令人高兴的事情:一如往常,仍是一片黑暗,祖国依然是一副病态。4 月 22 日清晨天刚一破晓,我们就要向定远营出发了,离定远

·欧·亚·历·史·文·化·文·库·

营毕竟还有 36 俄里的路啊!

6.7　抵达定远营的最后一天

　　一路上考察队情绪高昂,不知疲倦的骆驼也很有精神,人和牲口都有一种预感:我们很快将得到休整。越是接近阿拉善山的支脉砂石粘土质的丘陵就变得越高,布满卵石的谷地因此显得越低。

　　阿拉善山脉越来越清晰地从尘雾中显露出来,展现出它那复杂的构造及峰与峰孤然而立的独特形状。山麓呈现为许多平缓隆起的丘陵,中间被很深的沟谷分隔。谷口在被冲刷和碎裂下来的黑色碎石中间,以及到处是一片单调的黄色沙漠中十分显眼。接近中午时,队伍在簇哈地段休息了 2 小时,过了簇哈,很快就望见了定远营城堡的墙壁和城墙塔楼的轮廓。绿洲附近耸立着瀚海沉积物形成的巨大丘陵。

　　值得一提的是,在向阿拉善衙门行进的最后一天,考察队遇到的蛇的数量异常之多。我们见得最多的是当地一种最普通的又大又细的灰蛇(箭蛇),它们卷成 3 ~ 4 个圈,爬在紧贴峭壁的地方,或者很快从路中间爬过;另一种是脊背上有一条黑道的灰褐色蛇;第三种是既宽又短的杂花色蛇,主要活动在沙漠灌木的根部和矮小的丘陵旁边,这种蛇比较少见,甚至可以说是罕见。这里的蜥蜴,特别是沙蜥也十分多。然而,多眼蜥和蒙古蜥我们却很少遇见。考察队还见到一种很有意思的鹤,大概是选择在沙漠中的道路边上暂时歇脚的候鸟。

　　在定远营以北 3 俄里处的山岭顶峰上矗立着一座鄂博。又走了 1 俄里,考察队受到切蒂尔金和马达耶夫的迎接。两个月前,他们两人十分顺利地从库伦给考察队送来了运输工具。这段时间他们一直受到 И. Т. 巴特玛扎波夫的照顾,体力完全得到恢复。这还不算,我们一行人一到定远营绿洲,也立即住进了 И. Т. 巴特玛扎波夫好客的家中。我们可以在这里研究积累起来的科学资料,分类整理和包装搜集品,并且把记录和观察所得整理出来。

　　暮色在不知不觉中降临大地,漆黑的天空中出现了一弯优美细窄的镰刀形新月。不久,附近城镇的喧哗和嘈杂声沉寂下来,只能听到佛教祭神的号、蚌螺和鼓的奇异声音,这是召集喇嘛去诵经。这种特殊的音乐让人听起来总感到舒坦,从中可以领略到一种大自然的和谐音符——树叶发出的簌簌声、森林的喧嚣声和鸟儿的歌唱声浑然一体。晚上9点半钟,远处传来了每天都在重复的关闭城门的炮声。随后,就是一片夜晚的寂静……

疲劳之极的考察队员很快便进入了梦境。可是,我却许久许久不能入眠,不管我想不想,一幕接一幕的情景还是从我的脑海掠过。我回忆起很久以前,第一次来到阿拉善绿洲和它附近的山岭的那段时光,1901年秋天,我随同西藏考察队从遥远富饶而又迷人的喀木[1]返回故乡时的经历,在这些地方逗留的情景更是历历在目,在这两段回忆中,最为鲜明的则是那位真正天才的旅行家 H. M. 普尔热瓦斯基的高大形象。我不由地感到,中亚原始荒僻大自然的景象与第一个考察这一地区的人的高尚而又充满灵感的形象已经密不可分地融合成了一个整体,一个完整而又和谐的生命体。

---

〔1〕喀木——藏族对西藏东部(中国西部的西康省)的称呼。这里聚居着藏族(参看本书第170页注释〔2〕)、蒙古族,其东部为汉族聚居地。

7　定远营绿洲

7.1　关于绿洲的记述

　　定远营绿洲延展在表面上看是死气沉沉的灰色高地,绿洲上溪流和泉水灌溉的凹地纵横交错呈网络状分布。高地把绿洲分割成三个部分,绿洲的西面与一片辽阔无垠的多石沙丘或荒漠相接;东面沿南北方向耸立着阿拉善山脉,高耸的悬崖峭壁直通晴空。一条条道路呈线状汇集到这个在周围千篇一律的色调中泛出令人赏心悦目色彩的文化中心。在途经戈壁之后,看到定远营巨人般的兴山榆、杨树,王公们富饶美丽的园林、大片的庄稼地,感觉这里简直是一个天堂般的地方。不过,前一章所讲的那场暴风雪也给了娇嫩的春装一次无情的打击:草木的新绿暗淡了,树叶发黑了,丁香花束好像被烧烤过一样。

图 7 - 1　定远营东城门

图 7-2　定远营南门

　　绿洲的菜园和田地耕种得异常精细,处处都能看出人们是热爱土地并善于利用大自然的惠赐的。阿拉善蒙古人所具有的这些定居民族才有的特点,正如同取代了他们的帐幕、那些用掺了草的泥土打起来的住房一样,同他们北部和南部的同族是截然不同的。绿洲的土壤很肥沃,与东土耳其斯坦或喀什噶尔的情形一样,只要进行充足的灌溉就可以有收获。

　　如果留神观察一下定远营绿洲的植被我们就会发现,除了傲然挺立,比建筑物还高的杨树和兴山榆之外,还有很多乔木、灌木,草本植物的种类更多。王公的果园和花园里普遍栽种了松、云杉、榆、桦、桧、麻黄、侧柏、几种丁香;柳树大多生长在绿洲的小河岸边和灌溉沟渠旁边。果园里有苹果、梨、李子、樱桃、茶藨子、醋栗、悬枸子等等。菜园和田野里栽种着大麦、乌麦、荞麦、小扁豆、大麻、亚麻、罂粟、马铃薯、洋葱(在蒙古和西藏没有见到洋葱)、豌豆、豆荚、芦笋;处处散发着箭笞豌豆以及紫苜蓿和天蓝的辛香味;地边和篱笆旁边蔓生着铁线莲,还有车前草、酸模、甘草、翠菊、飞帘、委陵菜、问荆、天仙子、毛茛、狗尾草、苦味草。

总体而言,无论是在定远营绿洲范围内还是在绿洲的边缘高地或洼地里,以下这些植物是比较常见的:白刺、红砂、垂柳、箭头旋花、苦豆子、鹤虱、海韭菜、海乳草、枸杞、鸦跖花属、刺叶柄棘豆、眼子菜、篦齿眼子菜、欧洲莴苣、绒毛锦鸡儿、猪毛菜、蒙古鸦葱、白藜、沙枣、繁穗苋、铁杆蒿、麦蓝菜、芫荽、狗尾草、马齿苋、水田芥等等。在一两个小湖附近长满了席草或是芦苇,水里生长着杉叶藻。

小湖里面有蛤蟆(亚洲蛙)。

绿洲北部是城堡的高墙,墙角

图 7－3　定远营的延福寺

和中央都筑有侧射塔楼。用掺草泥打起来的墙十分坚固,墙顶部用烧制的砖砌成,最高处是由石块垒起的带有枪眼的壁垒。城堡南端的外侧是主要的商业街;大约在这条街道的中央部位,有一条向南的大道与城相接,道路两边也都是商铺。这条道路沿着阿拉善山麓一直通向南山[1]。

在城堡里面亲王府的旁边,有一座大而富丽的“雅门锡特”寺,这

----

〔1〕如同天山和南山一样,我把阿拉善山脉称之为阿拉山。

座寺院建于黑狗年[1]，即168年以前，尊奉宗喀巴教。

绿洲的南部，更准确地说是西南部被称为"满人庄园"。以前这里居住着亲王的弟兄，如今已经亡故的十爷和三爷，他们为自己建造了幽雅的庄园。在宽阔整洁的街道一侧，开挖有灌溉沟渠，清澈的水如同小溪一样在杨树的荫凉下流淌着。这条大街和王公们绿荫蔽日的花园是我喜爱的散步场所。我特别喜爱十爷的花园，园中有参天古树，关心备至的主人从中国运来的园植灌木，舒适而漂亮的凉亭、山洞，以及从花园的拱门直通到房前的非常优美的杨树林荫道。目前，这个地方死一般的寂静。

图7-4 十爷的女儿

按照当地的风俗，自丈夫去世之日起，寡妇就不能再接待男性客人，也不能举办招待会和举行娱乐活动。只有女友有时会去她那里拜访，在一起痛哭一场，悼念一番故去的人。看来，这个风俗被严格地遵行着，因为我到庄园后，遇见的只有妇女和小孩子们。

---

〔1〕在蒙古历法中每年都用一种动物的名称命名。这种如今早已不用的纪年法于蒙古人强盛时期传入罗斯并曾在罗斯风行一时。尚不能确定的是，这种历法是在何时由何地出现在蒙古的，但其中烙有蒙古、西藏、中国和印度文化的印记。这种历法以12年为一个周期，每一种动物的名称12年重复一次，但颜色不同。例如：1880、1892、1904、1916、1928年被相应地称为白、黑、蓝、红、黄色的龙年。5个循环60年为一个分期，类似于我们的1个世纪。分期用相同颜色的同一种动物命名，如1880和1940年称为白龙年。

为了便于理解，我们举一个包含了各种名称和颜色的蒙古纪年法的一个周期：

1880年——白龙年	1887年——红猪年
1881年——白蛇年	1888年——黄鼠年
1882年——黑马年	1889年——黄牛年
1883年——黑羊年	1890年——白虎年
1884年——蓝猴年	1891年——白兔年
1885年——蓝鸡年	1892年——黑龙年
1886年——红狗年	

图 7-5　十爷花园的正门

7.2　拜会阿拉善亲王

　　已故的阿拉善亲王从前还在绿洲的边缘建过一所夏居。这座现在已经一片荒凉的宫殿废墟整体上看像是一座微型的博格达汗宫室:建筑物四周的深沟把王公的屋宇同其他附属建筑——戏院、凉亭、棚室等隔开。近靠王宫,有几个相互间被凹谷隔开的丘岗,这里曾经被辟作动物园。昔日,大角鹿、岩羊、羱羊和当地的其他动物在这儿自由自在地游来荡去。而现在,所有这些似乎都已灭绝,有很多是在 1869 年东干人[1]暴动期间被无可挽回地毁灭了的。参加暴动的东干人如同可怕的风暴一样从甘肃一扫而过,所到之处一切都荡然无存。蒙古,尤其是南蒙古也同样遭受了无情的打击。

图 7 - 6   定远营集市所在的街道

总之,可以看出,定远营、王府和城堡本身目前所处的衰落状态并非出于外部原因,例如东干人的侵袭。所有的建筑在很长一段时间里没有得到过维护,因此需要重新进行一番彻底的翻修。此外,这里的城

---

〔1〕东干人(汉族称之为回回)——聚居在中国西部的甘肃、青海、新疆省区的一个民族。有关东干人的渊源问题有两种说法:一种认为他们是信奉伊斯兰教的汉族人,另一说法认为他们是受到汉人影响的维吾尔人后裔(参看本书第 360 页注释〔1〕)。东干人讲汉语,他们的生活习俗与汉族人相差无几。19 世纪后半叶东干人发动了一系列反对汉族开拓者的专横与暴力的起义。起义一开始就取得了成功,起义者占领了中国西部的大片地区。起义之所以获得成功是因为汉族人将主要精力用于镇压中国东部强大的太平天国起义,同时这次解放运动吸引了聚居在喀什噶尔的各民族,从而使它演化成为大规模的群众运动。这次起义带有"反对异教徒,捍卫伊斯兰教的圣战"性质。但是,起义者没有使这次运动成为一次有组织的行动:起义的领导权没有集中在少数人手中,并且缺乏一致的行动计划和行动目标;起义的领导层开始争权夺利;起义者不但没能吸引受汉族压迫的蒙古族人民站在自己一边,反而因态度不当引起了与蒙古人的武装冲突。所有这些原因使汉族人有计划地组织进攻,最终粉碎了东干人的起义。

·欧·亚·历·史·文·化·文·库·

图7-7　阿拉善亲王府外的一角

堡、寺庙和贸易街道的古老外貌总是令考察队员联想起死城哈喇浩特的格局,定远营和哈喇浩特可能有许多共同之处。

考察队的地质学家在第一次离开定远营去阿拉善山脉,以及访问汉人的城市宁夏及其附近地区时,就发现了它与哈喇浩特的相像之处。"我们赶往宁夏,"А. А. 切尔诺夫写到[1],"我们的左侧有一座大塔(佛塔)和一座已经燃烧了三天的寺庙。"

"人们在田野上进行各种劳作。部分罂粟花已经凋谢,汉人正在割开硕大的蒴果,采集浆汁……罂粟总是种植在单独的地段,远远望去五彩缤纷,十分抢眼。水稻地里,汉人在齐膝的水中走动,拔除地里的各种杂草,还有大片积满了水的地段长满了芦苇。这种地方有一种盎然的生机:鸥、鹭、鸭飞来舞去,麻鸨在哼叫,小鸣禽悦耳地唧啾着。

"我回忆起额济纳戈尔下游哈喇浩特周围的情形,直到现在我才弄

---

〔1〕А. А. Чернов. Алашаньский хребет. Отчёт геолога монголо-сычуаньской экспедиции (阿拉善山脉,蒙古—四川考察队地质学家的报告).《Известия И. Р. Г. О.》,том. ⅩLⅦ. вып. 1-5. 1911 г., Стр.230.

明白那座废弃的城市当年何以生存:在哈喇浩特可以见到类似的灌溉系统的痕迹、整齐的田亩、地里那些从前房屋的残迹。一切生命都是同复杂的灌溉渠道休戚相关的,一旦水的主动脉被毁坏,生命必定要停息。"

考察队抵达定远营之后,遵照礼仪上的规矩与阿拉善亲王交换了名片。然后,这位蒙古邦君派自己的次子阿里雅前来向我们表示欢迎。我也给亲王及其家属送去了礼物:几座钟、一批花缎、一对珊瑚手镯、一台留声机及其他物品。

4月24日,考察队成员盛装华服,在我的率领下坐上亲王的马车,由掷弹兵和哥萨克护卫穿过城区前往阿拉善亲王的古老府邸。沿途到处可见好奇的市井闲人一张张惊奇的面孔。亲王带着两个幼子吃力地从门廊台阶上走下来,在离自己住所有一段距离的地方迎接客人。他和蔼地微笑着,邀请大家进入客室,我们坐了约半小时。根据亲王脸上的表情以及他同我们谈话时的那种亲切态度,可以猜想到,他为我们的到来由衷地感到高兴,并真心实意地愿意尽一切可能帮助我们。我自然首先感谢殷勤的主人在荒凉的大戈壁中向考察队伸出的援助之手,对此,王爷客气地回答说,希望今后继续给我们提供方便。这位地方执政官详细地询问了我们的行进路线和今后的计划,然后,他谈到了令人关切的欧洲时局问题,以及俄国的状况。他的谈话很有分寸,也十分委婉,生怕有哪句话讲得不谨慎引起我们不快。王爷极其详尽地回忆起我的蒙古—喀木之行,并说,从那以后,我的肩章带穗就换了⋯⋯"你的功绩已经使你赢得了我当年看到的尼古拉(普尔热瓦尔斯基)所配有的那些肩章[1]。"王爷用非常洁净的纤细手指轻轻地触摸我肩章的穗子,若有所思地说。接着,他谈起我的旅伴,当他得知考察队成员中有一名地质学家的时候,这位求知心切的王爷和他的两个儿子就争先恐后地把各种各样的鼻烟壶和其他的一些石头制品拿给他看,询问制作这些东西的岩石的名称。"您到阿拉善山里去吧,"这位掌权者说,"查看一下那里有没有金、银和宝石,已故的尼古拉(普尔热瓦尔斯基)曾给我看过一些石头标本,他说,我们的山里有红宝石,并打算在下次旅行时带一个地质学家来

---

〔1〕阿拉善亲王念念不忘 H.M.普尔热瓦尔斯基,一讲到他,总是非常敬重。

这里,对我们山里的宝藏作一番更加详细的考察。"

一般说来,阿拉善亲王在各个方面都表现得很有修养,同他交谈不仅有趣味,而且有时还很有教益。王爷了解农耕的收益和好处,在我们的帮助下他认真地考虑了如何才能从阿拉善山脉中引出尽可能多的水的问题。这使人不由地想起了在东土耳其斯坦,在吐鲁番—鲁克沁盆地,人们有效地利用那种在地面下开凿水渠和坎儿井[1]的实例。[2] 在和亲王进行的愉快交谈中,译员这个极其重

图7-8　阿拉善亲王

要的角色由经验丰富的Ц. Г. 巴特玛扎波夫担任。[3] 谈话结束后,我们沿来路返回城边考察队的驻地,高兴地脱去礼服,迅速换上我们那虽然旧但却很舒适的旅行服装。每进一趟城总会让我们感到一丝倦意,经过戈壁里寂静的旅程之后,我们对喧嚣拥挤、人头攒动的场面感到很不习惯。

7.3　考察队成员的工作

由于在阿拉善蒙王封地中,经商的俄罗斯侨民举止端庄规矩,俄国人的名声威望很高,地方当局也就把每周送递来自北京的邮件看做是自己的一项责无旁贷的愉快事情。这样,我们也就能够同祖国保持相当密切的联系了。在定远营的头几天就这样不知不觉地过去了。主营

---

〔1〕坎儿井,恰尔井——由一系列呈线状分布在坡地,并且之间有深于地下水位的地下坑道连接的输水系统,坑道的出口露出地表。井是为了方便修理输水系统而设的。恰尔井在苏联的中亚、高加索以及克里米亚很常见。

〔2〕М. В. Певцов. 《Путешествие по Восточному Туркестану, Кунь - Луню, северной окраине Тибетского нагорья и Чжунгарии в 1889 и 1890 годах》(《1889 和 1890 年东土尔克斯坦、昆仑、西藏高原北缘和准噶尔旅行记》). Ч. 1. С. -Петербург,1895 г. Стр. 351.

〔3〕新译员波留托夫军士只是边听边学习。

地的工作一分钟也没有中止过,白天整理日记、给搜集来的东西分类、给标本更换酒精、考察离城堡最近的陡坡、绘制将要附在报告书中的地图、定期对四周进行详细探访、搜集民族志学方面的物品……我手下的初级工作人员,谁也不能取代的伊万诺夫和波留托夫在为气象站修建一座小亭,而搞木材却很麻烦,花了很大的力气,而且出了高价才算弄到了。对地理方位进行天文测定的工作是在每天晚上进行的。

4月25日,我的两个制备员捷列绍夫和马达耶夫,还有植物昆虫收藏家切蒂尔金3个人一块整装出去游览,他们来到阿拉善山脉西坡一个最近的峡谷。宁静的佛塔戈尔峡谷亲切地迎接了我们的旅伴们。这里虽然没有能赋予山岭以生机和引人入胜魅力的小溪和小河,[1]森林中却有大角鹿和相当数量的鸟雀,考察队的猎手便兴致勃勃地追逐着这些鸟兽。头两个星期就捕获了还没有被列入收集的20多个品种,在得到执政王公的盛情许准后,又捕捉了3只马鹿。山中已经习以为常的积极活动和新鲜的高山植物使我们得到了充分的满足……

7.4　阿拉善山脉春季的景色

天气明显变得温暖起来。往往从一清早起就能感觉到太阳的热力(早上7时背阴地方的温度达到20℃)。燕子在宁静的空气中飞翔啼鸣,鸽子咕咕地叫,戴胜鸟不住地啁啾。时而有雨燕刺耳地尖叫着疾掠而过。有一次,一对大鸨竟然从考察队居住的房子上空飞跃而去,各种各样的苍蝇嗡嗡地叫着飞来飞去,有时还会飞来一些小蝴蝶。

因为考察队的一项专门任务就是尽可能充分地研究南蒙古阿拉善部分的自然状况,于是,按我们的请求,А.П.谢苗诺夫—天山斯基把考察队搜集起来的大部分昆虫标本整理出来[2],并依据研究阿拉善特有

〔1〕在阿拉善山脉的峡谷中,只有井水,特别是在春季和夏季。

〔2〕安德列·彼得诺维奇·谢苗诺夫—天山斯基(1866—1942年),П.П.谢苗诺夫—天山斯基的儿子,著名的生物地理学家、动物学家、昆虫学家,对П.К.柯兹洛夫蒙古—四川考察的昆虫类收集进行了整理。这部分收集未被列入书中,是因为我们考虑到它仅仅是极少数专家感兴趣的问题,广大读者很难读懂。感兴趣的读者可阅读首版的《蒙古、喀木和死城哈喇浩特》(俄),莫斯科—彼得堡,国家出版社1923年版,第176－181页。

欧·亚·历·史·文·化·文·库·

的鞘翅目昆虫所得的结果,对这一地区的生物群从总体上作了说明。

在平静的日子里,大气变得透明异常,阿拉善山脉的一切细微之处都显露无遗:顶峰、峡谷、单个的峭壁和森林尽收眼底,甚至从远处可以看出构成山体的岩石塌落的地方。但是,所有这些都是空气静止不动时的情况。只要刮起哪怕是很轻的西南风或东南风,两个方向的风相互交替,地面上就会掀起一片尘埃,把四周的一切都遮住。此时铺展得很远的沙漠上就会出现又高又细、经常是奇形怪状的卷风,好像沙漠马上就会逼近,要把这片碧绿旺盛的绿洲淹没在它那酷热的怀抱中似的。

在晚上或者是早晨这段最好的时间里,我们喜欢登上房子旁边的高地,欣赏高傲的阿拉善山柔和地变幻色调的那种迷人情景。斜射的太阳光线在山脊上撒下点点金星,峡谷上泛起一层灰蓝色的薄雾,慢慢地朝山坡上涌动。这时候,神圣的主峰巴音苏穆布尔就会显得色调对比十分鲜明。每年夏季的 6 月或 7 月,这座主峰都会把笃信宗教的蒙古人吸引到这里,大家聚集在主峰的中心鄂博,做祈祷,施祭祀,进行特殊的顶礼膜拜仪式。我们用望远镜可以清晰地看出这座神圣山峰中部地带的森林植被,甚至可以看到远处的高山草地。

当地居民讲,阿拉善蒙王封地最近 5 年一直非常干旱,再加上平时就缺水,没有大河和小溪,造成粮食歉收。绿洲的大批居民失去了维持生计的主要手段变得越来越贫困,执政的王爷也日益拮据,他连同自己的三个旗共向北京借了 30 万两白银。

4 月接近末尾,空气仍然极其干燥,西风刮起的尘土总是漫天飞扬,天气更加闷热。尽管如此,春天的生命还是在迅速地发育成长。苍蝇和甲虫出现不久,食虫的小鸟:莺、鹡、鸫、鹟鹟也出世了;被寒冷和暴风雪毁坏的草木开始发出新的嫩芽。

在绿洲的边缘,几乎每掀起一块石头,都可以在下面找到三两只、有时甚至更多的蝎子。

7.5 邦君的回拜以及达官府上的盛宴

5 月 1 日下午 1 点钟,背阴处的温度已经达到 27.2℃,飞来了一些食虫小鸟:莺、鹟、鸫。

　　这一天发生了一件对我们来说非常愉快的事情:在所有俄国人的旅行中,阿拉善亲王第一次亲临考察队拜会,而此前,无论是 H. M. 普尔热瓦尔斯基的那次考察,还是我到蒙古—喀木或者西藏的两次考察,他都只不过是委派自己的弟弟或者儿子前来而已。

　　不出所料,在人口众多的地方逗留大大增加了考察队员的个人开支。大家都禁不住想要买点什么东西留作纪念,汉人或者土著人生产的小饰品吸引着每一个人,在 Ц. Г. 巴特玛扎波夫和其他几位阿拉善朋友的帮助下,我收集了不少佛教供奉的神像,多半是金属的和绘制在画布上的佛,历史艺术品、青铜瓶或画卷也没有被我们放过。这一切都是从蒙王的后裔,即贵族手里弄来的:一部分是出钱买的,另一部分是用比较好的私人物件换来的。

　　5 月 6 日考察队全体成员在亲王府参加午宴。王爷像平时一样亲切而彬彬有礼地接待了我们。我们直接走进宴会厅,厅堂敞开的窗子正对着家庭戏院的戏台,卫兵们同官员与执政王爷的几个儿子一起留在隔壁的房间里。

　　我们在桌旁落座的时候,戏演得正热闹。出场的是一位女英雄[1],她在与好战邻邦的作战中取得节节胜利;演员们看上去精神状态极佳,真挚感人地表演着军事英雄史诗里极其重要的情节。例如,这位勇敢女性的出征,告别母亲,以及最后凯旋故里等。亲王的第三子五爷很喜欢艺术,寸步不离舞台,不断地出主意、做吩咐,为演出的结果操心。扮装、服饰、别具一格的中国戏剧都极为出色,在晚霞的映衬下格外迷人。从白天快要过完的时候起与亲王进行的无精打采的交谈,到晚上变得热烈起来。当桌上摆满各种各样的佳肴、小盘子、小碗时,大家就把待人接物上的不自然态度和严格的规矩抛在脑后,一心一意地吃喝、看戏。菜上得很多,有 30 到 35 道,包括名气很大的"燕窝"。最合客人口味的仍然是那道宴席上少不了,且旅行期间我们每天都吃的

　　　[1]众所周知,在中国的戏院里,女角是由合适的男演员扮的,他们把女性的嗓音、步态和举动模仿得惟妙惟肖。

123

羊肉。羊肉是用蒙古人的方法精心烹烧的。这一道菜没有计算在内，但却有利地挽回并保住了好客的主人的声誉。宴会开始时给我们喝的饮料是味道很不好的米酒，然后是极好的欧洲香槟酒……

女人们根本没有出席宴会，给她们单另准备了房间，她们可以在那里看戏。王爷离开房间到考察队的人那里去了几分钟，为卫队官员的健康干了一杯，并祝愿他们在今后的旅行中取得成功。按照当地的说法，这是给了他们很大的荣誉。宴会结束时，按照当地的风俗，我们送给演员一锭银子表示感谢，当然也没有忘记赏赐厨师。这样，总计起来，亲王府上的这顿午饭，总共花去我们大约 5 磅(2 公斤)中国白银。

庆宴结束得很晚，在打着灯笼的随员们簇拥下我们徒步往回走。每逢亲王府举行盛大招待会时，城门总是一直开着的。

7.6 考察队工作人员的考察活动

考察队的工作一如往常地进行：气象亭的工程接近末尾，曾当过乡村教师的观察员达维坚科夫正为开展气象观测工作进行紧张细致的准备。我手下的高级工作人员切尔诺夫和纳帕尔科夫在为一次大范围的旅行整理行装，他们的任务是考察阿拉善山脉东部和西部的两个山坡，并开辟直达黄河右岸的山脉北缘的路线。黄河河谷的毗连部分也包括在我的旅伴们的工作计划中。我派遣制备员马达耶夫和两个低级官员随两位考察人员同行，以便搜集动植物标本并在途中相互协助。

同伴们出发后，我着手对在哈喇浩特搞到的东西做系统的分类。这样一整理，足足装了 10 箱[1]，准备寄回俄国地理学会。闲暇时，我便学习摄影，仔细研究照相机并亲自动手显影。干这些事情的时候，酷爱摄影的年轻王公五爷经常陪伴着我。一般来说，亲王的几个儿子都没有忘掉考察队，我经常同他们有联系。长子兼阿拉善封地的继承人，当时在兰州府的大爷，一经返回马上就拜访了我们，并向我们表达了他真挚的友好感情。他的行为举止已经欧化，备有普通的白色小型名片，

―――――――――

〔1〕每只箱子重 1 普特(16 公斤)。

接待来访者不是让他们坐在地坪上,而是桌旁的柔软圈椅,桌上铺着天鹅绒台布。我同这个有修养的年轻人坐在一起喝茶、吃饼干的时候,高兴地谈论各种与中国、俄国,特别是他们这个"被遗忘的小角落"——阿拉善有关的问题,眼睛同时观察着对面房间里不断从窗旁走过的满族和蒙古族妇女,以及大爷那仍然不在外人眼前露面的身高貌美的夫人。

从 5 月 15 日起,考察队的气象站开始定时观测。所有的物理器具,其中包括利沙尔的自动记录仪——气压计和温度计[1]工作正常。我在做定期检查性的天文测定时,利用被阳光照着的月亮几次遮住星辰的机会,顺便找到了定远营的准确方位。

邮局仍然偏爱我们,不止经过北京,有时也通过库伦把消息送递过来。在库伦,可爱的 Я. П. 希什马廖夫特意关照把我们的信件以

图7-9 阿拉善王的继承人——大爷

最快的速度送达。通过这个途径,我收到了著名的堪布喇嘛德尔智的来信[2],这使我心里感到高兴,并不由自主地回忆起达赖喇嘛。现在,这位西藏的最高主教正在北京或是五台山寺院,他打算在秋季或冬季前往安多的公本寺(塔尔寺),我心中暗自盼望在那里谒见他,我也真地遇见了他,这已是后话。

---

〔1〕气压计,一种可以自动记录的气压表。其原理是:气压的变化会引起金属盒的膨胀或收缩,盒中的空气因此被抽出。金属盒的前壁驱动杠杆,杠杆又带动装着笔的枢轴通过剧烈变化的线条将气压的变化记录在借助定时机械转动的鼓形筒上。温度计,一种可以自动记录的温度表。它是用膨胀系数不同的各种金属薄片做成的一个板。当温度变化时金属板弯曲或伸直,固定在它上面的笔就会在鼓状筒上绘出曲线。

〔2〕《Тибет и Далай-лама》(《西藏与达赖喇嘛》). Стр. 58 – 59;《Русский путешественник в центральной Азии и мёртвый город Хара-хото》(《一个俄国旅行者的中亚细亚之行和死城哈喇浩特》), С.-Петербург, 1911. (Оттиск из журнала《Русская старина》). 1911 г. Стр. 36 – 37.

7.7　射击实践

在天气晴好的日子里,当太阳快要西落,周围凉爽起来的时候,我们常常练习步枪射击。在这次旅行中,我特别重视提高考察队人员的战斗力问题,并要求年轻的伙伴们能准确地击中目标,因为有充分的理由要防止土著人的袭击。中国人乘俄国军队在对日战争中遭受挫折之机,成群结伙地抢掠俄国军队的武器,然后供应给南山,特别是安多高原的山地野蛮部落。亚洲腹地山区和高原上好斗的居民现在是一只比较有威胁性的力量,如对俄国考察队进行掠夺式袭击,完全有可能对付我们这一小队孤军深入亚洲腹地的考察人员。这种令人担忧的情况是必须加以考虑的。除了步枪之外,我还同时练习用从前 H. M. 普尔热瓦尔斯基所用的兰卡斯杰尔猎枪射击,效果很好。我们的射击活动引起了当地蒙汉群众的好奇,经常听到他们因准确命中目标而大加赞赏的声音。

我的同伴离去之后,我通常还要在高耸于定远营之上的山冈顶峰待很长时间。现在正是最好的时间——太阳正从地平线上往下落,天空披上了灿烂华美的衣衫,空气更加清爽……从这儿可以看到沙漠的很远处,就如同在辽阔的大海上一样。然而,附近的沙漠却把绿洲团团围在中间,听不到城市之外有任何生物的声音,看不到它们的影子。农夫已经从田间返回,躲进了他们那严实的房屋。

这个时候,晚霞洒满沙漠,洒在阿拉善山脉的顶峰,景色更加迷人,经过反射,更加绚丽多彩。峡谷上空一如往常凝聚起的蓝色薄雾向陡峭的山坡缓缓漫去……又过了半个来小时,夏日的夜幕就降临到大地上空。

8 阿拉善山脉

8.1 我进山旅行

我在定远营的大部分时间都忙于处理各类事务,但心里却急切地盼望到山里去旅行。我很羡慕我的同伴们,他们已经考察了位于佛塔戈尔的第一个驻地——措思朵附近的那个相邻山谷,并在那里收集到一些迟来的候鸟,而后又去了哈顿戈尔峡谷。

哈顿戈尔峡谷的入口处有当今在位的这位亲王的妻子——第三子五爷的生母的坟墓,旁边还埋着她的两个孩子,每个坟上都填起一个土堆。中国王妃安息的四周有黏土围墙,并用山里的云杉夹出一条林荫道。靠北不远处,恰好在峡谷出口的峭壁上,有一座从前曾住过喇嘛教苦修教徒的奇特小庙,门和方格窗户赋予这个建筑物一种神话般的色彩。

我同考察人员一起在两条峡谷里住了大约一星期的时间,遗憾的是,收集大量标本的希望落空了。

从尘土飞扬、污秽不堪并且到处挤满人的城市街道中脱身,来到这清风徐徐,可以感受到山的凉爽

图 8-1 阿拉善王的儿子——五爷

和草木芬芳的广阔天地是那么令人愉快和惬意！远方的山岭若隐若现,山上的植被同周围岩石的灰暗色调非常协调。在给自己选好一个可心的落脚地之后,我们催起坐下快捷的蒙古小走马,快速朝目标奔去……

我总是尽量利用身在野外的日子从事多方面的广泛活动:猎捕野兽和鸟类,补充搜集到的动物标本,测量阿拉善山的鞍部或顶峰的高度。对于我来说,最美好的时刻就是孤身一人坐在山岭的某个顶峰上,就如同沿哈顿戈尔峡谷向阿拉善山顶攀登时那样。我至今仍然记得,那一眼望不到头的高低起伏的长丘在尘雾的笼罩下如同海洋的波涛一般,从两侧向远方伸去。两边是一片戈壁沙滩,而东边则是水光微现,细长如带的黄河。

北部高高矗立着陡峻的石灰岩或砂岩峭壁,它那灰黄的色调被映衬得十分显眼。南部,山脊随着山岭的走向曲折蜿蜒如同一条奇形怪状的碧绿色长蛇。山麓四周是厚厚的砾岩层,阿拉善山的峭壁上定期有水流泻下,水流的速度之快,有时能达到骇人的程度,砾岩层因此被水流冲出许多形状奇特的沟。除此而外,阿拉善山岭蕴藏着丰富的优质煤矿。

山岭的组成部分,即总的地质结构部分,除了上面讲到的石灰岩、砂岩和砾岩外,还包括页岩、霏细斑岩、麻砾岩、片磨岩和近代火山活动形成的岩类。关于阿拉善山脉的地质情况,地质学家 B. A. 奥布鲁切夫[1]和 A. A. 切尔诺夫[2]都曾有过详尽的描述。

附近有几只雨燕在盘旋,远处翱翔着秃鹫和白兀鹰,或者喜马拉雅兀鹰,峡谷深处传来一声声布谷鸟和蓝雉的声音。置身于这样的环境,我的整个身心会因为沉浸在观察强而有力的大自然而忘记时间,一坐就是几个小时。

[1]《Центральная Азия, Северный Китай и Нань-шань》(《中亚细亚、华北和南山》) Том Ⅱ. Стр. 309 - 328.

[2]《俄国皇家地理学会通报》,第ⅩLⅦ卷,第Ⅰ—Ⅴ分册,1911 年版,第 207 - 235 页。

8.2 阿拉善山脉的环境与资源

阿拉善山脉[1]的走向接近南北方向,它锯齿般的山岭好像一道披着森林和绿色毡毯的高墙,横亘在晒得枯黄的鄂尔多斯平原和更加寸草不生的阿拉善戈壁之间。山峰从基底急剧隆起,像一幕直立的布景,其中脊岭高达 3 俄里。山岭中央的最高部分通常是一个平顶,四周较低的地方则由一些峭壁和山尖组成,有的山崖形状很像中国的古塔。黄河贴着阿拉善山体基部的东侧流过,仿佛把它劈成两个部分,山的北翼独立在河的另一侧,并且明显向偏东的方向伸延而去。

两侧的巉岩峭壁直接插入山谷中,与山脉横纵不一的鞍状部分交错在一起,形成极其复杂的网络。在山谷的底部,尤其是在水比较多的西坡,分布有一些极小的泉水和水井,其中大部分是淡水,有的含有硫化氢。绝大部分山泉的水少得可怜,只有一点点而已,而且很快就会干涸。尽管如此,泉中还是常常有小鱼(大概属裂腹鲤科)在游动。探究这些鱼如何能够生存,看来确实是一个令人十分费解的问题;若是考虑到在持续干旱期间山泉通常完全干涸,[2]那就更加令人百思不得其解了。泉水边是长着鲜嫩青草的旷地,还有汉人的耕地和菜园,它们都被土墙围着,大概是为了防止蒙古人的牲畜糟蹋田地。

土著人对水非常珍惜,一般会在泉的四周堆上土,并用石头围起来,防止泉水向平地上漫流。除此而外,他们还挖修水库和池塘,根据需要,放水浇灌农作物。

无论是在阿拉善亲王的领地,还是在鄂尔多斯地区,汉人对蒙古人经济上进行的盘剥都在逐年加强。他们在山里以及与之毗连的东部黄河谷地不断侵占最好的地块,建造十分出色的农庄,四周修建完整的人工灌溉沟渠网道,而却把自己温厚的邻居——蒙古人挤到寸草不生的沙漠深处。除了从事农业之外,汉人还开采煤炭,经常把属于阿拉善亲

---

〔1〕此处所讲这条山脉的名称,"阿拉善",如同南山、天山或者北山等等不大为人所知的名称一样,纯系汉语名称。

〔2〕在哈顿戈尔峡谷中,我们捉到了蛤蟆和蟾蜍(青蟾蜍)。

·欧·亚·历·史·文·化·文·库·

王的煤藏据为已有,同时还滥伐滥砍森林资源。现在看来,阿拉善山脉的山坡上已经没有哪个山谷不修起一片片汉人的小房子,到处都能听见斧子的砍击声,被伐倒的树干那白闪闪的茬口随处可见。这些采伐者已经到达山的最上层,他们不放过任何一棵长到一定树龄的树木[1],只有在人上不去的荒僻峭壁上还有保存完好的超龄树木。林中到处是路,到处是直通令人眩晕的峭壁险峰的危险小道,原木和木杆被从峰顶扔下山谷。砍伐的木材从植被比较丰盛的西边山坡运往定远营,从东边山坡运往宁夏。如果考虑到森林在毫无节制地逐年减少,那么就不难理解为什么阿拉善山的泉和井会次第干涸,为什么定远营绿洲的水会越来越少,还有为什么蒙古居民用不了很久就有彻底破产之虞⋯⋯

　　H.M.普尔热瓦尔斯基也曾提到汉人开发阿拉善森林资源的事[2]:"有几百来自宁夏城的汉人在这里砍伐树木。我们勉勉强强才能找到一个没有伐木人的小山谷,那也只是因为这里没有水的缘故。"12年之后,这位旅行家再次写到[3]:"自从东干人的骚乱被平息之后,阿拉善山脉西坡和东坡中部地带的森林遭到汉人的严重破坏,已经变得稀疏多了。当地的猎人还大肆猎捕这里的野兽——岩羊、麝和大角鹿。总而言之,现在的阿拉善山脉已经远不是我们在1871年第一次到这里时看到的那种处女模样了。当时,由于东干人的劫掠活动,这些山岭整整十年没有人烟,森林得以安稳地生长,森林中的野兽也得以自由自在地繁殖。"

8.3　阿拉善山脉的植物和动物群

　　阿拉善山脉缺乏水源,气候干燥,这对山里本来就很少的植物和动

---

〔1〕长到两俄丈的树木就要砍伐。

〔2〕H.M.普尔热瓦尔斯基:《Монголия и страна тангутов》(《蒙古和唐古特人地区》),莫斯科,国家地理书籍出版社,1946年版。

〔3〕《Четвёртое путешествие в Центральной Азии》(《第四次中亚细亚考察》).《От Кяхты на истоки Жёлтой реки, исследование северной окраины Тибета и путь через Лоб-нор по бассейну Тарима》(《从恰克图去黄河源头,对西藏北缘的考察与经罗布淖尔穿越塔里木盆地之路》). Стр.98.

物的生长有着明显的不利影响。[1] 根据植被（主要是西坡）的特点，阿拉善山脉的植被可以划分为 3 个带区：生长着草原型植被的低坡带或山麓，中坡带或森林带，以及最高的高山型带。

低坡带的典型树种有稀疏的曲柳和野李、毛樱桃、西伯利亚杏和蒙古杏；灌木有黄色野生蔷薇和月季，锦鸡儿（矮锦鸡儿、绒毛锦鸡儿、鬼箭锦鸡儿），偶尔可以见到麻黄。下边的山麓生长了许多刺旋花和刺叶柄棘豆。这里地面上生长的青草主要有：药黄精、西伯利亚棘豆、大黄、香薄荷或者百里、骆驼蒿等，野生苦葱各个地带都有；铁线莲（芹叶铁线莲、西伯利亚铁线莲、大瓣铁线莲）顽皮地缠绕着灌木（主要是在峡谷入口处）；阿拉善点地梅、北点地梅、长生点地梅和大果点地梅贴附在峭壁上。高一些的地方有时会出现假报春花、大戟、冰草、景天、羽茅、肥马草、独荇菜、芽葱和很多其他植物。

应当指出，我们的考察活动和阿拉善山脉动植物的收集工作主要集中在山的西坡措思朵、达尔腾朵、雅马塔、哈顿戈尔和佛塔戈尔峡谷地区进行。

森林地带最宽阔，草木最丰富，种类也最多。林木主要生长在峡谷的北坡，乔木种类极少：云杉、杨树、白杨和矮小的毛柳或柳树，中间杂生着少量的高塔圆柏，偶尔会出现白桦的影子，山的东坡生长有松树。阿拉善山的西坡到处生长着灌木，有小檗、鼠李、白色和黄色的金地梅或是委陵菜（鹅绒委陵菜、多裂委陵菜、星毛委陵菜、金地梅、二裂叶沼泽委陵菜），蒙古绣线菊和金丝桃叶绣线菊、虎榛子、金银花和顺着峭壁蔓生的刺柏。美观诱人的丁香挤在布满森林的峡谷中。这里的山坡上还有荀子、茶薦、阿拉善茶薦、覆盆子和蔓生植物长瓣铁线莲等。在森林地带或是距离它们远一些的地方，最普通的草本植物是堇菜（裂叶堇菜、毛果堇菜、双花堇菜），红百合、开粉红花的美丽的马先蒿、矢车菊、耧斗菜、披针叶黄花、长毛银莲花、甘肃玄参、黄芪（紫云英）、膜荚黄芪、多序岩黄芪、鲜丽的祁州漏芦。山岭最潮湿的地方生长着柳叶

---

〔1〕在山里和绿洲中，考察队共收集到 300 来种植物和 60 多种鸟，鸟类的少部分是候鸟，其余的是留鸟和作巢鸟。

·欧·亚·历·史·文·化·文·库·

菜、缬草、药蒲公英、小唐松草、水苣、平车前草、苦苣菜、酸浆、菹菜、匍生蝇子草、茜草、高山地榆。

稍高一些的斜坡上蔓生着蒿（艾蒿、白蒿、万年蒿、栌叶蒿），山莓草、辣椒、沙冬青、光药大黄花、红头蘑菇、马齿苋、丝石竹、矮病毒菜豆、芜荽、变色莴苣、假荆介、葶苈和少花顶冰花，山坡和河床的岸上可以看到鸢尾花，泉水边有毛根苔草和芦苇。

高山型坡带除了许多上面已经提到的草本植物外，还有一些新的品种，例如毛茛、鳞叶龙胆、飞燕草、疏花翠雀花、美丽的瞿麦、灰绿黄堇……

随着高度的增加，就连低矮的灌木植物也消失殆尽了，只有带刺的锦鸡儿一直蔓延到阿拉善的主峰。高山型区域的草本植物通常都生长得矮小，勉强探出地面。我们在高山型地带的最高处发现了蓼、凤毛菊、香花芥。[1]

阿拉善山脉的哺乳动物和鸟的种类同样也并不多。在考察队驻扎在该山的全部时间里，我们发现了约10种哺乳动物，其中占首位的是阿拉善的光彩和骄傲——生活在针叶林中的大角鹿，它受到亲王的庇护，阿拉善亲王禁止居民猎捕这种高贵的野兽。其次是多见于山的陡崖峭壁东部的麝、山羊，蒙古人称它为岩羊，以及只出没在没有林木的山北部的羱羊[2]。这里的猛兽有狼、狐狸、黄鼠狼，啮齿目有兔、黄鼠、啼兔（红啼兔）和鼠（田鼠）。

我们在阿拉善亲王的许可下猎获3头大角鹿，之后狩猎活动几乎完全集中在捕捉 H. M. 普尔热瓦尔斯基描述过的山羊上。[3]

---

〔1〕阿拉善山脉西坡的植物种类除上面提到的以外，依据考察收集到的标本还有：大丁草、鸦跖花、獐牙菜、燥原荠、香青、荨麻、卫矛、Atyopis distans、冰草、还羊参、粘毛黄芩、齿缘草、团叶单侧花、蓝堇草、洼瓣花、北方拉拉藤、卷耳、蓝刺头、北芸香草等。

〔2〕这种动物一般会沿着山前长有草原植物的洼地深入到阿拉善山脉的峡谷。

〔3〕H. M. 普尔热瓦尔斯基：《Монголия и страна тангутов》（《蒙古和唐古特人地区》），国家地理书籍出版社，莫斯科，1946 年版。

考察队尽可能完整地收集了阿拉善山脉的鸟类[1],总共大约有50个种类,当然,这些鸟类收集仅仅是冰山一角,无法从整体上反映这座山岭那种高山地区荒野风味的面貌。这里与西藏东部或者喀木完全不同,特别是不同于湄公河流域。那里的每道山谷都生机盎然,处处是鸟儿生机勃勃的啼鸣,时时有山溪小河流动的潺潺声响,高高翻起的浪花水沫辉映出来的小彩虹其美无比。

在阿拉善山脉,密树丛林和包围着峡谷的悬崖峭壁寂静无声,同样令观察者惊奇不已。有时候,一连数小时都没有任何声音打破这份寂静,只要一闭上眼睛,附近沙漠一片寂静的情景会不由自主地浮上脑海。也只有这样,青头雀、黄鹂、山雀、颅顶长白尾山雀、莺、䴉,那清亮的鸣啭声才特别悦耳。到处是红蛾、褐喉鹪从一棵树飞到另一棵树上,或者从一块山崖飞向另一块山崖的情景。峡谷入口处可以看到野鹪、石鸡、凤头云雀、Rhopophilus pekinensis、大石鸡,稍高一些的峡谷深处的小灌木丛中有灰山鹑……岩鸽喜欢栖息在峭壁凸出的石檐上,鸽子则喜欢呆在树林深处。有时候,岩鸽孤寂地拖长声音咕咕叫几声,或者其他种类的鸽子忧郁低沉的声音,四周的寂静才会被打破。不远处林边的一棵高大桧树上,一只正在觅食的蜡嘴雀发出特殊的叫声……突然,沉郁阴森的巉岩中间出现了一只似鲜艳的花朵或蝴蝶一般的红翅旋壁雀,它仅仅出现了那么一瞬间。我喜欢注目凝视这种鸟雀,特别是当它从我头上横穿山谷飞过的时候。低坡带草坡上的个别地方有云雀,在泉水旁边湿漉漉的草地上,有白鹡鸰、黄鹡鸰、树鹨和鸲,黑乌鸦栖身在高大的单株云杉上,红嘴鸦雀跃着飞到高坡带的山崖上,它们成群结队地贴着悬垂的石壁盘旋、鸣叫。这里也有飞行速度最快的雨燕,整个寂静的空间充满了它们那尖尖的聒噪,山燕贴着峭壁凸悬出来的怪石,在离雨燕不远的稍低处悠闲地翱翔。岩鹨隐身于峭壁上的森林,

[1]В. Биаки.《Материалы для авифаунф Восточной Монголии и Северно-восточного Тибета по данным Монголо-Сычуаньской экспедиции 1907—1909гг., под начальством П. К. Козлова》(《东部蒙古和西藏东北部鸟类区系资料,以 1907—1909 年 П. К. 柯兹诺夫率领的蒙古—四川考察资料为据》).《Ежегодник Зоологического Музея Императорской Академии наук》. 1915г. Том XX. Стр. 1-102.

针叶林丛的边缘是鸦活动的地方。5月,森林深处传出灰杜鹃奇特的咕咕声,灌木密丛中回响着一刻也不安闲的黑色小鸟 Pterorrhinus davidi 的响亮啼啭声。灰伯劳、伯劳鸟一个个孤单地栖落在灌木柳丛之上。我时常在靠近长满多刺的锦鸡儿的陡坡上看到鹈鸟。

清晨,明亮的太阳刚刚把金黄色的霞光撒到山的顶峰,强壮的兀鹰——秃鹫、白兀鹰,或者喜马拉雅鹰及髯兀鹰便在蔚蓝色天空的映衬下盘旋在比山脊还要高出许多的地方,土著用十分尊敬的态度对待这些威严的鸟儿,从不开枪射杀它们。

上面历数了阿拉善山脉的各种鸟雀,最后要提一下金雕鹫和一种属于隼的大型鹰,这两种禽鸟我们只是从远处观察过,并没有能捕捉到。至于说红隼这种分布很广的猛禽,在这里自然也是最常见的了。

8.4   大耳雉鸡

假如你想问当地的蒙古居民,阿拉善山脉的鸟雀哪一种最好、最可爱,那么蒙古人肯定会回答说:"哈喇达儿亚。"即"黑鸡",或我们叫蓝雉或是大耳雉,蒙古人也像猎捕前面提过的岩羊一样,热衷于打这种"鸡"。

这里说的这种雉是一个特别的品种,它不同于其他各类雉的地方是头后部有几束很长的羽毛。大耳雉的个头比普通的野鸡大得多,一双脚爪很强壮,尾部呈蓬松状,中间4根很长的羽毛向外散伸着。它身上的羽毛整体上是蓝中透着浅灰的那种,尾部羽毛泛着银灰色的光彩,羽基为白色,耳朵上的长毛和脖颈是白色的,无毛的面颊如同脚爪的颜色一样,都是红色的。雌鸡的羽毛同雄鸡完全一样,不同的只是脚爪上没有距,并且体型要小一些[1]

哈喇达儿亚栖居在峭壁较多的山林。它完全以草类为食,觅食时迈着匀整的步子,俏丽的尾巴保持水平状态。

---

〔1〕蓝雉的插图见 П. К. Козлов.《Тибет и Далай-лама》(《西藏与达赖喇嘛》),Петербург,1920г. Стр. 12.

这种雉总是在深秋和冬季结成小群,和其他野鸡一样栖于树上,初春时节解散,成双成对地盘踞在固定的地方,孵化幼鸡。

据蒙古人讲,鸟用青草把窝筑在茂密的灌木丛中,每窝有5至7枚蛋。

初春,雉群刚一分散配成双对,雄雉就开始鸣叫求偶。它们的声音很难听,就像孔雀的叫声一样,只是声音更低沉,断断续续的。此外,这种鸟有时也会发出一种特别的喑哑声音,有点像鸽子的咕咕声,当突然受到惊吓时,蓝雉会发出极像珠鸡的叫声。

"然而,即使是在恋爱时期,"H. M. 普尔热瓦尔斯基说,[1]"这里的这种禽鸟也不像一般的野鸡和黑雷鸟那样,发出有规律的求偶鸣叫。通常,雄性大耳鸡只是在太阳升起之后才偶尔发出叫声,中间间隔的时间不等。不过,有时在拂晓之前,甚或在白天接近中午时分也能听到鸟叫声。"

由于这种非常漂亮而又极为奇特的禽鸟的尾部长羽翎被中国官吏用来装饰官帽,因此受到土著人无情地猎杀。当地的猎人熟知蓝雉的习性,摸透了它几乎总是要一步步地走过岗坡脊峰的习惯,所以就在一定的地方用枯树枝和各种东西设置障碍,只留一个可通行的洞口,再把捕捉器下在那里。雉走到山脊顶上,就去寻找能够通过障碍的办法,最后,找到了那个诱它上当的道口,一踏上巧妙铺设的小木板,就滑落下去,脚爪被结着活扣的绳索牢牢套住,吊在那里。由于受到这种残酷的捕杀,加上蓝雉又生性机灵,所以它行动非常机警,要在阿拉善山中猎捕蓝雉是非常困难的一件事。

此外,考察队在阿拉善山脉西坡的山谷里搜集到许多昆虫。

8.5 巴隆辉特寺和宗辉特寺

在阿拉善山岭深处层峦叠嶂,风景如画的山谷,隐蔽着两座深受蒙

〔1〕H. M. 普尔热瓦尔斯基:《Монголия и страна тангутов》(《蒙古和唐古特人地区》),莫斯科,国家地理书籍出版社,1946 年版。

古人崇敬的佛教寺院:巴隆辉特和宗辉特[1]。巴隆辉特,即"西寺",在定远营东南约 30 俄里处呈半圆形分布的布图大坂和古尔本乌拉两条山脉脚下的斜坡上,湍急的依海戈尔哗哗地从山中急泻而出。悬崖峭壁之上艺术家雕凿和彩绘出来的神像和经文,同大小 7 座神殿、白色的佛塔,以及或散布于此,或建造在远方挺然兀立的青峰之上的各式各样的"鄂博"交相映衬,给人留下奇异而又愉悦的深刻印象。

巴隆辉特虽然富丽堂皇,极其华美,也颇有名气,但阿拉善蒙古王公封地内最好的寺院仍要属"宗辉特",即"东寺"。它坐落在定远营东北约 30 俄里,濒临纳玛喀戈尔与巴隆戈尔两条河的树木茂盛、巉岩跌宕的山坡之间。

我们离开绿洲向东北方向行进,走得越远,阿拉善山脉坡地上的森林就越加明显地稀疏起来。高坡地带悬崖峭壁上坍塌下来的灰色石块越来越多,把碧绿的草地分割成许多条块。考察队走入一条旁边是两道堆起的高大堤岸的棕褐色山沟,随着蜿蜒的道路转了几个弯之后,我终于看到了一座墙壁雪白金光耀眼的大庙,一座鄂博和许多分挂在树上的玛尼。这里的森林又变得和先前一样茂密,附近寺院所在山丘的山坡被装点得十分秀丽。

宗辉特以其履行佛事的程序和严格的庙规而闻名于整个亲王封地,这些都还是从那位阿拉善喇嘛多达尔—勒哈朗保手中继承下来的,是他成功地把这座寺院提高到应有的崇高地位的。除了纯粹的宗教事务外,多达尔—勒哈朗保还致力于文学创作:他写了一部最出色的蒙古语法书,还把许多藏文书籍翻译成蒙古文。

宗辉特的神殿,就连喇嘛们的住房都是十分整洁,令人喜欢,大且宽敞的修道房一尘不染,陈设舒适。镀金和彩画的佛像,以及佩带在胸部和脖颈上辟邪的神像孕鸟被摆在显要的地方,从窗子里可以看到铺满绿树林的山坡与陡峭的灰色石崖互相交错的秀美风景。

我在宗辉特寺逗留之时,恰逢庇护牧人的麦特列菩萨的节日,寺院原本诵经拜佛的单调肃穆气氛被大量香客,以及蜂拥而至、料定能从赶

---

[1]译者按:巴隆辉特即福荫寺,宗辉特即广宗寺。

图 8 - 2　广宗寺及宗教节日时的游行活动

图 8 - 3　广宗寺(东寺)

庙会的人身上轻易捞上一把的汉族商人打破。天气很好,阳光灿烂,镀金的抗岗求尔[1]和屋顶被照得亮闪闪的,寺院的白色神殿被柔和的绿

―――――――――

〔1〕译者按:抗岗求尔,按上下文来看,当指屋脊上安放之镀金宝瓶。

色植被衬托得轮廓分明,盛装游览的人群更增添了节日的欢乐气氛。

节庆活动是第二天早上开始的。[1] 首先由一长队喇嘛(很像是东正教捧十字架圣像游行的行列)沿着毗连的山谷底部和谷两边的山坡游行。每个喇嘛手持一件法器,行列当中是颤巍巍地端坐在架子上的麦特列菩萨像,伴奏音乐与大家的愉悦情绪十分协调。

当祈祷者们绕了一圈,从另一边走到主殿跟前时,这种独特的仪式就算结束了,人们开始聚集在空地上、屋檐下。在一个为庆典专设的带有华盖的帐篷中安放着麦特列巨大的金像,金像后面,从庙宇屋顶一直拖到地面的带子上还斜挂着一幅用金丝绣在绸子上的麦特列菩萨像。

大喇嘛登上设在高台的主位,他前面的左右两侧坐着他的助手,往下长长地坐了好几排地位较低的喇嘛。祷告的人同喇嘛并排而坐,男人围坐在佛像左边的阿利雅亲王身边,右边是以王妃为首的一些妇人。

刚开始时的祈祷活动有点像净水仪式,在祈求赐降财富之后,喇嘛便排成一队走到祈祷者面前,用各种圣物去触及自王公夫妇开始的每一个祈祷者的额头。与此同时,6名手持斧钺、头戴面罩一类东西的喇嘛武

图 8-4 广宗寺住持

士,来到麦特列跟前,在神像前边做各种动作,其中包括跳舞和挥动斧钺。同时,3个类似察罕鄂博公的喇嘛长老站在祈祷的人们面前,轮流着拖长声调诵经,并在一面声音很响亮的锣上敲了3下。最后,大喇嘛从台上下来,穿上中国式的棉绒靴子,走到中央的麦特列像前三叩首(磕长头),同时献上哈达,亲王和王妃,随后还有其他所有的祈祷者也都依次而行。至此,庄严的法事宣告结束。

除了上述佛教徒们特别隆重纪念的麦特列节之外,在整个6月期

---

〔1〕1908年,这个节日在6月21日举行。

间,蒙古人还要举行几次主要以水的庇护神为对象的祭祀祈祷活动。土著人种下种子,心中充满了丰收的期望,而他们生活的富足与否却要仰仗这位神的关照。令人感到高兴的是,自从进入 6 月以来,不时就落下一场细雨,空气因此变得清新起来,庄稼草木都明显地茁壮成长,这一年的夏至不像往常那样干旱,而是下了一场大雨。可以这样设想,绝对高度达 3 俄里的阿拉善山脊,还是能够把穿过昆仑山东部流向戈壁南缘的水蒸气

图 8-5 晒佛

的残余部分聚拢起来。因此,在风调雨顺的好年景,由于天然灌溉充足,阿拉善蒙古人能获得很好的收成,在高山毗连的荒漠上的牧草也长得十分丰茂……

8.6 考察队员归来

同时,设在定远营附近的考察队主营地重新热闹起来:我的高级随员纳帕尔科夫大尉和地质学家切尔诺夫顺利完成了对阿拉善山脉和黄河河谷两个地区的考察工作,回到了宿营地。两人一开始考察时是在一起行动的,10 天之后,他们决定分开,完成两项完全独立的旅行。地质学家耐心仔细的工作要求在路过的每一个山谷中都要做相当长时间的停留,而地图测绘员负责一般的科学考察工作,前进的速度自然要比他的同伴快得多,走的地区也要更广阔一些。结果,纳帕尔科夫大尉沿着黄河右岸走到不久前地图上刚刚标明的鄂尔多斯博木湖附近的几个地方,经过详细询问才知道那个湖目前已经不存在了。六代人以前曾有过这么一个湖,它的方圆为骑马一昼夜所走的里程。但如今,原先博木湖所在的地方是一片生长着叉明棵的沼泽盆地,土著称之为"色尔

腾库库淖尔"。П. R. 纳帕尔科夫后来选择经过阿拉善山脉中最便利的图穆尔乌拉山口返回定远营。4 天之后,А. А. 切尔诺夫也回来了。考察队地质学家的路线很显然是紧靠着山的,包括延伸到宁夏那边的深山。他考察了此前尚未研究过的鄂尔多斯的坎塔格里和阿尔比索两座山,然后横穿阿拉善山脉,经距离很短的沙拉赫图尔山口(绝对高度约 8350 英尺,约合 2540 米),返回主营地。[1]

6 月末的几天在草拟报告书、写信件及包装搜集品(仅地质类收集就装了 18 个 1 普特重的箱子)[2]的事务中过得很快,大家的情绪都很高。考察队已经完成了对阿拉善和鄂尔多斯地区的考察,尽可能广泛地熟悉了临近的阿拉善山脉的基本特点,此时大家一心幻想着接下来在南山和库库淖尔的工作。

8.7　同阿拉善亲王共餐与分别的场景

在考察队离开定远营之前不久,Ц. Г. 巴特玛扎波夫为我们举行了饯行宴,阿拉善亲王也出席了宴会,年轻的王公例外地随同父亲和大家坐在一起用餐。酒宴持续了 4 个多小时,而且办得极其成功,好客的主人为客人们提供了各种中式美味佳肴和多种欧洲酒,牌子最好的葡萄酒摆在最显眼的位置。…… 当天完全黑下来的时候,大家一块儿出去散步。旁边的一个高地上放起了焰火,一对威力很大的爆竹给我留下了极深的印象,这对爆竹飞到很高很高的地方,一声巨响惊破了夜晚的寂静,然后撒下一束束火焰的雨流。在这个非常愉快的夜晚,我给亲王打开天文镜,蒙古亲王对着月亮和星星观赏了很久很久。

在打点行装的时候,我抽空儿去向蒙古亲王辞行。王爷带着他的儿子——阿利雅和五爷,像往常一样亲切友好地接待了我。谈话中,他详细询问了考察队今后的计划和返回他的这个地区,即他的府邸的时间。考察队的仓库和气象站仍留在这里,由阿拉善亲王照护。在气氛

---

〔1〕在整理路线时才弄明白,我的两位工作人员走的是同一个山口。

〔2〕为减轻考察队驼队的负担,那些笨重的搜集品(有好几个驮包)已托人顺路送往库伦。

友好的分别时刻,我们互相交换了照片。第二天,这位阿拉善之主派人送给我一匹出色的配有华贵的蒙古鞍辔的灰色小走马作为礼物。非常遗憾,我不得不谢绝这件礼品,因为这种驯育出来的娇柔的马不可能适应我们要经过的极为艰难的路程。年轻的王公们也把在中国挖掘活动中找到的一只有历史价值的碗,一些中国的现代办公用品和一本定远营的影册送给我作纪念,这令我十分感动。

图8-6 阿拉善王的儿子——阿利雅

8.8 工作人员新的考察活动

考察队出发的时间到了,为了更有效地展开活动,我们决定分成3个组。地形测绘员纳帕尔科夫在掷弹兵萨那科耶夫和哥萨克马达耶夫的陪同下,第一批离开定远营。我给这支小分队规定的任务是考察直到固原城为止的清水河谷和前面将要经过兰州府去西宁的道路,我的这位工作人员应该在西宁等候考察队从库库淖尔返回。除了绘制地图的主要工作之外,П.Я.纳帕尔科夫还受命做民族志方面的笔记,收集昆虫。

3天后,即7月2日,我们送别A.A.切尔诺夫,他在制备员阿利亚·马达耶夫和掷弹兵捷米坚科的伴同下起程远行。如同早在彼得堡时就已定下的那样,地质考察队将开辟穿过荒漠到达索果浩特(镇番)的新路并沿凉州—库库淖尔这条斜线横穿南山。我们将在库库淖尔会合。

现在轮到我或者说是我率领的这支主要的队伍了。这一队人马首先要再次深入南山东麓与其北侧居住着农耕汉人的文化带之间的荒凉

·欧·亚·历·史·文·化·文·库·

沙漠。在通过沙漠的整个或者几乎是整个的行程中,队伍应向西南方向行走,沿我原先蒙古—喀木走过的路线去恰戈楞草原,再从那里经平番城横穿南山到西宁河河谷。然后沿西宁河河谷到西宁城,接着过萨拉浩图尔山口去库库淖尔盆地……

库库淖尔和安多

（1908—1909 年）

9 横越南山东部——甘肃

9.1 话别伊施喇嘛

离开定远营的前几天,我就已经开始向往库库淖尔、南山东部及大通河了。库库淖尔的魅力在于它的心脏——湖心岛,南山的魅力在于它丰富的动植物群,而威严的大通河的魅力则是它那险崖巨石中汹涌奔腾的激流。从第一次考察旅行起,大通河粗犷美丽的景色就深深吸引了我,在我的心中燃起旅行游历的热切愿望,并使我终身与普尔热瓦尔斯基亲近起来。对大通河的回忆更会令人想起我的恩师普尔热瓦尔斯基……

刚刚送走切尔诺夫和纳帕尔科夫,考察队就搞到了被喂养得膘肥体壮、体力充沛的骆驼。这30匹骆驼首先要把考察队的一支主要的分队送到库库淖尔,然后再返回西宁。

驼队的领队仍由那个出色的"阿拉善"蒙古人担任,正是他在旅行一开始的时候顺利把考察队的运输队从库伦送到了定远营,这次他的责任也十分重大。现在,骆驼的主人,阿拉善亲王封地的首富——伊施喇嘛也前来与我们话别,为我们南下送行。这位喇嘛的牧场与沙尔赞苏迈寺相邻,在定远营西北230俄里的地方。

伊施喇嘛身材高大,体格健壮,衣着华贵,给在场的所有人都留下了相当深的印象,我个人也十分喜欢这位喇嘛。因为,他举止得体,更主要的是正派沉着和言而有信。临别时,这位当地的财主,阿拉善亲王的宠信要我答应他,回来的时候一定要在他的领地上停留一两天。"我希望,"伊施喇嘛说,"用我的这些骆驼把您送回您的国家!"

·欧·亚·历·史·文·化·文·库·

9.2　临行前的暴风雨

令我们所有人感到烦恼的是,大雨不停地下了 3 昼夜,考察队一直被阻留到 7 月 6 日。远处的雷电不时轰隆作响,空气中充溢着潮气,气温下降到 15℃。灰色,有时甚至是乌黑色的浓云笼罩着山峰和附近毗邻平原的一部分。7 月 5 日接近午后 2 点的时候,宽阔多石河床中平稳的细流变成了可怕的激流,浑黄的河水掀得老高,浊浪滚滚……桥梁抗不住这股自然力量的冲击轰然倒塌在水里。陡峭的河岸受到洪水冲刷,不时有土石哗哗地跌落到水中。河水汹涌流冲,把沿途的一切毫不留情地毁坏,不少小动物被卷走,成了牺牲品。离河不远的地方聚集着一群群汉人和蒙古人,他们接连数小时无奈地眼瞅着暴风雨一路肆虐而至。在经历了持续的雨水的浇淋和潮气的侵蚀后,定远营现出了一幅可怜巴巴的破败样子:城里满街泥泞,无法通行,粘土院墙甚至连住屋的房墙都倒塌了,土著人生活的隐秘之处暴露无遗。

9.3　启程南行,沙漠高温

7 月 6 日是星期天,考察队终于装载好驼队,告别了这个嘈杂而又拥挤的城镇,一下子便钻入到静寂异常的沙漠。隐居在南蒙古的两个俄国人——Ц. Г. 巴特玛扎波夫同他的助手希姆辛送了考察队一程,直到不太远的巴伊生台泉前才同我们道了别,[1]并祝愿我们一路上顺利并能取得成功。

这眼泉水四周生长着碧绿的草木,其中有草木樨、旋花、黄花补血草、骆驼蓬、兔唇花珍珠梅、藜、黄芪和大黄,令人赏心悦目。

被雨水洗刷过的大气异常清澈透明。这样一来,我们一方面可以欣赏阿拉善山脉绿莹莹的草木;另一方面,还可以观察一直向西伸展,

---

〔1〕这个停歇站总会让我沉痛地记忆起考察队最好的那条狗——加尔扎,它在从喀木返回的途中死于此处。参阅《Монголия и Кам》(《蒙古和喀木》)。

最终隐没在地平线之后的广阔沙原。考察队沿西南方向横贯沙湾,这条旅行线路穿过在黄河左岸起伏的山地的楔形尖角。

起初,考察队沿着阿拉善山脉边缘接近定远营的山丘行进,但很快便离开大路,踏上去西宁的商路。在这条路上,我们一边顺着伊海里尔河的河床行走,[1]一边很有兴致地观察岩屑和崩塌的土石——它是不久前水位极高时留下的痕迹。

考察队的驮载牲口全部是骆驼(如果不把考察队员和制备员所骑的4匹马计算在内的话)[2],它们在被日间的酷热烤得发烫的沙地上走得非常顺当,因为最近下过雨,这片地区故有了很浓的绿色。砂土鼠、蜥蜴在脚地下乱窜,甲虫在地上爬来爬去,苍蝇来回乱飞,空气中一片它们惯有的嗡嗡声,偶尔也会飞过几只蝴蝶。禽鸟的种类很少:雨水积成的小水洼上栖息着一些海番鸭、黑翅长脚鹬、野鸭;海滩一样的砂土地上有灰滨鹬和沙鸻在飞来跳去。只要这里有点草木,就可以看到凤头滨鹬和云雀。有一次,考察队还看见了正在捕食蜥蜴的蓑羽鹤。我们发现的猛禽类仅有一只飞落在一湾细水旁边的高岸上的鹭,还见到过一只飞行速度极快,正在追逐与它速度同样快的鸟的隼。沙漠中的哺乳动物比鸟类更稀少,只能从出现在山峦或是沙岗巅峰上的羚羊的影子或朦胧形象上猜想会有这类动物。

个别地方会出现人类居住的房舍,它打破了处处都是一个样子的单调乏味景象。东边靠近山的地方稀稀落落地蜷缩着几间汉人的小房子,西边是几顶蒙古人的毡帐。帐篷四周照旧有少量的绵羊、骆驼在吃草,有时也会有牛群出现。

夏季在沙漠中行走既单调又艰苦,令人难以忍受。夜里的感觉还算不错,但是,太阳刚一露面,马上就是一片实实在在的灼热,把人弄得昏昏沉沉的,一点力气也没有,就连颇负盛名的"沙漠之舟"在炎热的天气下也是步履艰难。你会越来越缺乏耐心,频繁地看表,专注地向远方凝视,搜寻能够让驼队在井边歇凉的小片绿荫。

---

〔1〕如前所述,这条河边有一座巴隆辉特寺院。

〔2〕20匹驮驼和10匹年青同事乘坐的骑驼。

·欧·亚·历·史·文·化·文·库·

在沙漠中,距离是很容易弄错的:从靠近巴伊森台地方的那个停留地点开始,考察队就能够分辨出路旁那座"博木博特"鄂博的大致轮廓,桑金达赉高地看上去也不会太远。但是,考察队翻过了一条又一条丘岗,眼前却总是不断地展现出一片又一片布满砾岩和褐色砂岩露头的新沙漠,而目的地并没有接近。直到在塔尔巴卡伊[1]过了一宿,又经过42俄里艰难的行程之后,我们才终于到达了桑金达赉。桑金达赉有一口很好的井,它的周围到处可以看到芦苇、柠条锦鸡儿、繁缕、水柏枝和其他几种植物。

在穿越沙漠的前一半途程中,炎热的太阳一直伴随着我们,这使大家着实感受到了沙漠的"魅力"。温度高达70℃的沙土透过薄薄的靴底烫得脚疼;可怜的狗比我们还要难受,司务长伊万诺夫悉心地关照它们,并采取一些可能的预防措施,每过半个小时,就从驮子上解下洗衣盆,小心地给西戈纳尔[2]倒些水喝。这条狗显然很明白这一点,到一定的时间,根本不用召唤,它就会跑到队列前面,用询问的眼神瞧着伊万诺夫。

沙丘一个上面又堆起一个,越垒越高。骆驼拖着缰绳,喘着粗气,这些庞然大物鱼贯而行,时而登上沙丘之顶,时而又下到沙丘基部。骆驼的宽大脚掌软绵绵地踩在沙地上,独特的沙沙声几乎被牲口粗重而急促的呼吸声盖过,勉强能听到。

当你登上一个高高的沙丘驻足观望,看到的还是原先的那种景象:四周除了沙漠,还是沙漠。空气干燥到了极点,搞得人早已经口干舌燥!

7月9日那个阴沉的早晨,考察队出发的特别早。金星升得很高,温热的大气中盘旋着成千上万的昆虫,蝙蝠飞来窜去。考察队将要穿越嵘斯腾哈图尔山,它应该是劳兹山(汉话的意思是"骡子山")的一部分。通向山口的上坡路长达6俄里,我们登上山顶,看到在西南方向上

---

[1]在塔尔巴卡依地区收集到以下几种植物:刺叶柄棘豆、戟叶鹅绒藤、地锦、大苞鸢尾、苦豆子、披针叶黄花、车前草、蒺藜、蓟、黄芪和藜。

[2]西戈纳尔是考察队一条狗的名字。

有一个尘雾蒙蒙的谷地。远处出现了错克多—库勒寺院的白色建筑，寺院周围全是松散的沙地，只有在西面和南面，由于天气多雨才有几块水光闪闪的带状沼泽，四周生长着半灌木性的绿色沙漠植被。

考察队一行没有进入到寺院，而是在巴音胡图克井旁边停下来。井边一个空空的饮水槽旁，几头驴垂头立在那里，徒劳地等待饮水解渴。蒙古人赶着自己的畜群在附近游牧，这倒是一件很可悲的事情：蒙古人根本不懂得去保护这唯一的生命泉源——巴音胡图克井的清洁。由于井水含有大量的家畜粪便，气味极其难闻。

在巴音胡图克水井旁边，我们只发现了蒙古车前草和黄花红砂两种植物。

暮色中，活泼好动的跳鼠在井周围蹿蹿跳跳，从放牧场归来的羊群赶得它在前面不住地奔跑。

9.4 什利根多伦和腾格里沙漠

沙的面积越来越大，越来越有威力。东西走向的畦条状沙丘布满了目力所及的整个南部地平线。骆驼缓慢地在松软的地面上行走着，它们正在攀爬的是一个较缓的上坡道。小路在部分地方穿过有着光亮砾岩露头的坚实地面，走起来相对轻松一些。仅在少数地方，浅黄色的散沙才肯让出一点点地方，让几个并不宽展的苦咸水洼凹地有立足之处。水洼周围生长着芦苇和一种草本植物。

考察队在一个叫做什利根多伦[1]的谷地整整休息了一昼夜。我们深感酷热和缺水之苦，便贪婪地摘食已经成熟的白刺果，还在一个小湖中洗过多次澡，但想凉爽一下的愿望却始终未能如愿。随着一些小湖的出现，植物和动物也闯入到我们的视线。除了前文已经提到的白刺之外，这里还有茂密的叉枝鸦葱、草木樨状黄芪、蓝刺头、心叶水柏枝、莴苣和大蒜芥；而动物，尤其是鸟类当中，有畅游在水面上的海番鸭、麻鸭，徘徊在浅滩上的滨鹬、鹬（草鹬）、池蛙、一群群淡灰色的沙鸻

---

〔1〕意为"7个煮干的湖"。

和花胸脯的沙鹬,还有一只孤零零的鹨。一只芦莺正在旁边的芦丛中筑巢,不远处翱翔着一只毛腿鵟鹰。多沼泽的湖中有蝌蚪,它们和蛤蟆(亚洲蛙)一起成了我们的搜集品。

考察队交上了好运气。在穿越腾格里沙漠时,天气基本上阴沉沉的[1]:北边泛起沉沉乌云,天下起了雨,空气变得清爽,人也感到舒坦了许多。

越往西南方向走,横向的条岗就越大。东南部边缘出现整排整排的山丘,考察队将其中的一个命名为洪戈尔。山顶上立着几个用各色砾岩垒起的鄂博,上面都有刻上了马尼的石片。在宽阔的凹地中间,勉强可以看出一些游牧人踩踏出的弯弯曲曲的小路,其中的少数几条称得上大道。据向导说,这些道路中有一条是从东边一个不大的汉人城镇德勒松浩特往西边的察罕达巴思盐池的。路边常常可以看到骆驼、马和羊等家畜的死尸,它们是由于遇上了猛烈的暴雨降温天气而死亡的。根据我多次的观察,蒙古人和他们的牲畜一样,能够忍受最炎热的酷暑。但是,人和牲畜一受寒潮反而很容易得病。尽管腾格里沙漠缺水,寸草不生,但游牧民几乎到处都有,至少是我们一路经过的地方。除骆驼以外,这里还养马。这个事实充分证实了我早在过去那次旅行时就产生的一个想法,即在蒙古沙漠中不存在大面积的无水区域。

连绵的松散沙地的南缘越来越近。的确,只剩下腾格里沙漠最后一个大的支岔,我们已经不会有什么危险了。况且,几乎每天都不停地下着的雨让考察队保持着充沛的精力。在什利根多伦西南30俄里处长满白刺的粘土沙丘进行露天宿营之后,考察队来到了茨海通公胡图克井处。我们要在这里储备下一站行程所需的水。附带说明一下,考察队在这里捕到了一条草原蝰蛇(有花纹的黄颌蛇),蒙古人称之为"哈宁莫里依"或者"羊蛇"。这种蛇生性凶狠,经常咬伤牲畜,尤其爱咬绵羊。牲畜一旦被这种蛇咬了之后,伤口要肿痛一个半到两个星期。离井不远,顺着陡然下降的沙坡伸展开一片出色的盆谷草地,碧绿的草

---

〔1〕在从定远营去平番的途中,考察队穿越了色尔贺和腾格里沙漠边缘。有趣的是,我们从白屯子请的向导不知道这些名称。

地上放牧着一群群蒙古人的牲畜。

我们在这里收集到下列几种植物:沙冬青、北紫丹、针茅、大果琉璃草、驼绒藜、霸王、甘草和蒙古扁桃。

傍晚,太阳在即将落下之前才从乌云后面露出来,把斜坡和考察队鱼贯通过沙丘脊峰的队伍照耀得如图画般美丽。除了黄色的沙漠和明净的蔚蓝色天幕之外,站在任何一个制高点上什么也看不到。[1] 当黄昏已经降临大地,晚霞微弱的余晖勉勉强强才能穿透黑暗时,考察队走出了沙漠,在"乌兰察伊"最先碰到的一块平坦场地上设营。这个地方的地貌有明显的变化,连绵的伊海乌林丘陵出现在我们面前,阿尔噶林台山高高耸立在西面,而东面和东南面则是重重叠叠的高地,高地对面就是黄河河谷。我们这支队伍已经进入了蜿蜒伸展在开阔的多罗乃戈尔沙土平原之上的宽阔河道,平原上还保留着不久前水位很高时留下的痕迹。在河道的两岸,我们马上发现了无叶假木贼、红砂、黄芩、锦鸡儿和黄芪,稍靠下游的地方有针茅、肋果蓟、独行菜、蓝刺头和苔草。

到达扎哈多伦的整个一段行程以及再往后的路程,考察队都以与多罗乃戈尔河道相连的多罗乃鄂博的鞍形顶部为目标。惬意的多云天气重新转变为令人难以忍受的炎热天气。我们特别认真地注视着马圈山山脉令人愉快的轮廓,后面那座更为高大的老虎山的低坡被马圈山完全遮蔽。在走上宁夏的大路之前,我们详尽研究了高约 2 俄丈的蒙古式古墓墓塔。它的建造是为了纪念佛教圣徒班禅博格多,或者如蒙古人告诉我的,甚至是用来纪念达赖喇嘛的[2],据说是他奠定了这条道路的基础。人们传说,为纪念这位伟大的朝圣者,靠近他的坟墓的沙漠被取了一个恰当的名称"腾格里",即"天上的沙漠"。在我们所走的这条道路东北方向的营盘水镇附近,汉文化的特征开始出现。勤劳的庄稼人利用多雨的天气,努力耕种着靠近山岭的那一部分沙漠,而这里的地以前是从来没有接触过犁铧的。

---

〔1〕只有个别地方生长着棵棵绿绿的芦苇,同沙漠这个总的背景形成鲜明的对照。

〔2〕可能是三世达赖喇嘛索南—加措(1543—1588),他死在蒙古,被授予"大喇嘛、活佛"的称号。П. К. Козлов.《Тибет и Далай-лама》(《西藏与达赖喇嘛》),Петербург,1920г. Стр. 56.

欧·亚·历·史·文·化·文·库·

9.5　宿营甜涝坝村

　　7 月 14 日,考察队在甜涝坝村一个遗址附近宿营。太阳一落,空气明显凉爽下来,刮起了西北风,考察队的帐篷竟被一阵暴风掀掉。天空下起冰凉刺骨的雨,可是没有地方躲避,由于风力太大,考察队的帐篷再也没有能搭架起来。我们裹上防水布,设法入睡,但这是徒劳无益的——雨水一直透进贴身的地方,让人没有办法入眠。

　　甜涝坝村坐落在沙土盐碱平原的东北角[1],平原西面的边上有一个盐池——杨赛湖。干燥温暖的气候和沙漠特有的植物为骆驼的生存提供了极好的条件。附近各村,例如在白墩子,汉人专门饲养和繁殖骆驼。

　　夜间下过一场大暴雨,快晌午的时候,大气变得明朗起来,25 俄里之外马圈山脉脚下现出了高大的杨树和小城三眼井里房舍的轮廓。以前这里曾专设过海关,向从阿拉善和兰州府运经这里的货物抽税。

　　现在的三眼井好像僵息了,那里的居民极端贫困甚至没有粮食填饱肚子。我们跑遍了周围整个地区,能买到的也只是一小捆葱而已。率兵士驻扎在该镇上的中国官员非常热情地接见了我派去的人,并给考察队发了一张自由通行证。这一次,幸亏黄昏已经来临,考察队才幸运地避开了好奇的人群。在中国的所有城镇,俄国人或者一般的外国商队,通常都要受到人们好奇的追随和观看。

　　从三眼井往前走直到沙拉浩特城,我们沿途经过的地方都有从事农耕的定居人口。沙拉浩特城与同一名称的山口毗连,给游牧民提供了辽阔的活动场所的库库淖尔盆地的起点就始于这个山口[2]。

---

〔1〕我们在这个村子附近只收集到两种植物:砂蓝刺头和旋复花。
〔2〕农业人口集中在黄河流域。

9.6 马圈山一路的景象

马圈山的景象并不令人兴奋。山上虽然有一层厚厚的黄土[1],但植被仍然很贫乏[2],看起来更像沙漠,到处都缺水。我们沿着陡峭甚至有些地方很狭窄的山谷缓慢向高处行进,时而走过一片本生岩露头,时而又穿过一片沙地,越过勉强才能辨认出的具有历史意义的建筑——万里长城的遗迹,就在大沙河畔王寨村附近宿营了。

无论是在村旁,还是在河边,都赫然生长着普尔热瓦尔斯基杨树,其次是柳树;草本植物有裂叶苦荬菜、大籽蒿、萹蓄、宽叶独行菜、天仙子、鹅绒委陵菜、锦葵、东方铁线莲、车前草、Licium chinense、项羽菊、鸦跖花、牛舌草和猪毛菜。

一进到山里,考察队便用上了冰冷的溪水和河水,而把沙漠水量很小、又苦又咸的泉水抛在了脑后。距离往西伸延很远的大沙漠只不过数俄里,就有大片的农田、绿油油的牧场和居住得相当稠密的汉人的小房子。文明和荒漠,生存和死亡在这里彼此靠得很近,真让旅行家们感叹不已。

从马圈山最靠南边的丘陵上可以看到相当遥远的地平线:我们面前是宽阔的高家窝铺滩谷地,谷地的南面是雄伟的老虎山,西边是马圈山和老虎山的分支,东边为楔挤进来的黄河左岸高地。[3] 小的文化中心——宽沟城和永泰城虽然彼此相隔相当一段距离,但也像挤在老虎山峡谷口附近的那些小村落一样清晰可见。整个山谷里到处都是安插

---

〔1〕有些地方的黄土下面露出了各种各样的粒状砂岩。黄土——疏松的沙壤,少数情况下是由直径 0.05 ~ 0.01 毫米的微粒堆积而成的,含有丰富碳酸钙(石灰)的沙质粘土。有许多关于黄土生成的理论:风成沉积、冰水沉积、坡积等。Л. С. 贝格最近提出了一种新的土壤沉积理论,该理论认为,黄土是显域土地带性古土壤,它是在比现在更为干燥的气候条件下形成的。有人错误地以为,个别地方黄土的厚度达到几百米(例如在中国达到 400 米)。Л. С. 贝格证明,真正黄土的厚度约有 10 米,其下是原生黄土岩。黄土上面有一层肥沃的土壤:黑土、栗土等。黄土分布在温带地方:苏联的欧洲部分、西伯利亚、中亚、中国、南北美洲、新西兰。参看 Л. С. 贝格《气候和生命》,国家图书杂志联合出版公司,国家地理著作出版局,莫斯科,1947 年版。

〔2〕在马圈山我们只采集到小叶铁线莲、骆驼蓬和蒿。

〔3〕其中有鲁凡赛山。

在黄土层中的破旧房舍、荒废了的田地和其他的文化遗迹。这一切都表明,周围地区过去人口稠密,而且几乎都专门从事农耕。现在这个地方一片荒芜景象,为数不多的居民贫苦、污秽和肮脏,并且衣着褴褛,给人的印象很不佳。并且,据蒙古人说,他们还有盗窃,甚至抢劫的恶习。

高家窝铺滩繁华的生活很久以前就开始沉寂了。东干人的起义让务农的汉人破产,严重影响到了这片山谷和平繁荣的经济生活。后来连续不断的干旱和缺水又令幸免于难的居民彻底丧失了元气。土著人采取一种十分奇特的方法保存土地中十分珍贵的水分:在经过翻耕和播种的地里铺上一层有拳头那么大小的石子,这些石子都是从地边上挖来的。经过这样一番采挖,田边就形成一些深坑和整条整条的坑道。这些石头让雨水不致很快蒸发,同时能起到保温的作用。粮食收获之后,石头仍留在种过的地块上,仿佛起到一种水库的作用,周围相接的地段也可以因此增加些地力。

考察队从西北向东南斜穿过高家窝铺滩,从绝对高度 5485 英尺(1672 米)缓缓地向更高的地方行进。我们在路旁收集到的植物和田野里收集的一样,有车前草、变色莴苣、蝶须属、苜蓿、侧金盏花、骆驼蓬、串铃草、光药大黄花、细叶韭、南芥、二裂叶委陵菜、蒲公英、黄芪、棘豆、马先蒿、凤毛菊、岩黄蓍。

迤逦而行的队伍两边不时有黄鼠窜出,随即又迅速钻进洞穴里去了,但我们还是能听到小砂鼠那特殊的吱吱声。轻巧的羚羊经常出现在地平线上,它们选择在清晨玩耍、戏嬉,而在白天天最热的时候休息。在考察队路过的一个村落,汉人给我们展示了一对完全驯化的普尔热瓦尔斯基羚羊。这对羚羊刚一出生就被他们捉来喂养,靠吃牛奶长大。两只优美的动物就在房子旁边,他们没有丝毫恐惧地听凭人们观赏。这些殷勤的汉人还说,野生的普尔热瓦斯基羚羊清晨很机警,到白天则可以让猎人靠近一些。除了羚羊和小啮齿目动物外,山谷里还有几种鸟:不很大的灰松鸡,不断地此呼彼应着悦耳啼鸣的红嘴山鸦,毛腿的鸲鹛和高傲美丽的金雕。在田野附近,我们又为昆虫的收集增添了相当数量且很有意思的苍蝇和甲虫类。

9.7　老虎山

　　7 月 17 日考察队到达老虎山北麓,这时宽沟城已经落在后边稍偏东南的方向了。这条山脉像一条相当平坦的山岭从西北向东南延伸,北端突然中断,分成几个支脉深深地插进高家窝铺滩谷地。而南端则徐缓地降低,迅速消失在松山城高原里。按照我的看法,老虎山最高的地方接近阿拉善山脉苏穆布尔山脊的高度。这条山脉的北坡,除鞍部或山口周围地区之外,[1]长满了森林,主要是云杉,杂有柳树、忍冬、合叶子、悬钩子、茶藨子及其他为数不多的几种树木。灌木仍然很少见;林带之上是碧绿的高山草地[2]。

　　在老虎山,考察队又采集到一些植物标本:东方铁线莲、羽茅、小扁豆、角柱花、Disophylla janthina、臭草、冰草、红柴胡、泡沙参、欧洲千里光、景天、银灰旋花、异叶青兰、龙胆、银柴胡、大戟、阿尔泰紫苑、丝石竹、Cariopteris mongolica、多序岩黄蓍、棘豆、邪蒿、早熟禾、猪毛菜、和峨参。

　　冬季,山脉覆盖上一层厚雪,西面那些山峰上到现在还有一些白皑皑的残雪。据猎人们讲,老虎山有麝、麅、狼、狐狸,然而我们却没能看到上面提到的任何一种野生动物或者野兽。北旱獭令我们很开心,它们互相耍闹,滑稽可笑,但往往却成为毫不松懈地飞行在自己领地巡逻的金雕的猎物。

　　高岭墩大路还是挺热闹的[3],沿北坡隘口有一些汉人的村庄:甘沟口、石窝子、玉塘山和高岭墩,每一个村庄都有 8～10 户人家。汉人从事农业,部分从事畜牧业,主要繁养绵羊。他们把畜群关在特殊的小型堡垒之中,细心地保护它们,防备窃贼偷盗。在高岭墩附近的高坡地带,我们看到了汉人修建得很漂亮的经堂,一座比一座高,非常美观。

　　───────────

　　〔1〕我们知道有叫高岭墩或甘沟岘的山口。
　　〔2〕高山草地——高于上树线的山地草甸。这条线的高度受地理纬度和地方条件(地貌、气候)的制约。高山草地上的植物有很强的适应高山地区严酷条件的能力。
　　〔3〕高岭墩或甘沟岘大道。

9.8 回望南山,朝松山城前进

我们从老虎山顶峰上留恋地回头张望,最后一次观赏已经走过的阿拉善沙漠,它一如往常,笼罩在黄灰色的尘雾之中。远处,在透明的空气中隐约现出了雄伟的南山和它那离我们最近的高大支脉。位于偏西南方向的南山山脉特别高峻复杂,让观察者大为惊异。乔典寺或者天堂寺就坐落在那个方向[1],紧贴在美丽的大通河左岸峭壁。随着沙漠的终结,令人难受的炎热消失,尘埃也没有了。考察队正一天天地恢复体力,精神饱满起来,大家又能够安然地睡眠,香甜地进餐了。

考察队走上被 H. M. 普尔热尔瓦斯基称为恰戈楞草原的岗峦起伏的高原草滩,朝海拔 8750 英尺(2667 米)的松山城前进。这座城虽然很小,但却被围在两道用泥掺草打起来的要塞式围墙内,两条湍急而清澈的小河从城的北面和南面流过,灌溉着四郊极好的牧场。丰茂的牧草中间放牧着大片的羊、牛、马。这些牲畜大部分为唐古特活佛[2]梁乞孜克所有,他在要塞的西南角上修造了一座气派的寺庙。

---

〔1〕П. К. 柯兹洛夫:《Монголия и Кам》(《蒙古和喀木》),国家图书杂志联合出版公司,国家地理著作出版局,莫斯科,1947 年版。

〔2〕蒙古人称藏族为唐古特人。H. M. 普尔热瓦尔斯基首次在《蒙古和唐古特人地区》一书中使用唐古特人的概念,但他的这一概念仅指安多和库库淖尔地区的藏族,后来不同研究者对"唐古特人"进行了不同解释,由于资料不足,目前无法就此予以翔实阐释。

10 横越南山东部——甘肃(续)

10.1 辽阔的恰戈楞草原

恰戈楞草原有许多优良的牧场,但依然缺水,如若遇上干旱的年份,定居居民和牧民的生活都很不景气。1908年的大气降水量特别丰沛,这令大草原出现了人和动物生命活动的种种迹象。每登上一个岗岭的顶端,[1] 你就会看到一片又一片村庄群落。虽然不少村庄被东干人起义毁坏,但仍然有许多经过修复后又住上了居民。草原上牧放着羊群和马群,野生动物——普尔热瓦尔斯基羚羊经常出现在家养牲畜的附近。后者十分机警,能分辨出我们是些外来人并加以提防,但同时却毫不在乎土著人的出现。牧放绵羊的通常都是带着大群猎犬的汉人,马匹则由敏捷而矫健的唐古特人照料。唐古特人几乎总是骑着剽悍的小走马,英姿飒爽地驰骋往来,为自己的骑姿、马匹和背在身后的那支保养得一丝不苟的上好枪支而感到自豪。这些唐古特人经常驰近我们的队伍,好奇地向向导详细询问这些罕见的俄国人的情况,并很乐意与我们结识。

越往西南方向走,峥嵘陡峭的南山支脉越加清晰,与周围景物的反差也越加明显。现在考察队与平番山谷仅有一道高岭之隔,我们花了两天的时间才翻越过这道山岭。在灰谷宿营一夜之后,考察队在山里钻了整整一昼夜。山的低坡地带积蓄着大量的黄土,即所谓的黄土层。由于极少灌溉的缘故,部分地方的大面积土地被酷热的阳光烤焦了。

---

[1]无论主要山脉还是次要山脉,其走向多数为西北—东南向。

·欧·亚·历·史·文·化·文·库·

凤飞岭山口周围地区的动、植物群特征与南山相同[1]，植物部分多为：芜菁、委陵菜或者金老梅、蒲公英、毛茛、翠菊、两种齐萝，还有南芥菜、飞燕草、狗舌草、飞簾、山芥菜、马先蒿、乌头、蓝刺头、大麦、夏至草或者马薄荷、唐松草、荞麦，最后是獐耳细辛。

平番谷地因为有恰戈楞淖尔河系（下游叫平番河）[2]流过而显得生气勃勃，耕地、村庄和畜群星罗棋布，让人觉得亲切可爱。汉人大概十分重视及时添栽树木，粗壮的杨树和柳树给整个谷地增色不少。

10.2　平番河谷

恰戈楞淖尔，或者平番河发源于从常年积雪的库利安和米安求峰流出的山泉。这两座山峰在我们行进路线的西北方向，属于俯瞰北面的南山凸出部位。[3]　南山在这里形成了连绵不断的巨大岩崖屏嶂的东段，这道屏嶂从南部的戈壁和塔里木河流域盆地这边把西藏高原圈围起来，属于昆仑山系，在各地有不同的叫法，同样也具有各种不同的自然地理特性。然而它的一般地形特征在所伸延到的全部或者几乎是全部地方都是相同的，并且和中亚其他山脉一样，只不过是范围更大。山的绝对高度最低的一侧气势怪异已极，但在相反方向较高的山坡上，这种情况则要少得多。

在我们横渡恰戈楞淖尔，或者平番河的那片地区，陡悬于水面之上的红色粘土质右岸的顶部有两座中国佛塔或者神庙：檀坛庙和龙王庙，景色美极了。供奉水神的龙王庙里，人们每年都要进行极其虔诚的祷告，祈求上苍降下生命之源——雨水。

河谷里到处生长着小唐松草、獐耳细辛、蓬子采、滨蒿、小米草、疗齿草、水柏枝和华北驼绒藜，沙质河床里则生长着兴山榆、杨树、草木樨、同样的獐耳细辛、腺毛唐松草、金色补血草、脓疮草、地蔷薇、石头

[1]从北面攀登此山口的路很陡，长仅8俄里，而朝南的下坡路却很平缓，全长22俄里。

[2]同一条河流在上游叫恰戈楞淖尔，下游叫平番河。

[3]库利安和米安求这两个名称当地居民并不知道，当我们问他们，平番河或恰戈楞淖尔河（都指同一条河）发源于何地时，他们告诉我，发源于西北部很远的马雅雪山上的山泉。

花、委陵菜和薄荷。

考察队在河谷的低地和浅滩上,尤其是在布满灰色卵石的地方见到了很特别的灰鹬——鹬嘴鹬,它们的附近栖止有苍鹭和沙鸻,离城稍近则有麻雀、雨燕、乌鸦、喜鹊、鸢和鹊隼出现。[1]

10.3 平番城宿留一日

我们毫不费力地涉水渡过了河并在城的南墙根安置宿营。

据说,平番城约建成于 300 年前,四周是用砖垒起的坚固堡垒围墙,堡垒的四个角上筑有圆型塔楼,每面城墙中间还有可供射击用的厚实的凸出部,上面搭建了奇特精巧的亭子。城里住着商人、农民、行政官吏和包括步兵、骑兵,以及炮兵在内的驻防军——号称 500 人,实际上要比这个数字少一倍。军队装备着各种形式的步枪,炮兵至少有 5 门用双套马拉运的铜炮。军务活动之外的时间,士兵们一般住在家里,干各自的私活儿。但是,他们必须一召即至,到班听命。平番当地人十分肯定地告诉我们,驻防军很缺钱,当局不给他们发放军饷。

在汉人城市做一日停留的时间不知不觉地过去了。上午给莫斯科的 Д. Н. 阿努钦教授写报告信,午后和切蒂尔金去洗澡,我们和一群汉族少年一起[2],在恰戈楞淖尔支流清澈而平稳的水中游了一阵,感到十分凉爽舒心。商人们打听到有关这队富有的俄国人的消息,整天在我们的营地里挤来挤去,向我们兜售粮食、蔬菜、劈柴,甚至佛像……汉人和蒙古人的镀金佛像要价极高,尤其是红教或者是旧教的佛像。据说,这是他们很久以前从阿拉善蒙古王公的巴隆辉特,或者宗辉特寺院中偷窃出来的。

10.4 从平番去西宁

7 月 22 日早晨,天气酷热窒闷,考察队离开平番向西宁方向进发,

---

〔1〕在平番附近还捉到半翅目昆虫。
〔2〕他们起先惊恐地四散跑掉了,后来又重新聚拢过来。

途中我们决定绕道去翻越几个不高的隘口西段。总之,应当指出,从东边翻越南山对我来说是一条新线路,南山的东部与它的西部地区比较起来有显著的变化。在西部,不只中间,就连边缘的山岭都有很多的晶体露头,尖顶、高峰或者厚重的峭壁层峦叠嶂,雄伟壮观,令人赏心悦目。而在东边,旅行者可以比较轻易地登上隘口顶部,甚至可以赶着驼队或者乘坐套着马匹和骡子的中国大车上去。因为到处是黄土、瀚海砾岩、红色瀚海沉积岩,以及少量的石灰石,或者上面覆盖了一层厚薄不等的黄土的硅质页岩。行车道深深地嵌入黄土,地面被弄得沟壑纵横,这对迎面而来的人讲是非常不利的,因为行车道的部分地方完全没有可能让相向行进的两支队伍彼此错让。南山东部,尤其是北大通河山脉的植被少得可怜,考察队没有发现我们向往的森林、灌木、甚或是高山草地。这里没有常年流水的小河和小溪,当地居民吃水全靠深达10~15俄丈(20~30米)的水井,用绞盘把冰冷(最低达0.5℃)的水从井里提上来。如果畜群渴了,就去喝为它们专门挖掘的池塘污秽和腐败的死水。

从平番去西宁的大道是十分热闹的:用粘土或者石块围起的村落、耕地和草地几乎一片连着一片。由于过往行人比较多的缘故,靠近道路的居民点里出现了一些名副其实的旅店。我特别记住了一个叫新站的村落,它坐落在新丹佛林山口旁[1],村里面有一间很好、很像样的客栈。周围目力所及之处,一块块高地上铺展着农田,人们已经陆续开始收获庄稼(主要是小麦和大麦),还有一座700年前由苦修僧修建的用来供奉丰收之神的美观的娘娘庙。[2] 从北大通河山脉的山口顶上就能看见南大通河山柔和的轮廓,沿西宁河右岸延伸的琅大山像一堵厚实的高墙耸立在前者的后面。

7月22日午后,我们在行进途中遇到了一场猛烈的冰雹。冰雹很快又变成大雨,在顷刻间汇聚起一股浑浊的黄色急流并沿着山谷奔泻。但是很快,随着雨势的转弱,水流逐渐变小,雨一停,水流也就消失了。

---

〔1〕"新的停宿站"山口。

〔2〕土著在播种前要向这位神佛观世音菩萨祷告。

迎面而来的人中,考察队遇到最多的是徒步的唐古特人和汉人。他们带着妻儿去平番谋生,贫困迫使他们冒着酷暑走数十俄里黄尘滚滚的路,去给别人收割庄稼以此获得几枚铜钱。同这些穷苦人形成鲜明对照的是乘坐大马车和漂亮的轻便马车,傲慢地驶向四面八方办理各种事务的富有汉人。我们沿途遇到的汉人喜欢唱歌,我曾不止一次地欣赏过他们用高音演唱的独特曲调。

10.5　大通河流域山岭与河谷的特点

过了塘坊子村不久,考察队员们已经能够看到远方大通河山谷里令人舒坦的碧绿庄稼,山谷两边都是坡地,整个谷地从西偏北方向向东偏南方向延伸。

我对美丽的大通河流域的许多地方是熟悉的,我了解它的源头,[1]了解它在乔典(即天堂寺)附近的中游地段。[2]在乔典寺附近,它如同一条银灰色的巨蟒,狂奔猛泻于阴沉的峭壁之间。“在整个中亚,”Н. М. 普尔热瓦尔斯基写道,“无论在哪里都不曾见到过如同大通河中游地带那样迷人的地方。这里有美妙的广阔森林,林间深谷中激流奔腾;有夏日花繁如毯的华美高山草地,旁边就是险不可攀的荒僻悬崖和大堆从山的最高处崩塌下来的光秃秃的岩屑;山下又有疾速蜿蜒迴转的大通河喧哗奔腾于巨石陡崖之间。所有这一切组合在一起,形成一种宏大壮观的景象,有些地方甚至达到奇妙无比、令人心旌摇曳的地步,决非笔墨能形容。由于刚刚离开单调乏味、毫无生气的戈壁滩,旅行者会更加深刻地体会到这种奇异的自然景色那令人心醉神迷之所在……”[3]现在我又一次观赏到这位雄健有力而又桀骜不驯的朋友的另一面:站在沿岸的高地上,你可以纵览它那时而宽阔时而狭窄的曲折

〔1〕《Труды экспедиции Императорского Русского Географического Общества по Центральной Азии》(《俄国皇家地理学会中亚细亚考察成果》). Часть II.《Отчёт помощника начальника экспедиции П. К. Козлова》. Стр. 184 – 185.

〔2〕П. К. 柯兹洛夫:《Монголия и Кам》(《蒙古和喀木》),国家图书杂志联合出版公司,国家地理著作出版局,莫斯科,1947 年版。

〔3〕《Четвёртое путешествие в Центральной Азии》(《第四次中亚细亚考察》). Стр. 115.

水流。水在部分地方受到阻遏后被分成几个支流。河床蜿蜒在一个宽0.5～1 俄里的谷地,两岸相距 40～50 俄丈(80～100 米),甚或 100 俄丈(200 米)。大通河的水流依然迅疾异常,波涛汹涌,发出一种特别令人愉快的隆隆声;多石的河底铺满了被冲刷滚磨得光光的卵石,透过清澈的河水,也依旧斑斑驳驳。但是河的两岸却失去了原始的幽雅风味,外貌柔和的圆型台地都种上了粮食,[1]人们在挤迫这唯一的水动脉,利用灌溉沟渠从中引出水来灌溉一片片的绿洲。

7 月,河的宽度和水位可以说是中等的,山谷里虽然还保留着下过暴雨的痕迹,但猛烈的暴雨期已经过去,渡河并不会有困难。帕巴川的渡口属于中国政府,平时由几家汉人照管,他们仿佛在服某种劳役,祖祖辈辈以这一行当为生。一只类似带篷子的驳船的小平底船一次最多只能渡过三峰驮载的骆驼,6～10 个人跟乘,每峰骆驼收费 7 分(约 10戈比)。船上虽然没有栏杆,我们却只卸下了最贵重的行李,而把其余的东西交给了我们那温顺的牲口。两个小时后,考察队平安地渡到河的右岸,并在那里安营。河水清澈可人,考察队员乘机洗了个痛快澡,也算着实满足了一回。晚上,我顺利地对该地区的纬度和经度进行天文测定[2]。

深夜,一个女人嚎啕大哭的声音把我惊醒。原来她在痛哭自己那为逃脱凶暴的丈夫而于不久前葬身于大通河滚滚波涛之中的女儿,目前法庭已做了审理,并且做出了有利于蒙难者的判决。这位不幸母亲的痛哭和呻吟之声长久回荡在宁静的山谷,使人心里不由自主地产生一种难以形容的忧郁,我无法入睡……

河边,顶峰点缀着塔状鄂博的山岭被炽热的太阳晒得枯焦,山上植被稀少得可怜。只是在河的上游很远的地方耸立着黑魆魆的"兰滕山地",山腰地带长满了森林。越是往东,山岭越加平坦,把它端庄秀丽的处女美全部留给了山的西段。大通河给人提供了栖息之所和饮食之

---

〔1〕7月份正是大通河地区工作最繁忙的时期,男子、妇女和少年人全部都在从田野里往回搬运已收割晒干的庄稼。

〔2〕帕巴川地区的地理坐标:北纬 36°29′13″,东经 102°48′00″。

源,同时也为植物和动物王国增添了某些色彩。

我们在这里发现的植物种类非常少,只有胡桃、梨属、血满草、蔷薇、茜草、千里光、乳浆大戟、茴茴蒜、疗齿草、禾状泽泻、柳叶菜、禾穗沙草、灯心草、野豌豆、旋覆花、箭头唐松草、茄、川赤芍、红花、节裂角茴香、帕罗梯木、补血草、Bieberstenia、水芹、百金花、火烧兰等。

至于动物,尤其是飞禽类,考察队在这里只见到了黑鹳,相当多的岩鹨、林戴胜、青头雀、朱雀和家燕。

捎带说一句,后来经 A. C. 斯科利科夫鉴定,考察队在昆虫收集方面,捉到了一种很有趣的丸花蜂。

离开了使人清爽愉悦的大通河,也就等于失去了新鲜凉爽的空气。考察队再次置身干燥得令人难以忍受的暑热之中,加上山里面有极细的黄土尘埃,酷热的天气显得更加令人不堪忍受。

10.6　南大通河山脉的景象

南大通山脉中央的中心部分是由粘土和硅质岩组成的,到边缘部分又转变成为红色粘土砾岩,岩层上面覆盖着一层肥沃的黄土。荒凉的山坡、山口和高原上是连片的庄稼地。

冰沟岭山口也和周围的群山一样,天然植被极其稀少,从这儿就能特别清晰地看到遥远的琅大山脉、山上连片的高山草地和黑压压的森林特别显眼。西边几座锥型山峰上耸立着一个由唐古特人堆起的顶端为圆屋顶形的宏大鄂博,在黄土峡谷僻静的角落里栖息的淡红色花鸡为考察队的鸟类搜集增加了三个标本。我第一次捕到了几只蝴蝶,其次还有相当多的甲虫和苍蝇。

土著人认为,上述的山口附近是不安全的,深夜经过这里的行人有可能会遇到各种麻烦,直至遭到武装袭击。考察队在冰沟村客店过夜时,就曾受到来挖墙活动的强盗的惊扰。

这一次,强盗们骚扰的时间不长,因为传说俄国人的力量和武装都很强,他们感到心虚,便决定去更合适的地方干他们的勾当。

从南大通河山上下来要经过厚厚的黄土层,沿一条曲折的沟堑直

·欧·亚·历·史·文·化·文·库·

到西宁河谷,这条道路在陡峻的地方急剧弯转成"之"字形的大弯子。在这样一个狭窄而又危险的地方,考察队"幸运"地遇上了一名带着家眷迁往宁夏的中国官吏。由于采取了良好的措施,一切都得以顺利解决,驼队与中国官吏笨重的辎重大车成功地错让开来。

距冰沟村4俄里处的峭壁上,有一座奉祀著名的格萨尔汗的庙宇,峭壁深处是一片宽阔的半圆形梯次田地。参观了这座有趣的经堂后,我在日记中勾画了一幅小的草图,轮廓如下:庙宇中央的供桌上赫然安放着这位汗的彩绘木雕像,像的前面为燃烧的蜡烛。察罕鄂博公捧书站立在格萨尔汗的右边,左边同样是一位手捧哈达的老者。与这些雕像并排而立的是两位武士,右边的一位执钺,左边的持剑。在靠近门口的几间特别的专房里,张掛着中国哲学家们的画像,画工之细令我感到惊讶。除了画像之外,这里还有几块上面刻记着建造庙堂历史的石碑。这座庙有两种名称:马王庙和牛王庙。这两个名称都是根据站立在殿门前的两头牲口的名字而得的。

10.7 到达西宁河流域

7月26日,考察队完全走出了大通河山的支脉并从老鸦城附近进入西宁河宽阔的河谷。

西宁河发源于西北方向库库诺尔和黄河内外两个流域的分水岭,然后流向东南与大通河及恰戈楞(金强)淖尔或者平番河汇合,最终流入黄河。在上述整个流程中,河床的高度下降得非常厉害[1],河的宽度变化也很大,有的地方被沿岸的片麻岩和结晶片岩峭壁夹挤到10～20俄丈(20～40米)。西宁河从峡谷中挣脱出来后,宽度拓展到2～3俄里,甚至4俄里的,并暴露出黄土覆盖下的砂石沉积岩。[2] 最重要

---

〔1〕按照我的看法,流经考察队行进路上的恰戈楞淖尔、大通河和西宁河3条河中,大通河是主要的,而恰戈楞淖尔和西宁河是大通河的左、右支流。

〔2〕在我们路经的西宁河的这段地区,这种狭窄地段,或者叫"河峡",如 Г. Н. 波塔宁所说,共有3处:老鸦城旁的"老鸦峡"或者"乌鸦的面颊";碾伯县附近的"大峡"或者"大颊";以及玛尔赞尔赫寺和西宁之间的"小峡"或者"小颊"。

的中心城市丹噶尔、西宁、碾伯和老鸦城就坐落在这种宽阔肥沃的地方。西宁河如同大通河一样,水流急、响声大,但河水不太清澈,因为溶有红粘土粒子而略微发红。沿岸虽然有黄土,植被却很贫乏,仅在许许多多的汉人村庄四周才能见到人工栽植的树木和灌木。

又小又难看的"老鸦城"像一个小岛[1],坐落在一片长35俄里,宽仅3~4俄里的平坦且没有树木的凹地。这里河的南岸,或者右岸山脚上为高出淤积谷底约20俄丈的阶地,它是由一层卵石和黄土复迭而成的。根据 T. H. 波塔宁的看法,这种阶地如同整个老鸦城谷地一样,从前是位于水下的,就像一个大的活水湖泊一样。城附近河床正中间的水中耸立着一块高3俄丈(6米),侧壁如同刀削一般的崖石,崖顶建有一座中式庙宇,看起来倒是别有一番雅致的情趣。

到处是一片繁忙景象:庄稼地和罂粟地里干活的人忙忙碌碌;顺着河流延伸的兰州府到西宁的大道上,商队从清晨到深夜不停地来来往往。堑沟式的路面上空载的马和骡子扬起尘雾,这些牲口拖拉着轧轧作响的大车,摇曳着叮当作响的铃铛,汉人和唐古特人特别喜欢这种铃铛。唐古特人骑着马从长长的车队旁剽悍地飞驰而过,他们以名为"古穆布穆"的小走马而自傲,这种马有以下特点:马的身材不高,脖子短而较粗,背和臀呈规正的圆形,高而细的蹄子与跑马的蹄子一样结实有力,胜过所有相近品种的马蹄子。

数个磨坊在河的几条次要支流上不停地轰轰运转,把收获的粮食当场进行加工。与磨坊相连的河岔两岸柳树和杨树夹道,拦河坝是用河里的卵石砌成的。磨面机的机械结构非常简单:在一个固定的磨盘上安装另一片由水平放置的轮子带动旋转的磨盘,轮子受到呈30度角下落的水流的推动旋转。磨坊里面顺墙的位置,正对轮子安置的两根

---

[1]"在道路离开峡谷的那个地方,左岸的峭壁有好多地方地形非常平整,有好多碗状和锅状的坑。离道路不远处的坑中间是一个很大的巨形锅,老百姓把它叫做鲁班先生的坛子。鲁班是中国木匠供奉的神。据当地的传说讲,河中间像基座一样凸出水面的那块石头也是被这位鲁班先生投到河底的。民间的迷信传说认为,从前人们在这个锅底的水下边见到过一只乌鸦。乌鸦峡谷和乌鸦城——老鸦城由此得名。"[T. H. 波塔宁.《Тангутско - тибетская окраина Китая и Центральная Монголия》(《中国的唐古特—西藏边区和中央蒙古》). Том I. Стр. 201 –202.]

小杆子把面粉输送向两个渠道并落入成对放置的筛子中[1]。粮食的主人就站在这里筛抖。筛子抖动时,彼此靠近的两个筛边互相踫撞,相对的那个边则与小竿撞碰。就这样,纯净的面粉马上被与麸子分开,两样东西分别装进口袋被主人拉回家去。

10.8   文化中心——碾伯县城

我们西行路上的下一个文化中心是小城碾伯县城。城的四面围着坚固的城墙,里面所有建筑物看上去都很陈旧、肮脏,只有在汉人院墙外面灰蒙蒙的底色上才醒目地点缀着一些让人看了感到亲切的柏树、栗树和其他树木,菜园里种植着绿色的蔬菜。城门上木笼子里悬挂的并不是中国城市通常挂的罪犯的头颅,而是本地荣耀一时的前任长官穿破的旧鞋。碾伯县的居民不算多,除了汉人外,还有东干人,他们自称"老东干"或"老回回"。城市的商业也不十分发达。

我们停驻在城墙东南1俄里的地方,清澈而喧嚣的苏玛河畔。我派遣译员波留托夫前去问候城市的长官,并向他提出给考察队提供一名向导的要求。我的使者很快就回来了,他带回了令人满意的答复,并交给我一张碾伯城汉人父母官的名片。我们停驻在苏玛河畔的这一整天时间都下着细细的"秋"雨,雨一夜未停,一直到东方发白,但它丝毫没影响我们在宿营地周围地区进行的游览。考察队在那里发现了山雀、歪脖鸟、鹡鸰、喜鹊,捉到两只啄木鸟,一只绿色的和一只桔红色的,还有一只美丽的淡蓝色喜鹊。[2]

我们考察的西宁河右岸的这个地区有许多山岩褶皱峡谷[3],峡谷中长满了大片的绿洲植被,并且这种地方的人口也十分稠密。峡谷之一的涝坝沟,因为有一个在当地来说相当不错的池塘(约有2俄亩)而得名;而另一个峡谷甘查沟的有名之处是这里有一个唐古特寺院——

---

〔1〕筛子共有两对,每条渠道安一对。

〔2〕切蒂尔金收集到的植物不多,只有黍、何首乌、虎尾草、须芒草、黄花烟草和枸子。在登上高地后又,考察队又采集到了狗尾草、光果葳、远志和凤毛菊。

〔3〕大的峡谷共有3个,从东往西,或者说逆流往上数分别是虎狼沟、涝坝沟和甘查沟。

瞿昙寺,寺里有多达 500 甚至于 600 名喇嘛。人们从这个寺院旁边的老鸦峡淤积河床[1]的沙子中开采出了金矿。

从碾伯县往前,道路通过西宁河左岸的峭壁底部。这只不过是一条狭窄的蹊径,水位高的时候,商队就会有落入河水中的危险。7 月的天气时常下雨,对于旅行来说这恰恰是一个最不利的条件。考察队把所有的骆驼一峰一峰地紧贴着斧劈般险峻的石壁牵过去,再往西走,蹊径顺着田地和瓜地伸展开去,把我们重新引到开阔地带。雨过天晴,气候相当炎热。考察队员品着质地优良的甜瓜和西瓜解除令人难耐的焦渴。

西宁河流入狭窄山谷的入口前边河左岸的一个悬崖压顶的地方正在修整道路。土著人干活很卖力,但是用来完成这项工作任务的工具却是极其简陋的,工人的很多力气也都白白被浪费。从高处推下的巨型石头只有很少几块落到被冲毁的道路上并填到坑里,更多的则轰轰隆隆地滚向下边,消失在深深的河水中。当考察队从汉族工人身边走过时,已经是傍晚时分。之后不久,考察队捕捉到一条正要从我们行走的路上穿过的大绿蛇——欧蝮蛇。

10.9　古老的寺院

北部河岸边的山丘遮挡了地平线,黄土覆盖的红色结成岩断崖有时很像古代有圆柱的城堡废墟。考察队远在 10 俄里开外的地方便观赏到一面拔地而立的暗红色绝壁,崖壁的底部散布着许多白点,那是寺院的殿房。

---

〔1〕冲积层,冲积沉积层——河流冲积层、流水沉积,表现为砾石、沙和粘土。冲积沉积层的特点就是它的层次性,同时各层材料的大小不同,并且在棱角附近交切,形成所谓的斜交层理。

古老的佛教寺院玛尔藏岩寺或汉语的白马寺[1]坐落在一块突出的砾岩峭壁的上面,它那窄小但风格严谨的四层佛殿竟藏身于一个绝对无法攀登的悬崖之下。看来,这座神殿只有在十分侥幸的情况下才能逃脱山崩崖断被压碎的灾难。庙顶上和两边的岩石表面都被涂成白色。

沿着险峻的小道攀登到寺院前面,我拍摄下了一个十分有趣的凿在峭壁上的大佛像。寺庙门口,一位年高的喇嘛正出来迎接我,并客气地请我进入庙里的房间。鸽子在头顶上很高的地方单调地咕咕叫着,一只黑乌鸦呱呱大叫,狗也嗅出了生人的味道,惶惶不安地狂吠。

从苦行僧房间的窗户里可以看到一幅宽阔河谷和属于琅大山支脉南边山岭的奇妙全景图。紧靠山麓有一座唐古特人的村落,居民大概是以农业为生的,因为村中央的场子上堆着几垛庄稼。大路上商队、大车队伴着必不可少的铃铛声,来来往往,川流不息。

红色砾岩峭壁到玛尔藏悬崖处中断了,让位给相当宽阔的阿尔嘎林谷地,谷里有一条同名的小河。谷地高处西宁河以北 10 俄里的"黄色的奶"峡谷左岸赫然矗立着富丽的唐古特黄教大寺院——阿依图满寺。

10.10 中式桥梁和附近的信号塔

西宁河最后的一道"颏"由片麻岩和结晶片岩构成,它坐落在西宁以东 10 俄里紧扼河面的地方。峡谷里面建有一座十分坚固的中式桥梁[2],但只能承受驮载的牲口和官吏乘坐的轻便小车,大车通过时必

〔1〕白马寺,汉语意为"白色的庙宇"。按照波塔宁的说法,这个名字来自一个与寺院同时代的神话。有人杀死了不允许民众信奉佛教的凶残皇帝。这个杀人者骑一匹白马来到这里并藏身于寺院。逃跑之前,他把自己的白马染成黑色,巧妙地摆脱了追缉者。在他渡过一条大河时,追缉者赶上了他。马身上的颜色被水洗掉,到达彼岸时坐骑已变成了白色。追拿他的人心想,这不是他们追缉的逃犯,因为那个人骑的是黑马,于是就返回了。玛尔藏是唐古特名称,大概源自唐古特语的"玛尔","红色"一词指当地山岩的红颜色。除了波塔宁之外,洛克希尔也提及过这座寺院。[Rockhill.《The land of the lamas》(《喇嘛的土地》). Crp.47.]
〔2〕小峡谷里桥所在的地方,西宁河的宽度只有 39 步。

须把载荷拆分开来。桥梁的构造一点也不复杂：在两岸坚实的石墩上固定了一些平整的桥板状圆木，第一排圆木的上面再铺上向河面伸出一大截的第二排圆木，然后再往上加第三、第四层，直到岸两边两座建筑之间的距离最后缩减到一根上好圆木的长度。这时，就用离水面高达 3 俄丈的结实横木把桥的中央空隙铺盖住，再用特别的框架和楔子把横木固定在基座上。桥面是用木板横向铺成的。这样的桥在骆驼重压下会轧轧作响，会弯曲摇晃，但还是能够承受相当分量的重物的。

过了这座"出色的"桥梁直到西宁，考察队都没有离开过河的右岸。天气仍然和过去一样温暖，考察队在西宁河中愉悦地洗澡。天气间或也下雨，7 月 29 日竟然雷声大作，雨自西边飘来，临了还下了一场小冰雹。

考察队走过小峡，看到在一座孤庙附近有现如今已经消失了的第二座桥的岸墩遗迹，之后不久便现出了府城[1]的塔楼。越接近西宁，大路就越热闹。沿岸高地的顶部出现了一些奇特的塔楼。传说，这些塔楼从前曾起过类似于无线通讯装置的作用。必要的时候塔楼上将点起篝火，把预定的信号从一个高地传往下一个高地。如此这般就把各类消息，特别是蒙古和西藏好战的军队进犯的消息传递给了中国政府。

---

[1]译者按：此时青海尚未独立建省，西宁为府治地方，故应为府城。

11 西宁城及其附近的公本寺[1]

11.1 行政和商业中心——西宁

西宁是一座大省城,不仅库库淖尔的牧民,就连遥远的西藏东北部的牧民都归驻在这里的中国钦差大臣管辖。我的前辈们和我曾不止一次地提到过这座城市。因此,我在这里只说几句话:现在城市本身发展很快,而且和整个西宁地区一样,人口越来越多。西宁河上游地区土地极其肥沃,是中国西部附近几个地区的一座粮仓,经常有粮食从西宁运往总督府所在地兰州。

除了输出粮食之外,西宁也集中了与游牧民的易货贸易。牧民用自家的原料换取日用生活必需品,有时也换置奢侈品。草原和大山的粗犷儿女都喜欢穿戴色彩鲜艳的衣饰,十分乐意购买红色、黄色和天蓝色,或者蓝色的丝绸和棉布织物,以及各种银制饰品。汉人有经商的天赋,他们会迅速了解牧民的需求,每一个商号都有自己相对固定的客户——蒙古人、唐古特人或者西藏人[2],他们在城里逗留期间受到狡猾的商人十分殷勤的招待。令人纳闷的是,濒于破产的贫苦牧民给汉族商人带来的好处并不比精打细算、越来越富有的牧民少。后者把他们很大一部分钱

---

〔1〕译者按:即塔尔寺,藏语称"公本贤巴林",意为"十万狮子吼佛像的弥勒寺",本文直译为公本寺。该寺坐落在青海省湟中县鲁沙尔镇西南,是我国藏传佛教格鲁派的六大寺院之一,格鲁派创始人宗喀巴的诞生地。

〔2〕目前还没有关于藏族起源的详细及可信资料。大多数学者研究这一问题的基本文献是中国的编年史。例如 Г. Е. 格鲁姆·格尔日麦洛以中国的传说为依据认为,藏族是公元前 2282 年迁到库库淖尔的戎(蒙古人种与马来亚人种的中间类型)的后裔。其中一部分在公元前的 4 个世纪从那里向西南迁徙,而另一部分定居在波状起伏的西藏高原,奠定了藏族的基础。参看 Г. Е. Груммугржимайло.《Описание путешествия в западный китай》(《中国西部旅行记》). С. -Петербург, 1907г. Стр. 20.

财耗费在商店,而前者则把他们仅有的那点家产一点不剩地拿来贱价出售,其中就有不少罕见的贵重之物,特别是毛皮一类。

除了汉人,在西宁从事小买卖的还有外来的萨尔特人—喀什噶尔人[1]。他们主要是供应绸缎料子,偶尔也做地毯或者极漂亮的彩色呢毯生意。有时,狡猾的萨尔特人甚至想方设法向唐古特人兜售别旦式步枪,一支枪竟厚着脸皮要100、150卢布,甚至200卢布。

11.2　与西宁当局的拜访活动

考察队在西宁以东2.5俄里处一个叫察夫加措的地方设营。这是一块没有耕种的场地,附近有一小片沼泽和一口水井。近处的居民对待考察队的态度十分友好,而且,总的说来,西宁地方当局对我们也是十分关照的。趁着到达驻地的时间还早,我立即前往城里,下午3点的时候就已经坐在中国商号财泰茂的熟人当中休息了。[2] 商号的代表,一个读过书的汉人哈布尔十分亲切地迎接我。于是,我们一起追忆往事,设想未来,其他的一切都被搁置之在脑后。就在同一天,我的译员向西宁钦差以及该城最重要的4位官员——道台、镇台、府台和县台递交了我的名片。

7月31日上午10点钟我穿上礼服,坐进一辆带篷的骡子车去完

---

〔1〕"萨尔特人"在突厥斯坦民族史上有过不同含义。13世纪蒙古人用这一术语(形式略有变化——萨尔托尔人、萨尔达克人)称呼穆斯林、"塔吉克"(土耳其人称呼伊朗人和所有穆斯林为"塔吉克人"),蒙古人所说的萨尔特人包括伊朗人和土耳其人。15世纪,用萨尔特一词称呼在突厥斯坦土耳其化的蒙古人后裔"塔吉克人",但"萨尔特"不包含土耳其人。16世纪初,征服了突厥斯坦的草原乌兹别克为了与"乌兹别克人"有所区别,称包括伊朗人和说土耳其语的人在内的所有定居居民为"萨尔特人"。后来土耳其语成了突厥斯坦多数定居居民的语言,"萨尔特"一词开始指讲突厥语的定居居民。再后来,"萨尔特人"和塔吉克人并非在语言上,而是在日常生活特征上开始有了区别,"萨尔特"一词开始指市民,而"塔吉克人"指乡村居民[参看 В. В. Бартольд.《История культурной жизни Туркестана》(《突厥斯坦文化生活史》). Ленинград,1927 г. Стр. 24－25.]。曾经在乌兹别克和哈萨克中间流行的"萨尔特人"一词如今已被乌兹别克苏维埃社会主义共和国和哈萨克苏维埃社会主义共和国领导阶层作为无民族志学意义的术语抛弃,目前仅见于东突厥斯坦。

〔2〕П. К. 柯兹洛夫:《Монголия и Кам》(《蒙古和喀木》),国家地理著作出版局,莫斯科,1947年版。

成前一天就已经拟好的拜访活动。我首先拜访了钦差。[1] 这个高个头并且极有毅力的老头看上去精神非常饱满,他以中国阿班[2]惯有的客气态度,十分得体地接待了我。在询问过总理衙门护照开列的我的助手现在什么地方之后,钦差开始谈起考察队今后的计划和拟议中的库库淖尔之行,"我诚恳地劝告您,"办事大臣说道,"不要深入荒蛮地区,在库库淖尔也不要逗留太久……那里生活着剽悍威猛、桀骜不驯的唐古特人……"

图 11 - 1　西宁镇台

在接受了我因为他允诺给以考察队协助而表示的诚挚谢意之后,办事大臣向我询问考察队返回西宁的时间。听说我不打算在 1 个月甚或 1 个半月之内的时间返回,甚至还计划考察这个高原水域的深处,并准备了一条船供考察使用的表态后,钦差惊骇得差点从座位上跳起,随后他控制住自己的举止和情绪,带着宽恕的微笑严厉地说道:"你大概还不知道,库库淖尔的水有一种奇怪的特点——不仅石头,就连木制的物品也会沉入水底。因此,您这个异想天开的念头不会有什么结果,它只会令您失望的。小船必将沉入湖底,而您也只能两手空空地返回来。"我再次以考察队的名义向殷勤的老头表示谢意,并说道,我将一如既往地遵从我的责任和为祖国以及地理事业服务的愿望行事。

西宁道台,或者州长的年纪比钦差还要大,他几乎对我重述了他的上司已经讲过的那些话语。镇台,即卫戍司令,是一位朝气勃勃、年轻帅

---

〔1〕译者按:即驻西宁办事大臣庆恕。庆恕,萨克达氏,字云阁,满洲正黄旗人,光绪三十一年至宣统三年(1905—1911)任此职。

〔2〕阿班——满语,办事大臣,总督。

图 11-2　西宁府台和他的近臣

气的将军。我们在会客厅里等了一会儿他才出现,然后他为此深表歉意,说他由于不知道我到来的时间而十分仓促,没有准备。这位大员原来很喜爱马,并且是一位对各种各样的武器都有浓厚兴趣的出色射手。他很早就从他在外务部供职的弟弟那里听说过我这个中亚考察者。

　　顺路拜访民政官吏,最初级的法官县台之后,我最后拜会了府台。府台异常亲热地接待了我。"我从上午9点钟就在等候您的光临,"府台说道,"我已经等得不耐烦了!"在随后千篇一律的关于唐古特人和旅行中将会出现的意外波折的交谈中,我同府台两人都觉得互有好感。坦率地说,我们已经成了好朋友。

·欧·亚·历·史·文·化·文·库·

整个7月经常落雨,月末又下了一场雷电交加的大暴雨,谷地的"军官帐篷"被水淹了。这种意想不到的情况,可不是什么令人高兴的事。

11.3 公本寺与宗喀巴的传说

8月1日我告别西宁,返回到城东郊的曹家寨,利用钦差答应协助我们通信的殷勤客气态度,考察队马上着手准备一小包邮件寄往俄国。

队伍拟定于8月2日出发[1],并且打算让运输队走直道,沿着密集地居住着汉人的西宁河谷直奔丹噶尔,包括我和一名哥萨克在内的一支小分队想在去丹噶尔的途中顺便访问公本寺。

西宁的街道被最近几天的雨水泡得稀糊糊,烂泥积得相当厚,骆驼行走十分困难。直到穿过全城接近南门时,我才如释重负地吐了一口气。队伍走到西宁河的南支流——南川河的渡桥边后,我溯着这条小河谷朝西偏南方向出发了。道路逐渐深入到弯弯曲曲的峡谷中,邻近的山岭峰峦上立着一排鄂博,仿佛是在标示通向佛教圣地的道路。山冈平缓的斜坡上,翠绿的树、草中间散布着一片片已经成熟的庄稼。田里的农活正忙,那里似乎集中了肥沃的南川河谷全部的人口,留在村庄里的只有老人和小孩。走过一个已经衰落了的小镇徐家寨之后,我们很快就登上了翻越山岭支脉的一个小山隘,眼前出现了公本寺院——"麦特列"或"十万佛像"。

公本寺海拔8855英尺(2700米),距离西宁35俄里,坐落在绵亘于南泉沟山谷西侧的山中。选择这块地方建立寺院,是因为该地区以往的历史是同佛教的伟大改革者、黄教的创始人宗喀巴的诞生和生活密不可分的。寺院的编年史中保存着许多有关这位受人无限敬仰的圣者的传说。下面我就从其中引述两段我个人认为最值得关注的传说。

第一则传说是这样的:"14世纪中期,在现在公本寺所在的那个紧靠山麓的地方,居住着出生在安多的西藏人罗本格和他的妻子兴萨阿

---

〔1〕译者按:即1908年。

图 11 - 3 塔尔寺 - 1

图 11 - 4 塔尔寺 - 2

曲。离流向鲁沙尔方向的小河不远处有一口井,旁边是这对敬奉神佛的夫妇修起来的一座不大的念经用的磨坊。这两个贫苦的人除了几头牲畜之外,没有其他任何家当。尽管他们也热切地祷告佛爷赐给他们一个孩子作为慰藉,但一直未能如愿。后来有那么一天,兴萨阿曲正站

·欧·亚·历·史·文·化·文·库·

在井边打水,忽然看到井下深处镜子一般的水面上有一个她从未见过的男子的影像;就在这一时刻,她感到自己受孕了……也就在1357年,兴萨阿曲生下一个长发白须既健康又壮实的男孩。孩子起名叫宗喀巴,也就是孩子的父母居住的山脚下那座野葱山的名字。

"宗喀巴满3岁时,母亲把他的头发剪掉,随手抛在帐篷外面的地上,不久就在这个地方长出了一棵娇小的植物,逐渐又变成了粗壮的大树,这棵树的叶子上从一开始就有:唵、嘛、呢、叭、咪、吽[1]的玛尼。

"宗喀巴从幼年起就显示出极其敏锐的智慧和杰出的才干。早在少年时期,他就开始表现出独立自主的精神,喜欢独自隐居于四周的荒野,一心一意地守斋和沉思默想。一天,孩子结识了一位来自遥远西方的大鼻子喇嘛[2],这位具有高深宗教哲学知识的喇嘛注意到了这个善于思考又有天分的青年人,不久就把他收作徒弟并和他交上了朋友。不知其名的喇嘛给宗喀巴传授了自己宗教信仰的基本原理,并把西方宗教祭奉活动的全部奥秘告诉了宗喀巴。不久,喇嘛便逝去了。从这一天起,这个有感悟的青年人就一门心思地想着到西方去,以便在自己这位永志不忘的老师的故乡更充分地领悟新的宗教信念。

"宗喀巴经过长途旅行,完全是偶然来到拉萨的。神在这儿向他显灵了,并启示他说,他应当留在城里传布自己新的宗教信仰,因为这种信仰注定要从这里传播到各国各地。宗喀巴在最短的时间内成功地招来了许多朋友和信徒,他的学说甚至在达赖喇嘛[3]的宫廷中也获得了反响。这个时候,拉萨有人出来反对,决定尽一切努力赶走这位影响日益增长和巩固的云游喇嘛。为此,达赖喇嘛本人装扮成一个普通僧侣会晤宗喀巴,企图在面对面地谈论宗教问题时,巧妙狡猾地提出一些

---

〔1〕柯兹洛夫对这些话进行了翻译,意为"啊,莲花珍宝!"。有些人的翻译却与此略有不同:"啊,莲花(尘世)中的珍宝。"多数人以为这些词是无法传译的。蒙古人认为,反复重复这些话语,它便会产生一种神奇的力量。因此,它被写在祈祷的金轮呼尔德(像风车一样矗立于小溪)上、房屋和寺院的墙壁上、路边的石头上,山口上有用这种石头垒砌的鄂博。

〔2〕丘克认为,这个欧洲人无疑是一位天主教传教士;另一些学者却断言,这里所说的是一个景教教徒,据马可·波罗证实,这人定居在西宁。Filchner则宣称,在关于大鼻子的外国人的传说中什么结论也不可能得来,特别是传说中的情节得不到西藏历史的印证。

〔3〕原文如此。

问题,迫使伟大的改革者陷入矛盾之中,成为大家取笑的对象。

"宗喀巴很冷淡地接待了这位不相识的喇嘛,他始终坐在自己帐篷中央虔诚地做着祈祷,甚至都没正眼瞧来者一下。达赖喇嘛试着呼唤他,提出各种问题,然而伟大的导师仿佛什么也没有听到,依然孜孜不倦地拨动着念珠。忽然,达赖喇嘛不由自主地抓摸了一下自己的脖子,一只令人生厌的小虫在叮咬自己,于是他抓住那只小虫并在无意之中用手指将它捻死。宗喀巴马上抬起头,严厉地瞧着这个他早已认出是达赖喇嘛的僧侣,并开始高声斥责他违犯佛教为了超度灵魂而禁止杀害任何生灵的戒律。'你用自己的这一举动宣告了对你的裁决!'改革家最后这样说。深感惭愧和屈辱的达赖喇嘛向门口走去,他的高帽子恰好碰到门帘的边上掉了下来。这个情节对西藏人来说,标志着原先那种古老宗教的终结,而由宗喀巴传布的真正严守教义的宗教时代的到来。

"事实正是如此,从达赖喇嘛头上跌下的红色帽子被宗教格鲁派的象征——黄色帽子取代,血的颜色被地球上的生命赖其能量得以生存的太阳的颜色取代。"[1]

罗克希尔记载的第二个故事中,关于宗喀巴往事的说法有所不同:

"1360年,在安多地区距离公本寺不远的宗喀,一个名叫兴萨阿曲的妇女生下了一个小孩,她给孩子取名叫宗喀巴。后来,他以吉林包切——'尊贵的先生'而出名。孩子满7岁时,母亲给孩子剪了发,把他送到寺院。扔到帐篷外面的头发很快就长成为著名的圣树。这位青年人从16岁开始学习神学,17岁时,他遵照导师的建议,前往拉萨深造。在那里,宗喀巴埋头研究佛教众多教派的学说,并对这些学说逐一提出自己的解释。他的观点和见地吸引来了很多信徒,他对宗教阶层的组织及纪律所做的批评性评价尤其成功。

"在藏王的支持和鼓励下,宗喀巴不久就创立了格鲁派,并在距离拉萨不远的地方建起了名为甘丹寺巴的'幸福寺院'。新教派不断发展扩大,不仅在西藏,而且在蒙古都有了越来越多的信徒。因此,极有

---

〔1〕本故事由原书直译,未做删节。——译者。

177

可能早在那个时期,宗喀巴诞生地附近建造了'公本'寺,这个名称的意思是'十万佛像',它大概缘于圣树的树叶上现出的那许许多多的佛像。"

汉人一直称这座寺院为"塔尔寺",这个名字我们是在 18 世纪 Orazio della Penna 的书中第一次见到的。俄国旅行家当中,除了 Г. Н. 波塔宁 1855 年曾在公本寺住了一冬,Г. Е. 格鲁姆—格尔日麦洛顺路到过宗喀巴的故乡之外,朝圣的佛教徒 Г. Ц. 齐比科夫和 Б. Б. 巴拉金也朝拜过这一佛教圣地。[1]

11.4 公本寺的发展与繁荣

公本寺或宫本寺是安多高原最有名、人数也最多的寺院之一,约 500 年前由一位活佛建立。在奠定了这个佛教圣地的基础之后,那位活佛就前往西藏朝圣,从此再也没有回来。公本寺转由现在被认为是第五代转世活佛[2]的阿嘉活佛管理。

---

〔1〕Г. Н. 波塔宁《中国的唐古特—西藏边区和中央蒙古》,第 385 – 399 页;Г. Е. Грумму - гржимайло.《Описание путешествия в западный китай》(《中国西部旅行记》). Стр. 315;Г. Ц. Цибиков.《Буддист -паломник у святынь Тибета》(《一个朝圣佛教徒在西藏圣地》). Стр. 23 – 38;Б. Б. Барадийн.《Путешествие в Лавран》(《拉卜楞旅行记》), том. VI. 1908 г., Стр. 197.

〔2〕转世者或忽比勒冈——佛教徒对佛、菩萨、大喇嘛的称呼。转世者在他所依附的人死亡时又重新转世到小男孩的身上。根据喇嘛教的教义,佛有三个身:第一个为意,即佛在精神世界的普遍存在——涅槃;第二个身在觉中圆满——佛在天国教导灵魂和菩萨;第三个转世为人并在尘世传播神圣的学说和行善。这三种形是统一的,但佛的意(Ади-будда)是最原始的神。他用觉的方式从自身分离出 5 个静止的"佛"(дияни-будды),其中的每一个也以同样的方法为自己造出善于创造的菩萨。дияни-будды——阿弥陀佛有阿瓦苍吉介施瓦尔——喇嘛教徒的庇护神,达赖喇嘛是他在尘世的转世。阿弥陀佛自己的转世则为班禅—额尔德尼,虽然他在宗教上的地位高于达赖喇嘛,但仍被认为是佛教界的第二个教主,因为中国承认达赖喇嘛的宗教和世俗权。其余 дияни-будды 及知名喇嘛都有自己的忽比勒冈(参看 А. 波兹涅耶夫,喇嘛教;布罗克豪斯—艾弗隆百科辞典,卷 33,第 280 – 287 页)。

忽比勒冈制度对喇嘛来说,似乎是对剥夺他们婚姻权力,当然还有传宗接代权力的一种补偿,但这种制度有更为重要的政治意义。它使达赖喇嘛和博格多格根的权力非世袭化、非固定化,使中央政府和喇嘛把他们认为合适的候选人安排已故教主的位置上。一旦候选人企图实施有利于民族和个人,但却不利于喇嘛和中央政权对西藏和蒙古的影响的社会或经济措施时,他将被轻而易举地从这个位置上拿掉。因此,忽比勒冈制度是一种温和地维持中央政权在西藏和蒙古的统治,维护喇嘛阶层利益的行之有效的手段。

公本寺后来得到发展和繁荣的原因在于它优越的地理位置。正是它所处的地理位置使它得以成为整个甘肃西北部地区的政治和文化中心。这座富裕的寺院在把众多朝圣者吸引到自己圣地上的同时,也成了穿越中国这一省份去库伦、喀什噶尔、北京和四川的商队的云集之地。

"黄帽"教派的信徒对宗喀巴非同一般地敬重,"在世界各地,"Б. Я. 符拉基米尔佐夫写到,"只要是他的学说传播到的地方,西藏、蒙古戈壁、后贝加尔、阿斯特拉罕草原以及天山地区,宗喀巴不仅被奉为新宗教的首领和创立者,而且被看做是法力无边、完美且又仁慈的菩萨、第三位佛而受到尊崇。"[1]

任何一名多多少少信奉喇嘛教的人都能咏诵开头词为"咪格哉玛"的颂歌。对于这些信徒来说,宗喀巴就是最近的和看得见的至善至美的佛,是饱受痛苦之人可以向之祈求帮助的亲近的庇护者和慰藉者。正因为如此,神殿、宝塔和藏族、蒙古族人的住所摆满了宗喀巴的塑像和画像。也正因为如此,他们才把宗喀巴的像挂在胸前。藏族和蒙古族百姓在生活艰难之时,首先 向"自己"的喇嘛,神圣的宗喀巴祈求,蒙古人在一天的时间里会不止一次地花极短的时间沉思着叨念"宗喀巴喇嘛"!经过辩论考验的博学僧人则被看做是宗喀巴思想和语言传播最完美的典范。大约在初冬,12 月的最初几天是喇嘛教徒纪念他们的导师去世的日子。在有喇嘛教存在的所有地区,那一夜,住所内外都点燃了油灯。即使在孤零零地架在阿尔泰山支脉上的最贫穷的帐幕附近,在死寂的荒漠中间,在凛冽的严寒当中,为了纪念这位伟大的佛教徒,也会有一盏明晃晃的神灯闪射出光亮。这位佛教徒不仅牢牢地吸引住了"当今小徒"的思想,而且还不寻常地贴进了他们的心灵。

公本寺仿佛被一个半圆形的群山包围在中间,十分隐蔽。它那具有历史意义的金顶神殿、白色的佛塔,以及僧人的住房连片分布在高地的陡峭斜坡上,看起来十分壮观。高地与高地之间隔着数道极深的干

---

〔1〕《Буддизм в Тибете и Монголии》(《西藏和蒙古的佛教》). Стр. 20 – 21.

涸沟壑,沟底部水质洁净的水井附近生长着挺拔端庄的杨树,高傲的树冠一直延伸到沟沿。

公本寺的大部分建筑都带有年深日久的印迹:在一些神殿——大金瓦殿的台阶上,可以看到由于不断有人跪拜,由于祈祷者生满硬茧的手和脚的触碰,地板上已经出现了凹坑。

但是,寺院的所有圣物当中,只有一座金顶神殿未受损坏,还保持着它原先的模样,其余的建筑物在东干起义时都遭受到不同程度的毁坏。

11.5　公本寺主要的神殿和学院

公本寺最主要的一个神殿沿一条沟壑的岸一字排开,[1]形成该寺自成体系的北区。这些神殿分为两类:供主要活佛念经用的一般神殿和喇嘛集中从事佛教各个方面活动用的课堂神殿或者学院神殿。公本寺有4个学院:第一个是学术学院,第二个是医学院,第三个是参禅悟道部门,第四个研究密宗论律。

11.5.1　学术学院概况

在学术学院[2],每天上午都朗诵经典,同时展开辩论,这时要求所有喇嘛必须到场。神圣蚌壳吹出的声音就是活动开始的信号。号声过后,司祭(或者喇嘛)马上把经卷捧进大殿。殿中央坐席两旁,分四排坐着大喇嘛、小僧侣,而其他听众不管天气如何都要在殿外的院子里参与活动。当捧着经卷的喇嘛走进来的时候,全体僧侣都把自己的黄帽子戴到头上。世俗之人只准许在场观看,绝对不许参加活动。

沉寂片刻之后,距离宝座最近的学生开始大声朗诵经文,其他僧众轻声复诵。此时,高级喇嘛或者职位最高的僧人则围在诵经人的身边,等待朗诵结束之后对读过的经文做出解释。短时间的寂静后,一名学

〔1〕共计12个,分3个部分。第一部分:(1)恰穆音贡苏科,(2)阿尔腾苏迈,(3)抽亨尼,(4)夏尼哈布,(5)贡克罕,(6)措科顿冈;第二部分:(7)沙布腾—勒喇堪,(8)纳伊丘尼查尼罕;第三部分:(9)丘巴—勒喇堪,(10)曼巴—顿甘,(11)东盖勒—顿甘,(12)乌兰—拉卜楞。
〔2〕译者按,即显宗学院,藏语称"牟尼扎仑",是研究显宗教义的学经部门。

生站起来,他脱去帽子和袈裟,走到某位大喇嘛面前,开始用手比划着,激烈地向他证明着什么;喇嘛也时而反驳,时而提问,于是一场名符其实的辩论就此展开了。学术辩论结束之后,胜利者将坐在失败者的肩上绕院子一圈。

学术院的喇嘛在公本寺的生活中发挥着极为重要的作用,他们的意见甚至在管理事务方面也是决定性的。同时,这些喇嘛还要祀奉震怒的神佛,以及惩戒因犯有过失而要受到神的惩罚,被降下各种灾祸的凡人。举行这种仪式的时候,寺院里便有一些喇嘛集体掘一个深坑,一边念诵忏悔祈祷经文,一边把忏悔人献出的钱、衣服和其他物品埋进去。这还不够,犯罪者的几乎全部财产:骆驼、马匹、羊只和其他东西都要分给附近那些贪婪地等待着这种恩施的游牧民和汉人。几天之后,喇嘛再把埋入地下的供品挖出来,除了钱以外的所有东西都将烧掉,而钱则用在供奉神殿的花销上。

学术院殿堂的一间房子里保存着一大堆具有历史意义的宝物。在这些东西中间,一幅用血绘制的宗喀巴的自画像应该算是最珍贵的了,它是给伟大改革家的母亲的礼物,是从拉萨运送到安多的。传说,当宗喀巴的母亲把这件珍贵的礼品拿到手中时,肖像说话了,她告诉宗喀巴的母亲:宗喀巴健在,他在拉萨。

保存在公本寺的宗喀巴像大体上具有共同特点:伟大改革家的两侧绘有莲花,是佛教统治权的象征。左边那朵莲花的旁边竖着一把宝剑,而右边则是一本书。宗喀巴双手合掌放在胸前。

在学术院的这一堆收集品中,[1]还保存着一个很奇异的像——蔑迭浮德热的小粘土塑像。据说,在这个像塑成之后的某个时间,塑像的头上竟奇迹般地长出了头发。

11.5.2 医学院及推举候选人

地位稍次于学术院的是医学院[2],学习各种各样比较常见疾病的

---

〔1〕除上述这些具有珍贵历史意义的收集品外,公本寺还有各种各样的圣物:宗喀巴的帽子,班禅—额尔德尼的车,皇帝的马鞍和达赖喇嘛的衣服。

〔2〕译者按:即医明经院,藏语称曼巴札仓。

·欧·亚·历·史·文·化·文·库·

治疗方法。每年夏末,学习医学的僧侣会前往附近名叫"恰格尔丹"的山中旅行,并在老师的指导下采集药用植物。年轻人带上一点干粮,拿着斧子和装了铁尖的木棒整天在山里工作,直到傍晚才返回营地。连续采集8天草药之后,老师会给每个学生们5天的时间精选和整理植物标本,然后上交寺院。在为期两个星期的旅行结束时会举行欢乐的茶会,会上准备了甜点。采集来的草药一部分交给寺院的药房,药房再把它们用火烘干,磨成粉末,然后用小红纸袋包装起来,写上相应的药名,寺院的药粉不会经过任何的化学方法处理。按照惯例,喇嘛生病的时候就查一下自己的教科书,服用适当的药剂,然后耐心等待病情好转。

医学部首席指导教师的职位被认为是非常荣耀的,都是推荐给寺院学术功劳最大的成员。(但是,最主要的好像还是要看社会地位和社会关系。)推选担任这一职位的候选人还有一套奇特的仪式……根据林哈尔德特[1]的记述,寺院的墙上挂满了汉人绘制的神奇的鲜艳图画,正中间放着一张长条形桌子,其上摆放着许许多多盘子和各种尺寸及样式的金属器具,里面装满了大米饭、糌粑、面粉、谷物、油等食品。桌子上的所有这些供品都是为了庆祝医学院主席一职新的人选而奉献给神灵的。

好奇的人群围住供桌,满心羡慕地瞧着供神的美味吃食。门口忽然出现50名喇嘛,他们身穿着红色和黄色的僧服,手中拿着祀神的铃铛列队走出来,非常气派。僧侣们走上前来并落座。在他们之后,受贺者,可以说是医学之佛,迈着庄重均匀的步子走出来,坐到一个装饰着红色和黄色织物的特别的木制宝座上。

这位喇嘛身着豪华礼服,戴着绣花的高帽,装扮与整个节日的庄严气氛十分协调相称。

60个铃铛发出震耳欲聋的声响,宣告着仪式开始。此时,喇嘛应和着铃声低声诵唱玄秘得外人无法理解的祷文。医学教授宝座的前面放着一个大罐子,罐子底上燃着耀眼的火焰,从罐中冒出团团芳香的烟

---

〔1〕译者按:哈尔德特是一位英国旅行家。

雾……一声信号响起后,部分喇嘛即刻从自己的座位上站起来,用大匙舀起供品往燃烧的罐子里面洒,以此祝贺新人当选。

最后,喇嘛把少量祭神用的油倒入火中,重新坐回到原位继续先前的祈祷……

11.5.3 "丁科"和"居巴"

在公本寺的"参禅悟道院"或者"丁科"[1]中,这一科目的喇嘛从事经文研究。除此之外,为亡者举行祭祷和办理安葬仪式也是他们的职责。

第四个学院叫居巴[2],它是研究神秘的丹珠尔经卷的分部。这个分部制定了非常严格的戒规,学员过着禁欲主义的生活,让自己有罪的肉体经受各种严酷的磨难。按照居巴的规矩,喇嘛睡觉时必须拱起身子,把膝盖弯起来贴近头的部位。规矩不允许他们在街上结队行走,只能一个跟一个地鱼贯而行,行走动作和姿势彼此模仿,丝毫不差。这样的话,如果其中有一个人停下来解手,其余的人也必须跟着做。

11.5.4 大经堂、大金瓦殿、金刚神殿

公本寺最古老的神殿要算弥勒佛殿了,它是由建筑师才勒嘉木措在寺院的创始活佛的监督下建造的;其次是可容纳5000人祈祷的主殿——大经堂了。令我吃惊的是,大经堂殿内的空气极其窒闷,人不可能在这里面停留5分钟以上,显然是从来也不通风换气的。

大经堂后面靠近山的地方有一座华美的庙宇,庙的屋顶镀着金,墙也与一般殿堂不同,全部用釉砖[3]砌成。这便是传说中在庙中央镀金佛塔下面存放着宗喀巴遗骸的大金瓦殿。沿庙墙摆着许多金属和粘土做成的镀金和涂色的佛像,墙上悬挂着橘黄色的佛像。金顶神殿图书室的大量书籍当中,有宗喀巴本人著的宗喀布本16卷本。这部巨著用中国纸印成,式样却是藏族风格的。宗喀布本是这位宗教改革家的主要著作之一,其"如何才能臻于至善"的宗教哲理与"乔达摩佛的寓言"

---

〔1〕译者按:即时轮学院,藏语称丁科扎仓。

〔2〕译者按:即密宗经院,藏语称居巴扎仓。

〔3〕釉砖是由汉族匠人在当地制作的。

是相近的。

我在公本寺停留期间,寺院各处有很多的祈祷者。大金瓦殿的前面挤着成群的喇嘛,他们等着到殿前的台阶上叩头。这个地方木头地板上有祈祷者的手和膝盖磨出的凹坑。

紧靠着大金瓦殿的就是金刚神殿,其中的宗喀巴大师的大金像安放在大殿正中的宝座上,这尊金像十分有名。值得一提的是,公本寺的所有庙堂,即便一间普通的房子内都供奉着这位佛教改革家或大或小的像,每个出家人胸前的护身香囊,或者小神龛里都能看到改革家的身影。

11.5.5 长寿殿和小金瓦殿

沿着沟壑边缘稍微往下走一点就会看到两座优美的神殿——长寿殿和小金瓦殿。第一座神殿最受尊崇的圣物是旃檀树。根据佛教的说法,此树生长的地方埋着宗喀巴出家为僧时剪掉的头发。另外的说法是,这里埋着宗喀巴的胎盘。这棵旃檀树是丁香的一个特殊品种[1],它生长在一个不大的(6~7俄丈宽)庭院中间,四周用砖围起一个坛台,庭院的边上还有几块同样的花坛,栽着从圣树中分植出来的小树。

僧人们断言,凡是顺从佛的旨意的虔诚信徒都能在这棵丁香树清新鲜嫩的叶子上看到神的神秘符号。因此,朝圣者认为,树的每一片叶子都是珍贵的圣物,并且还能够治病。[2] 我围着旃檀树转了一圈,仔细观察了一番也并没有看出叶子上有什么符号。可是我仍然按捺不住(如果可以这样说的话)自己对科学知识的渴望,从宗喀巴树上折下一小枝细心收藏在笔记簿中,以便后来再做鉴定。[3] 我的举动招致了看门人的抗议,好在陪同我的西宁译员替我塞给看门人一小块银子,这位警觉的喇嘛随即就平和了下来。

参观者惊愕地发现,在长寿殿里边的房间里除了收藏着普通的佛像之外,还有一些给人留下强烈印象的野兽或猛兽——虎、豹、熊、黄

---

〔1〕Diels 鉴定是暴马子,而克列依特涅尔则认为是丁香。

〔2〕例如,妇女用圣丁香树叶煮汤喝,认为这是医治各种产后疾病的良药。

〔3〕和阿拉善山脉中的是同一种属。

羊、羚羊等等的形象。这些制作精良的标本是当地的唐古特人以个人狩猎的战利品的名义捐献出来的。

深红色的墙壁让金瓦屋顶的小金瓦殿看起来比其他的神殿更为雄壮。神殿上赫然题写着几个流金的象形文字。不知因何缘故,小金瓦殿被一排8座雪白的佛塔衬托得有点突出。

图 11-5　塔尔寺的八座白塔

墓的建筑历史是这样的。甘肃的汉人力求扩大自己的地盘,开始侵占寺院固有的土地。但是,以8个活佛为首的喇嘛在库库淖尔的牧民支持下,坚决维护自己对土地的权力。[1] 最后,中国政府收到的报告称僧人发起了暴动,只好出面处理这件有争议的事情。中国皇帝派遣以残忍出名的公爵年羹尧统率一支军队赶到公本寺。这位果决而严厉的公爵到达公本寺后,开始调查案情。他确认争执的主要肇事者就是那8个活佛,于是就把活佛召来见他并对他们说:"你们这些无所不知的活佛善晓过去未来之事,请问你们何时当死?"几位高僧明白了自己厄运临头,因此非常惊恐,就答道:"明天!"年羹尧威严地呵斥道:"不,你们错了! 你们今天即死!"……于是,活佛被斩首了。

---

〔1〕当时约有 2500 名喇嘛。

· 欧 · 亚 · 历 · 史 · 文 · 化 · 文 · 库 ·

图 11 – 6 塔尔寺的一座庙宇

活佛的尸体被烧掉,寺院的喇嘛在处决他们的地方建起了 8 个佛塔,即墓碑。[1]

长寿神殿附近建造的台屋里,也如同在小金瓦殿中那样,摆着一只瞪羚[2]和两只野牦牛的标本,它们的样子非常凶猛。这些体壮力大的动物头向下垂着,尾巴像帽缨似的向上翘着,整个姿态大有一碰上人就要用犄角挑死的决心。

---

〔1〕平定了公本寺僧人的暴动,年羹尧率军进入了东车谷,意即"东部的大车峡谷"。这个山谷位于现如今贵德城南 10 俄里的地方。当然,那时还没有贵德城。停住才玛恰日宗庙之后,年羹尧召请所有喇嘛前来见他,并下令把他们处死。喇嘛只好拿起武器杀死了狡诈的年羹尧,而他的军队则逃散了。后来,年羹尧的尸体被放置在砖砌的墓穴里,忠于他的士兵在墓穴上建了一座庙。至今,还有许多拜佛的人到这座庙里来往年羹尧的像上吐痰,极力侮辱他,表示他们对死者的憎恨和蔑视。译者按:塔尔寺前之八大白塔,俗传为清雍正时年羹尧平定罗卜藏丹津之乱,在此杀八大活佛,后人建八塔以资纪念的,但据考此等白塔在各大寺均有之,实为纪念释迦佛祥事而建立。又按:年羹尧因得罪雍正帝被赐死,而非死于平定青海之乱,史有明载。

〔2〕关于瞪羚参见《Монголия и Кам》(《蒙古和喀木》),第 5 卷,第 2 册,第 454 – 458 页。

11.6 公本寺的习俗、规章和纪律

在公本寺最主要圣物的对面的沟谷斜坡上，[1]有一小块森林草地供喇嘛散步。按照自古传下来的习俗，僧人经常在这个地方互相考问佛教教义知识，并举行一些公开的辩经会。从远处看，这样的集会给人一种相当奇特的印象：只听到上百个年轻人拖长声调回答同伴的问题的嗡嗡声，有时候也会听到叫骂的粗鲁声。其实，这种喊叫声并不会妨碍公共秩序，但是在旁观者看来好像很怪异。在我初次走近辩论场地时，这种不寻常的喧闹声着实吓了我一跳，我还以为僧人们有了什么麻烦事。

在公本寺，除了大大小小的庙宇之外，还有佛教徒们敬奉的佛塔，其中一座很大的佛塔里面筑有沟道。另外两座稍小一点，其中的一座是为纪念赐予生命的菩萨而建造的。

寺院的所有房舍，包括喇嘛的排房都收拾得井井有条。房屋既美观又坚固，其中几座——例如大厨房里边甚至看得出用心整理的痕迹。厨房中央那个巨大炉子的灶膛里装着3口高2俄尺，直径3俄尺的铜锅。僧人用麦秸或者小灌木烧火，给主神殿的所有僧人和朝圣者煮茶、烧饭。[2]公本寺能够保持整洁有序的状态，在很大程度上是由于所在山岭的地形有利于雨水把冲刷下来的脏东西带向一个沟槽，然后再冲往远处山麓的缘故。勤劳的喇嘛在每一块空闲地段栽植树木，开出一片片小草地和花坛，寺院因此变得特别舒适和招人喜爱。

公本寺喇嘛总数达到3500人，有63位活佛，[3]含蒙古、唐古特和藏族3个民族。最高管理者为阿嘉活佛，此外还有从僧众中选出的最具代表性、最聪敏的两名秘书和一名管理世俗事务的"堪布"来协助

〔1〕Г. Н. 波塔宁还提到寺院的另一件圣物——宗喀巴母亲的颅骨。这个颅骨，或称"嘎布勒克"，保存在位于沟谷上端尽头处的度母神殿的玻璃罩中。它的外观像一个涂成浅蓝色的半球形碗，边缘镶嵌有银饰，还点缀着珊瑚，中间镶着一面嵌有几颗珍珠的银牌。

〔2〕人所共知，中亚居民普遍饮用奶茶，而常吃的饭食则是"糌粑"，一种把烘干的大麦或者小麦磨成粉，再加上热茶、植物油或者荤油搅拌煎煮（至浓稠）而成的食物。

〔3〕丘克把这个数目夸大了一倍。

他。执行权和同世俗官长联络的全部事务掌管在大喇嘛、二喇嘛和三喇嘛3名执事人员手中。

世俗权力的代表——三名执事和堪布,在"寺院管理处"或当地的"大吉哇"开会议事。这座专门的房子坐落在靠近沟谷下面最远处的路上。

负责监督寺院秩序的堪布为整顿秩序,在几名助手陪同下每月两次巡视寺院各条街道。他的助手拿四棱的五彩手杖,十分熟练地挥来舞去,还在那些做错了事的喇嘛的背、肩和手上戳戳打打。此外,为了威吓公本寺的僧众,在许多神殿的门旁都悬挂着黑皮鞭,光是这些鞭子,那威严的样子对青年人就有一种威慑和教育作用。至少可以说,公本寺的喇嘛过着一种规矩而又严格的生活,经受不住邪恶诱惑的事件很少。诱惑的源头之一便是附近100俄丈处一座人烟稠密,同时并不算整洁的汉人村庄——鲁沙尔,喇嘛是被禁止到那里去的。但是,有时也可以遇见他们在那里和别人愉快相处的情景。

公本寺每天的佛事和各种课业都在异常严谨地进行,各种迹象表明,威严的当家人严格地遵行着定规,有效管理着寺院的一切。

12 公本寺、丹噶尔城，
以及去库库淖尔的路

12.1 公本寺及其朝圣者

在大的节日里，作为佛教徒高度景仰的宗教中心的公本寺把从整个中亚汇集而来的朝圣者吸引到自己的神殿。这里不仅聚集了居住在南蒙古和库库淖尔的信徒，甚至还有来自北蒙古和西藏的朝圣者。大部分朝圣者认为，在前往神圣的拉萨的途中，应该先朝拜一下同宗喀巴的名字密切相关的圣地，在这座好客的寺院休息 2～3 个月，然后再去走此后那段艰苦的路程。

公本寺日益富强。由于附近游牧民不断的慷慨捐赠，寺院的牛，主要是牦牛、羊和马的数目不断增加。除此以外，牧民还向各寺庙赠送黄金、白银、锦缎、丝绸、麝香，至于给寺院僧众送来的大量食品，如糌粑、面粉、油、盐等等就更不用提了。与安多和喀木所有的寺院一样，公本寺除了接受大量的自愿捐赠外，每年还可以得到大笔的施舍。数十名僧人定期出游，到周围的游牧区募化，他们向土著赠送哈达、佛像和各种小玩艺，换回来的却是丰富的"大自然的恩赐"。就其天性而言，好客的游牧民向来不会拒绝前来募化的喇嘛，不会违背中亚人遵守宗法习俗的传统。

12.2 公本寺纷繁热闹的节日

公本寺的节日相当多，[1]而且每一个节日都会或长或短地延续一

---

[1]Г. Н. 波塔宁曾提到一年中有 6 个节日。

189

·欧·亚·历·史·文·化·文·库·

段时间,经常是一个节庆刚刚结束,另一个又开始了。2月,有佛教徒过"新年"或者"正统宗教战胜异端邪说的纪念日"。每逢节日期间都会举行舞蹈、乐器、戏剧演出活动,各处张灯结彩,僧、俗两方一定要在这时竞相表现自己对宗教的笃信并尽情娱乐。

新年庆祝活动结束后,便有为数极多的朝圣者从蒙古和西藏各地赶来公本寺,参加"花会"或者"酥油花会"。寺院很快就挤满了来拜佛的人,由于地方有限,这些人往往不得不在公本寺外面的山坡上搭建帐篷宿营。仅仅几天时间,寺院周围一带完全变了模样,唐古特人或者西藏人的黑色帐篷像一片连营,到处都是。马的嘶鸣,骆驼的吼声,牦牛的哼哼声,狗的吠声和人说话的嗡嗡声聚在一起,汇合成一种说不清道不明的低沉嘈杂声,还有喇叭、锣和僧人有节奏的诵唱声与之应和着。

这一次,以及后来我都未曾有机会亲自观赏花会或酥油花会。因此,最好的办法还是推荐读者阅读罗克希尔和林海尔德特先前对这个节日的描述。[1]

公本寺的另一个重大节日是"释迦牟尼佛显身"的庆典。庆典活动延续整整1个月:从4月初到5月初。在庆祝这个节日的时候,人们排成几支队伍,抬着佛像沿所有的街道游行。

随着秋天的到来,公本寺便迎来了第4个节日——"水节",这个节日的性质是以沐浴和饮用洁净的水来赎清和消除罪过。"水节"大约持续3个星期。

10月25日是"灯节",同时也是伟大的宗喀巴亡故或"升天"的纪念日。晚上,所有佛像面前都燃起彩灯,所有房屋顶上也要点灯笼,于是整个寺院就和布满星星的遥远夜空差不多了。喇嘛根据灯火的光亮占卜,预测未来。

然而,人们最喜爱的节日却是"帽子节"。过这个节的时候,"寺院的大门"会为妇女敞开2天或是3天。[2] 节日期间,每一名男子都有

---

〔1〕Rockhill.《The land of the lamas》(《喇嘛的土地》). Crp. 69 – 72.

〔2〕一年之中,妇女仅仅有两次进入寺院的机会:帽子节期间和3月1日。而实际上,这个规定只是被金顶大殿严格地执行。

权利走到在寺院之内遇见的妇女跟前,抢她的头饰,而女子则要在次日夜间亲自从抢劫者手里拿回被抢的饰物……

12.3　两个宗教仪式

除了上面提到过的几个最主要的节日之外,公本寺还举行一系列的宗教仪式,我们只说说其中的两个:"保佑全世界旅行者(指朝圣者——译者)平安的仪式"和"喇嘛夜祷"。

每个月的 25 日,公本寺的所有僧人会聚集在相邻的一座山头上,祈祷一番之后,就把许许多多用纸折叠的小奔马抛起来,任风把它们吹到四周很远很远的地方。"这些被抛出的马将奉佛的旨意到沙漠中追寻疲惫不堪、备受苦难的旅人,一旦同他们相遇,就会立即变成真马,帮助徒步的朝圣者免受死亡之灾。"

然而,最奇特和给人印象最深的仪式要数喇嘛夜祷了。大约在晚上 9～10 点钟,笼罩着沉睡寺院的庄严寂静突然被刺耳的喇叭声、叮当声以及祀神用的蚌壳和铜锣如怨如泣的呜咽呼号声打破。

寺内的人员都爬到自己居所的屋顶,燃起大堆的篝火,一股股浓烟升向天空。喇嘛们或坐或站,但都低着头保持着念经的姿势,口中不停地低声念叨着时时不离嘴的经文:"唵—嘛—呢—叭—咪—吽。"世俗人士也忙不停地转动着手上的经轮——呼勒代,无数拴在长竿上的红灯笼轻轻地晃动着,把这一群奇特的祈祷者们照耀得如梦幻景境中的人物。

这一夜间仪式在后半夜突然中断,所有人都发出一阵非人般的嚎叫声,足以让任何一个对之不习惯的参观者心中充满一种莫名的恐怖感。灯笼和油灯在这一刻一齐熄灭,于是到处是一片与先前一样的寂静和更加浓重的黑暗。

这种古怪仪式的目的是要把恶魔驱赶到尽可能远的的地方。恶魔曾使安分守己的僧人遭受极大的烦恼,降给他们各种疾病、瘟疫和许多其他灾难。多年来,喇嘛一直无力解除自己的不幸,只是在不久之前,一个虔诚的佛门弟子才想出了上面提到的这种仪式,它对恶魔具有毁灭性的作用。

12.4　达勒达及去丹噶尔

8月6日是俄国地理学会诞生的日子[1]，考察队的小分队选定去丹噶尔偏西北方向的路线，一大早便离开了公本寺。

当地所有的成年人正在山谷中的田里劳动。我怀着强烈的求知欲专注审视着南边那条横亘在我们和黄河之间的远山，它的高山地带看上去是那样诱人，那样强烈地吸引了我。但作为一名自然考察工作者，为了研究更为重要的库库淖尔和西藏，我目前要舍弃对这座很少有人研究的山脉的兴趣，这是很不容易的。

去丹噶尔的下半段路程要沿着西宁河从大道上走。考察队在一座很陈旧的拱桥附近停下来休息时，我蛮有兴致地观察着一队一队的行人和乘车的旅行者，好奇地打量着所谓的丹噶尔娃或者达勒达。他们可能是汉人和唐古特人两个民族相互融合的产物，至少是一个特殊的民族。

H. M. 普尔热瓦尔斯基称这个有趣的民族为"达勒达"[2]，而 Г. H. 波塔宁则称其为"土族"。这个民族散居在兰州府城以西的黄河两岸，占据着习惯称为"三川"及其以北一直到西宁河的地方。达勒达过着定居的生活，从事农业，种植大麦、小麦和荞麦，他们的田地，即业主的私产，靠人工开凿的灌溉渠道浇灌，农田耕作得极其精心，施用以黄土与畜粪、灰烬以及各种垃圾混合而成的厩肥。丹噶尔娃的居所用土坯垒成，为一个个彼此隔开的独门小院子，也有连成一片的。房子四周的庭院用高墙围着，很像一座座小堡垒。

达勒达的语言和蒙古语很相近，但有一些自身的特点，夹杂着一些汉语和唐古特语的语汇。

---

〔1〕俄国地理学会是 1845 年 8 月 6 日成立的。

〔2〕达勒达，土族，较少研究，未归入任何一个蒙古族主要群体的蒙古部落（参看本书第 5 页注释〔1〕）。参看 H. M. 普尔热瓦尔斯基：《Монголия и страна тангутов》（《蒙古和唐古特人地区》）。

宗教方面,该民族没有什么统一的信仰:丹噶尔娃中间有佛教徒,有伊斯兰教徒,甚至还有萨满教徒。这个民族的人仪表优雅,予人以好感,很像我国的南方人。达勒达整洁的服装样式讲究而奇特,他们的整个外貌很讨人喜欢,我和善地向他们问候:代木! 或是:你好! 他们总是微笑着,文雅礼貌地应答。

　　越是沿着西宁河朝上游走,这条变化无常的河流的水量就越小。然而,河水虽然变浅了,但西宁河的水流却并没有失去它那雄浑的力量,滚滚流送的清澈水流在河谷最狭窄的地段形成漩涡和急流,发出震耳欲聋的声响。个别地方河水冲刷着河岸,还有些地方,河水把地表的黄土连同草根,有时甚至连同庄稼一齐卷走。当地居民在与这种来自自然的破坏力量奋力抗争,他们修补道路,用石头填堵河岸被冲垮的地段,努力从淤泥中掏挖被水冲压在下面去的麦穗。

　　考察队行进得很顺利,一块块田地,一群群村落不知不觉地被我们甩在身后,沿途可供观览、可供玩赏的事物还是很多。在距丹噶尔还有10俄里时,我们遇见了一个讨人喜欢的安集延商人,他骑着一匹肥壮的白马,姿态飒爽地向西宁疾驰。这个彬彬有礼的年轻人同我打招呼,报告主队已经顺利到达丹噶尔的信息。

　　眼前终于出现了那个隐藏在狭窄的西宁河谷中的风景如画的小地方,自从西藏之行以来我一直在记挂着它。凶猛奔腾、泡沫飞溅的河上架着一座高高的轻便桥,过了桥,对岸就有一片使人倍感亲切的桦树林顺着山丘陡峻的斜坡向下铺展开去。

　　总的来看,西宁河谷的植被不得不说是比较单调的,属和种的数量都比较少。在从西宁到丹噶尔的全程,考察队总共采集到和看到约50种类型的植物,它们是:醋柳、水柏枝、山楂属、柳、小檗、茶藨、杜鹃花、蒿、仙鹤草、地榆、萹蓄、千里光属、青兰、苜蓿、蓬子莲、夏至草、龙胆、中华当药、蕨、石头花、唐松草、甘青莨菪、兰石草、绥草、角盘兰、多脉柴胡、绒毛胡枝子、小麦、黍、藨草、锦葵、沙参、勿忘草、委陵菜、筋骨草、草莓属、喜林草、珍珠梅、芍药属。

　　所述山谷的昆虫的分布与植被分布紧密相关。除鞘翅目之外,考察队在沿西宁河及其最上游丹噶尔河的整个地段收集到相当多的半翅目昆虫[1]，收集到的膜翅类则只有一个新的类型——丸花蜂，不过十分具有科学意义。

南边越来越多的山溪哗哗地奔流而下，而在北部，山岭逐渐隆起。

12.5　对丹噶尔城的认识

终于望到了丹噶尔城的塔楼。

这时，刚刚刮起的西风风力逐渐增强，浓密的乌云压了过来。紧接着，刚才还在稀稀疏疏落下的小雨演变成名副其实的大暴雨，直到考察队到达野营地时也没有停歇。大家不得不立即钻进帐篷，同时还得在我们这个藏身之所的周围挖出一圈深渠，以免闹水灾。

与大队人马汇合是最令人高兴的事了。一切都很顺利，骆驼顺利通过了非常滑的路段，仅用了 3 个白天就走完了全部行程，把考察队宝贵的行李完好无损地运送到目的地。

丹噶尔城就坐落在西宁河的左岸，这条河在该城以上的上游地段取了一个与城同名的名字，即丹噶尔河，河谷的宽度约达 1 俄里。丹噶尔城被环抱在轮廓柔和的红色砂岩山冈之间，岩层呈水平分布，上面覆盖着黄土。

夏末，山上葱茏的草木和日渐成熟的庄稼一起构成一幅令人心怡的图画，在一定程度上缓减了汉人集市因泥泞不堪、灰尘飞扬和忙忙乱乱给人留下的不快印象。据当地居民说，丹噶尔城约建成于 250 年以前的清朝初年。[2] 更久以前，城和地方行政管理机构集中在镇海堡，直到后来，中国的顺治皇帝才把它向西搬迁了 20 俄里，迁到今天丹噶尔的这个位置，并且派自己的一个儿子担任该地区的首任行政长官。

----

〔1〕半翅目的椿象方面，考察队增添了一些新类型：西宁河谷中的 legnotus notatus 、异色蝽 、斑角蝽 、缘蝽 、长蝽 、菜蝽 、蓝蝽 、红蝽 、苜蓿盲蝽 、牧草盲蝽 、变体盲蝽、Camptobrochis punctulatus 、红脉盲蝽；西宁河谷上游到丹噶尔河的异色蝽 、菜蝽 、狭头蝽 、Poecilloscytus brevicornis 和长蝽。

〔2〕清或者大清——满族从汉人手中攫取政权后建立的中国最后一个王朝（1644—1911年）。

现在的丹噶尔城在商业贸易方面发挥着重要的意义：从甘肃去藏南的道路经过这里，商队往来也都经过这里，朝拜者也要从这里取道前往拉萨。在丹噶尔城唯一的一条贸易大街上，可以见到各个民族的人前来贸易的身影，他们大半是在附近地区游牧的唐古特人、蒙古人、藏族人（甚至有来自拉萨的商人）和达勒达。他们拿来交换的商品主要是毛、皮、油、盐等原料，有的甚至是火药，换回的是茶叶、金属制品、布匹、油性革和妇女饰物等奢侈品。在人群混杂的五彩缤纷的衣装中，库库淖尔唐古特族男女的奇特服饰最为惹人注目。唐古特妇女背部的装饰物十分引人关注：两条甚至3条绦带上面缀满硬币、贝壳、银尕乌、绿松石、珊瑚等饰物。

自豪且目空一切的草原游牧民族无所畏惧，更确切地说，他们让当地的汉人感到恐惧和受到屈辱，而我的同伴总是以与我相同的赞叹目光观赏那些全副武装地沿大街飞驰的唐古特骑士。在兴高采烈的人中间，时常能遇到带着沉重铁铐、愁眉苦脸的囚犯。据我观察到的情况看，这些囚犯虽然没有乞讨，但却完全是依靠人们自愿地施舍过活的。信仰佛教的罪犯认识到自己的全部罪过，通常都是毫无怨言地为自己的所作所为承受惩罚。某些囚犯则认为，自己对他人犯下了不可饶恕的罪过，所受的惩罚还远远不够……因此，即便在服刑期满之后也不愿意摘掉镣铐。

12.6　收集民族志学物品

丹噶尔城的长官接到了考察队要经过的正式通报，极其殷勤地接待我们一行人，给我留下了良好感觉。考察队把全部时间用在观察这个商业中心的独特生活和收集民族志物的工作上，还花了整整一天的时间测试随身携带的防水布折叠船。这艘后来在库库淖尔帮了我们大忙的小型考察船起初有点小的渗漏，后来，按照我的老战友、司务长伊万诺夫的说法，很快就"鼓起来了"。于是，我们乘上它很顺利地沿丹噶尔河往下游走了一趟。

商人得知俄国人对佛像、尕乌以及当地生产的物件感兴趣的消息后,很快就把我们的营地占满了,简直在我们这儿办起了一个完全意义上的集市。民族志学搜集品增添了很多极珍贵的东西,有佛教祭祀用品、库库淖尔的唐古特人的饰物及装束等日常物件。

考察队离开丹噶尔的日期渐渐临近,偏偏天公不作美,连续数日下起大雨。[1] 丹噶尔河有一些地方的水漫出了河岸,一场真正的洪水威胁着考察队的营地。当然,人员的牺牲是不可避免的。在一个昏暗的阴雨绵绵的傍晚,远远地听到丹噶尔河方向传来呼喊声和波涛的咆哮声。直到次日早晨我们方弄明白,有 3 个拉运木材的汉族车夫试图把被洪水冲走的圆木拉上岸,不幸却葬身于波涛汹涌的河水……

考察队对潮气很敏感的"沙漠之舟"骆驼生病了,它们的腿肿了。应该好好思量一下,为保证下一段旅行的顺利,需要采取一些预防措施。考虑到我们这些经受过考验的驼畜目前令人担忧的状况,我决定把考察队的行装重新分类,把全部的沉重物品和那些可以不必携带的东西都留在丹噶尔,交存到可靠之人手中。这样,考察队就可以迅速轻便地前进了。利用偶尔出现的几次好天气,考察队算是比较快地做好了行装的分类工作,从运带的物品中挑出 8 个沉重的驮包交给丹噶尔城的长官保存,并要求他开了收据。

12.7　离开城区继续行走

8 月 11 日,考察队离开丹噶尔城。

从丹噶尔城出发前,殷勤的钦差派出 4 名武装骑兵和 1 名唐古特语翻译加入到我们的行列。在后来与土著人的交往中,所有这些人都派上了很大的用场,也得亏那位西宁大臣的关照,土著对我们都很尊敬。钦差担心我们会遭遇到什么麻烦,便给唐古特人发了一份特别公文,向他们说明我这个人的重要性和我为之效力的这项任务的意义。此外,西宁办事大臣还在前往库库淖尔参加一年一度的祭祀活动时,除

---

〔1〕考察队沿丹噶尔河及其四周所做了几次考察,在爬虫纲方面新采集到了蜥蜴、尖噪的壁虎、麻蜥或沙蜥、带斑点的石龙子和蟾蜍(绿蟾蜍、普通蟾蜍)。

了祈求神灵保佑,施播充沛雨水,还亲自同唐古特人首领谈话,劝导他们和善对待俄国考察人员。

从丹噶尔到高山湖泊库库淖尔有两条路[1]:穿越萨拉哈图尔山口的南路和经过达谦苏迈附近的北路,前往湖南岸的人通常选择走前面一条路。考察队选择了南路。顺便说一句,西宁最高行政长官每年来这边履行公务时走的就是这条路。

由于道路泥泞难行,考察队在到达绿洲边缘之前一直走得都很艰难。但是,当我们顺着丹噶尔河谷越往上走,砂石路面就越干爽。山中流淌的晶莹清澈的溪水一遇到浅石滩的地方就泡沫飞溅,轰鸣作响。山谷最宽阔的地方有大片的庄稼地,小麦的穗子灌满了浆。由于分量太重,再加上雨水浸泡,有些地方的小麦已经倒伏,收割工作正在全速进行。

道路好像一条细蛇,曲折弯转,经常从河岸的一边蜿蜒到另一边,某一段甚至还会消失在河底。除了在离城最近的一个渡口上建有一座桥之外,人们一般都得涉水过河,在水位中等的地方,这倒不算困难。可是,一旦考察队在峡谷两岸最狭窄、最陡峭的地方突然遭遇唐古特的商队,问题就变得复杂起来。

从头到脚全副武装的唐古特人是从达布逊戈壁山谷里往外运盐和原料的,他们通常是5~7人结伙骑行,与他们同行的还有50~70头驮载的牲口——肥壮的牦牛或哈依耐克[2]。土著对各种牲畜的优点自然是了如指掌,总是编组混合商队。为了避免在这种情况下发生惨祸,考察队得根据道路弯曲和宽窄的程度,提早将唐古特人拦挡在适当路段,有时甚至得把他们赶到山坡上去。

从丹噶尔出发后的第二天,考察队便告别了多少还保留着一些文化迹象的地方,从农耕地区进入了游牧民的王国。

考察队眼前群山高耸,那便是把我们与向往已久的美好的库库淖

---

[1]Г.Н.波塔宁认为"三条道路":一条紧靠南面,经过阔觉尔果达坂;另一条经乌兰乌苏;第三条是穿越库喇达坂山口的北路。

[2]哈依耐克是母牦牛同普通牛的杂交品种。这种牛性情安逸温和,比凶猛的野性牦牛要可靠和得力得多。译者按:这种杂交牛也称犏牛。

尔隔绝开来的最后一道屏障。

在山中,呼吸总是很畅快,洁净清透的空气能让人看到一望无际的地平线,天空显得更加深邃和明亮。空旷、寂静和没有人烟,这种环境立马使人的思想完全变得更加开阔,更加深邃。这是在同清新的大自然接触的欢快时刻才可能有的状态。周围的一切充满了欢乐的生机:低地上铺满了金黄色花朵织成的绒毯,花毯之上蝴蝶飞舞,或有丸花峰和苍蝇嗡嗡盘旋;草地上出现了很多旅木雀和土拨鼠,或者叫西伯利亚土拨鼠。考察队在这里见到的飞禽有啮齿目小动物的朋友——土龙鸡和它们的凶恶敌手——鸢、隼和黑度鸟。天气极佳的白天,我们可以欣赏到红颈夜莺清脆悦耳的歌声;湍急的河溪沿岸的岩石上,偶尔会闪露出一种小鸟美丽的形影。考察队在这里见到的其他小鸟有白脸鹡鸰和粉红色的鸽、鹦。

在海拔 11000 英尺(3350 多米)以上的高山地带游览时,考察队遇到了羚羊,我的年轻助手切蒂尔金用捕蝶网捉到了一种有趣的啮齿目动物。[1] 被捉时,这种动物正藏身在突立于草地上的小块碎岩石旁边。

现在,考察队从更高的地方看去,南、北两边的山脉轮廓非常清晰,对比十分鲜明。大家不由自主地把目光集中到南面的山岭上,我们今后的活动主要将集中在这条山脉后面的那片地区。

清朗宁静的白昼被同样美好的夜晚代替,山里的黄昏往往来得要快一些,黑夜降临大地的速度则更快。

深夜,在还保持着处女状态的大自然的温存下,考察队打算及早入睡,以便恢复力量和精力完成下一日的行程。在半睡半醒的状态中,敏锐的耳朵听到了晨曦中值班人员唤醒营地人员的声音。微微睁开眼睛,黎明时升起的明亮金星透过帐幕绷紧的篷布缝隙静悄悄地洒下清光,我立刻恢复了对时间的概念……该起床了。

---

〔1〕M. M. 别列佐夫斯基第一个捕捉到这种啮齿目动物,他在四川捕到 2 只。

12.8　萨拉哈图尔山口

8 月 14 日,考察队终于在邻接萨拉哈图尔山口的山巅上看到了美丽的库库淖尔,以及更遥远的西边,柔媚湛蓝的湖水与同样晴朗明净的天空融为一体的景象。西南方向上,顶部平坦的山峰簇拥着库库淖尔。在众山之中,最突出的一道是座石山,高踞于群峰之上的顶巅赛尔奇姆因不久前落了雪而银光闪闪。轮廓犹如刀削一般的库库淖尔山岭面朝南方,高傲地从草地丘陵中伸展出来。覆在山上的厚厚积雪泛着无光泽的白色,出奇透明的空气肃穆而寂静,太阳让人暖洋洋的。蓝莹莹的天空下是翱翔的鸟类:喜马拉雅兀鹰、秃鹰和兀鹫,后者时常从考察队身边飞过,让我们有机会欣赏到它的大小和那平稳飞行的姿态。兀鹫不用振翼就顺着山岭在空中滑翔,为大自然增添了生气和十足的活力。

萨拉哈图尔山口海拔 11600 英尺(3540 米),它的北边耸立着一座铺积着岩屑的山峰,唐古特人称之为纳玛尔盖,南边的地平线有一段被索尔盖山遮蔽。不远处一条最高的长丘上垒起着一座祭神用的鄂博。从前,唐古特人聚集在这里,面对库库淖尔澄蓝色的湖水举行祭神仪式。现如今,祭祀库库淖尔庇护神的仪式在不久前新建的一座汉人神庙举行,这座庙就在一座古老的堡砦遗址旁边。考察队经过山口的时候正赶上土著向祭庙运送食品和家具,详细打听才得知,土著人正在为西宁官长的到来做准备。以办事大臣为首的地方官员每年都要来祭拜这座神圣的湖。

考察队越来越接近库库淖尔,对面频繁出现唐古特人的运盐队伍,还有一群群骑马的土著在旗的首领率领下匆匆东去迎接贵宾。唐古特要人中间有一位叫恰姆鲁的人与众不同。他举止高傲,仪表堂堂,是游牧在这个高原湖泊的东南沿岸和邻近山岭一带的恰姆鲁盟的官长。他从翻译那里了解了俄国考察队的去向,并上前向我们致意,同时声称已经收到了相关的公文,会给予考察队各方面的帮助、尊敬和爱戴。

自南流入库库淖尔的众多小溪及小河的两岸密密麻麻地驻扎着游牧人,考察队经常会在路旁见到牦牛用它们强有力的犄角掘挖松软的

·欧·亚·历·史·文·化·文·库·

土崖,远处成群的羊在吃草。过了阿拉果尔河水系,考察队很快就走出了土著喜爱的肥美牧场,面前再次出现辽阔的蓝色湖泊的身影。库库淖尔东南部岸边的松古察拉地区的第一个停歇点给我们留下了难忘的美好印象。在那里,当我们第一次接近无边的海蓝色"海"(我们如此称呼那个汹涌可怕的湖泊)时,便体验到了这"海"清晨和黄昏时分的色调和色彩魅力。同样在这里,我们学会了理解湖的波涛那时而温存和善、时而气势汹汹的话语。

13 库库淖尔湖

13.1 湖的名称和它的传说

库库淖尔湖,蒙古人称之为"青湖",唐古特人称"穆措—古穆布穆",汉人则把它叫做"青海"或者"蓝色的海"。它被佛教徒奉为圣湖,在很久以前就引起了游牧民的关注,并为之编出不少各式各样的传说。

H.M.普尔热瓦尔斯基在其旅行游记中记述了一则传说。[1] 现在,当我们到达库库淖尔时,又亲耳听到了下边这样一个传说:"很多年以前,库库淖尔盆地住的全是蒙古人。如今这个湖所在的地方有两个不大的池塘,生活在岸边的居民对池塘的洁净毫不关心,经常把水弄脏。有一次,一名妇女干脆向(池塘中的)水里小便。这时,海赤龙——水龙王再也忍受不住了:它从地下钻出来,升腾到水面上,令人望而生畏。水从洞穴里奔涌而出,淹没了岸上方圆数百俄里的地方。惊慌失措的居民和比邻而居的汉人急忙拜求木匠的保护神鲁班爷,寻求他的庇护。鲁班爷回应说,在同水龙战斗之前他先要试试自己的力量。为此,他对着三个盛满土的筐发出敕令,要他们增长。于是,从未有过的奇迹出现了:刹那间,土长得比水面还高……鲁班爷对自己的力量有了把握,便高声喝令海赤龙回到原来的地方去。龙隐遁了,鲁班爷搬来一座山放进湖中。从那以后,在原来两个小池塘的地方出现了一个无边无际、波涛汹涌的湖泊,湖心是一座岛屿。"

---

〔1〕H.M.普尔热瓦尔斯基:《Монголия и страна тангутов》(《蒙古和唐古特人地区》),莫斯科,国家地理书籍出版社,1946年版。

·欧·亚·历·史·文·化·文库·

到过库库淖尔的 Futtrer 还有另一传说。[1]

13.2 高原湖泊库库淖尔的概述

35 年前,H. M. 普尔热瓦斯基第一次看见库库淖尔时曾感慨地说:
"我毕生的宿愿实现了! 考察队不懈追求的目的达到了! 就在不久以
前还只不过是可想而不可及的事,现在竟然变成为实现! 诚然,这一成
绩是历尽艰辛才取得的。可是眼下,旅途的千辛万苦都被抛置在脑后,
我和一位同事满心喜悦地站在这雄伟湖泊的岸边,观赏它那妙不可言
的湛蓝色波涛。"[2]

　　美丽的高原湖泊库库淖尔铺展在辽阔的草原盆地中。盆地南北两
面绵亘着荒凉粗犷的山脉,其余两面则被山峰或者山的支脉封闭。即
便如此,湖的海拔高度仍然有 3 俄里,方圆达到 350 俄里,是一个十分
宽广而且水位相当深的咸水湖。[3] 砂质砾石的湖岸有相当一部分地
势较低,个别地方被岬或者峭壁截断,湖水也因此能够保持原有的较高
水位。库库淖尔湖在一定程度上被奎苏岛划分成南北两个部分,南部
是考察队研究得比较详尽的部分。而岛的经线又把湖分为东、西两个
部分。湖底南部沉积着砂,中央部位地势缓缓倾斜,有淤泥。湖底越接

---

　　〔1〕库库淖尔地区信奉佛教的居民把这个湖的来历说得神乎其神:古时候拉萨修建庙堂奉祀
佛祖。虽然修建者竭尽全力,但花费多年都没有能够完工。因为,寺庙每过一段时间,就要莫名
其妙地坍塌……后来,一个未卜先知的喇嘛终于道出了其中的缘由。原来,在遥远地方有一位圣
者,他晓得发生这类怪事的原因,必须派人前去求教……派去寻找这位圣者的喇嘛花了整整一年
时间,走访了一座座佛教寺庙和圣城,最后终于在西藏与中原接界的草原上遇到一位双目失明的
普通老僧。交谈中,老僧不经意提起拉萨的那座神庙。"在修造寺庙的那个地方",老僧说,"地下
深处有一个广阔的湖泊。这片妨碍建庙的湖水将会消失,而我住的这个地方将要被水淹没。"圣
僧最后补充说:"但是,只有当西藏来的喇嘛得知湖泊的事后,一切才会发生……"听到这番启示
之后,西藏来的喇嘛昼夜兼程赶回故乡。就在当天夜间,中原与西藏交界的地方发生了地震。只
听得轰隆一阵巨响,大水从地下喷涌而出,淹没了高山峡谷。上天见发了洪水,便派一只神奇的
大鸟下凡。大鸟利用南山的峭壁堵住了被水冲出的大洞,阻止了一场灾难的发生。这座形如岛
屿一般的峭壁现在依然矗立在库库淖尔湖的中央。(futterer《Durch Asien》kapitel Ⅷ seite 277)
　　〔2〕H. M. 普尔热瓦尔斯基:《Монголия и страна тангутов》(《蒙古和唐古特人地区》),莫斯
科,国家地理书籍出版社,1946 年版。
　　〔3〕库库淖尔湛蓝的湖面海拔 10600 英尺(3230 米),地理位置在北纬 36°39′11″,东经 100°
13′0″。

近中心越低,形成一片凹地,一条深深的地槽从奎苏岛基底的南缘经过,岛基在湖底的坡度要比南岸到湖底的坡度大得多。湖的西边比较开阔,按照 H. M. 普尔热瓦尔斯基的说法,也最深,而东边那一半就浅得多,并且在靠近多流沙的东岸耸立着三座沙岛。此外,这个区域内还有一个不大的哈喇淖尔湖,很久以前,它与库库淖尔曾连为一体,中间只隔着一条沙岗。这些情况使我们有理由推断,盛行的西风不断吹来尘埃和砂粒,湖泊变得越来越浅。淤浅的过程与水域面积的逐渐缩小密切相关,在考察沿岸湖区和岛屿时(库库淖尔湖中共有 5 个岛屿[1]),这一过程就显现得更为明显。

“湖泊的现代干涸过程,”B. A. 奥布鲁切夫认为,“可以从尚未被黄土覆盖的低台地的存在,以及沿岸排布的沙嘴和小湖的形成上得到证实。”[2]岛屿露出水面的部分越来越大,就如同沿岸草丘的沼泽地面积不断扩展一样……

高原湖泊发生淤浅的原因在于不断地或者几乎不断地有沙粒和尘埃进入,同时水的补充量有限的缘故。正如 H. M. 普尔热瓦尔斯基指出的那样:“水的补充不足以弥补夏季整个水域蒸发的量。”[3]虽然约有 70 条支流注入到这个封闭的水体,[4]但其中只有西边的两条布哈伊淖尔和北边的哈尔根淖尔或叫巴列姆的水量还算可观,其余河流经常干涸,只有在雨季才有水。[5]

北库库淖尔山脉或阿玛—苏尔古山距离湖岸相当远,中间隔着一片辽阔平坦的草原。南边的南库库淖尔山却靠得很近,之间只有一条狭窄的斜坡草地,这片草地上的阿拉淖尔河口附近有 3 个小的淡水湖泊。

---

〔1〕即“奎苏”或者“普布”,“察干哈达”或者“别罗斯卡利斯蒂(白崖岛)”和 3 个沙岛。

〔2〕《Центральная Азия, Северный Китай и Нань-шань》(《中亚细亚、华北和南山》). Том I. Стр. 106.

〔3〕《Третье путешествие в Центральной Азии》(《第三次中亚细亚考察》). Стр. 317.

〔4〕这是土著提供的数字,H. M. 普尔热瓦尔斯基记载中只有 23 条较为重要的支流。

〔5〕普尔热瓦尔斯基:《Четвёртое путешествие в Центральной Азии》(《第四次中亚细亚考察》). Стр. 125.

·欧·亚·历·史·文·化·文·库·

13.3 湖岸的植物，丰富的鱼类、禽鸟 等野生生物

干燥的空气和持续不断的强劲西风使库库淖尔草原的盐土不大适宜森林和灌木的生长。[1]

只是在布哈伊淖尔河沿岸生长着一些水柏枝丛，再就是东岸砂土中可以见到的云杉和杨树。沼泽地中最常见的是苔草和西藏蒿草，此外还有毛茛、车前草。碧绿的草茵中艳丽地点缀着粉红色的报春、白色的单尾、深红色的阔叶红门兰、白色和黄色的马先蒿。在比较泥泞的湖边生长着杉叶藻、水毛茛和狸藻，潮湿的穴地生长了在整个唐古特和西藏地区都很有名气的羽叶萎陵菜。大家知道，萎陵菜的根是游牧民族的美味菜。湖的底部几乎没有任何绿色植物，只有一种丝状的绿藻，而辽阔平原的其他所有地方长满了草原植物。这里的土壤有的是黏质黄土，有的地方是砂土。由于土质不同的缘故，分别生长着茂密的梭梭草、羽茅、葱、坡针叶黄花等等。游牧民驻扎地的滨黎和伞菌也生长得非常好，是我们日常的美味食品。

库库淖尔湖的水清澈洁净，却含有多种无机盐，因此根本不能饮用。湖里有大量的鱼，但它们全属于一个裸裂尻鱼属，其下又分3个亚种：普尔热瓦尔斯基裸裂尻鱼、狭头裸裂尻鱼、细裸裂尻鱼。

在闲暇之时，考察队成员兴致勃勃地去捕鱼，有时我们用一个不大的渔网在小河口处即可打得150条鱼，每条鱼都有3~5俄磅（1.2~2公斤）重。

湖中数量可观的鱼招来许多海雕、鸥和鸬鹚。海雕通常总要落在岸边的峭壁上进行长时间的观察，一旦发现猎物，这种在库库淖尔特别多的老玉带海雕就会立刻猛冲过去将猎物抓住，同时发出一种特殊的鸣叫声，召唤幼雕过来享用。鸟的家族迅速飞拢到一起，它们能把随便

---

〔1〕一般而言，这座湖泊盆地有利于风的生成。风时而从北面边山上，时而从南面的山岭上刮下，或者从地平线西边猛吹过来。

多大的鱼都异常迅速地吞吃个精光。鸥和长尾巴的燕鸥从来都不会错过趁海雕争吵不休的机会[1]，从它们那丰美的吃食中劫掠一点东西吃。

库库淖尔四周的岸上，鸟的活动总的来说是极活跃的。谷地里经常有雕、大鵟、鹰、隼、鸢和黑鸦疾掠而过，蓝天之上盘旋着威严的兀鹰，湖沿岸的水面上经常有灰雁或斑头雁，还有各种鸭——海番鸭、麻鸭和秋沙鸭飞来飞去。沿岸的平地上栖止着角百灵、云雀和棕颈雪雀，梭梭丛中不时有蒙古沙鸡惊起，成对的甚至整群的西藏大云雀偶尔会从潮湿的土墩上飞起……

考察队在距离湖岸较远的一些地方见到了黑颈鹤，而毛腿沙鸡独特的叫声让人一听就能辨认出来。在考察队营地四周，Pseudopodoces humilis 毫无戒心地窜来跳去，离营地最近的一条小河上，除小鹬鸟之外，也常会有小川鹬鸟、红点颏、鹡鸰等影子。

宽阔的库库淖尔草原上生息着许多野生动物，有狼、狐狸、沙狐（可能是犬属）、鼬，还有乐于消灭库库淖尔地区为数众多的西藏山鼠兔的棕黄色鼠属。湖岸和毗连湖岸的空旷地上，经常能看到北旱獭掏出的洞穴，而大的啮齿目中最小的动物是兔（lepus oiostolus[未必确切，这个品种在尼泊尔和锡金也有]）。从南边过来的野猪在沼泽地上和游牧人昔日的驻牧地上游来荡去。沿湖岸的草原上最讨人喜欢的动物是二三百甚至是一群，在旷野上吃草的普尔热瓦尔斯基羚和在附近丘陵上游栖的旋角羚。考察队曾不止一次地去猎获普尔热瓦尔斯基羚，非常遗憾，都未能得手。这些动物受到当地猎人的严重惊吓，行动特别机警。除了羚羊之外，库库淖尔平原上定期还有狼群出没。

在库库淖尔收集到的昆虫是比较少的。考察队只在湖的东南岸丰美的草地上发现了丸花蜂和半翅目类，仅此而已。

---

〔1〕在白尾海雕与玉带海雕发生争吵时，获胜的几乎总是前者。

13.4　唐古特人的婚姻、生育和
丧葬风俗

库库淖尔草原为野生动物和鸟提供了极为适宜的生存环境,同时对人类而言,这里也有不少颇具吸引力的地方。要求不高的游牧民认为这片草原的可贵之处主要是有极好的牧场。由于海拔高夏季并不炎热,也没有令人厌恶的昆虫,再加上这里冬季无雪,因此,殷勤好客的库库淖尔历来就是游牧民——来自北方的蒙古人和南方来的唐古特人争夺的对象。精神上软弱的蒙古人必然会在刚毅的唐古特人面前退让,事实上也真的退让了。总的来说,唐古特人是一个逞勇斗狠精神很强的部族,他们性喜抢劫、施暴和掠夺。汉人瞧不起高傲的西藏人,对他们态度也不太好。

可是近年以来,汉人和唐古特人彼此之间的态度宽容和缓和了许多。住在附近的汉人渐渐学会了唐古特人的语言和某些习惯;两个民族的青年人之间通婚的事已经屡见不鲜。但汉人对这种婚姻还是不以为然,他们认为,这样的结合不可能产生经济上清白的家庭。不得不承认,情况通常是这样子的:汉人父亲和唐古特人母亲生下的孩子所继承的往往是后者那种偷窃和抢劫的习性,几乎过不了勤劳安分的日子[1]。

一般而言,对唐古特少女的管教是宽舒和很随便的。她们早早就开始过自己的个人生活,11～12岁的女孩儿还不晓得帮助母亲干家务,她们起得相当晚,喝完现成的茶后就去草原上放牧羊只,往往一去就是一整天。她们在牧场上完全随心所欲地打发时间,与其他的孩子一起尽情地嬉戏,无忧无虑。直到14～15岁,少女才成了母亲的真正帮手。在唐古特人家里,除了缝纫活儿由男子干以外,一切家务都落在母亲的肩上。唐古特妇女黎明就起床,然后生上火,用烧热的油擦自己的脸和手。用水把手脸洗干净被认为是不体面的事,敢于采用水洗这

---

〔1〕此为原文直译——译者。

种奢侈办法清洁面部的唐古特妇女会遭到他人的嘲笑,说她是用自己的白脸蛋儿勾引男人。然后,妇女就煮茶、挤奶,再赶着畜群到田野里去。通常也就是在这种地方演绎出这些生长在大自然的淳朴孩子并不复杂的全部恋情。

恋爱初期当然是保密的,是背着全盟的人进行的。

年轻的小伙子们——西利,如果他是一个好的射手,一个剽悍的骑士,一个精力充沛而又能言善辩的演说家,最后还要手脚麻利,能偷惯抢,这样即使再贫穷,也还是能得到任何一个唐古特女子的青睐。他们之间的结识是这样开始的:小伙子走近被他看中的姑娘,装出一副不经意的样子把一块雷莫(干羊粪[1])朝女孩儿身上扔,如果姑娘不回以有好感的共鸣,那她就会作出一副没有看见的样子。相反,如果她想鼓励小伙子的调情行动,就会拾起干粪,以同样的方式向小伙子扔过去。唐古特小伙接到这个表示好感的信号十分兴奋,马上跑到自己心爱的人身边去亲吻她。

未婚夫赠送的第一件礼品是戒指,未婚妻则回赠以用丝线绣成的烟荷包。

初次会面的几天之后,一对青年人的父母双方就会得知他们新结识的事情,于是就开始提亲。

未婚夫的父亲——苏玛姆哈,征得小伙子的同意,便委托两个长者前往未婚妻——那玛苏玛的家。长者要为举行婚礼打基础,需要问明聘礼的数额。有时候,这些使者会一无所获地空跑一趟,那就得打发他们再跑两三趟。

对媒人的接待安排得相当隆重:在约定的时间,未婚妻的亲属出来迎接所期待的客人,把他们让进帐篷,请他们坐在最尊贵的位置上——火炉的右侧,其余客人则按照女左男右的习惯就座。主人用羊后腿[2]款待客人,客人们也就不再客气,取出各自随身携带的刀子用餐,一边吃一边就把聘礼或彩礼的问题敲定了。

---

[1]干粪是中亚游牧民的燃料。

[2]羊身体上肉最多最好的部分。

媒人走后,在举行喜庆仪式时暂时离开家里的未婚妻重新返回家中,并在父母的帮助下给自己做一顶特别的狐皮帽,帽顶装饰上丝线缨络。

现在她已经是正式订过婚的人了,可以戴上自己的那顶帽子,在女伴们的陪同下向亲属和朋友们道别。这种走访活动要持续3天,期间未婚夫妻的家里都要请喇嘛念经。

约定的日子到了。未婚夫的父母亲和选派的邻居来接新娘,媒人和女友们也要去送新娘。

新郎家的帐篷中摆开了宴席等待着新娘。吃过宴席,媒人开始给新娘梳编发辫,除了当姑娘时戴的小白贝壳之外,还要乘别人不注意的时候,把4个已婚妇女用的大贝壳编进头发里去。这个只有新娘的女友参加的仪式进行完毕后,姑娘们就各自回家。所有带着礼品来向新郎和新娘祝贺的其他客人被邀请进餐,席上最主要的食品仍然是羊身上最好的部分——羊后腿。一位贵宾端着佳肴依次走到每个人面前,给每个人一瓶阿散什弄[1],一种装在罐子里边的特殊饮料,到场的人就用嘴巴直接对着瓶口喝了起来。

宴席过后,双方的客人开始表演赛马,炫耀自己那草原快马的速度。

白天就这样不知不觉地过去了。到了夜晚,远方来的客人留在新郎家过夜,而近邻们则各自回家。新娘睡在与许多人共住的帐篷里靠近门口的地方,而新郎则要在露天里过夜,并看护马匹。

深夜,当周围万籁俱静的时候,新郎小心翼翼,悄悄走近那顶最可爱的帐篷,他敲了几下,然后把帐子轻轻撂起。正在等待预先约定信号的新娘并不站起身来,而是匍匐着从熟睡的人们中间爬过,她钻出帐篷……黎明时分,一对新人才依依不舍地分手,姑娘依旧在人不知鬼不觉中返回帐篷。次日早上,新郎和新娘前往寺庙,他们手拉手跪在喇嘛面前接受祝福,几句送别祝愿之后,小夫妻俩就回家了。[2]

---

〔1〕阿散什弄为类似伏特加的饮品。

〔2〕关于库库淖尔唐古特人婚礼的情况还可以参看我的《蒙古和喀木》一书。

少妇怀孕期间大家都对她很关心,权威的一家之长不允许少妇骑马,并在孩子出生前几周就提醒她防备各种各样的危险情况,不让她走近湖或者河边。按照唐古特人的说法,水容易招致灾祸:妇女可能会看到深水处某些可怕的东西而受到惊吓得病。

分娩总是由接生的年长妇人——嘎尔姆完成,遇到难产的情况还要请喇嘛。喇嘛两眼望着水,进行在这种场合下应该作的祷告,并擦洗产妇的手掌和双脚。嘎尔姆把新生儿接在自己的手中,用温水洗干净,冬季产生的孩子用熟羊皮裹包。如果母亲没有乳汁,就用牛乳喂养婴儿——恰乞。晚上,孩子被裹在熟羊皮里,腿下放一个装有灰烬的小皮套,婴儿的大小便就撒在那上面。

在第 5 或 15 天,有时候第 20 天才给新生儿取名字。这时,由父亲或者母亲一方年高望重的亲戚给孩子起一个名字,在场的喇嘛给孩子起第二个名字,最后,婴儿的父母给孩子起第三个名字。朋友和邻居们带着各式各样的礼物向这个幸福的家庭表示祝贺,有带羊肉的,有拿一块布的,因为按规矩是不能空着手来的。

如果生的是个男该,那么在他长到五或者六岁的时候就要教他骑马,并且打发他到草原上放牧牲畜。到十四五岁时,父亲就要赠给儿子一把军刀——尚隆,一支长矛——馁冬,还有一支火枪——卜。

唐古特人无论穷富都有婚前就生孩子的事发生。这种时候,青年女子的父母就把婴儿带回自己里。他们丝毫不厌弃这个孩子,相反,会高高兴兴地把这件事告知全盟的人:"我们添了一笔财富——武卒勒,上天赐给我们一个孙子——诺尔就沙乞或孙女……"如果姑娘后来就嫁给了孩子的父亲,那她当然会把婴儿带到婆家。如果姑娘与他人结合,外公和外婆就把外孙留下,像对待自己的孩子一样来养育他。[1]

库库淖尔唐古特人的寿命不算长,能活到 75 ~ 80 岁的人很罕见。一家之主的老人一旦预感到自己将要离世,便要预先把自己的财产给孩子们分开,而且是平均分配。然后,他从畜群中选出一头最好最喜爱的公牛并留下遗嘱,死后就让这头牲畜驮运他的遗骸。

---

〔1〕此为原文直译——译者。

欧·亚·历·史·文·化·文·库·

唐古特人用皮条把死者的遗体捆起来:一根皮条从脖颈下面穿过,另一条从膝盖下方穿过,让死者的两条腿最大限度地弯起来贴近头部。接着,亲人们就会把这件事通知邻居。于是,几乎全盟的人都聚拢到已故者的遗体前。他们每人手里都拿着一块不大的白布——仓达嘎,小心地把它放在死者的遗体上面,直到遗体逐渐被淹没在白布之中。这时,亲属们一片欢腾,因为这种现象被认为是一个好的征兆。这种独特的仪式结束之后,唐古特人就要在死者身上的皮条中穿上一根木棍,把尸体抬出门外载到公牛背上,最后驮运到山里让猛禽啄食。

仪式的整个过程一定要有喇嘛在场,他们做祈祷,查阅书本并指出应当在哪一天把遗体运到什么地方等。神职人员并不会亲自送死者去他最终安息的地方,而是在根据死者家庭的富裕程度收取一只或几只羊作为报酬后便回去了。

殡仪之后是唐古特语称之为求多依里克的葬后宴,它往往在死者去世的最初两三年内的祭日内每年举行一次。

13.5 沿湖东南岸进行的考察

做了这样一番插叙后,现在让我们重新回到中断的旅行故事上。有 2~3 天,考察队沿着库库淖尔的湖岸前进,尽情欣赏湖光山色。记得 8 月 15 日那天的傍晚,一个少有的迷人时刻,太阳完成了自己一天的行程,垂向地平线,部分余光落在群山之上,另外一部分则洒向我们目力所及的天际。湖面在落日的余晖照耀下显得异常美丽,薄而透明的羽状云彩仿佛金黄色的花边悄然向南飞去,远处的群山一片寂静。库库淖尔也安静了下来:它已经不再波涛汹涌,湖水也不再轰鸣着拍击湖岸,而只是与之低声絮语。库库淖尔湖规模宏大且一直延伸向地平线的湖面、水的色调、湖水含盐度、湖的巨大深度、掀起的巨浪,以及有时出现的拍岸大浪会让人觉得,库库淖尔与其说是湖,毋宁说它是条海。

在库库淖尔中畅游真是妙不可言:湖水的温度一般保持在 15~16℃,清爽的湖水使人流连忘返,我们每天都要在水中游上好几次。在畅游一番之后,我们又被湖浪冲到岸边。水的透明度极佳,深度有2~3俄丈的湖底的游鱼都看得清清楚楚。

第二天东方刚刚破晓,营地的人员就醒来了。笼罩在夜色中的塞尔奇姆山还在沉睡中,山顶上绵延着盖子般的层状积云。湖上传来鹅的咯咯声,鹬变换着调门又吵又叫,鹰也在发出声响。潮湿的草地上百灵已经苏醒并唱着歌向空中飞去。驼队沿着被踏平的小路前进。一小时之后,湖区刮起一股猛烈的阵风,很快又刮起第二股,第三股……库库淖尔变脸了。

考察队行进在湖右岸。从绿草地上看去,视野更加开阔,能看到一直延伸到宽广无垠的地平线才隐没的浅蓝色湖面。最后出现的是我们朝思暮想的——奎苏岛[1]。奎苏岛像一艘巨型轮船,高傲地从库库淖尔深蓝色的波涛中耸起,并以其密而不为人知的一切吸引着我们。在空气明朗清晰的状况下,用单筒天文望远镜很容易分辨出岛上的详细情形:高耸的脊峰、鄂博,以及隐居的苦修僧人的寺庙。

8月17日,考察队在南岸最接近奎苏岛的乌尔托扎营,在这里逗留了大约3个星期。游牧人的辽阔牧场距离我们营地约5俄里,或许更远些。方圆数俄里之内,数座唐古特人的黑色帐篷孤零零地立在那里,给人一种不祥的寂静感觉。经过详细询问才知道,这座仿佛被遗弃的小游牧点里居住着患了猩红热的牧民。患者的死亡率很高,也没有希望获得任何帮助。患者亲友迁徙到远处放牧了,除了将病人留在这里听天由命,他们没有其他更好的办法。

考察队在库库淖尔周围营地的总体情况是这样的:营地北面四分之三俄里处就是库库淖尔湖,南面六七俄里处绵亘着赛尔奇姆山的西支脉。一条小河顺着向湖边微微倾斜的谷地从山上奔流而下,在靠近库库淖尔湖岸的倒数第二个岸堤附近,形成了一个方圆两俄里的独立封闭的湖状水域。考察队也在这条小河上与平地连为一体的第三个岸堤的高处扎过营。从这里观赏周围的一切,视野十分开阔。小河湍急清澈的水流嬉戏着从三面围绕营地而过,为营地增添了生气。我们用

---

〔1〕唐古特人称之为"曹勒吉盖热"。

钩子和渔网在小旋涡里捉到了一条小鱼[1]。鹅、海番鸭和燕鸥不停地飞向小河,更多的则飞向附近的小湖。库库淖尔的沙滩上有成群的或独处的鸬鹚、鸥,远看像黑色的斑点,还有我们以前见过的鹰。

13.6 恰姆鲁旗的首领

恰姆鲁旗的居民与我们相处得越来越熟络。我一直在等待着盟旗首领恰姆鲁本人的到来,看样子是等不来了。因为他正忙着接待钦差,此外,恰姆鲁和果米两个旗的纠纷案子还等着他出庭。

这两个相邻旗之间发生了这样的误会。

果米旗的地界一直延伸到公本寺以外的地方,在"西宁山"一带有优良的牧场,该旗的唐古特人过着半定居的生活,在粮草丰收的年景,并不必充分利用为他们所有的饲草。1908年初夏的时候,恰姆鲁人带着自己的帐篷和牲畜侵入了邻居的属地,并在人家的草场上放牧自己的畜群。果米人知道这件事后,就纠集了100人的武装队伍向这些不速之客发起进攻并且很快将邻居赶回到库库淖尔湖畔。但是恰姆鲁人整顿和补充好自己的队伍齐心协力向前冲去,一场真正的战斗开始了。战斗进行了数日,双方各有胜负,此时恰姆鲁的首领想出了一个巧妙的作战计谋,他决定蒙骗对手,在塞尔奇姆山西北脚下演了一出空城计。果米人果然上了圈套:他们扑向空无一人的帐篷,而恰姆鲁人却在这时出其不意地从侧翼杀出,击败了对手……

目前,钦差到了库库淖尔,他将对此案进行全面审理。

恰姆鲁碰上的第二件伤脑筋的事是他儿子的伤。这位年轻人揭发一个亲戚盗窃了父亲的马,并当众指责盗贼的不光彩行为。盗贼气恼之下,举枪打伤了正在同他讲理的年轻人的腿……据周围的人讲,年轻人伤得很重,需要治疗。

---

[1]Diplophysa 属。

13.7　库库淖尔湖上的试航

到达库库淖尔之后,我们从驮包中找出了折叠式帆布船,并小心翼翼地把它组装起来,划离湖岸 2 ~ 5 俄里甚至更远试航。试航活动在各种天气情况下风雨无阻地进行,不管库库淖尔湖上波涛翻滚还是风平浪静。总的说来,试航的结果令人满意。小船在桨橹的带动下,如同浮标一般在波涛中摇晃着,十分轻捷地朝预定方向驶去。这是它的优点。小船的缺点则有以下几方面:桨不结实,从试航的最处几天开始桨架处就开始脱皮,桨架本身也不稳当;船舷向外敞得太宽,掀起的巨浪也因此常常扑打着将船底淹没。总之,还得下一番工夫这条小船才能在我们考虑完成去奎苏岛的航行时,让人多少放心一些。我们在船舷加了一个木制的菱形箍子,把整个船体加固得结结实实,再把桨架也夹得紧紧的,并且还在桨上箍了个皮边。

试完船,就得张罗着准备吃的和喝的,调好测量仪和其他工具,还要落实参加航行的人员问题。出发地点拟定在乌尔托营地以西 7 俄里处,距离湖岸上冬天牧民踏冰去奎苏岛朝圣的路标——鄂博 4 俄里的地方。到库库淖尔的第一周就这样在忙碌有趣的工作中过去了。

13.8　考察队的地质学家来了

在沿湖的西岸稍稍游览一番后返回营地的途中,我就听到营地上一片欢腾,原来是考察队的地质学家 A. A. 切尔诺夫在经过近 850 俄里的行程,完成了向西的侧翼旅行后回来了。切尔诺夫从定远营出发,一开始向偏西北方向行进,很快又转向西南到达索果浩特。然后,地质学家转向南,逆一条河流而上直达凉州并在那里停留一周时间,以便为考察队下一步横越南山找到向导和必需的马车。在从凉州到大通河的路上,A. A. 切尔诺夫考察了欧洲人尚未问津的新地区,从中发现了几条夹在南山最高山脉西坡峡谷中的冰川。过了大通河,地质学家并没能开辟出一条斜向西南到达库库淖尔河谷的令人感兴趣的通道,主要

·欧·亚·历·史·文·化·文·库·

是车夫非常惧怕库库淖尔的唐古特人的缘故。于是,A. A.切尔诺夫转向木巴城和丹噶尔,然后走商道赶来与考察队汇合。

返回主营地的头几天,地质学家忙着整理他那些考察资料和收集品。让考察队感兴趣的仍然是库库淖尔,还有它任性的脾气和变化无常的水面。比如说,库库淖尔的东南湖湾风平浪静,泛映着天空那蔚蓝的色调,而湖的北面则已经是碧浪翻腾了。也就在同一时间,黑压压的巨浪飞溅着白沫从西北方向滚滚而来。库库淖尔可以在瞬间由风平浪静转为风浪大作,反之,在一阵较为激烈的狂风巨浪之后,湖水却在好长时间内无法平静下来。

库库淖尔无论是在风平浪静的时候,还是在波涛汹涌的瞬间都是非常雄浑壮美的。我在岸边一坐就是数小时,再不然就离开宿营地往上或往下一直走到很远的地方,看不够它那水天相接的湖面,单调的浪潮也让人百听不厌。我不由得联想起克里木南部浪拍湖岸发出的声响。

13.9 我与波留托夫首航奎苏岛未果

我决定由我本人和哥萨克军士波留托夫首航奎苏岛。我们每个人都明白,面临的困难和考验将会不少,也许还得为生存进行残酷的斗争。应该做好一切准备,我生平第一次写下了遗书。而最难以预料的则是我最宝贵的财富,考察队的前途和命运……

8月28日傍晚,一切准备就绪,我和波留托夫来到出发点。库库淖尔湖渐渐平静下来,太阳已经消失在清澈明净的地平线之下,晴雨表显示的情况十分正常。暮色垂临大地,西边的晚霞刚刚消逝,月亮就从东边升起来了。月光下,目力所及的整个库库淖尔湖面显得十分幽美。这时我甚至有点儿抱怨自己没有充分利用今天的天气,早一天动身去奎苏岛。

在湖边散足了步,尽情呼吸过"海上"清爽的空气之后,我才返回到帐篷睡觉。海同样在静寐中,航海者好像不喜欢这种寂静,认为它往往是不祥的先兆。

深夜 2 点钟,库库淖尔掀起的巨浪以惊心动魄的力量撞击着湖岸,我被惊醒了。将近黎明,快到我们预定的开航时刻了,惊涛骇浪却越发肆虐,我们只好耐住性子,眼巴巴地等待着。近中午时,风浪开始平静下来,我们企图离岸起航的几次努力都失败了,9 或 12 级的巨浪每次都怒气冲冲地将我们抛回到岸边。

13.10 切尔诺夫和切蒂尔金的奎苏岛之行

返回主营地后,我让我的同事切尔诺夫和切蒂尔金去了出发点,耐心等待库库淖尔的天气好转。他们比我幸运,实现了大家梦寐以求的共同理想,用考察队员的目光审视了这个高山湖泊的心脏。

与 A. A. 切尔诺夫分别时,我清楚地看到他那忧心忡忡的脸上表露出来的意思:"万一,……就指望你们了……"

现在就让我的同事来讲述他那次有趣的奎苏岛之行。

13.10.1 航行前的准备

A. A. 切尔诺夫说[1],船一拨发给我们使用,我们就在掷弹兵捷米坚科和一名中国士兵陪同下来到岸边船所在的地方,离考察队的营地大约 7 俄里。8 月 30 日傍晚,我们在这里进行了旅行前的最后试航,检验了船上带的别洛克小型深度计。试航结果表明,船灵活轻巧,只是它的容积太小,在航行过程中,船上的人会互相妨碍,并且船尾的桨发挥不了作用。只好对需要带的装备进行一番更加缜密的斟酌了。遗憾的是我们无法知道,岛上是否有人居住。当地的唐古特人讲,去年冬天奎苏岛上住过两个和尚,这两位修士是否会留在那里过夏天,他们就不知道了。

如果我们确信能在岛上找到那两个修士的话,装备可以带得更轻一些,也可以不带食品。

日落后,大家一起动手烤饼子、煮肉,以备途中食用。烤出来的饼

---

〔1〕《Землеведение》(《自然地理学》). 1910 г. Книжга I, Стр. 28 – 44; кн. II, Стр. 18 – 34.

子不大好,因为油是苦的,烧火用的干粪又潮,我们没有办法把饼子烤透。让我们操心的还有另一个更为重要的问题,那就是确定起航的时间,我们想选择一个最有利的时机出发。

13.10.2　关注天气,等待时机

我们日复一日地密切关注湖泊的情况,也确实注意到它一直是巨浪滚滚。只有在 8 月 28 日这一天比较平静,傍晚时分湖上波光潋滟。天气通常是在中午过后,有时是从半夜起发生变化。湖泊所在的这个巨大盆地为不时从附近南、北两面山上刮下的风提供了一个理想的畅通无阻的场所。风刮过来的同时也就掀起波涛,这显然是由于在这个地势很高的湖泊上空,大气柱的压力不大这一条件促成的。此外,多雨的季节又生成了一堆又一堆的云彩,更需要提防的是那种突然出现的乌云,它通常会带来一阵大风。

我们决定视无液气压计[1]反映的情况,在中午或半夜时分出发。假如在航行一开始天气就转坏的话,我们还有可能折返回来,等待更为有利的时机。

我们来到岸边的当天夜晚是宁静的,白天降下来的无液气压计,晚上又上升了。浪拍湖岸的声音隐约传到与湖仅有一道浅水湾之隔的营地。看来夜里是可以出发了。

但这时在北边,库库淖尔的后面开始有雷电闪耀,这种情况立刻让我们感到不安。月亮升起来了,我们把部分希望寄托在它上面,因为当时正值月圆时节,有了月的光亮,短暂的白昼就被大大地延长了。

不一会儿,从南库库淖尔山背后飞出片片云朵,很快遮住了月亮,风从山上吹过来,我们夜间出航的希望变得渺茫起来。

我们躺下来,但却睡得很轻,不时跳起来倾听天气最细微的变化和湖上的情况。半夜时分喧声大作。可以听到从东面而来的细浪拍击湖岸的声响。我们很是沮丧,决定推迟出航。

---

〔1〕无液气压计,或金属气压表——一种测量气压的装置,由一个装有非常稀薄空气的密封盒组成。气压变化使盒壁产生震动,摆动的杠杆驱动指针沿刻度运动。刻度上还标示出以毫米为单位的水银气压刻度,同时还有该气压下以米为单位的高度。我们可以用它作高度计。

从夜里两三点钟到早晨七八点钟,间断地下着雨。早晨,湖面变得不平静起来,但还没有掀起白色的浪峰,湖的东面边缘上还出现过一条碧绿的水带。

13.10.3 出发后一路观测

接近中午时湖面没有发生变化,于是我们急忙收拾好自己的行李上船,决定出发。船上显得很拥挤,只好撤下以防万一准备的罗盘仪。我们感到彼此碍手碍脚,因为在两人的腿之间还放着一只又长又窄的食品箱,箱子上放着温度计,旁边还有一个装了一桶茶水的橡胶袋。这只袋子最碍事,特别是碍划桨人的事,还压得小船向一边倾斜,但把它留下不带又下不了决心,因为我们担心岛上找不到水。我们每人只带了一件厚的短上衣,在同伴的坚持下又带了一块油布,以便稍稍遮护一下船头,免得大浪冲进来。

一点一刻,我们在东偏北方向的微风吹拂下离开湖岸。天空有四分之三被云遮挡,湖岸离开我们迅速向后退去,岸上捷米坚科的身影渐渐变小。

一小时后,无液气压计已经下降了 1.5 个分度,但我们还是决定继续前进,希望在天气变化之前能到达岛上。

岛屿起初呈梯形,只是在航行一个半到两个小时的时候,它才呈现出在岸边看到的那种样子:梯形的上边清晰地冒出一个圆锥状的丘岗。

4 点半钟,我们第一次测量水的深度——31 米。测深锤从湖底带上来一些浅灰色的淤泥。尽管身上带着温度计,由于太匆忙,我们还是忘了测量湖底的水温。无液气压计的读数在持续下降,我们仍决定向前行驶。该对自己的处境做最后一次周密考虑了,根据推测,我们已经走了大约一半的路程。小岛似乎并没有变大,但却更加清晰了。它在我们此刻观察它的地方呈深棕色,上面镶着白色斑点,岸边显露出一些陡峭的山岩。

这时在我们左面,沿西边地平线出现了连绵的乌云,太阳渐渐躲到云后去了。5 点钟,云中出现了四色的霓虹斑点,我不由自主地频频将目光投向斑点出现的方向。实际上,对我们的考验却在另一个方向酝酿着。

5点半钟,湖底的深度和成分还是与原来一样。岛的最高处清楚地出现了几个鄂博。单调乏味的航程间或被大鱼的拍水声打破:鱼长时间贴着水面漂浮,因此我们能看得见它们。有一次,一只鸬鹚绕着我们飞行,还有一次,一只鸥落到了水面上。

太阳完全被乌云遮挡,暮色迅速降临大地,库库淖尔东岸涌起一片又窄又长的乌云。然而,就在前一片云远远地迂绕而过时,又一片却直冲我们压过来。我们目睹着它在迫近,也从刮起的东北风中感觉到了它的存在。小岛变成了一个模糊的团点。

7点20分,风力骤然加强,顷刻间出现了"白浪"。我们最后一次交换位置,一场与狂暴的自然力的搏击开始了。我们中间的一个人拿出了一个充气橡皮囊。

巨浪翻滚,水沫飞溅,浪从侧面向我们扑来,小船时而从浪尖上滑过,时而跌入两道巨浪之间宽宽的谷槽。虽然我们想尽办法避开一排排巨浪,但还是不断受到它的袭击。

又下起了雨,四周一片漆黑。有那么一刻,很难说它究竟有多久,岛屿消失了。然而,当划桨人惶恐不安地询问时,他的同伴的回答却是令人宽慰的。

浪涛已经看不见了,我们只能根据声音判断出,可怕的对手又在迫近。小船附近不时会突然涌起一道白色的浪峰,把水沫泼溅到我们身上。我们试图用油布挡水,但那种努力完全是徒劳的。就这样,我们完全被泡在了水里。在这种处境中,耳边传来的鹬的尖叫声也会让我们感到一丝快慰。

13.10.4　抵达小岛连夜观察

终于,出于某种本能,我们感觉到小岛已经很近了,尽管在黑暗中它只是个若隐若现、轮廓模糊的斑点而已。雨停了,远处传来激浪的哗哗声。我们凑巧进入一个相对平静的地带。8点半钟,我们终于上了岸。

我们怀着可以理解的激动心情踏上这一小片收容了我们的陆地。

船上的东西全部被搬了出来堆在岸上。船也被从水里拖上来翻扣在我们的财产上。随后我们就去察看周围地方的情形。

岸的边缘是些砾石,往前逐渐升起,变成长满草的旷地,旷地的尽头是一面陡坡。显然,我们是在岛的南端上的岸。湖岸往东很快便与一条长形的砾石滩相接,西面陡峭的斜坡一直延伸到湖边并且突起成岩壁。刚一走近陡峭的斜坡,我们立刻发现了一个用墙围住的山洞。我们一个跟着一个,小心谨慎地挤进那狭窄的入口,尽量不弄出一点声响。突然,一手拿着蜡烛,一手握着左轮枪走在最前面的那位情绪过度兴奋的同伴放声喊叫起来:"骷髅!"

然而,这具骷髅不过是一只靠墙立放的绵羊躯干。羊皮已被剥下,躯干上的肉已枯干得如同石头一般坚硬。架子上还放着两片羊肉,在一个靠近入口的墙角下堆放着些许干马粪,旁边还有一个类似壁炉的东西。所有这些都说明,这所住处的主人是有先见之明的,但却不见主人本人,只有嗡嗡的苍蝇打破了洞内的宁静。我们钻进洞时,一只小鸟从洞里轻轻飞了出去。

出了山洞,顺着陡坡的底部往前走几步,我们又发现一道围墙,墙内密密麻麻地卧着一群绵羊。

围墙外面又出现一座紧贴岩石重叠的悬崖而搭建的建筑,而且比我们先前看到的那个要大。显然,这里有人居住。

我们迈着小心翼翼的步子,回到放小船的地方,决定吃点儿东西。可是我们预备的食品都被水泡胀了,让人看了就不想吃。饼子散碎了,盐和糖溶化了,箱子里放的东西全变得黏黏糊糊的。我们自己穿着一身湿淋淋的衣服,也够惨的了。收藏得最精心的要数无液气压计了:它被放在内衣口袋里,可是装气压计的盒子已经受潮,原来粘合起来的地方都翘开了。

我们每个人吃了一个鸡蛋和一块肉,喝了点儿加白兰地的冷茶补充体力,然后就爬到船下面,想在自己的窝里睡上一觉,可是浑身打起了寒颤。此时,我们不由自主地想起了刚刚察看过的那个山洞,它仿佛是专为来访者准备的。当然,不经主人的同意就占用这个山洞是不大合适的,可是要摆脱目前的困境,我们别无选择。

我们决定把这个可以自由出入的栖身之所的全部方便条件都利用起来。可是,要生起一炉旺旺的火,原来却远非一件易事:必须把我们的肺部当风箱使用。同伴在一旁手忙脚乱,双眼被烟呛得生疼。可是,当一切收拾停当,炉火被烧得旺腾腾的时候,他获得了第一个用火烤干湿衣服的优先权。

借着蜡烛的光亮,我们更加仔细地对住所察看了一番。进入洞口后地面略有下降。建筑物的底部是一些有一定高度的大岩石块,在它们的上面建造了顶棚和补充性的墙壁。墙是用未经烧制的粘土堆砌而成的,有的地方还掺入了亮晶晶的白云母石块。火炉对面靠着山洞的后墙还砌了个坐人的小台阶。旁边有一个用矮墙隔着的地方,矮墙上掏有一个小壁龛。

我们愉快地拿自己的处境打趣,把它比作鲁滨逊·克鲁索在船舶遇险后的遭遇。

东边和西南边地平线上阴云密布,一道道闪电不时将它们划开。雷声在我们的地下栖身所发出非同一般的轰鸣。

临近午夜时,我们已经把自己的衣服整理得像个样儿了。我们走出洞外,再次察看周围的情形。

14　库库淖尔湖(续)

14.1　夜间对奎苏岛的补充研究

在开船去奎苏岛时,我们的很大希望寄托在月光上。月亮刚刚从云中浮出,我们真想马上浏览奎苏的最高点。

刚一出发,我们就发现一匹奔跑的马,沿坡行走不一会儿,又看到一个半塌的佛塔。

坡很陡并且被冲沟阻断。我们终于走到一片高出整个岛并且边缘地带筑有建筑物的空地。首先映入眼帘的是一座显然不久前才建成的小庙,门口有台阶,一张门帘就算是庙门了。借着火柴的光亮朝里面望去,墙上挂满了许多绘制的佛像。我们后来又遇见了两个岩洞,我俩竭力放轻脚步进到岩洞中,可是,里面全然是空的。

坐落在角上的鄂博是空地上的最高建筑,月光洒在整个岛上。由于岛的外形与湖融为一体,我们无从知道它的大小。湖上传来低沉的絮语,这是黑暗中远处的湖浪不断向岸上冲击发出的声音。南边勾勒出奇特的幻景,原来,南岸是一个黑色的陡岸,它距离我们很近,一条比南库库淖尔山高一倍的山脉耸立其上。

欣赏完这难以描述的全景,我们回到岩洞,心情平静下来之后,疲乏的身体让人有了休息的念头。当我们很不舒服地躺在地上时已经是两点钟了,床的长度只有两俄尺,突出的壁炉让我们不得不紧缩成一团。

在太阳升起之前小憩片刻之后,我们来到船边。周围一片寂静,湖水发出低微的哗啦声,波塔宁山笼罩在雪白色的积云中,头顶上蔚蓝色天空的另一头又是一片云彩。早晨 7 点钟湖水的温度为 11.8℃，气温只有 6.4℃。我们动手收拾自己的东西：该洗的洗，该晾的晾。

14.2　与岛上三位苦行僧的奇特相识

烟从有人居住的岩洞冒了出来，我们在等待着岩洞主人的出现。也许，在远处的船边发现我们会比我们自己出现在主人家里要好一些，不至于让主人受到过分的惊吓。但是，时间一分一分地过去了，周围仍然是一片寂静。我们决定登门拜访。

羊仍然被关在圈中，岩洞中传出单调的喃喃声，里面只有一个人在做祈祷。我们在洞外用蒙古语向他表示问候，他提高了嗓门算是回应，但并没有出来。当我们走进苦行僧的屋子时看到他坐在一个特别的高台上，眼前摊开着一本书，书前面放着诵经用的小茶碗和帽贝。

当看见我们时，这位僧人着实吓了一跳，他噌地站起来，手在发抖，瞳孔也放大了。接过问候的哈达之后他赶紧把毛皮扔到地上，开始给我们这些不速之客让座，在我们面前很快就出现了喇嘛储存的几乎所有食物。主人嘴里快速而且含糊地念着经或在祈祷，不时用手指抚弄喉咙并强装笑脸。他抓起一个大的生铁茶缸跑出岩洞，并开始慌慌忙忙地挤羊奶，我们可以听清楚他不断重复的那几句话："呆尔—嚷达，达—呆尔—嚷达—达"，"呆尔—嚷达，达呆尔—嚷达—达"（怎么办，怎么办？——后来别人是这样给我们翻译的）。

挤完奶，僧人把一口锅放到火上，当看到我们像普通人那样吃东西时，他才略微平静了一点。僧人快速拨弄着手中的念珠，不时微笑着，嘴唇微微颤动，但却目不转睛地注视着我们。

食物主要是乳制品：酸奶、干奶渣——"曲奶"和奶油。除此以外，僧人还有一些磨成粉的大麦（糌粑）和砖茶。显然，这是朝圣者捐赠的。他还端上了我们在藏身地见到的那种硬得像石头一样的羊腿。我们谢绝了茶和其他食物，随意吃了点儿做得比较干净的可口酸奶。在我们吃东西的时候，僧人抖掉小碟子中的沙砾，从铜制小茶杯中倒了点儿水仔细地搓洗着小碟子，然后又坐在那里诵经。除了这些东西以外，神龛上有几尊"嚓嚓"——几件不大的土佛像和一幅佛的画像,喇嘛读的是一本又长又窄的散页书。

待苦行僧念完经后,我们用手势比划着,示意他跟我们走并且一直把他带到船跟前。看完船和我们留在那里的东西之后,他完全平静下来。显然,他明白了,这些在不同寻常的季节里访问岛上的外国人从哪里来,并且是如何出现在他的领地上的。我们之间很快就建立起了牢固的友谊,我送给他一把小折刀、一只装过干白菜的铁盒子。僧人带着我们去见岛上另外两个同他一样的居民。

离开第一个僧人的住地,我们顺着紧贴峭壁的湖岸向西,很快就看到了一个更结实的,但却依然是"岩洞"型的建筑。一听到我们向导的声音,主人立刻迎了出来,邻里之间热闹地聊了起来,这时我们结识的第一个人已担当起讲解员的角色。我们在岛上新结识的居民惊奇地看着我们,他领我们参观自己的住宅和建在住宅旁的小庙。

参观完小庙后,大家一起去拜访岛上的第三位苦行僧。

这些僧人都是些中年人,但还不能说他们上了年纪,第一个显得更年轻一些,胡子刮得干干净净,一看就是个普通的佛教徒。

其余两人早已经完全放弃收拾自己的外表,长长的头发四散崛起,形成奇特的头部装饰。这几个僧人都是唐古特人:前两位是典型的黑发男子,第三位皮肤更白,浅色的毛发,他的样子的确像个野人,目光游移不定,牙齿从嘴中撅出。

14.3　观测奎苏岛的地质构造

看到我们对石头感兴趣,第一个僧人请我们跟着他走。我们跟着他登上岩石重叠的陡岸,这时湖岸转向西北方向,然后几乎转向北,脚下出现了令人心旷神怡的景象。湖岸很少被分割,但却被 8 ~ 9 米高的垂直花岗岩包围,从上面掉下的巨大石块布满了山岩脚下并一直延伸向碧绿的远处。湖浪激荡在岩石中,湖水中游动着 10 ~ 12 俄寸(接近0.6 米)的长鱼,这种鱼像一条不间断的移动花带成群聚拢在湖岸,陡岸的悬崖上聚集着成群的鸬鹚。当我们走近时,鸟儿飞落到水中离湖岸有一定距离的地方,鸥在湖浪上颠簸着,鱼游在鸬鹚的后面,形成了一条徐徐蠕动的长带子。

终于,山岩降低,湖岸变宽,喇嘛将我们带到了一个不大的突出部。它由被非常大的伟晶岩死岩脉贯穿的橙红色大块花岗岩组成,后者主要由直径达几分米的白石英和粉色长石组成。我们在这些石粒中发现了银白色的云母片和直径达 3 厘米的黑色碧玺棱晶,它们的光泽也引起了我们的向导对这些岩石露头的极大兴趣。

草草参观完湖岸后,我们很快来到又窄又低并将岛的东北角与主体分开的地峡处。地峡的后面矗立着呈陡峭齿状向湖中跌落的花岗岩,其上有一块高出水面 12 米的平坦空地。岛上这个西北向的岬与地峡一起呈斧子状伸入湖中,齿状湖湾中有大鱼,岛的北岸突然出现了惊涛骇浪。我们在这里与岛上的其他两个居民汇合,并一起完成了绕湖岸的考察活动。

从地峡处起,湖岸开始更加纵横交错着向东延伸,随后再次变得平坦起来并转向南。这里既没有树,也没有灌木,低矮的草本植物覆盖了岛从空地中央向湖岸倾斜的斜坡。

僧人们显然在互相交流观感。当时石头中间的两处地方溜过的狐狸引起了我们的注意,他们便告诉我们,在他们的驻地有 8 只这样的动物。

14.4　赠送礼物并在岛上测量

岛的东南端是呈锐角跨向短沙滩地带的低矮凸缘。在这个凸出部上,岩石陡岸的脚下有一个 U 字型泻湖,湖上翱翔着鸥和鸬鹚,成行的鹅停留在南岸的砾石堤上。

船上的东西再次受到僧人仔细的参观:他们对一切都进行了了解,对一切都感到惊奇,望远镜给他们带来了极大的满足。第一个喇嘛已经完全和我们混熟了:他不停地说相信我们,并且固执地邀请我们到他那里做客。我正好拿了 3 份礼物,因此,其他两位僧人也各自得到了一条哈达和一把小刀。

我们在邻居那里随便喝了一点酸奶,被日夜的参观搞得疲惫不堪的我们倒在船边上睡着了。白天,3点钟时从西面刮来的风把我们惊醒,湖也开始变得不平静起来,白色的浪峰迅速扩展并喧嚣着拍打湖岸,鱼儿很快钻到深水中去了。尘云滚滚,湖的南岸消失了,1米高的水浪一个接一个地涌上我们所在的岸边,泻湖也被灌满了水,涌起的浪覆盖了峭壁重叠的岸边竖起的高出水面1~1.5米的巨大石块。

连续不断的急流将水珠飞溅到高3俄丈的陡峭岩壁上。

鸬鹚和鸥在大浪中随处颠簸,它好像很喜欢这风浪大作的坏天气。

我们开始按指南针指示的方向对岛进行测量,距离用脚步丈量并且将丈量结果换算成米制。测量结果是这样的,南岸和西岸到地峡的长度为1.5公里,西北的岬和地峡周围共0.6公里,北岸和东岸长1.7公里。这样,整个岛的岸线长3.8公里(3.5俄里),最大横截面(长度)为1650米,宽为560米(岛中部)。

14.5 在奎苏岛上放火炮

我们有3支用来与岸上进行联系的火炮,并约好在夜里9点钟燃放:第一支在我们到达奎苏岛的当天燃放,第二支定在离开岛的前一天夜里燃放,第三支要等到我们离开岛的第一次努力失败后,或者我们因为某种原因要在冬天到来之前留在岛上时燃放。当时我们就得连放两支火炮。虽然我们是在9点半钟到达的,但由于忘了带火炮上的木棍,当时并没有放。今天,机灵的同事用随身携带的木箱子给火炮添了个尾巴,信号终于发出去了,可是它却被大风刮得偏离了方向,远远地蹦到一边去了。

在深夜到来之前,我们借着烛光在岩洞中整理记录。风沿悬崖峭壁呼啸着,却没有刮到我们这里,只有拍岸的浪声低沉地回响在周围,岛东边被乌云遮蔽。在征得住所主人——我们乐观的邻居的允许之后,我们拆通了内墙。终于可以伸直身子睡一觉了!

14.6　做客

9月2日一大早,我们的邻居一个接一个地来了,他们坚决要求我们到家里做客。为了不伤害每一个人的自尊,我们轮流到各家做客。主人们这时也都知道了我们的爱好:刚一进门,面前就会立即出现一大木桶酸奶。

由于身处这种特殊场合,我们没有机会和苦行僧交谈,只能聚精会神地观察一切,尽可能利用在岛上滞留的每一分钟对这里的自然和居民留下一个即便是最肤浅的印象。我至今还为自己的一个疏忽感到遗憾:由于只有一架照相机,我担心会弄坏它,因此决定不把它带上岛,从而在接下来的路途中失去了拍照的机会……

14.7　岛上的生命和景色

长满草的斜坡从高于整个岛的中央空地向四周跌落。坡上的土壤是覆盖着一层薄薄的本生岩——花岗岩的黄土,东坡和南坡是高低不平的冲沟。在奎苏岛南部,几条深沟扎进一大片花岗岩,8～12米高的花岗岩陡岸向西南方向跌落流入水中。只有在岛的南端,狭窄的地峡北部例外——我们在这里发现了轮廓相对模糊、适于攀登的陡岸,即使白天也很难登上峭壁重叠的陡岸,可我们居然在黑暗中非常幸运地航行到最容易上岸的地方!

真想马不停蹄地观赏陡岸的奇特生命。鱼通常在悬崖附近,有时会被卷到微微突出湖面的巨石上,在较为平坦的北岸和东岸见不到它们的影子。这种动物在石头附近游动,丝毫不畏惧人接近到它们跟前。有时它们会游到两块巨石中间的地方,有时却会突然从某个秘密通道中游出。大小相同的裸裂尻鱼属一个挨着一个,懒洋洋地游动着。我们在这里没有见到一条库库淖尔沿岸特有的那种游入河口的小鱼。

我们对这一大群鱼的饮食方法很感兴趣,在对它们进行跟踪后,得到如下观察结果:水下的石头上覆盖着一层蓬松的水草,这层覆盖物在水面以下半俄尺(33厘米)深处。厚达1俄寸的草毯徐徐晃动,闪变出各种绿色!鱼时常会倒立着将自己的嘴伸入水草中。原来,它们是在这块作为诱饵的郁郁葱葱的地毯里觅食。岛东部和北部覆盖着沙砾的平缓湖岸由于碎屑物的不断运动,水草无法繁衍丛生,那里因此也就没有鱼。

鸬鹚刚落到水面,鱼就放下自己正在忙碌的活儿紧随其后。可以认为,它们在捕食鸟儿的排泄物,鱼的体形很大,丝毫不惧怕前者。我们没有发现过鸟想捕鱼的企图:显然,捕食后者是它们力所不及的一件事。我们没有弄清鸟的食物是什么,因为这里根本没有发现小鱼,岛上最多的也是无法以鱼类为生的鸬鹚。虽然在有人出现的情况下鸬鹚总是呆在远离湖岸的地方,也许,它们的食物也是那种毛茸茸的水草地毯。鸥经常在岛东南端的小泻湖中觅食,它们特别喜欢在风平浪静的时候停在那里。

鸬鹚在岛上筑巢,悬崖上随处可见平底浅盆形的鸟巢。我们常常会遇到一些鸟蛋,见得最多的是蛋壳。鸬鹚的蛋通常会落到狐狸掌中:重叠的大石块有利于这些狡猾的野兽藏身,更何况鸟巢又常常筑在完全可以够得着的地方。

岛上有少量的鸥、燕鸥、雁、海番鸭、百灵、花鸡、鹡鸰和红娥,在我们居住的岩洞中有一只后来习惯与我们为邻的红尾鸲。我们见到的猛禽只有鹰,有一次还听到了鸥枭的叫声。

我们尽量向僧人们打听,问他们有没有在水中见过比鱼更大的动物,得到的回答是否定的。因此,B. A. 奥布鲁切夫关于这里有一种鳍脚目的说法没有得到证实。[1]

岛上没有啮齿目出现,也没有在库库淖尔盆地斜坡上常见的鼠兔洞穴,也许是狐狸吃光了啮齿目。

岛上矮生动物不多,偶尔能见到苍蝇和甲虫。有一次我遇到了一群正在拖运螽斯尸体的蚂蚁。石头下面的黄土地上有陆地上的软体动

---

〔1〕《Центральная Азия, Северный Китай и Нань-шань》(《中亚细亚、华北和南山》)Том Ⅱ. Стр. 104.

物(蛹和大蜗牛属)。

在岛上发现的第一种植物是葱。到这里的第一天,我们刚在船附近安顿下来,便被我们踩踏坏的这种植物散发出的气味所吸引。后来才搞清楚,葱浓密地覆盖了岸上多石的小草地、湖湾和悬崖。总的来说,岛上的植物与库库淖尔湖岸的植物相似,我们在这里发现了滨藜、蒿、锦葵、紫苑、龙胆、荨麻、芨芨草、荷兰芹。岩石的裂罅中偶尔能遇到蕨和木贼,其中有几种植物是僧人的日常用品。荷兰芹的籽是制作酸奶的佐料,芨芨草的茎秆被用来制作油灯的灯芯。岛上的植被只有在沿岸的个别地方比较稠密,其他地方的草已经被拔掉和踩坏。

14.8 另一个岛

在上岛的第二天,我们就发现在偏西北方向上的湖中突起的悬崖,它们由 3 个明显靠近南岸,而不是奎苏的白色雉堞组成。喇嘛认为,虽然从岛上能看见这 3 个叫杰木恰赫的峭壁,事实上是 9 个很难接近的不毛之地,其上面发白的东西可能是鸟粪。

在奎苏岛偏西北方向出现了完全出人预料的景象。原来,在离岛约 20 俄里的地方还有一个规模很大的岛。该岛的北坡略有倾斜,南坡和波状的顶端则更陡,陡峭地带的附近既看不到库库淖尔的湖岸,也看不见地平线上的山体。听了喇嘛的叙述之后,我们更加感到困惑。

僧人画出湖周围地方的草图,它的中间是奎苏岛,苦行僧们叫它措尔宁,西岸是另外一个规模不小的岛。其中一名僧人还告诉我们,冬天他带着储备的食物和水去这个叫采尔巴列的岛,那里既没有居民,也没有水和燃料。僧人认为,到那里的距离与到库库淖尔南岸的距离一样,如何解释有关湖西岸说法的这些矛盾?问题的复杂之处在于在陡峭地带靠近南端的地方有一片红色的低地。可以认为,喇嘛说的这片地方是独立的。[1]

---

〔1〕我们后来没能证实僧人的描述。居住在湖南岸的唐古特人说,采尔巴列只是一个由一条狭长沙滩与湖岸相连的半岛。

马上弄清这些矛盾的想法显得很诱人。西边的地平线上只能看见从库库淖尔湖水中升起的看似很近的巨大山脉。我们还有五六天的时间,可是湖的情绪总让人捉摸不透,今天早上还是风平浪静,南边的山笼罩在尘烟中,北边的山依稀可见。但是,从 4 点钟开始刮起了西风,湖中随之掀起巨浪。

白天天气相对平静的时候,我的旅伴在湖中钓到了一条鱼,这条鱼烤熟后被我们当着苦行僧们的面消灭殆尽。好奇的邻居暗中打定主意,要瞒着自己的同胞尝尝这种新的食物。虽然他们最终没有吃,但并没有表示出对它的厌恶。

14.9　岛的岩石构造

9 月 3 日,风浪与往常一样从偏西南方向扑过来,湖岸不见了,山隐没在尘雾中,只有采尔巴列隐隐显露出来。风搅得我们无法平静,为了减少对无法预料的处境的担忧,我们决定第二天做去采尔巴列的最后一次尝试,如果天气还不好转的话,只能考虑返航。

我因此有足够的时间研究岛的构造,这不仅在地质学上,而且在考古学方面都很有意义。

这个岛是由彼此之间关系十分复杂的花岗岩和片麻岩垛叠而成的,其中最多的是颗粒粗大的黄色和橙黄色黑云母花岗岩。但是,这里见不到这种花岗岩的厚重露头,因为我们到处可以发现其中的不同矿脉。最常见的是伟晶岩的矿脉,我们在很多地方都发现了它的存在。例如,在南岸附近的一个地方有一块贯穿着大颗粒花岗岩纵横交错矿脉的粗粒花岗岩大崩裂体,该矿脉层的厚度非同寻常。

伟晶岩的矿脉常常由石英、正长石、白云母和碧玺的颗粒组成,有些地方集中着大量的花岗岩,[1]它们的厚度不同,一般在 0.5 ~ 1 米之间。这些不可分割的整体常常会很大,同时碧玺的晶体有时呈球形分

---

〔1〕A.E. 费斯曼认为,在与易北湖伟晶矿脉有着相同之处的奎苏岛伟晶岩中含有榴石、锂云母和黑碧玺。

布,细微的端头伸向一个中心。如果这种晶体的断面是从中心经过的,那么碧玺就会形成优美的花饰。

伟晶岩上也出现了特有的石英和正长石的连生现象。无论在大粒的还是小颗粒的伟晶岩上都可以清晰地看出各种晶体带状分布的现象。绝大多数情况下,矿脉向北散开,只有岩枝与个别花岗岩上的裂纹四散扩开。

岛上的片麻岩没有得到充分发展。我们只在第三个喇嘛的洞穴附近以及远处的西岸发现了较大的片麻岩露头,它们被揉入大多向北和偏东北方向下垂的皱褶。在奎苏岛北岸的水边附近也有片麻岩的露头,它们的岩层分布从顶部一直向湖中延伸。

片麻岩的各处都贯穿着大颗粒黑云母花岗岩的矿脉,最常见的为时而消失时而又呈鸟巢状凸起的层状矿脉。

除花岗岩和片麻岩以及两次意外的发现外,我们在奎苏岛没有发现其他本生岩。意外发现之一是一小方块大概是石炭纪的有珊瑚的石灰石。这一小块石灰石与在岛上小庙入口处收集到的数块白石英矿脉放在一起。另一发现物是岛东南端鄂博的石头中间一大块刻有字母的长石石岩。这两块石头可能是被带到岛上的,长石石岩的质地较软,上面的象形文字引起了大家的注意。[1]

岩层表面最引人注目的是覆盖了全岛的一层薄薄的黄土。这是典型的、在空地中央厚度超过1米的风积黄土。岛的斜坡上黄土层的下面经常能够看到本生岩,我们在土中发现了与现在生活在石头下面的动物相似的陆地软体动物的贝壳。

岛西岸第三个喇嘛的岩洞后面是大量的另一种碎砾石。它们由圆形和凸凹不平的花岗岩和片麻岩构成,显然是受库库淖尔湖浪破坏作用的产物。砾石的厚度超过了8米,高出湖面30米。因此,黄土的形成要晚于这些岩屑。

在对奎苏岛的形成做出一般性结论的同时,我们认为,这个岛是由侵入片麻岩岩系的大花岗岩岩干组成,由于后者的强烈破坏,只有小碎

---

[1]喇嘛们有时收集化石作药,我在甘肃的一个寺庙里向他们要了几块石炭化石。

片完整无缺,我们现在所见到的只是花岗岩岩干[1]的表面部分。这一方面说明矿脉,特别是伟晶岩对花岗岩的充实,另一方面,是由于片麻岩和花岗岩之间复杂的接触。有时片麻岩层仿佛被花岗岩削磨掉,在花岗岩的同一地方存在直径为 0.5~1 米的矿巢。

14.10 关于奎苏岛形成的猜测和传说

从山志学上讲,奎苏岛可能是一个几乎已经从地面消失,但过去曾经很大的古老山脉微不足道的余留部分。我将采尔巴列和库库淖尔湖西面的久尔米特山,以及库库淖尔湖以东和阿拉河以北被破坏的小山岭也归入此列。在这里证明自己的结论是不合时宜的,我只想说明,南山山系中这条山脉楔入波塔宁山和南库库淖尔山间,构成了公堡里特山脉的东端延续,布亨达坂山是它们之间的连接纽带。[2]

顺便提一句,库库淖尔未来的研究者将面临一个难以解决的课题,即上面提到的山脉是否曾经把库库淖尔分成两个部分,我倾向于这种假设。如果假设成立的话,对该湖进行仔细测量就会发现从偏西北经过奎苏岛向偏东南延伸的不十分高的水下山岭。

H.M.普尔热瓦尔斯基曾经详细记录了一个关于库库淖尔和奎苏岛来源的传说,[3]我们在阐述该岛形成的同时,回忆这个传说中与此相关的部分就显得很有意义。很久很久以前,现在库库淖尔所在的这个地方是一片广阔的平原,如今的这个湖位于现在西藏拉萨所在地的地下。为了惩罚平原上的居民——一个泄漏天机的老人,怒气冲天的神淹没了平原,水从地下的洞口流出,许多人和动物因此遭受灭顶之灾。后来,神起了恻隐之心,一只神鸟按照他的吩咐衔来南山的一块山岩堵住了洞口。这块山岩就是奎苏岛,亦即"中心岛"。

---

〔1〕岩干——火山喷出的面积达 200 平方公里,贯穿地壳的矿岩体。岩干常有厚度不等的矿脉支脉。

〔2〕关于后者,请参阅 B. И. Роюоровский.《Труды экспедиции Императ. Русск. Геогр. Общ. по Центр. Азии》(《俄国皇家地理学会亚洲中部考察成果》). Часть Ⅱ. Стр. 276,303.

〔3〕H.M.普尔热瓦尔斯基:《Монголия и страна тангутов》(《蒙古和唐古特人地区》),莫斯科,国家地理书籍出版社,1946 年版。

14.11　继续考察

我们在岛的西岸研究山岩时意外发现了一个大山洞,它就在第三个喇嘛住宅后面的峭壁下,可是我们只能通过山岩下随处可见的大石头从北边接近山洞。洞中有一个庙,后墙挂着一幅佛像,同时摆放着嚓嚓和佛塔模型,一根拴着许多刻有铭文的羊肩胛骨的绳子横拴在那里,山洞附近的峭壁上有一个装着嚓嚓的石箱。

一条狭窄部分地方甚至中断的地段从第一个僧人的住处紧贴山崖沿东岸和北岸伸展。山崖一般高出湖面3.3米,毫无疑问,这个突出部就是以往库库淖尔最高位的标示。显然,地峡在水下,[1]当时奎苏岛的山岩从四处向湖中跌落并且在岛的西北部呈一个独立的小岛。有趣的是我在库库淖尔南岸观察的阶地,其中有一个的高度也是3.3米。湖面在从上述高度降到现在这个高度的过程中,无论在西岸还是南岸(地峡和岛的东南端除外)都没有形成沿岸地带,这就需要动脑子想一想,因为西面来的浪是最大的,浪潮的强度也应该受到西风的控制,同时也可能受到水下向西和南倾斜的岛的坡道的控制。泻湖和岛东南部多砾石的岬是由于各个方向的浪潮共同作用而形成的。

从岩石重叠的陡岸到岛的中央空地为陡峭程度不同的斜坡,坡上有些地方有轮廓分明的突出部。例如,在东南端附近这种突出部的基底在26.4米的高处,在第二个类似的突出部边上有一座半倒塌的装满嚓嚓的佛塔。

我们在高出湖面44.5米的地方发现了第三个十分明显地从中央空地向四面突兀的一个突出部,突出部的南部被冲沟猛然截断。

我在这些位置极高的突出部上观察到沿岸阶地的余部。的确,在它们的脚下没有发现能够解释突出部成因问题的大量沙砾,但在库库淖尔湖岸肯定会有这种高高的阶地。

---

〔1〕地峡最低处仅有2.4米,宽45米,由砾石和凸凹不平的大石头组成。地峡中部平整,裸露的砾石堤埂与湖衔接。

空地斜坡的上部非常陡峭,陡坡从东南约 67.5 米的高处升起,它的起点在其他地方,特别是西南面更低一些。从这个地方起,中央空地像一个巨大的长方形威严城堡,长方形的长边长为 225 米,由西北向东南延伸,短边的长度只有 130 米。凸凹不平并且满是锥形沙堤的空地边缘部分略高于它的内部,高出湖面 80 米[1],东北边有 6 个类似的锥体,其中一个呈角形。岛的最高点在东南部,是一个建在宽大疏松黄土台座上的大鄂博,石头垒起的顶端高 1.5 米。我们在鄂博内发现了马的颅骨残片。

多数锥体遭到严重破坏,但有两个保存完好的洞穴。可以认为,其余的堤埝曾经是住人的场所或者鄂博所在的位置。空地内的地面上到处都是为修建堤埝而挖出的坑穴,除了矗立在东北角附近的一个佛塔外,再没有其他任何建筑。

很久以前岛上开始有人居住。传说吐谷浑人[2]从公元 312 年到 663 年控制了库库淖尔地区并利用这个岛繁殖纯种马。[3] 用地质学的资料来阐明这一问题非常有意思,岛上的这片土地曾经会不会更大一些呢?骤然看来,湖的不断干缩是对这个问题的否定回答,但岛的表面过去确实要更宽一些。不用说形成奎苏岛上面突出部位的更遥远的史前期,就来说说在我们之前,湖面下降了 1~5 米的那个时期。应该认为,它是一个很长的时期,虽然北部和东部沿岸地带在这段时间里没有增加多少,整个岛的面积却由于破坏作用而大大缩减。湖浪在西岸的破坏作用更大些,呈齿状向西跌落的西北岬也使人联想到奎苏岛和久尔米特山以及与之毗连的半岛在形成上的一致性。这样一来,我们可以毫不牵强地认为,由于该岛向西面延续,它的面积曾经要更大一些,并且对奎苏岛附近湖底轮廓的研究可以使得这一观点得到充分证实。

---

〔1〕所有高度注记都是借助地平镜完成的。

〔2〕吐谷浑人——慕容鲜卑的后裔(蒙古人成分居多的民族混合体)。曾联合安多及库库淖尔地区的诸部落,于 312 年建立了吐谷浑政权或吐谷浑政权,直到 663 年被藏族摧毁。一部分吐谷浑人成了奴隶,另一部分向北越过南山。参看 Г. Е. Грумму - гржимайло. 《Описание путешествия в западный китай》(《中国西部旅行记》). С. -Петербург, 1907г. Стр. 30 - 31.

〔3〕Г. Е. Грумму-гржимайло. 《Описание путешествия в западный китай》(《中国西部旅行记》). С. -Петербург, 1907г. Стр. 41.

现在岛的走向为西偏北—东偏南,这与其地质构造的主方向相矛盾。这种不对称性也许与其形成有关,主要是由于浪潮的作用,或许也有一部分发生在有史以来。在整个岛也从西北向东南方向伸展的时候,这块中央空地是否还没有形成呢?

由此我们不得不认为,岛上最早有人居住是在当山岩直接跌落到湖的中心,也就是还无法提供居留地的时候,这样一来只有岛的上方才适宜人类居住。渐渐地,在岛的周围出现了城堡一般的堤埝——也许是苦行僧们用了几百年的时间完成的。数量不少的堤埝说明了所需劳动力的数量,同时这里小面积的土地不允许形成大的村社。建筑城堡式堤埝是为了自卫的观点是没有道理的,因为岛的自然位置就是最好的屏障。

上面两个洞穴的完好状况说明,它们是不久前才被舍弃的。人们看中了南岸的舒适生活:岛的上空有不断从四面毫无阻挡地刮来的风。而在这里,人工建起的迷宫似的小墙和深深的壁坑刮不进一丝风,也卷不进一滴水,即使南岸完全处在肆虐的自然力控制之下时,这里的情况也是如此。

14.12　岛上的最后一天

9月4日深夜,风浪稍稍平静下来,但在早上7点钟时,湖面上再次出现了白色的浪峰。我们利用接近中午时出现的暂时平静出去测量岛附近的深度,但船摇摆不定,我们只好放弃了这种打算。在岛上的最初几日,各种条件都更便于开展测量工作,因此我们利用那段时间专心研究岛本身。我们不得不放弃去采尔巴列的打算,在做出了于第二天天气好的情况下离开奎苏返航的决定后,我们燃放了预定的火炮。

因为这是我们在岛上的最后一天,大家都长久地坐在已经习惯到察觉不到它的不适的栖身地,从岸上拿来的两只蜡烛在第三天就燃尽了,现在改用芨芨草的空杆作灯芯的最简单的油灯照明。这盏灯是旅伴仿照僧人的灯做成的。

14.13　离开奎苏岛

过敏的神经促使我们第二天一大早就离开了驻地。[1] 天气并不让我们感到轻松,风在夜里改变了方向,转变为猛烈的偏东北风,湖中滚动着白色浪峰,四分之三的天空被乌云笼罩,我们决定推迟返航。僧人们也显得异常激动,他们每个人都给我们准备了路上吃的食品——干奶渣和奶油,我们没有理由拒绝他们的这番盛情和好意。

10 点钟,风浪开始平息,半小时之后我们起航了。不知为什么,同我们在一起住惯了的那个邻居没有出现,我们没有能和他告别就离开了,其余的僧人坐在我们放过船的地方,也许会一直坐到我们消失在风浪之中。

小船行驶途中我们发现了南库库淖尔山脉的一个陷落部位,并奋力将船靠过去,可是压在山上的浓密尘幕让这件事显得非常困难,这时湖岸也不见了。

启程一刻钟后,我们进行了首次测量。离岛四分之三俄里处(800米)湖的深度完全出人预料,竟达到 25 米,湖的底部有细小的沙子。又过了一刻钟,湖的深度变成了 37.5 米,湖底的淤泥呈现出两种颜色——蓝色和灰黄色。在离岸 3 俄里的地方,湖的深度已经达到 30米。

在我们航行过程中,风向有所转变,变成为东风,浪拍打着船侧,将我们美美地抛向西面,乌云开始在山上密集。也许是正在返航的想法给了我们力量,我们罕见地一个半小时轮一次班。这次我们没能见到鱼,我们从一个地方横穿过漂浮着草的狭窄地带,途中一只鸬鹚又在我们周围飞行,它会不会也是库库淖尔宽大水域上的一位孤独隐士?

山顶上挂着一朵乌云,虽然它纹丝不动,但风从那里几乎向我们迎面扑来,浪涛滚滚。大浪击在船的左侧,影响着船桨的均匀划动,挂满水沫的浪峰向我们袭来。

---

〔1〕经历了途中令人忧郁的体验后,现在我们已经决定不再选择在午后动身了。

·欧·亚·历·史·文·化·文·库·

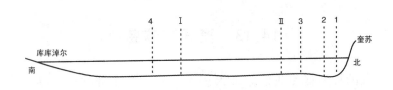

图 14-1 库库淖尔湖图示

半道上突然出现了黄色的陡岸,我们努力让船向左行驶,希望能从考察队营地所在的乌尔托上岸。由于弄不清楚后者的位置,我们集中注意力观察湖岸线,终于在大约 4 点钟的时候看到了期盼已久的白色小斑点。与此同时,我们也明白自己并没能在帐篷对面靠岸:巨浪把我们向西抛出的距离要比我们预料的远得多。

乌云散尽,可是山里的温度却因此降低了,冷风向我们吹来。5 点钟的时候,我们与风浪展开了真正的搏斗,船底渐渐积满了水,湖中的巨浪迎头向我们扑打过来,白色的浪峰骇人地喧嚣着散落在船周围。我们被抛回到湖中,仿佛当最终的目的地离我们近在咫尺时,有种力量在经过的路上故意刁难我们。这一次与风浪的搏击显得比较轻松,天虽然已经黑了,但我们最终还是能分辨出自己的对手。白色斑点早已消失,湖岸融合成一片黑色,船的前面忽然出现了长形沙滩。6 点 45 分,船终于靠近沙滩,我们热烈地相互拥吻祝贺,心中充满了无尽的喜悦。

沙带的后面有一个泻湖,可是大家片刻都不想离开陆地。我们将船上装的东西放到砾石中央,再用防水布将它盖上,最后又将船翻扣在上面。这里是走出沙砾地带的出口,我们沿湖岸向左行。天已经彻底变黑,让人无法辨认方向,湖中好像升起了一个岛,那只可能是种错觉。在我们的眼前出现了几乎要被错过的几盏灯火,终于看见了营地帐篷。

考察队成员和陪同的蒙古人、汉人都兴奋地欢迎我们顺利返航。后两者完全没想到我们能顺利航行,并且十分真诚地向我们表示祝贺。大家都很想知道奎苏岛的奥秘。

14.14 我去南库库淖尔山旅行

在切尔诺夫和切蒂尔金去奎苏岛航行的这段时间里,我去了一趟南库库淖尔山,此去的路程有 100 俄里,目的是了解山中的动物生命。与我同去的团员有制备员马达耶夫、西宁方面的译员和恰穆鲁人的向导拉布显喇嘛。

8 月 29 日晚上,我们出发的前夕,夹杂着湿漉漉雪花的风暴突起,直到早晨才平息下来。雪很快就被融化,我们按预定计划在 10 点钟出发。随着我们沿倾斜的山坡向上攀行,目光捕捉到的库库淖尔湖越来越大,奎苏岛的范围也明显扩大,岛上高地的轮廓特征像西北岬一样明显与众不同。

道路两旁随时都能见到捕捉羚羊的唐古特人。

我们终于到达哈图杜尔丰山口。周围的高山草地上有无数鼠兔打的小洞,这里除了鼠兔刨的旧洞外,还有土拨鼠的洞穴,马熊很喜好以上两种动物。敏捷的黄羊从稍远的某个地方闪过,我从不放过欣赏它们伶俐优美动作的机会,黄羊在轮廓清晰的小山上跳动的姿势使人联想起一只迅速滚动并不断从地面上弹起的大球。

一条小道从整体特征与西藏山原相似的高原上,亦即从有许多土墩的潮湿"希里克"[1]草地蜿蜒向西向南延伸,并消失在远方。南面的一条河谷是达布逊淖尔的东端。我们在营地就能看到的神圣的哈图拉普齐山被勾勒得异常清晰,在群山环抱中十分惹人注目,它向我们展示着柳树丛生的峡谷中肥美草地和新的游牧点的景象。

虽然我们选择了合适的地点,再加上向导确信狗熊就藏在附近,但在去考察的当天和第二天都没有见到这类动物的踪影。我们猎到的鸟儿有鸫属、褐喉鸫、山地燕雀和形似红腹灰雀的佩利佐夫雀(Urocynchramus pylzowi),沼地上有一对不知何故神态严肃的黑颈鹤。

当我们返回营地时,司务长伊凡诺夫高兴地迎接了我们并神采飞扬地说:"昨天(9 月 1 日)奎苏岛上有火炮的焰火!"显然我们的"壳子"(小船)已顺利地将旅伴们送到了岛上。我曾与他们商定从他们离开湖岸起,每天晚上 9 点钟我们会在主营地上密切关注奎苏岛上空出

---

〔1〕希里克,"莫托希里克"——西藏的这种苔属因为坚硬且富有弹性被蒙古人称为"木头草"。

·欧·亚·历·史·文·化·文·库·

现的两枚火炮。第一枚应该出现在上岛的当天或者第二天,第二枚——在离岛的前夜,"火炮燃放出细小的火蛇,让我们感到振奋。"我的老伙计伊凡诺夫反复向我说道。"谢天谢地,"我说,"现在我们要关注他们的第二条信息。"我连续3个夜晚,在9月2～4日都在天文柱旁,周围是我的旅伴,还有西宁来的汉人和阿拉善的蒙古车夫。大家比约定的时间提前10分钟聚集到那里,像在进行祈祷似的站着,目光注视着漆黑的奎苏岛方向。接近9点钟的时候,周围出现了神圣庄严的寂静,一切都停息了,只能听到我手上用来看时间的表发出的声音。9月4日,最后一天晚上,大约9点钟左右,一条火线在瞬间发出光亮,划破了漆黑的夜,死一般的寂静立刻被欣喜的声音,特别是被没见过第一枚火炮发射的汉人和蒙古人发出的洪亮喊声打破。

14.15　到乔诺沙哈鲁尔岬的补充工作

第二天晚上9点钟,当库库淖尔的湖水开始大声拍打湖岸时,等待的希望变得渺茫起来,我开始听到旅伴发出的离帐篷越来越近的声音。我们欣喜无限,大家无休止地问这问那,说个没完没了……

我最亲密的朋友航行回来后,考察队离开住了很久的营地沿湖岸向东移动。在经过唐古特人的营地时,我们只是偶尔才能见到他们从黑色的"巴纳克"[1]中探出来的头,用张张阴沉、凶狠的面孔窥视我们。可恶的狗扑向骆驼,准备将不请自到的客人撕个粉碎。置身于这些人当中让人感到既不愉快,又不自在。

出了唐古特人游牧点大家才感到松了口气,并愉快地把帐篷搭在乔诺沙哈鲁尔岬,即"狼窝"的基座旁。岬的狭长沙地一端直伸入远处的湖中,一面是库库淖尔连绵的湖湾,另一面是具有沼湖性质的淡水区,上面有许多鹅、鸭、海番鸭和小群鹬。在乔诺沙哈鲁尔宿营的第一天晚上,雕鸮长时间吸引着我们的注意力,它那低沉凶险的声音与波涛发出的单调的隆隆声交汇在一起,给人一种奇特的感受。

---

〔1〕巴纳克——唐古特人或者藏族人的黑色毛制毡帐。

9月8日早晨,我同几个老队员结伴去研究岬和它端头的沙地的情况。当我们一行人进入湖区时,高高的乔诺沙哈鲁尔沙土岬渐渐缩小,宽度只有5俄丈,并且在这里骤然跌落成呈弧形蜿蜒1俄里的沙砾浅滩。

西北部泛着绿色的开阔水面上处传来珍珠一般水浪的轰鸣声。另一边深蓝色的水面在缓缓飘动。鸥、鹅、鸭、鸬鹚鸟落满了沙滩,远处一对天鹅带着它们已长大的雏鸟警觉地游来游去。目力所及的湖湾中,黑糊糊的鸟群在浪尖上晃动,这时正是秋季游禽迁徙的高峰期。捕鱼的长尾海鹫像往常一样或在岸上穿行,或成群聚集在岸边的高地上。

我和一位旅伴在经过沙地时意外碰上了一个被湖浪洗净的黑糊糊的东西,显然是被激浪抛到这里来的。我们走到跟前才看清,这是一只大概不久前才淹死的狐狸,皮毛的状态还算不错,在仔细观察完这只野兽后,我们发现它很有趣,于是就把它归入哺乳动物收藏之中。

利用考察团在"狼窝"宿营的两天,切蒂尔金和波留托夫以沙地为起点进行了两次测量深度的航行。第一次是在库库淖尔开阔湖面上向西航行8俄里,工作进行得非常顺利。第二次是沿着一头是湖湾,另一头是库库淖尔附近湖岸的岬向东南的航行,它以遇险而告终。这次航行时,船上铁制横板断裂,船舷分开,桨架出了故障,船急速倾向一边。在与大浪作斗争的同时,我的旅伴勉强操作小船并赶紧向岸上冲去……考察队名副其实的"伙伴",我们的小船,在完成了自己的使命后完蛋了。

在这里我认为有必要提醒大家,到库库淖尔旅行要准备一条不错的船,有一条海上快艇会更好些。我不希望任何人像我们这样带着如此简陋的工具上路。

·欧·亚·历·史·文·化·文·库·

14.16　告别库库淖尔

我们在库库淖尔的工作以对乔诺沙哈淖尔的研究而告结束[1]:我认为考察队完成了第二项任务,并吩咐大家动身返回西宁。

我们怀着依依不舍的忧郁心情告别疯狂任性的高山湖泊,它让我们领略到其无限魅力和新奇所在。这个永远生机勃勃的湛蓝色"湖泊"用它那轻柔而永不停息的絮语温存地哄我们入眠,用无边的深邃迷惑我们。再见了,高傲的美人! 假如你会倾诉,你会向我们诉说你那引人入胜的过往。数个世纪以前,你也像现在这样守卫着野蛮的原始部落,在你的岸上进行过激烈残酷的战斗,湖水被血染红。星移斗转,一个部族代替了另一部族,而你的心脏——奎苏岛却没有成为搏击的战场。

库库淖尔平静地为我们送行,深蓝色的天空被湖水映衬得更加美丽。

---

〔1〕深度测量:在考察队营地与长形沙地之间 2 和 4 俄里的距离内进行过两次测量,两次测量的深度为 11 米,低部多淤泥。离开沙地向北(早晨 11 时 45 分的气温为 7.0℃ ,湖水表面的温度为 9.5℃)。

9 月 9 日:

1 俄里处······ 深度为 7.5 米;底部有沙。

2 俄里处······ 深度为 14.5 米;底部有沙和淤泥。

3 俄里处······ 深度为 17.5 米;底部有淤泥。

4 俄里处······ 深度为 17.5 米;底部有淤泥和水草。

5 俄里处······ 深度为 20.5 米;底部有淤泥。

6 俄里处······ 深度为 25.0 米;底部有淤泥。

7 俄里处······ 深度为 26.0 米;底部有淤泥。

9 月 10 日:从沙地沿湖岸向东南(早晨 9 时 30 分气温为 6.5℃ ,湖表水的温度为 7.5℃)。

2 俄里处······ 深度为 22.5 米;底部有淤泥。

4 俄里处······ 深度为 27.0 米;底部有淤泥。

6 俄里处······ 深度为 29.0 米;底部有淤泥。

8 俄里处······ 深度为 29.5 米;底部有淤泥。

10 俄里处······ 深度为 27.5 米;底部有淤泥。

12 俄里处······ 深度为 24.5 米;底部有淤泥。

15　经西宁去贵德

15.1　返回西宁及与纳帕尔科夫会合

就这样,考察队的驼队鱼贯般地向东移动。游牧民怀着十分的敬意和好奇心情迎接考察队并详细询问我们航行奎苏岛的情况,认真聆听那3位孤独地生活在波涛汹涌的"海"上的喇嘛的故事。唐古特人微笑着,不时惊讶地摇摇头,同时竖起大拇指对我们的勇气大加赞赏一番。

秋天快到了,夜晚宁静明晰,气温已经下降到 −6℃,晨曦中的地表因此挂上了一层薄霜,帐篷上也覆盖了一层薄冰。湖水的温度依然较高,下午1点钟时的水温接近零上20℃。

由于寒冷将至,候鸟开始向南迁徙。我们每天见到大群的灰鹤、鸭、鹅,还有黑颈鹤、雉属、红脚鹬,以及很小的幼鹬和些许弱小的鸟,它们正飞向遥远的温暖地带。

9月10日早晨8点15分,考察队观察到相当奇特的景观:在向库库淖尔方向倾斜,同时被雪染白的东北部山脉上空出现一团密云,单调的灰色烟幕从云中落下,以此为背景又垂下一条更为浓密,在灰暗的天空中十分显眼的黑色带子。这条带子随时变幻着自己的轮廓,大约3分钟后彻底消失了。

考察队同往常一样在宗古—杰拉宿营[1]。洁净的小溪中已经找不到任何生命的迹象,旅伴们徒劳地将网撒向水中,但却没有捕到鱼,它们肯定游到湖的深处去了。日益迫近的寒冷在不知不觉中给周围的

---

[1]考察队在库库淖尔的第一个也是最后一个驻扎地。

大自然涂上了沉重的忧郁色调。

草原上原本我们比较熟悉的一些荒凉地段在经过一个夏季后被迎风摆动的茂盛牧草覆盖,变化如此之大,我们竟然没有认出来。大量饲草已经消失:到处攒动着成群的羊、牦牛、马和土著的黑色"巴纳克",所有这些组合成一幅唐古特人大牧场的壮观景象。

考察队登上萨拉哈图尔山垭后很快就将勒戈蒙丘河、库库拉齐河的右支流,以及中国衙门和曾经是中国政权机构衙班的废墟甩在身后。我在一个上空飞旋着秃鹫和胡秃鹫的"山谷"中意外发现一只狐狸,这只野兽在被来复枪击中后蜷缩成一团,在听到哥萨克骑马疾驰而来,马蹄发出沉重的"得得"声后,它用尽最后的力气爬到附近的洞口,无影无踪地消失在洞的深处。

在萨拉哈图尔山垭顶部,考察队怀着无限的忧郁,最后一次环顾远处深蓝色的库库淖尔和白发斑斑的赛尔奇姆……眼前伸展着熟悉的山地景观,再往前是整齐的长方形农田。由于从土著人那里打听到附近侧谷的顶部有煤矿的信息,我建议考察队的地质学家对标出的地方做一番研究,随后再与主驼队在西宁会合。A. A. 切尔诺夫按我的吩咐完成了自己分内的工作。

考察队进入丹噶尔河谷,气温在这里明显回升。雨停了,空气明净、干燥,树上的树叶开始发黄并且脱落。迁徙的鸟始终吸引着我们的目光。河谷上空一群群数量可观的鹤从我们对面飞来,神奇悦耳的啁啾声从极高处传到我们耳朵里,我很难一下子说清楚这种奇特叫声的特点和原因。在阳光明媚的日子里,太阳下频繁出现各种昆虫,空中不时弥漫着它们的嘤嘤声。有一次,我在西宁附近的柳树丛中发现了一群非常冷漠的黄蜂。

我们在丹噶尔只停留了一天并于 9 月 16 日到达西宁,[1]顺利完成了自己在甘肃的旅行的纳帕尔科夫大尉在此迎候我们。

П. Я. 纳帕尔科夫率领的考察分队走过了比原计划要多得多的地

---

〔1〕值得一提的是,在丹噶尔和西宁的中间有一个中国小镇郑和堡。去丹噶尔的公本大道就从这里进入西宁河谷。

区,除此而外,这条线路还顺利通过我们的先驱还没有研究过的地方,完成了对甘肃境内到目前为止还未被人知晓的角落的研究,将 9 座新城镇的名字添写进地图考察。[1]

15.2　收到邮包和西宁当局的热情接待

考察队收到了两个邮包。大家先忙着阅读远方的来信,来自家乡的珍贵消息总搞得有人欢喜有人愁。考察队的 A. A. 切尔诺夫被家中的坏消息弄得心情沉重,心绪很不佳,他认为自己继续留在考察队是不可能的,便正式提出返回俄国的请求。我当然以为自己没有权力违背旅伴的愿望将他硬留在考察队里。于是,在做出让地质学家顺便带走装了 7 个驼子的部分收集品和所有多余行李的决定后,我立刻着手准备将被运往阿拉善的精细货物。

西宁当局表现得异常亲热,客气地接待了俄国考察队并把我们安顿在城中心一幢不错的房子。关于我们航行库库淖尔、在湖上考察,以及岛上的僧人和善对待我们的消息很快就在西宁不胫而走,并引起了许多议论和猜测,让他们特别惊奇的是我们当中竟然无人溺水。西宁钦差和其他官吏在与我们会面时谈论的话题主要还是考察队在库库淖尔的航行和访问岛上的经历。这些人以极大的兴趣参观了那条组装好的小船和它拆开时的样子,有人甚至试图坐到船上去。他们还请切尔诺夫和切蒂尔金给他们展示仍然有厚实茧子的双手,钦差最后说:"你们这些俄国人是首批航行库库淖尔,最先告诉我们关于湖(深处)情况的人,同时也是最早考察奎苏岛或海心山的外国人,这一切我们一定要向北京报告。"为了不使良好的关系和我每次与西宁当局会面时留下的美好印象淡漠,我认为没有必要提起钦差关于在库库淖尔沉没的不仅有石头还有树木的这类表述——那是再明显不过的了……

---

〔1〕《Известия И. Р. Г. О.》, том. XLV. вып. I. 1910 г, Стр. 174 – 195.

图 15 - 1　穿官服的钦差

图 15 - 2　西宁钦差和他的儿子

15.3　考察队的地质学家切尔诺夫回国

考察队在西宁的日子就这样在不知不觉中度过,大家忙着挑拣和包装收集物,为考察队的地质学家准备驼队。同时,当地地位显赫的汉人和商人不停来访,乐于助人的商人总是把佛像、各种民族学实物带到营地,所有这些都让生活变得既丰富多彩又疲于应付。有一次,商人们甚至给我带来了一只活着的野猫,这只猫后来被收入考察队的自然科学收集品中。忙于应付的我很少有时间闲下来单独思考,也顾不上对考察队最后一段时间的计划作一番缜密考虑。遥远富足的四川强烈地吸引着我们,生机勃勃的华美大自然牵动着考察队员的灵魂。同时,想在公本寺见一见达赖喇嘛的念头又把我耽搁在这座寺庙所在的地区。

9 月 27 日,由地质学家切尔诺夫率领的前去阿拉善的驼队从西宁出发了,两名哥萨克巴特玛扎波夫和索特鲍耶夫作他的助手。前者在到达阿拉善衙门后必须再返回考察队,后者得把切尔诺夫送到库伦,然后考察队在阿拉善的仓库等候我们。

15.4　主驼队向南去贵德

由骡子担当运载工具的主驼队于 9 月 30 日离开钦差府邸,[1]顺利向西偏南方向挺进。

道路在农田和村落中间逐次攀升,考察队在曾经遭受过东干人破坏,目前又开始住满达勒达的一个村子里夜宿,次日一大早再次踏着晨曦出发了。阳光给南边延伸的被积雪覆盖的山脉顶部披上了金黄色朝晖。

这座横卧在考察队行进道路上的高山呈整齐的锯齿状墙壁耸立着,山的高、中、低部显现出轮廓分明的陡峭悬崖,两坡难以攀登,北坡除了峭壁林立以外,冻结的冰层和深深的积雪让人寸步难行。同时,南坡的小路多石并且干燥,积雪也完全融化了。

很快,山褶开始起伏着从山脚蜿蜒而下,在进入水流径直从拉脊岭山垭顺着峡谷奔腾翻动的河谷之前,考察队选择在公本、贵德、西宁大道 3 条路的交汇处做中途停留。[2] 越接近山垭,陡峭的峡谷就变得越发狭窄和多石,河水发出更加响亮的喧哗声。

在考察队眼前和身后蜿蜒着几乎连绵不断地赶往公本寺过节的朝圣队伍。年轻的唐古特人汇聚成色彩斑斓的队伍,他们活跃地闲聊着,不时追赶在草原上皱着眉头、闷闷不乐地抚弄着念珠,嘴里念着"唵—嘛—呢—叭—咪—吽"的老人。当地这些剽悍的骑手用羡慕的眼神好奇地打量着我们,凶狠的目光紧盯着考察队员的武器。

15.5　拉脊岭山垭

拉脊岭山垭海拔 11550 英尺(3520 米),陡峭的峡谷和被草场覆盖

---

〔1〕骡子需要精心照料和大量的饲料喂养。一头身强力壮的骡子可以毫不费力地驮运 6 普特以上的重负,但搭在其身上两边的驮子必须严格保持重量的平衡。

〔2〕我们在西宁听说的那些温泉不在考察队的行进线路上,它们分布在偏西南的山丘的复杂分叉口。

的宽谷向北、向南蜿蜒而下。再往下,河谷底部有黑色的浓密醋柳林和无数鸟类栖息的灌木丛,那里栖息着野鸭、西番山鹑、叫声刺耳的 Pterorrhinus davidi et Trochalopteron ellioti、褐喉鹟、大大小小姿态优雅的山雀、褐腹苹红尾毒蛾、啄木鸟、河乌等。山上高高的蓝色天空中几乎可以不断欣赏到秃鹫、胡秃鹫以及偶尔出现的在主峰高傲飞过的猛兽——金雕。考察队在山里观察到的野兽只有狐狸、兔子和最小的啮齿动物。

在山的两边,考察队遇上了由 10 个民兵组成的护送过往官员、官方货物和信件的特殊巡逻队。这支队伍在必要的时候追击盗贼,以及在山中一些荒无人烟的地方干非法勾当的土匪。

由于空气洁净,从拉脊岭山垭顶上向南望去,可以观赏到远处的全景。在这个方向上有一个连绵不断的山地迷宫,峡谷、河谷和河流在这里纵横交错。最远处的山链泛着青色,并与苍穹融为一体。大约在目光所及空间的中间,山体仿佛塌陷似的变矮,形成深蓝色的横向裂口——那是黄河在黄土厚层中开出的弯曲河床的最深处。舌状的厚厚黄土伸入山中峡谷的深处,并且时常会发现昏暗忧郁的幽深长廊。在夏日多雨的季节,浑浊的水流便在长廊中汹涌翻腾。

尽管南坡,特别是山的上部异常陡峭,考察队还是非常顺利地下到了山底。我们在山腰部分发现,唐古特农业居民让这些地方充满了生机。从左边直接喧哗着注入黄河的噶扎河水质清澈,我们沿着河谷行进,发现了大量挤在峡谷底部的水车。高阶地的左右两边是引人注目的佛教寺庙,寺庙的墙泛着白光,房顶的装饰物闪着金光。

离我们宿营的千户村不远有一片紧贴险峻峭壁的令人愉悦的云杉林。根据打听到的消息,林中栖息着狐狸、狼、兔子和麝,可供猎取的鸟类只有红雉和灰雉。

15.6 渡过黄河河谷进入绿洲

10 月 2 日,驼队乘太阳尚未升起,就在黑暗中告别了千户村。因为大家想在一天的行程内赶完到贵德的 40 俄里路。

考察队冬季的暂居地,我们期盼已久的绿洲隐蔽在环绕着它的高地后面,迟迟不肯出现在我们迫不及待的视线中。只有当我们进入黄河河谷之后,才看见右岸向偏西南方向延伸的金黄色稠密杨树林,隐蔽在树阴下的是贵德居民灰黄色的土屋。

疲惫不堪的我们急忙在小山丘附近一处僻静并且是唯一的一块空旷草地上安营,旁边就是贫穷汉人的土屋。

黄河在贵德附近的流速很快,由于深而弯曲的蛇状沙砾河床容纳不了那么多水量,[1]黄河被切分成几条支流,浅滩处个别地方的水深到马的腹部。秋天,洁净的河水依然保持着相对较高的温度,达到13℃。在阳光照射下,暖洋洋的空中不时有蝴蝶、苍蝇、甲虫闯入我们的视野,只有树上凋落的黄色树叶和鸢、鸫等迁徙的鸟向人们预示着寒冷将至。第二天早上,考察队发现了扁头蜥蜴、蛙,稍晚些时候又发现了白鹭。草鹭在荒芜山坡阴森背景的衬托下闪着明亮的白光,它几乎是悄无声息地从营地上空飞过。

这里的人一般会乘很大的单桅平底帆船渡黄河。

渡口附近人流熙熙攘攘。船刚一靠岸就空了,马匹、骡子和人争先恐后地从船上跳下,喊叫、刺耳的尖叫和辱骂声夹杂在一起,卖梨人和兜售各种破烂货的商人在拥挤忙乱中穿梭着。

厅官张罗着为考察队渡河提供所有方便。我们的大量行李被毫不费力地装在一条容量大的船上,分两次运到河右岸。

虽然河流的主航道勉强超过了 150 俄丈(300 米),但渡口处的河床只有半俄里宽。正如上面所说,河谷的大致走向为东西向,并在不同程度上偏北,或者偏南。船在解开缆绳之后通常会随波漂浮,很快顺流而下,同时渐渐接近对岸。摆渡工人虽然又说又笑又唱歌,但他们同时还得用力划动代替了舵的桨,以便及时靠上硬地,然后再用结实的粗绳灵巧地将船固定在岸墩上。

该城的官员在右岸迎接考察队,并把我们送到我们预先指定的营

---

[1]更正确地说,是有淤泥的沙砾河床。

·欧·亚·历·史·文·化·文·库·

地——毕家庙[1]。起初，他们建议考察队住在城里，但我们最终还是放弃了这样的宿营地。我们选择了一块高地宿营，不远处就是一座被绿洲从南面包围的引人注目的中国庙宇。从驻地可以欣赏到贵德城花园里秋日幽雅的繁茂和被黄河分开的毗连山脉。落叶现象明显加剧，河流蜿蜒出一条艳丽的带子。

每天早晚，考察队在绿洲的路上，以及营地附近都能看到一些从一边徘徊游荡到另一边的身影。透过双筒望远镜便可以清楚地看到，那是一些弯着腰仔细往一个特别的袋子里拣拾落叶和牲畜粪便作燃料的妇女。[2]

由于往拉卜楞、拉扎贡本和西宁的几条路在这里交汇，唐古特人的悠长驼队不停从绿洲经过，几乎未曾中断过。

15.7　贵德绿洲及绿洲上的居民

贵德绿洲海拔7440英尺（2268米），由被城墙围起的小县城贵德厅和几百间散布在两条从右边流入黄河的河流上，由草地、农田和花园的小屋组成，西边的敦切沟河[3]，东边的浪九沟河[4]把绿洲一分为东、中、西三部分，[5]婉若两条狭长的带子伸向峡谷深处的小河之间有一条自南向北伸展的山冈，离城两俄里的山冈尽头有一座大庙，附近的主峰上有浮屠。[6]

大约在300年前建起的贵德城和该城防御东干人的城墙遭受到了严重破坏，现在的城和城墙是经过重新修茸的。令人遗憾的是，让人感兴趣的贵德历史甚至连可信的书面文献资料都没有被保存下来。据汉

---

〔1〕或者，换句话叫"南—海—店"——"南海客栈"。
〔2〕妇女总是干着家里最繁重和最需要细心和耐心的工作。
〔3〕唐古特语——敦切龙。
〔4〕唐古特语——浪九龙。
〔5〕绿洲和城市占地约2平方俄里。
〔6〕波塔宁说，贵德周围的地方叫三条沟或三条河，或者"三屯"——"三座城"——或者四十帕胡，即四十村。贵德是汉人的叫法（在这点上我与波塔宁的看法完全一致）。唐古特人把绿洲叫"奇卡"，即"犬"。

人讲,现存的所有叙述有很多夸张和渲染的成分。

图 15 - 3 贵德的集市

如今贵德城居民的人数达到 9500 ~ 10000 人,其中 3/4 是土生土长的汉民,只有 1/4 是哈喇唐古特人。东干人在起义之后便不再在这里定居,只有两户东干人依然住在城里。

城墙外的衙门附近有些许汉族商人和工匠的居所,大的集市在城外,那是几条挤满汉人土店铺的街道。为了获得经营权,商人每年必须缴纳 7 ~ 8 两银子,中等商人只需缴 1 ~ 3 两,而街头货摊则不缴任何税费。店铺里陈列最多的是粮食、茶叶、纺织物和其他必需品,商人用上述商品交换游牧民的原料(毛、皮革、熟羊皮、油和牲畜),而游牧民要获得在城里逗留的权力,每头牲畜需要缴纳 70 乔黑。

在离城有一段距离的山区附近居住着从事蔬菜栽培、耕种和畜牧业的汉人和定居的唐古特人。他们的菜园主要种植葱、萝卜、胡萝卜、白菜、豌豆、大豆、土豆,还有黄瓜、甜瓜和西瓜,地里则种植大麦(两个品种)、小麦、大小豌豆、黍及罂粟等。土地在贵德很值钱,所谓的 1 亩地或 1/16 俄亩大约值 10 ~ 20 两银子,除此而外,每亩地还要向衙门缴纳 1 俄斗粮[1],或者更确切地说,每两亩地要缴纳 10~11 俄磅粮食。

富有的商人一般拥有 120 亩土地,中等人家一般会有 80 亩地,[2]而穷人则只有 8 或 10 亩地。总的来说,汉人喜欢土地并且会竭心尽力地耕种它,[3]他们平均能收获 8 倍于种子或更多的收成。在贵德,人们通常在 2 月 7~9 日开始初耕"干巴"的田地,大约两个星期后,耕种者普遍开始耕种从秋季开始几乎"渗透了水分"的田地。汉人的灌溉渠系统十分完善,沿灌溉沟渠生长着杨柳和小叶杨,偶尔能看到白刺丛、杞柳以及在黄河河谷、绿洲以上夹杂的小檗、大量小桎柳的醋柳,绿洲的花园里经常能见到丁香和蔷薇或野蔷薇属。[4]

在流经绿洲的洁净湍急的河流两岸,随处可见运行状态良好的水车。

贵德的水果树最有名的是梨树(有 3 个品种),梨树优质的果实也同样分成几种,即:甜梨——一种坚硬、含糖量高并且不宜消化的梨;冬果梨——多半是冰冻的;最后,最甜并且水分最多的被叫做软儿梨。几乎每一家都有梨树,富有汉人的这项收入能够达到 35 两银子,[5]中等人家的收入得减上一半,而穷人家的收入只相当于中等人家的 1/4,甚至 1/5。这里的梨和杏子、樱桃等其他水果被销往西宁、公本寺,甚至兰州府,据说,价格还相当高。

贵德从事畜牧业的那部分居民主要养殖牛、山羊、驴、骡子和马,城里许多居民家养猪,鸡是每个农民的必需财产。

贵德的汉人与其说是快乐的,还不如说是忧郁的,偶尔才能听到他们的歌声,并且还是出自每到晚上仅仅为了打破周围令人厌恶的宁静,减轻自己由于胆怯而害怕的年轻人之口。至少,年老的汉人是这样对我解释的。

这里的大多数男子十分懒惰,他们行动迟缓并且无精打采。妇女

---

[1]我们的 1 俄斗大致相当于汉人的 1 升。

[2]虽然经常只有 40 或 60 亩。

[3]没有土地的汉人不受人尊敬。

[4]晚秋时节的草本植物中只收集到了芍药根或芍药和柯兹洛夫珍珠梅。

[5]梨的价格取决于质量和季节。用我们的钱计算,100 个梨的价格徘徊在 50~80 戈比。

则恰恰相反,她们非常勤快并且能够独立做完家里和地里所有的活儿。在秋季里,我们有时会看到几百名除忙着收集干树叶外,还要从事需要细心和耐心的农田灌溉工作的妇女。这些女性的代表们步态轻盈袅娜,在与人相遇时表现得非常和蔼可亲,同时也并不拒绝和旁人聊上几句。中国女性有一定的自尊,由于蒙羞或者受到令人伤心的屈辱而自杀的现象在她们中间是很普遍的。[1] 例如,在贵德曾经发生过这样一件事:一位刚出嫁不久的妇女在经过一片豆子地时,因受到馋人的豆荚的诱惑,再看看周围一个人也没有,她便采了一篮子准备回家。恰在这时,她身后传来男子宏如响雷般的声音,男子把这位不幸的行窃者大骂一顿之后又给了她一记耳光。回到夫家之后,这位可怜的妇女便扔掉了招致灾祸的豆荚,并且没有在任何人面前露面就消失得无影无踪了。据说,她万分忧郁,在急湍的黄河水中结束了自己的生命。

当地汉人的衣着十分朴素,并且以有民族特色的蓝色居多。汉族女人常穿黑色的裤子(好打扮的女人穿紫色裤子)和滚上五颜六色花边的红色短棉上衣,红色上衣的上面常常再套上一件薄薄的蓝长衫。她们在一年的寒冷季节里则穿着宽得无法形容的黑色长衫。妇女的鞋样与男人的几乎没什么区别,因为在贵德的汉族女人不缠脚,少数娇媚的女士给普通的鞋子上钉上个小鞋底,让地上留下勉强才能看出的像童鞋般的优美足迹,这只是过去小脚或所谓"三寸金莲"[2]的一个象征。

因为同唐古特人居住在一起的缘故,贵德的汉人与他们发生了血亲关系,并且从小学习唐古特语。除此以外,他们大多信仰佛教,在贝孜庙的日子里我多次有幸看到汉人带着十分景仰的心情到佛教圣地祈祷。

当地的居民将死者埋葬在地边上,墓地上生长着多刺的白刺。

唐古特人几乎只知晓自己的母语,他们受贵德唐古特首领千户管

---

〔1〕她们常投身于黄河。
〔2〕"三寸金莲"——汉族女人的小裹脚。姑娘的脚从小就被裹在木楦中,阻止其长大。孩子要在数年中承受痛苦,但用这种方法可以让女人的脚同两三岁小孩的一般大小。富裕家庭的小姐通常要裹脚,汉族女人用小脚来强调自己是无须参加体力劳动的阶层。

理。千户有四名助手——百户。除了农作和畜牧业,唐古特人还从事被他们当做特殊差役的马车运输业。[1]

---

〔1〕只要汉族官员提出要求,唐古特人就得赶着指定数量的大车将重要人物送到要去的地方。这项差役代替了对汉人土地的实物税——粮税。

16 在贵德绿洲的 3 个月

16.1 与当地居民的友好关系

考察队置身在贵德绿洲那宁静温暖、独门独院的贝孜庙中,打算在此度过贵德算不上冷的整个冬天,并且很快赢得了土著人的信任。不要说汉人,就连附近的唐古特人也常常为了排遣心中的苦闷而到考察队这里听留声机,[1]了解俄国旅行家的生活方式,甚至问医求药。土著人经常患各种皮肤癣、湿疹、眼睛发炎和大脖子等病。

贵德人对俄国人的特殊友好态度是因为一位在边疆地区很受人尊敬的活佛曾经的预言。这位长老告诉所有的佛教徒,如果 1909 年有"大人物"从北方来到绿洲的话,那么这一年肯定会风调雨顺,收成也错不了。由于偶然的巧合,考察队到来的时间完全与这个预言吻合,这自然在居民中引起了普遍的欢欣。

贵德的管理者厅官[2]和协台(军事管理者)也兴奋地来到考察队的驻地,并受到我们一如既往的招待:白兰地、家酿的伏特加和烟卷。厅官在谈话中告诉我们,俄国考察队的到来给当地居民带来的不是灾难而是真正的好处。按照他们的说法,地方所有的官长都很高兴我们的到来。协台强调说,俄国旅行家都是一些好人,过去他曾经有幸遇到过深受土著尊敬的亚洲探险家格鲁姆·格尔日麦洛兄弟,或"戈洛—莫洛"(参阅 Г.Е. 格鲁姆·格尔日麦洛:《中国西部旅行记》)。

---

〔1〕与蒙古人相反,贵德人喜欢音调更高、更复杂的音乐。与前者相比,他们是一个更发达、更文明的民族。留声机让他们有了一种肃然起敬的感觉,经常会看到一些认真的妇女抱着孩子,在音乐结束时像祈祷那样双手相合,向留声机行礼鞠躬,让人感到非常可笑。

〔2〕厅官——唐古特首领。

16.2　绿洲的鸟类和其他动物

考察队的生活很快就进入了正轨,我忙着进行天文气象观测、拍摄照片、记日记,以及写第二次库库淖尔旅行的考察报告,制备员每天都去周围考察。虽然这里的鸟数量相对较多,但是新的,或者我们以前没有见过的种类暂时还没有遇到。

洁净的蔚蓝色天空中依然高傲地翱翔着胡兀鹫、兀鹫,有时会出现喜马拉雅兀鹫的影子。难耐的饥饿促使这些威猛的大鸟飞近人的住宅,寻找被丢弃的肉块。而在傍晚时分,这些巨大猛兽总是远远地落到悬崖上。外形最优雅、最高贵的金雕几乎寸步不离悬崖。绿洲的边上偶尔会箭似地飞过一只鹰,花园里有几只窥伺野鸡的苍鹰,以及捕食雏鸟的鹞雀鹰。每当夜幕降临或者在深夜时分,从悬崖或者高高的城墙旁边常常会传来雕鸮凄凉的咕咕声和灰鸮的迎合声。考察队住地附近的常客有黑渡鸦、黑鸦、寒鸦和喜鹊,从附近山上向我们营地飞来的还有声音悦耳洪亮、此起彼伏的红嘴山鸦。

绿洲上遮天蔽日的浓密树叶发出簌簌的响声,树上停留着戴胜、黄鹂和啄木鸟,黄河岸边的丛林深处多次出现灰喜鹊、丛林寒鹊、朱雀[1]、山雀、长尾山雀和活泼的山鹛。积极寻觅食物的小山雀、粉翅燕雀和荒漠燕雀栖身在灰黄色的山丘上及绿洲边缘。除此之外,我们还观察到贵德特有的岩鹨、旋木雀、褐腹红尾鸲、褐喉鸫。与游牧人为邻的是麻雀,而它的同类岩雀则栖身在更偏僻的,偶尔也有红翅旋壁雀光顾的丘陵和峭壁上。我们在草地和小河附近,或者甚至在小河中发现了角百灵、凤头百灵和大百灵、河乌、鹨、中沙锥隐士和秧鸡,干涸的砾石河床上有灰鹨、嘴鹬。一直陪伴考察队,与我们一起过冬的游禽有成群的灰鹅、海番鸭、翅鼻麻鸭、喜好湍急水流的大秋沙鸭、野鸭、鹳形目有白鹭。最后值得一提的是栖身于花园和灌木丛中的野鸡、山鹑和大石鸡。后者栖息在灰色的山脚,石鸽或者山鸽常从那里飞往绿洲边缘。

---

[1] 朱雀喜欢呆在黄土崖或者离水不远的土石山上。

这样相对冗长的鸟类目录与贵德,或者更确切地说是贵德平原与山区十分贫乏的哺乳动物完全不相称,我们在这里只能见到狼、狐狸和山鼠兔,还有家鼠。

为了卓有成效地补充动物收集,除了每天在绿洲及其附近地区进行的一般性考察外,我还多次前往远处的山里旅行。考察队在扎哈尔山陡峭的山坡上进行了一次很成功的打猎活动:我的同伴猎获一对猞猁和几只有趣的山岩鹨及普尔热瓦尔斯基燕雀。

当地居民总是异常热情地对待我们,一名唐古特人在山中巧遇我的旅伴,竟然热情邀请他们到自己家中去做客。

16.3 大型佛塔和绿洲天气

在贵德绿洲西边离城 1 俄里的地方有一个引人注目的大型佛塔,它的历史有点儿意思。传说在许多年前,贵德每年都要遭受大的灾难,大发雷霆的黄河水溢出河岸,淹没了城池,居民因此遭受了巨大损失。有一天,从蒙古来了一位弥勒盖—丘添—噶伦活佛,他对众人说,是神派他来拯救贵德的。

佛塔建好以后,神秘的活佛在它的基座下放了一些很大的赐物,即一些能消除水灾和火灾的神奇宝物。从此以后贵德开始繁荣,再也没有灾难带来的痛苦。

10 月上、中旬,贵德的天气多半是阴沉沉的,这令人苦闷。树上的树叶一天比一天凋落,杨树和柳树变得光秃秃的,果树的绿叶变成了金黄色。时常刮起的冷飕飕的东北风给空中带来一层尘土,阴沉的云通常会带来大量雨水,山中有时也会落下一场雪。降雨清新了空气,远处诱人的美景尽收眼底。早晨,背阴处的气温降到了 0.4℃,甚至 -0.2℃,到白天它又攀升到 6℃,有时甚至达到 10℃。这时,小河的冰融化了,空中又出现了飞舞的苍蝇、蜻蜓和蝴蝶。

在短暂出现的明媚时刻,土著人家的所有院门都会敞开,居民像甲虫出穴般地走出来沐浴阳光,手里一边忙着简单的手工劳动,一边亲切地与邻里交谈,打发时光。

·欧·亚·历·史·文·化·文·库·

10月下旬的天气异常明朗宁静,阳光下的气温舒适宜人。[1] 佛教传统的秋季节日今年办得十分成功。

16.4　观看演出

从西宁来的流动演出团体接连数日不间断地演出。在观看演出时,考察队被安置到设在汉人寺院内的大剧场中一个不错的包厢里。

看演出的大多是妇女和儿童,他们占据着院内的所有地方和附近的平顶屋。在整个演出过程中,观众自由地前后走动,小贩拿着油饼、梨和西瓜籽在这里往来穿梭,音乐同时发出低沉的嗡嗡声和吱吱声,丝毫也不妨碍现场有一部分人打瞌睡。在当地衣着讲究的人中间,我们注意到几名盛装并且略施粉脂的汉族女子,她们属于文明富裕阶层。[2] 此外,还有唐古特王的一家——母亲和三位美丽的女儿。我十分欣赏唐古特女人奇特艳丽的服装和衣服上的装饰——长长地吊在背上,装点着银子和珊瑚饰品的饰带。

我们乘着看演出的工夫吃了点东西,然后便走下来参观寺庙并捐了几两白银。厅官和所有的头目在这里接待了我们,他们邀请考察队员与他们一起品尝美味的中国菜肴。他们发现,如果让我们继续站在人群中,这与俄国人的尊严不相称,所以他们也就不敢再独自坐在桌子旁边。端上桌的饭菜十分可口,我们也就毫不客气地吃起了精美的中国菜肴。

16.5　我到乔典寺

几天之后,考察队即将离开贵德去西宁,然后在去乔典寺之前[3],

---

〔1〕的确,白天温暖,只有到了深夜气温才降到 – 3.0℃。

〔2〕称双脚为"三寸金莲"。

〔3〕译者按:乔典寺,又名天堂寺,在今甘肃省天祝藏族自治县境内,也是当地历史最为久远的寺院。据记载,该寺早在唐宪宗(806—820 年)时即已建立,原本为原始苯教寺院,以后随着藏传佛教各派的兴起,它先后改为宗萨加派、噶举派、格鲁派。据说,曾有"朝天堂"之名,俗名乔典堂,即其音转。

我有幸再次在热情的厅官家吃了一顿饭。厅官这一次表现比平时更加平易近人。

考察队在贵德度过的一个月时间显得极其漫长。这里没有我们在旅行中熟悉的那种吸引人的热火朝天的考察活动，贫乏而凄凉的大自然在冬季无法向考察家提供食粮，民族学和动物学收集的补充也因此进行得又慢又没有意思。大家多次抱怨"著名的"达赖喇嘛[1]将考察队阻留在甘肃西北，从而无法去遥远美丽的南方过冬。[2]

旅行家们唯一的乐趣就是那些邮件，它往往能成为我们大家几个星期的话题。亲朋好友的信件让我们感到振奋，令我们体内充满活力并争取新的成就。

10月底，信和报告都写好了，我准备轻装考察公本寺和乔典寺。虽然我们做了大量努力，但考察队的行李仍然相当笨重。因为必须带上给达赖喇嘛的礼物，我打算把礼物交给西藏最高僧长在公本寺的官员。此外，还有要凭借西宁钦差的热情帮助发出的信件。

地方机构一直表现得十分彬彬有礼，热情帮助考察队雇佣向导和搭载的牲畜。

11月2日早上9点，我和自己的小运输队在随行人员哥萨克军士波留托夫和中文译员的陪同下从贵德出发，我们一行人轻快地踏上去公本寺的老路，船就在渡口等着我们。我们在渡口巧遇了令人非常不快的一幕：一名地方的维持人员残酷地殴打一名不幸的卖梨妇女。因为不知晓他如此残酷地对待这位可怜的唐古特弱女子的原因，我认为有必要袒护一下，便出面制止了这位"维持警察"的行为。我的干预引起了所有在场者的赞许，那名警察悄悄溜掉了。

---

〔1〕П. К. 柯兹洛夫说的是，1905年达赖喇嘛在库伦邀请他去西藏的拉萨，而达赖本人当时尚未返回自己的府邸。众所周知，1904年达赖喇嘛之所以离开拉萨（对西藏的统治者来说是无先例的），是因为一支3千人的英国军队在荣赫鹏上校的率领下出兵拉萨，企图俘获西藏领袖，与之签订有辱藏族的条约。为了避免这一不幸，达赖喇嘛去了北蒙古，并在那里呆了几年。П. К. 柯兹洛夫就是在这时（1905年5月）首次谒见达赖喇嘛。关于达赖喇嘛请参看 П. К. Козлов. 《Тибет и Далай-лама》（《西藏与达赖喇嘛》）. 1907 г., и 1920 г.

〔2〕重要的是，我要在安多谒见达赖喇嘛，巩固与他在库伦建立的关系，同时确定与著名的西藏领袖将来的新的会晤。

到公本寺去的这段路我们走得很顺利,只有在拉脊岭山垭,特别是在山垭结了冰的北坡出现了一点不可避免的麻烦:一头牲畜在那里碰出了血,我们因此不得不亲自背上一些驮子。[1] 像往常一样,不时过往的行人和乘车、骑马的过路人让这条路显得十分热闹,只是少了以往众多的朝圣者。考察队这次在山垭上发现了白脊背的鸽子、山岩鹨和3种过去常见的猛禽。

队伍经过坐落在从东边遮蔽了公本寺的山脚下的衰败小城南川营,于11月4日傍晚到达寺院。这里洋溢着前所未有的热闹气氛,纪念宗喀巴的秋季节正处在高潮中:街上攒动着过节的人群,密集的市场伸展在商业场所、广场、山坡和大佛塔附近。喇嘛和世俗人在少有的奇特气氛中显得异常开心,并且毫无目的地转来转去。从北京郊区来到偏远边区的流浪艺人在各处献艺,他们巧妙地从缀满厚重刀子的圈中穿过。旁边停着的一辆笨重大车就像一架锅驼机,这种车子只要发动起来,内部的机器就会发出古怪得让人难以置信的洪亮声音。驯顺的熊在此时终于登场了。

节日最庄严的时刻是佛教改革者的灵魂从尘世转向不朽的日子。11月5日晚上,整个公本寺沉浸在号声和贝壳声中。这种声音和数千名列队站在寺庙高处颂唱经文的喇嘛的声音融合在一起,形成了一种奇特柔和的合声。寺庙的正门魔幻般地点燃数百盏油灯,寺院所在山坡上的半圆形露天舞台开始火光闪耀,整个场景给人留下的印象很深刻。

到晚上8~9点钟,一切都停止了,寺院沉浸在宁静中。

我们在公本寺度过了非常热闹的两天。像往常一样,我住在扎雅克喇嘛的寺院客栈里。

值得一提的是,我在公本寺幸会了一些老相识,他们是库尔雷克贝子的蒙古人和柴达木的蒙古人,后者当中甚至有几个曾经在我以往的考察队中当过向导和车夫。这些人对俄国人异常热情,并且说家乡的人还记得旅行家,热切期待他们再次来访,他们还非常精心地保管着考

---

[1]南坡的路多石、干燥,并且尘土飞扬。

察队的旧气象棚。[1]

11月6日一大早,我们这支小分队已经沿着上游被称为莫沙沟峡、下游在西宁桥附近叫南川沟的小河谷走在去西宁的路上。大约在早上10点钟,远处勾勒出西宁建筑物的轮廓,半小时之后曾经把自己的住处热情提供给行路人的李得利先生迎接了我。

第二天得去拜访中国的权力机构。钦差热情地接过我带来的邮件,他在谈话过程中提道,从北京来了一份与俄国考察队有关的文件。令我诧异的是,这份文件中有北京的俄国使馆给中国外交部门的通知:"如果中国人认为这条线路因为某种缘故不方便并且相当危险的话,旅行家柯兹洛夫将放弃南下去四川的考察……"

11月8日,一个晴朗寒冷的早晨,队伍已经离开西宁,正从东偏北方向赶往乔典寺。西宁河谷显现出深秋的特征,河里漂着薄冰,冰块相互碰撞,发出窸窣的响声。猛烈刺骨的寒风让我们在进入有山丘遮蔽的新城河小河谷之前饱受折磨。[2]

尘土飞扬的右岸大道上,慢腾腾地行进着从附近山里拉煤的大车队。鱼贯而行的车队上空飞扬着一片黄土,随后又落在过往人的身上,直搞得你鼻粘膜和眼皮发痒。

我们在新城过了一夜,然后沿桥走过一条同名的小河,进入劳艾山区。劳艾山的西北坡装点着木本植物,生长着灌木的地方突出着一块块山岩。在高得让人望尘莫及的山脊上挤着许多玲珑的引人注目的中式小佛塔。我们走的这条被陡坡挡住的冰冷峡谷向东延伸。大家快冻僵了,可是,牲畜却由于寒冷走得精神抖擞,行进得十分顺利。空中不时传来小鸟的叫声,阳光下,成群在各处觅食的野鸡闪动着美丽的羽毛,一大群岩鸽聚集在村子附近的斜坡上,蔚蓝的天空中不时飞来几只秃鹫和美丽傲慢的金雕。

队伍登上山垭顶部,乔典寺环绕在被云杉林覆盖的山丘上。喇嘛

〔1〕参看 П. К. 柯兹洛夫:《Монголия и Кам》(《蒙古和喀木》),莫斯科,国家地理书籍出版社,1947年版。

〔2〕H. M. 普尔热瓦尔斯基用蒙古语称这条河为布古克河。

欧·亚·历·史·文·化·文·库·

在下面的河谷中迎接我们,并以我的老朋友活佛的名义献上哈达。当我们踏入寺院时,喇嘛们恭敬地排成长长的一列欢迎我们的到来。我们来到一间舒适的房间,在这里彬彬有礼地品尝了桌上丰盛可口的美食和饮料,并像在家中一样被安顿下来。

16.6 好客的乔典胡图克图

乔典呼图克图像迎接好朋友一样迎接了我。喇嘛的招待让我恢复了体力,在旅途劳顿稍事休息一番之后,我便向住持在一般情况下不允许旁人进入的内室走去。洛仁托布登热情地微笑着起身迎接我,并且按照俄国人的习惯把手伸了出来,我也按佛教礼仪给他献上哈达。喇嘛显得老了并且胖了,但他的笑声洪亮,充满朝气,眼中依然燃烧着智慧和力量。我的老朋友自豪地领我参观自己按欧洲风格新装饰过的住处,挂着窗帘的窗户露出有棉夹层的双层窗框,墙上挂着各式各样的钟,其中包括有布谷鸟的钟,此外还有画。俄国地理学会的礼物以及H. M. 普尔热瓦尔斯基的礼品被保存得很好,看了让人感动。屋内随处可见佛像、呼勒代、尕吾和华美的金色和红色的藏文书籍。从房间里可眺望到庙宇以及周围山丘的美丽景色,房子的另一头与点缀着假山、花坛、甚至欧式精巧凉亭的绿树成荫的花园毗连。我们谈了很长时间,彼此毫无拘束。

作为给俄国地理学会的回赠,呼图克图送给我一件带金刚座的文殊师利菩萨的青铜像艺术品、一本藏文书籍和一个妙不可言的“呼勒代”,同时他请求转交给俄国科学院一小片生长在印度的菩提树叶。传说乔达摩曾在这个菩提树下获觉。树叶上明显显现出坐佛的镏金轮廓。

16.7 再次返回贵德

11月14日,小分队带着对在乔典寺度过的几日的温馨回忆走近西宁,并在3天后到达秩序井然的贵德。天气依然相对温暖,有时侯能够明显感觉到阳光的暖意。[1] 天空时常被大风卷起的一层尘土搞得昏暗下来,天幕似的扬尘妨碍了我们开展天文学观测。12月初开始,天气变得寒冷,深夜的气温接近 −13.0℃,天空刮着冷飕飕的东北风。绿洲死气沉沉地披上了昏暗的灰黄色外衣,所有的人都躲进自己家中,动物也安静下来了。

考察队从某个时候起增加了一名十分奇特的成员。我们在绿洲花5文银子买来一只驯服的秃鹫,这只鸟中的庞然大物很快就与我们大家熟悉了。它喜欢吃容易消化的羊肉,饥饿的时候也不放过啃啃骨头:有时只是随便那么啃一啃,而有时候则是大口吞吃。当我们的宠物进食时,从四面八方一下子聚拢来大群渡鸦、乌鸦和喜鹊,它们大多从侧面接近,贪婪地扯下一小块美味。看着眼前的这一幕,大家感到很开心。但是,也会有这种情形:庞大的鸟向贼溜溜的小鸟投去愤怒的目光,令后者头也不敢回地飞散了。深夜,秃鹫被关在一个封闭的地方,而白天它却呆在露天的悬崖上嫉妒地看着自己那些在晴朗天空中自由翱翔的同类。有时这只因犯被某种内心的喜悦激荡,宽宽地舒展开长度约1俄丈的翅膀,激动地在原地飞起。有那么两三次,秃鹫不声不响地走着,攀上附近一座小山的山顶靠近中式浮屠的地方,再从那里沿着一条略有倾斜的坡飞出1俄里多。考察队的狗有时纳闷地看着这只秃鹫,企图向它发起攻击,但在遭到应有的回击后变得顺从和平静下来。当以后再遇到这只鸟时,狗便远远地躲开并且在行军途中与“出家人”(秃鹫)相处得极好。

16.8　带回好消息

12月7日早上,巴特玛扎波夫两兄弟带着大量信件完全出乎预料地来到考察队的营地,一切都变得激昂起来,大家精力倍增。

来信中最让人感兴趣的是地理学会的重要消息。学会副主席 П.

---

[1] 11月22日下午1时,背阴处的气温为4.5℃。当天无风的时候,阳光下的气温接近15℃,加上空气稀薄,尤其对人来说天气已经很热了。

·欧·亚·历·史·文·化·文·库·

Π. 谢苗诺夫·天山斯基的代表——A. B. 葛里高里耶夫通知我,科学院及彼得堡的专家学者高度评价了考察队在发现哈喇浩特方面的艰辛努力。"专家根据现有的发掘资料断定,您发现的古城废墟是兴盛于11—14 世纪的西夏唐古特民族的都城遗址。鉴于这一发现的重要性,地理学会委员会委托我向您提出不深入到四川,而是返回沙漠戈壁,对死城的地下进行补充挖掘的建议。要不惜花费体力、时间和财力,继续深入挖掘……"A. B. 葛里高里耶夫在信的结尾强调。

半个月以后,亲爱的亚历山大·瓦西里耶维奇·葛里高里耶夫——这位品德高尚、诚挚善良的出色人物永远地离开了我们。一想起他,我的心情就十分沉重……旅行家伟大的朋友,您安息吧!

权衡了考察队的处境和情绪,我不能不为这样一来原定去果洛人领地纵深处的线路缩短了而感到庆幸。A. B. 葛里高里耶夫的信令我高兴,此外,这封信也与替我们的未来命运担忧的钦差的愿望一致,他并不乐意考察队在强盗般民族聚居地的冒险远行。

16.9　奇谷温泉

送走了给考察队带来新的活动任务的 Ц. Г. 巴特玛扎波夫,我乘着头几日天气晴好,抓紧在夜晚观察月掩星,同时通过万能测角仪观察天空东边和西边的两颗耀眼的星星。12 月 17 日我去奇固山泉进行了一次小小的旅行。

这些能治病的泉水在去拉尔扎贡巴寺的路上,距离贵德 15 俄里的地方。考察队向西通过穆杰克河谷的交叉点后,很快又转向西南,最后过拉嫩雅琼村进入暖泉沟峡谷。一进峡谷就发现,冒着蒸汽的带状深蓝色温泉喧哗着从鄂博附近的土砾冲击层下流出地面。泉水在距离源头 3~4 俄里的地方的温度能达到 85℃,之后逐渐变低,在向北流逝的过程中发出奇特洪亮而有节奏的沉重喘息声,50 ~ 70 俄里(100 ~ 140 米)以外都能听得到。山间小溪袒露着流淌在绿茵丛中,这里栖息着中沙锥。

小温泉和水温最高的大温泉发源于同一地方,并且吸引了众多的疗养人前来这里。陡峭的岸边有近 12 个用粗糙石板凿出的简陋浴盆，各类风湿疾病患者以及由感冒引起的各种疾病的患者会选择在附近岸边台地上的帐篷中滞留 2 ~ 3 个星期。他们每天在这里洗 1 小时的盆浴，同时饮用温泉的水。由于周围空气寒冷，洗浴者通常从头到脚地盖着一件从浴盆四面垂下的被服。[1]

16.10　准备踏上冬日的征程

考察队主营地的生活仍然十分单调。乔典寺的朋友也只来过一次，他们在贵德呆了两天之后就带着给活佛的新礼物回去了。[2]

与此同时，12 月也快过去了。我们计划 1 月初离开过冬的地方，对安多地区的拉尔扎—贡巴寺和拉卜楞寺做进一步研究。

考察队需要尽快启程，这自然而然就出现了一个问题：如何处置给达赖喇嘛的礼物。12 月 8 日，我们通过官方途径得知，西藏的统治者已经离开北京，目前正在前往甘肃的路上。不久，从五台山方向来了一个由二百峰骆驼组成的达赖喇嘛的运输队，西藏的官员也出现了，这一切都让人感觉到一件大事即将临近。

居民们毫无兴奋可言地等待着佛教首领，因为大人物的类似到访势必要产生大量的开支，甘肃的总督正在想办法让这位重要行者的旅行线路向北或向南偏移，但是，这一切显然是徒劳的。

在权衡了各方的情况之后，考察队决定让我们的朋友到公本寺取回礼物，同时向喇嘛承诺会选择适当的机会亲自转交达赖喇嘛。[3]

即将过去的 1908 年的最后一段日子完全用来准备上路及最后一份从贵德发出的邮件了。

---

〔1〕H. M. 普尔热瓦尔斯基在西藏唐古拉山南坡海拔 15600 英尺（4750 米）的地方发现了一些温泉，泉表层的温度为 32℃，下层为 52℃。参看《Третье путешествие в Центральной Азии》（《第三次中亚细亚考察》）. Стр. 244 – 245.

〔2〕这一次我又给我的朋友捎去一个立视镜，一块黄色花缎、精美的扎夫杨诺夫小刀和许多有关他的寺院的风景和外貌的照片。

〔3〕达赖喇嘛的官员忧郁地将一盒"有趣的珍贵物品"还给波留托夫，并详细记录下考察队拟定的旅行线路。

　　天气让人感到不舒适,寒冷刺骨的东北风刮个不停。眼前的远处是昏暗的尘幕,这里见不到家乡那给周围自然涂上独特的诗一般宁静和梦幻的雪被。

　　1月1日深夜,天空繁星闪烁,为了能以某种方式庆贺新年的到来,考察队在附近的一座小山顶上靠近浮屠的地方放了两枚爆竹。爆竹冲向天空,放射出冲破黑暗的耀眼金花。这一动人的景象引起了山下和周围山中视力敏锐的游牧民的响应,他们惊喜地喊叫着。

　　清晨的山顶闪耀着苍白的阳光,天气寒冷、晴朗,平静的空中回荡着在营地附近忙碌的鸟的清脆叫声。在宣读了提升3名哥萨克为下士的命令及对其他官员表示感谢的命令后,大家的心情很是庄重。

　　去拉尔扎—贡巴的准备工作拖了很长时间。看来与唐古特人共事相当困难,虽然他们作过保证,但牵来的仍然是疲弱不堪的牲畜,而且数量也减少了。这不由得让人对在黄河沿岸迷宫似的山中开展考察活动感到担忧。

　　思忖一番之后,我最终决定将考察队分成两部分:纳帕尔科夫率领重行李运输队沿贵德到拉卜楞的大道直奔拉卜楞寺,并且把行李运到拉卜楞保存后到北乡补充动物收集。我将驮载较轻必需品的牲口留在自己的队伍,我们的任务是从西北部、西部和西南部研究拉卜楞寺周围的地区。

　　随着新的一年的到来,考察队也开始了新的活动。

17 深入安多高原的冬季旅行

17.1 改变旅行计划:放弃四川去安多

收到地理学会有关"将所有精力集中在对死城哈喇浩特的挖掘"的建议后,考察队需要改变自己的计划。

起初,我打算在贵德度过一个冬天,在春暖花开的时节去我的老师所向往的四川,他在"第四次"中亚之行时就被其富饶美丽的大自然所吸引。当时普尔热瓦尔斯基走到青河。在贝曲河口,他确定无法与随行的骆驼一起渡过扬子江,或者沿被毗连山麓荒芜阴森的峭壁挤在一处的水流而下的时候,[1] 首位中亚大自然的研究家不得不只局限于考察黄河上游河谷,然后返回柴达木。众所周知,普尔热瓦尔斯基之后,他的追随者 В. Ц. 罗鲍罗夫斯基的考察队也渴望着去四川。可惜,罗鲍罗夫斯基在阿尼玛卿山患了重病,只好退回柴达木。[2] 我蒙古—喀木之行收集了大量地区自然历史地理资料,并且在探查从东边与考察线路毗连的地区上有大的贡献。[3] 蒙古—喀木之行当然也唤醒了我去四川及其与喀木交界处的念头,我的目的是想通过这种方式将我们的工作与 Г. Н. 波塔宁的工作联系起来,以此实现我老师的又一遗训。

但是,考察队没有人到过那里,有一种说不清的力量不容许我们去朝思暮想的四川。我们想看看竹林,在竹林中寻觅羚牛和大熊猫,或者

〔1〕参阅《Четвёртое путешествие в Центральной Азии》(《第四次中亚细亚考察》). Стр. 178.

〔2〕《Труды экспедиции Русского Географического Общества по Центральной Азии, совершенной в 1893—1895 гг. под начальством В. И. Роюоровского》(《俄国皇家地理学会 1893—1895 年 В. И. 罗鲍罗夫斯基中亚考察成果》). Часть I. Стр. 385 – 390.

〔3〕即在东部与 Г. Н. 波塔宁的考察线路,西部与我的《蒙古和喀木》旅行线路相接的地区。

·欧·亚·历·史·文·化·文·库·

在与竹林毗连的地势较高的草地里捉几只虹雉的理想再次破灭或者仍然只是一个幻想。

考察队放弃了去四川的计划踏上回程,并且只能在春天去哈喇浩特。这样,还有两个多月可供支配的时间,如果不把它充分利用起来,进行一番向南到安多的旅行是不可饶恕的,让考察队放弃类似的旅行也是不可能的。于是,我们便在最短的时间内做好了动身前的各项准备工作。

17.2 安多山区的总特征及居民

安多山区位于西藏山原东北角,它从库库淖尔高山地带向南一直延伸到四川和甘肃。安多山原是西藏东部和南部地形轮廓不太清晰的部分,海拔高度从 16000 英尺(4880 米)到 12000 英尺或 14000 英尺(4350 米),农耕文化分布的河谷地带地势更低。山原上主山链呈东西向,并不同程度略偏向南、北两个方向,雪线接近海拔 15000 英尺(4570 米)。如同在西藏一样,这里的河谷上游地带生长着典型的坚硬西藏蒿草,草地上最常见的野兽是山羚羊。每逢阳光明媚的日子,藏百灵悦耳的歌声给这一单调的地区注入了无限活力。相反,河谷下游生长着郁郁葱葱的灌木丛,翻腾的清澈小溪喧哗着横穿而过,周围栖居着善鸣的鸟儿……山上有丰富的矮生灌木和高山草地等植被。这里的动物也与在西藏一样单调,但旅行者在这里是见不到野牦牛和藏羚羊的,它们被数量庞大的游牧民挤到更荒僻的地方去了。

安多地区的居民,英勇善战的藏族部落的人数大约共 50 万人。

按照生活方式的不同,安多地区的居民分为定居和游牧两类。定居者的村子和耕地分布在海拔 8000 ~ 9000 英尺(2440 ~ 2740 米)的河谷下游,游牧民与他们的毡帐则散落在高山牧场上。

与东部的藏族人一样,安多藏族是一个在政治上比较独立的部族,它与当局的关系更多表现为名义上的,汉人完全不干预安多藏族的内部生活,只是偶尔派官员带着军队来征收贡赋,解决安多藏族之间,或者安多藏族与汉人之间的争执和冲突。

17.3　安多藏族人的习俗和对武器的狂热

抢劫是游牧的安多藏族的主要生计方式之一。在强盗般的侵袭行为中,他们只听命于自己的首领。由于这里没有任何成文的法令,安多藏族一般会在他们的社会生活中遵循习惯法。

图 17 – 1　鲁仓部的唐古特人

我们见到的安多藏族,在外表上与我在《蒙古与喀木》一书中所描述的东部藏族人没有什么本质的区别,他们同样具有中等的个头,很少有个头高的,结实矮壮的身材,大而黑的眼睛,一样扁平、有时甚至是鹰钩的鼻子和大小适中的耳朵。游牧的安多藏族人的服饰及居所也与东部藏族人相同,风俗习惯也非常相近。因此,只有在仔细研究过这两个地区的居民后,我们才能发现他们之间的区别。

安多的男子总是想利用每一次方便或不方便的机会聚在一起,长话连篇,他们最好的表现就是去打猎,或者像上面所说的那样,去抢劫。照料牲畜、收集柴火、担水等诸多家务全落在女子身上。当女人们整天手脚不停地忙着干活时,男人却闲得发慌,只有当妇女体力不支时,男人们才肯帮上一把。安多女子是善骑的骑手,马上的她们与男子一样灵巧。安多女子可以从马群中随意牵出一匹,抓住马鬃迅速跃上还没

·欧·亚·历·史·文·化·文·库·

有备鞍的马背并疾驰向要去的地方。此外,安多女子总的来说是非常自由和独立的,她们可以根据自己的选择同时有一个或几个丈夫。

"在拉卜楞寺附近的唐古特人中有这样一种情况,"Б. Б. 巴拉金曾写道,[1]"娶妻仪式以年轻男子永久地离开父母搬到未婚妻家而告结束。如果一个年轻男子喜欢上一位姑娘并且愿意娶她为妻的话,他会将自己的一件衣服留在姑娘那里。如果姑娘接受了他的求婚,就会将这件衣服连同自己的衣服一起收起。反之,如果拒绝的话,她就会将这位男子的衣服拿到外面,年轻男子因此便会明白事成与否。衣服是不是被送出来了,如果是,他得蒙羞回家,或者他的衣服被仔细地与姑娘的衣服收到了一起。在后一种情况下,年轻人得离开自己的父母,与他们断绝任何财产关系。这时候最主要的是他要带上战马,至少要带上火枪和马刀去未婚妻家。女方的父母在这件事上不会对女儿的决定施加任何压力。

"丈夫对妻子和她的家人来说因此成了常客。对于唐古特人和所有藏族部落来说,家庭生活的基础便是夫妻之间在财产上联系很少,妻子掌管属于她的所有财产,而丈夫所能支配只有他那用来抢劫的战马、火枪、马刀和矛……"

正如唐古特女子以自己的项链和银饰为荣耀一样,唐古特男子,如果不是更胜一筹的话,应该是炫耀自己的兵器,特别是火枪和马刀,用银子和宝石装饰这些兵器要耗掉不少的钱财。在安多和整个中亚细亚,好战、勇敢和剽悍被珍视为一个人能成为官长或首领的主要优点。唐古特人装束良好的马在大老远处就已经吸引了路边居民和驼队的注意力。

花哨的深蓝色、红色和黄色衣装,以及有时胸部镶上豹皮滚边的服饰会给自豪的安多藏族,特别是给当地那些官吏增色不少。

在安多藏族中自然而然地出现了欧式武器,而且越来越多。考察队在途中或宿营地遇到的大多数安多居民经常带着状态极佳的带仓弹

---

[1]《Путешествие в Лавран》(《拉卜楞旅行记》). Отдельный оттиск из Известия И. Р. Г. О. , том. XLIV. вып. IV. 1908 г. , Стр. 19 – 20.

的来复枪,为了射击准确,特别是为了在河谷上打猎野兽,唐古特人给枪配上了中亚人简单的火绳枪上安的那种脚架。安多藏族自豪地向我们展示他们的连发枪,同样也要求向他们展示俄式来复枪。他们出色地掌握了欧式武器的拆装方法,使起枪来技术灵巧、娴熟。闲坐家中无聊的时候,安多藏族手拿武器精心摆弄,像母亲抚爱自己心爱的孩子那样抚摩它。土著异乎寻常地珍惜子弹和弹药。

不难发现,当安多藏族在看到考察队的驼队、驮子和清一色的装备时所表现出的那种嫉妒心情。我确信,没有什么东西能够像我们的来复枪那样引诱和促使安多藏族果敢地向我们扑来,[1]他们能根据自己身上的欧式武器估量出俄式来复枪的魅力和它出色的性能。难怪汉人如此强烈地反对我们去安多的计划,他们很了解这些游牧居民的杀人和抢劫嗜好,只是在我递交了写明在安多遇到的一切不幸和灾难的后果由我自己承担的字据后,他们才算妥协了……

17.4　安多的佛教

安多在佛教史上确实占有当之无愧的突出地位,它哺育了伟大的传教士和学者。佛教改革家、格鲁派的创始人宗喀巴的名字被从安多到西藏、拉萨或扎什伦布寺潜心佛学的佛教徒所知晓。

安多到处都有美丽诱人而且舒适的寺庙或寺院。首领的行政管理机构和首领亲信近臣的家一般会建在寺院的周边,同时寺院附近也常会有一些寓所。在这样的繁华地方,汉族商人通常集中居住在一起。

安多地区的主要寺院是公本寺和拉卜楞寺。这两座寺院的宽畅庙宇和无数的建筑物容纳了数以千计信奉宗喀巴学说或黄教的喇嘛。[2]

17.5　在安多山原

略作插叙后,让我们再次回到有关旅行的描述上。

---

〔1〕后面将要提到。

〔2〕原文直译——译者。

·欧·亚·历·史·文·化·文·库·

考察队的任务首先是访问唐古特人的鲁仓领地,结识英勇善战的首领鲁本科[1]本人。

轻装的驼队于 1 月 6 日离开冬营地,[2]径直向拉嫩雅宗小河峡谷走去。周围是扼住了峡谷的熟悉的灰黄色高山斜坡。虽然奇曲温泉水的温度非常高(85℃),但当考察队经过那里时泉上并没有人。考察队第一个晚上在拉嫩雅宗与额楞贡巴庙之间的一个可爱的小地方度过,夏季行军帐篷就搭在一人高的芨芨草丛中。

异常干燥的清新空气使得深夜的天空显得特别蓝,星星发出明亮的光芒,美丽的土星在黑色的背景中奇异闪烁。附近的寺庙显然已经处于半睡眠状态,但是,我们的营地却被俄国人、中国人和唐古特车夫的说话声搞得热闹了很长时间。耀眼的篝火吸引大家凑过去取暖(户外的气温为 -17℃),大家同时谈起了周围的这片地方。

第二天黎明,驼队继续向南进发,打算走出黄河河谷的深凹地进入到邻近的高原。由于从右边流入黄河的小河及小溪的上游结了许多波状下垂的冰,因此,在登上纳拉或"勒纳拉"山垭之前,考察队不得不绕过那些障碍,攀行在黄土或粘土质悬崖的危险陡坡上。眼前清楚地显现出笼罩在雾中的深山沟,即雄伟的黄河在贵德以下山群中冲出的缺口。北边极远处出现的高山好像是南库库淖尔山的东端[3],南边是雄伟凸起的扎哈尔山。

山顶上一片白雪,高处的台地上和凄凉的田地里闪动着唐古特牧民的黑色巴纳克,马群、羊群和黑色的家养牦牛在已经枯萎并结了冰的高山草地上游荡。

唐古特人龌龊、陈旧的帐篷内部通常被一分为二:右边是男人起居的地方,左边则是女人的领地。帐篷中间有一个炉灶,沿亚麻布墙堆着一些装有丘雷或干奶渣、粮食和其他食品的皮口袋,以及些许驮鞍,地上直接铺着土著人当床用的油腻毡子和熟羊皮。富有人家的帐篷旁边

---

〔1〕鲁本科(1834—1916 年),青海藏族鲁仓部首任千户,以剽悍勇猛著称。

〔2〕由 12 匹驮载的马和相同数量的乘骑马匹组成。

〔3〕据唐古特人讲,山的西部叫"措尔戈"。措尔戈以西附近延伸的山脉叫"昂尼—沃"。

通常围着畜栏,凶恶的猎狗看守着羊圈。

17.6　玛格当沙地

　　考察队沿奇曲河而上,很快便进入具有库库淖尔草原性质的草地高原。闪动着饲草波光的波状慢坡像无边无际的垅岗从西北向东南延伸,慢坡的部分地方与发端于珠帕山并从西北方向而来的玛格当沙漠的新月形沙丘相遇并交会在一起。沙丘在东南方向隆起成疏松的斜坡和坚硬的迎风慢坡的同时,其主要走势为东北—西南向。在与山脉接邻时,沙漠在不知不觉中舒展成部分地方高达 100 英尺(约 30 米)的高原丘陵地。

　　从贵德绿洲到鲁仓领地有 3 条路:东边的路经过高原,西边的一条路伸展在沉闷的玛格当沙漠中间,考察队选择的中路经过无数有浮冰小河的山林。[1] 驼队跨过宽度仅约 60 俄里的沙地,蜿蜒在轮廓不甚分明的小丘与河谷间。唐古特人说,夏天在这片沙漠中行军十分艰难,灼人的沙漠会使周围的气温急剧攀升。

　　行进过程中大家感觉到,群山将驼队紧紧围住,越往西偏南方向上走,这种感觉就越明显。在沿途的沙丘顶上可以看到新的河谷、河流和新的地平线。离开能看见西边黑色恰昌克高地的查纳尕河,驼队很快就登上了额特加尼加山垭。东南边银白色的贾哈尔山顶和南边宏伟的珠帕勒(竹笆林)山被很清晰地勾勒出来。我们从山垭上下来,绕过有裂隙的突缘,穿过波状草地,来到从又窄又深的山沟流向黄河凹地的戈蒙格厩河跟前。

17.7　路遇唐古特人

　　考察队继续向西南方向行进,在唐古特人牧地附近宿营,一路上驼队与一群赶着健壮牦牛(替换驼队疲惫骒马的驮载牲畜)的骑手相伴

────────────

〔1〕这时黄河的右支流几乎断流。

·欧·亚·历·史·文·化·文·库·

而行。

随着我们向神秘荒凉地区的深入,当地的居民变得越发固执、粗鲁,气氛开始紧张起来……佛教新年的前夕,由贵德厅官派来并且已经从我们手里拿到下一路段报酬的赶车人提出放他们回家的要求,同时请求放了他们的牲畜。没等我的旅伴在汉人译员的帮助下从附近对我们百般刁难的唐古特人那里雇来新的牦牛,那些车夫们丝毫不予我们帮助地走了。

除夕的夜晚多云而平静,偶尔传来正在保卫主人平安的凶猛的唐古特猎犬的吠声。我们留下两个哨兵警戒,其他人并没有宽衣便手握着枪敏感地入睡了。

1月9日早晨,从游牧民的牧地传来号角和其他祈祷乐器的声音。巴纳克旁边点起了篝火,并举行着祈祷。男男女女面朝东边3座神圣的处女峰——昂尼—扎根尔、吉加—昂尼—孔瑟姆和贾哈尔峰磕头。

离开杜尔奇曲河后,道路延伸在被陡坡包围的峡谷中。峡谷右侧生长着被大量沙子填埋的锦鸡儿,左侧是有3条河水灌溉的良好牧场。虽然天气半晴半阴,背阴处的气温没有超过 -1.6℃,但道路边延伸的沙漠却被太阳晒到15.2℃。高度与拉脊山相同,[1]顶部有一个鄂博的多尔奇尼加山垭用猛烈扑打在我们脸上的南风热情迎接考察队,地平线在很长一段时间里被杂乱堆积的高地阻挡。刚走过比多尔奇尼加山,我们眼前出现了宽阔的芒拉河谷和上面提到过的玛格当沙漠。[2]

考察队在山垭附近遇上了一队骑着良种马的土著。唐古特人用傲慢正式的语气询问我们是些什么人,然后就躲到一旁,让我们的驼队从他们身边经过,同时仔细打量着我们的每一头牲畜。

当考察队在从尤拉山流出的龙清曲河与沙地之间的唐古特人游牧地敦尼奇附近搭好帐篷时,天已经黑了。所有巴纳克的居民好像都以卖干粪、牛奶等为借口来到我们的营地,出于不想违反地方习惯的考

---

〔1〕高山,即南库库淖尔山东端的延伸部分,山中有海拔12000英尺(3600米)的拉靖岭或拉脊岭山垭。

〔2〕其南边被谢尔居勒或蒙古人称哈拉戈尔的山群挡住。

虑,我们毫无快乐地用传统的茶接待了这些愁眉苦脸、衣冠不整的客人。

天气已经变得十分宜人。白天温暖宁静,空气清新。深夜 - 20℃的气温下,从山上吹来丝丝微风。考察队顺利行进的驼队希望尽快到达唐古特人鲁仓的领地,并在那里进行离开贵德后的第一次休整。

17.8　鲁仓领地及其首领鲁本科

由大约 100 顶巴纳克组成的唐古特鲁仓领地位于沙内格地方有良好牧场的河谷中(莫曲河干涸河床以南)[1],考察队顺着黑色巴纳克,花了一天时间才横穿过这条河谷。

唐古特王把自己的领地分成 4 个旗,每旗有居民 250 人,由贝子[2]管理。

快到上面提到的那个地方时,我们遇上了一位身穿节日盛装,带着马刀甚至来复枪的土著小伙。

在游牧营地附近,王爷的儿子,一位年轻英俊的安多人带着仆从第一个迎上前来,并恭敬地牵住我的马缰绳。王爷本人,被当地人称为"拉扎"的鲁本科也在数名身着饰有带子、绿松石和贝壳的各色皮袄的女人陪同下亲自出来迎接我们。虽然鲁本科已经 73 岁了,但老人头上和脱掉皮袄的右臂上露出的几道深深刀疤令我们对这位结实健壮、久经沙场的老人,或许他仅仅是一个劫匪,产生了深刻的印象。一番寒暄之后,我们便进入了十分宽敞并且相对干净的帐篷,那里早已准备好了茶和刚刚用羊油煎好的油饼等寻常的招待物。巴纳克中属于男人的那一半地方整齐地铺上了小地毡,大家依次就坐,我和毡帐的主人面对面坐在火炉跟前。主人热情地请我们品尝当地的一种饮料,请我们不要客气地随便吃喝,年轻的王爷不时从炉子上拿起小茶壶给我添茶,同时

---

〔1〕有趣的是,这个地方有许多蒙古名称的山丘、河流和河谷。例如,在途中我们遇到的"查干—托罗戈伊"山、"哈拉—戈尔"山和"沙内格"。但是蒙古人早在 160 年前就被凶猛的果洛人和西藏山原的其他匪徒赶出了这一地区。

〔2〕贝子——唐古特人的官衔。

加上一小块油饼。

一番款待之后，我想给考察队选一块营地，王爷和他的儿子也跟出来帮我解决这个问题。考察队把营地选在离唐古特王营地约 100 俄丈的一片开阔地，一道不高的长慢坡横亘在营地与唐古特王的游牧地之间。这时驼队到了。在完成了一些首要的卸驮扎营工作之后，两位王一起向我提出请求，请全体成员在旅途之后去喝口茶。一切看起来很顺利，更何况与考察队同来的还有一位西宁行政当局派来的中文译员，他负责出示要求安多藏族给予我们多方协助的文件。

招待完年轻的俄国人，威风凛凛的唐古特人便来到考察队的营地，他们简直把营地围起来了。我们的客人原来是一群嗜酒之徒，他们毫无拘束地让我们效劳，给他们时时喝空的酒盅里斟上考察队为应付类似今天这种场面而专门从储备中拿出的烈酒。[1] 几位王爷都很喜欢这种酒，他们赞许地竖起了大拇指……起初我想向野蛮的游牧人推荐白兰地，但那是一种徒劳无益的尝试，土著对白兰地的评语是"女人喝的饮料"！

令人遗憾的是，鲁本科在公务谈判中表现得异常固执。尽管我有各种理由，他还是提出要考察队给一把出色的来复枪作为获得经过他领地资格的贡品，王爷还给驮载牲畜和向导开了很高的价码。我想给他的左轮手枪王爷根本看不上，甚至说那是"玩具枪"。

在一番尽情畅饮之后，唐古特人有点喝醉了，我预感到一些在神经兴奋状态下不可避免的复杂情况可能会发生。完全出乎预料的是，王爷的夫人在关键时刻搭救了我。这位柔弱的小女人来得正是时候，她毫不费力地带走了已经喝醉的丈夫。王爷一路上边走边嘟哝："我们明天谈正事，谈你们下一段路程，今天我等你的礼物。"王爷确实已收到了一部分礼物，而另一部分我随后就打发人送过去了。

毫无结果的谈判进行了两天。对鲁本科来说，我们刚刚送给他的礼物、给驮载牲畜和向导支付的最高价钱都不能令他满足。他固执己见："送我一支俄式来复枪和一箱子弹，我就会放你们过我的领地！"当

---

〔1〕我们总是储备着收藏鱼、蛇、蜥蜴和小啮齿动物甚至鸟类的酒精。

我迫不得已同意了他的这个条件时,王爷说道:"我马上叫儿子来看看你们的枪支,我得回去了。"王爷的儿子傲慢地来到哥萨克的帐篷,他仔细查看了我们的连发枪,最后还是傲慢地说:"你们的枪很低劣,根本不值钱。"说完就转身离开了……

考察队的营地上刚才还活动着形形色色的参观者,有的甚至放肆地钻入帐篷,但此刻却有点空旷,只剩下不多几个鲁仓人。这些人搞不清楚这里的东西是自己的还是别人的,有几个差点当着我们的面拿走所有的医用绷带和纱布。

王爷召集了有经验、见识广的劫匪头目开会。后来才知道,在这次会上他们决定消灭我们,以便占有我们全部的枪支和其他物品。考察队根本没料到他们正在准备对我们进行背叛性的突袭,更不会知道鲁本科在会上接受了他儿子和其他年轻人关于在深夜对我们发动袭击,并"杀掉这几个俄国人,占有他们最有价值的财产"的建议。后来我才知道在这次袭击失败后的第二天他们对中文译员说的话。他们说,袭击者不是同旗的人,而是他们那臭名远扬的对手——邻近一个盟的居民。突然袭击鲁仓是为了替被杀的同盟人复仇,不料误袭了俄国人。

17.9   夜袭考察队

1909 年 1 月 11 日傍晚,考察队的神经高度紧张。从王爷营地传来可疑的马蹄声,附近的山丘顶上,凶恶的骑手在静夜中用颤动的声音大声呼喊着来回走动。为防不测,我们不打算宽衣,大家枪不离手,全副武装地睡觉。

第二天,我们与唐古特人的关系更加紧张,用和平方式与他们接触显然是不可能了。没有什么能使他们感到满足,一旦我们接受土著讨要的荒唐高价,他们就会提出新的、完全无法接受的更高要求。

我们从西宁来的译员那里得知,王爷同意第二天安排向导,但附带的最后条件是,要付给每一头牲畜、15 名向导令人难以置信的高价。实际上当时我们只需要一名向导,他们却强加给我们 15 名,仿佛一两个人肯定会遭到抢劫,无法活着回来似的。关于枪和子弹的事他们没有再提。

黄昏很快就过去了,黑暗多云的夜幕正降临大地。最让我们这些徒步旅行者难忘的是 1 月 13 日那天深夜,王爷营地方向异常安静……这次我们没做任何准备,打算脱了衣服比较舒适地睡上一觉,只是枪还放在了身边。我很久无法入睡,狗疯狂的吠声一刻也没有停息。我仔细倾听周围的一切,思绪飞向遥远的故乡,来到温暖亲切的火炉旁。刚刚沉入幻想,突然响起的来复枪的射击声再次把我们大家惊起。已经是深夜 12 点半了,警惕的哨兵,近卫军士兵萨那科耶夫马上喊道:"有人袭击,快起来!"同时,他向两个远驰的骑兵,刚才开第一枪的土著小分队开火。

仅仅过了一两分钟,我们便握着枪从各自的帐篷里冲出来,但已经什么也看不见了,只能听见疾驰的马蹄声。大家穿好衣服,全副武装地排成战斗队列。从土著小分队离去的西边方向再次传来逐渐清晰的马蹄声,随着距离的临近我们眼前出现了向营地飞驰而来的唐古特人的黑影。

1 月漆黑的夜晚成了发生在几个俄国人和成百名手持沉重长矛向外国人营地疾驰而来的野蛮游牧民之间的事件的唯一见证。我们在相距 400～500 步时向袭击者开火,8 支来复枪不断喷出的火舌在黑夜发出鲜艳的光芒。袭击者向前冲出 100 步,可能更少些,就急忙转向北,很快消失在深谷中。干燥、冻结的地面上嘈杂的马蹄声久久回荡在寂静的夜空。所描述的一切来得太突然、太迅猛,开始时就像某种神秘的幻觉,一股旋风或者是飓风,天知道,它从哪来,到哪去……如果不是考察队有战斗准备,没有慌乱地迎接了这股猛烈飓风,就没有什么能把它从凶猛的袭击者的矛和马刀下解救出来。的确,要不是袭击者派了小分队来端我们的岗哨,从而惊起了大家的话,他们的计划可能就成功了……夜袭也就达到了预期的目的!但命中注定了这件事不会发生,我怎么能不相信我的幸运星呢!

我们还未从发生的一切中回过神来,王爷营地方向传来了鲁本科和他儿子的喊叫声："发生什么事了,敌人没有伤着我们的俄国朋友吧,[1]火力真大!"等。吓得掉了魂的西宁译员事后是如此向我们转述的。为了尽快满足自己的好奇心,老王爷派他的儿子到考察队营地,他十分吃惊我们毛发未损,并以战斗的姿态准备迎接新的袭击。平原上响起的野蛮叫声和远处的枪声弄得我们提着枪不安了好长时间。从那个不祥的夜晚开始,大家已不再相信这些坏蛋,在整个冬季的旅程中大家都是怀抱着枪弹和衣而卧的。

土著好像在回避我们,好奇者再也不到考察队的营地来了,我们也因此终于摆脱了不断而来的观众。只有一个我们早就认识的可爱喇嘛非常不安地来看我,在得知俄国人的胜利之后,他高兴得不知如何表达自己的喜悦心情,万分激动的唐古特人抓起我的手紧贴到自己胸前……这种独特的情感表达方式深深地感动了我。1月13日早上,我问候了勇敢的年轻上士、下士或哥萨克军士,向他们讲明了当时我们所处的意外境遇。鲁本科来了,他对我们英勇打退袭击者的行为大加赞赏了一番。我用玩笑的口吻问王爷,是不是他的部下跟我们开这样恶毒的玩笑?傲慢的王爷答道:"我要亲手宰了他们。如果我的人当中有人参与了这次袭击的话,我会杀了他的!"鲁本科变得凶狠起来,这位有权势的老人眼里喷出了火星,他神经地战栗了一下,并且无意识地转了一下头上那顶狐皮"首领帽",有时甚至脱下右肩上的袖子,露出带伤疤的背部。好一位饱经世故的战士!我现在才开始相信,鲁本科从来没有给过别人哪怕最寻常的礼物,这一点他在与我初次相识时就声明过了,而他自己却从大家身上为所欲为地攫取。看来王爷不得不第一次承认自己的无能……

为了不引起对自己的更多怀疑,不让考察队知道几天后或几天的行程后才知道的伤亡情况,鲁仓王爷命自己的儿子统领向导,急忙打发考察队离开。临行前鲁本科十分冷漠地邀请我和我的旅伴切蒂尔金去喝茶,我们极不情愿地接受了邀请,不管怎么说,拒绝是不合适的。坐

---

〔1〕鲁本科的对手——科加多聪旗在马盖当沙漠那头,是黄河右岸鲁仓西北的一个旗的居民。

277

在王爷的帐篷中与主人谈话,我们两个人警惕地注视着随时都有可能抓起放在帐篷边上各处的武器干掉两名大意的俄国人的唐古特人。由于担心会发生这里常见的突发事件,我们在就着饼喝茶时也非常谨慎。不难想象,在以抢劫为生的贼匪首领家度过的最后时光是多么无聊和漫长。年老的王爷夫人不顾我和她丈夫之间的紧张关系,在我面前殷勤地说个不停,并毫不客气地从我们这儿要了几块糖。

鲁仓人以不想爬越途中高高的雪山为由,拒绝将考察队送到我想去的拉尔扎贡巴寺。更确切地说他们是害怕与自己一样的劫匪——果洛人。这些人早就威吓鲁本科,要报复"这个阴险的老狼很久以前犯下的罪行"!王爷指使自己的儿子负责我们在周围地区的漫长旅程,并指令接下来由女婿绕从拉尔扎贡巴寺到拉卜楞寺的远路送考察队。

鲁仓王爷为给自己的亲人和熟悉的首领搞到收入而设计的这条漫长且又绕远而行的线路对我们也确有好处,它使我们有机会了解到安多山原最有趣、最神秘的部分,当然,这条路线也耗费了我们相当的人力、精力和物力。在到达拉卜楞寺之前大家都是抱着枪和衣而卧的,夜间我们加强了岗哨,可谓戒备森严。由于参加冬季考察的人员较少,队伍中的所有人每隔一夜都得在严寒中站 5~6 个小时岗,第二天还得赶路,又得在高出彼得格勒 3~4 俄里的高地上进行各种观察和收集。[1]大家的神经紧张到了极点……

时光飞逝,但在安多山原的冬季旅行却令我至今难忘。我们清楚地记得那可怕的一幕,就像又一次踏上这片阴森、冷漠的地区旅行一样清晰。同时,安多山原总是激起我心中对旅伴们的深深谢意和朋友般的依恋之情。他们是俄国人的代表,只有和他们在一起才能实现这样的功勋。在叙述的最后,我希望读者能原谅我居然在那一危机时刻还有心思感受在中亚荒野地区长途旅行的魅力……

---

〔1〕迷信的土著把我们研究住地情况,参观山脉以及敲下岩石的举动看成是一种极大的不幸,是俄国人对他们"自然财富"的掠夺,因此对我们公开的观察进行表示强烈反对。我们不得不背着他们进行这些工作。

18 深入安多高原的冬季旅行(续)

18.1 山原上的下一段路

1月13日是考察队离开沙内克的日子,对我们大家来说这也是一个喜悦而美好的日子。一大早就被牵到营地的驮载牲畜很快做好了出发的准备,在告别王爷之后我们沿着西偏南方向,朝昂尼—雷琼山垭走去。4名唐古特人在山垭顶上挂着带子和毛线绳的鄂博群附近虔敬地做了日常的祈祷。

道路环绕过一个小山垭后沿西南方向而下,在横穿沼泽地"巴钦"后便消失在饲草肥美、周围环抱着高高山丘的巴河宽阔河谷。宽近1俄丈的巴曲河、约2~3俄丈宽的策加戈尔河以及3~5俄丈宽的宁秀曲河[1]从高山丘上急流而下(主要从南面),3条河的水量丰富。南边极远处的两个东西向山链车尔钦—尼加峰和拉普蒙—尼加峰闪着雪的白光。在安多高原极其荒凉、无法攀登的重叠岩石后面有一座隐秘的拉尔扎贡巴寺,周围的居民是以抢劫为生的果洛人。有人告诉我,拉尔扎贡巴寺位于三面被黄河蛇状水域围绕的一座雄伟山丘上,可惜我们没能到达那里。

分布密集的富裕居民和他们大量的羊群、牦牛和马群散布在我们行走道路以西的山支脉的凹地中。

河谷茂盛的草地使我一下子想起库库淖尔的草原。这里也能见到旱獭和鼠兔洞,路边常有兔子出没,甚至能欣赏到狡猾的狐狸、凶猛的鸢和鹰追逐小啮齿目的情景……生存斗争的法则和动物世界弱肉强食

---

〔1〕这3条河后来汇集成黄河的一条右支流——尕巴松多河。

欧·亚·历·史·文·化·文·库

的规律,也在我们周围那野蛮而固执的人类群体中体现得淋漓尽致。我们几乎每天都能看到匆匆忙忙奔向四面八方去收拾这个或那个敌对部旗的果洛人团伙。这一天我们也遇上了15名全副武装的劫匪,他们从鲁仓王爷这里出发向东去袭击自己的同类,不久前对同旗的一个盗马贼动用了私刑的另一伙劫匪。

18.2   冬季旅行的艰难困苦

在从沙内克出发的第一天,考察队遇上了猛烈的西南风。风卷着尘土,而后逐渐变成暴风,动物一下子静了下来,草原上的这些"居民"潜入了自己的洞穴。我在一个小山包的背风面发现了一只缩脖挓毛蜷缩起来的浅胸脯鸳,它在这种恶劣天气下非常聪明地用这种方式自救。我们又艰难地向前推进了几俄里后,便决定跟踪一只鸟,因此早早停在了鲁本科王爷的儿子鲁安古热的游牧地巴特齐图[1]附近。旅行家们避风的工具依旧是帐篷。

相对温暖和亲切的白天总是被令人无法在精神和体力上得到休息的寒冷和苦闷夜晚所代替。深夜在营地边放哨时,大家冻僵的双手紧紧握着枪,仔细倾听并准确捕捉哪怕是最细小的沙沙声。沉睡中的自然一片寂静,天空繁星闪烁,在值班站岗的漫长时间里你会不由自主地观察群星在天空中有规律的永恒行程。地平线西北部被鲜红的余晖染得通红,那里时而突然燃烧,时而熄灭的草原大火有时会新奇古怪地照亮云彩,有时会蔓延到山丘的垭口,勾勒出活火山一般的景象。脚边时常跳动着啮齿目,一只兔子在邻近的山丘上发出叫声,鹏鸪也偶尔发出低沉得恼人的声音……如果不远处有游牧的唐古特人的话,我们就会听到猎狗非常清晰的叫声和警惕保卫自己牧场安宁的土著守卫野蛮的吼声。时间过得很慢,慢得让人无法忍受。当你终于站完规定的五六个小时时间冲进帐篷,想要在第二天赶路之前休息一下时,零下20℃的严寒却让你无法入睡。床冰凉冰凉的,再好的被子也没法让冻僵的

---

〔1〕汉语称巴特齐图,唐古特语称巴尔齐图。

队员暖和过来,又冷又累的队员只能在值班的哥萨克用行军炉将帐篷烘热之后,才勉强蜷缩着微睡一两个小时。

道路在巴河谷以南分叉了。我们带着几分惋惜离开通往有自然历史和民族学意义的拉尔扎贡巴寺的路,转向东南(然后向东和东北)去拉卜楞寺。这样就可以顺利避开令人生厌的劫匪圈。

18.3　安多人对考察队的敌意

1月14日,在劫匪鲁安古热的热情协助下,考察队顺利到达了鲁本科女婿霍尔洪热的旗,亲戚之间很快亲切寒暄一番。结果,考察队的新知要价更高,他毫无任何道理地向我们索要了极高的牲畜费和向导费,比鲁安古热从我们这里拿走的高出两倍。目前别无他策,我们只好屈从了这一条件。鲁本科的女婿愉快地到营地拜访我们,他不停地要这要那,谈论过去发生的事件,却不允许考察队的任何成员进他的帐篷。有一次他竟然说漏了嘴,向我们道出了鲁仓王爷积极参与组织袭击考察队事件的经过,以及在这次冲突中最出色最勇敢的唐古特队伍受到重创的情况。霍尔洪热强调说:"万幸的是俄国人不是这次流血冲突的主谋,否则我们都会起来反抗你们。"沉默片刻之后他补充道:"请你宽待我旗的唐古特人,他们没有任何对不住你们的地方。在动用武器之前,最好想办法知道与你们打交道的对象。做到这一点并不难,只需对形迹可疑之人喊一声'阿老',即朋友就行了。如果对方也跟着重复,你就可以平静地赶自己的路。如果他沉默不语,请毫不迟疑地开枪……"后来我们时常回想起这一简单严厉,同时又正确的训导,同样,也经常回想起几位高尚的安多首领。

18.4　进入勒卡骏曲河谷

日子一天天过去了,考察队也仿佛越来越深入到荒无人烟并且没完没了的沙漠山地迷宫中。从突然向南延伸的杰姆拉普奇山垭可以看到附近小高地后面被积雪覆盖的银白色车尔钦尼加和拉普蒙尼加山链,山下闪动着由东南向西北急剧倾斜的多石河床,勒卡骏曲河清澈的河水湍急地流淌着。

置身于被峡谷和冲沟切开的陡岸之间不大深的河谷中(不超过100~200俄丈[400米])的勒卡骏曲河是一条深度不超过1英尺(0.3米),宽度不超过35俄丈的典型高山河流,良好的高山草地几乎延伸到个别地方生长着金露梅丛的河边。这里是褐腹红尾鸲和其他小鸟的栖身地,当我们走到河边时,一对野鸭从河面上惊起,一只白胸脯的河鸟不断尖叫着拍打水面,在河面上飞来飞去……

勒卡骏曲的河面上结了大量的冰,再往上走冰便连成厚厚的一大片,这令考察队获取清新洁净的饮用水出现困难。

考察队沿勒卡骏曲河河谷向东南方向行进,在探察了10俄里距离内的河谷之后,拐向该河的一条支流,最后停在海拔超过12600英尺(3800米)的福锡隆。我们在这里的一个侧谷中发现了一座小的移动寺庙,它归属于附近游牧的一个活佛,庙里有几个喇嘛和信徒。

18.5 不友好的遭际

以唐古特人为主,加上分散的果洛人群体组成的居民仍然对欧洲人及他们的武器表现出贪婪的猎奇本性,他们想尽办法从我们这里勒索银两,千方百计想得到一支来复枪。同时,他们还会用其他的办法巧妙行骗,向考察队隐瞒了去拉卜楞寺的轻松捷径,领着疲惫的驼队曲折前行,让我们绕了许多弯路。汉人译员天生胆小,总是不肯把我生硬(不客气)和果断的语气转达给土著人。这使得唐古特人误以为我们谦让、软弱,因此他们一天比一天跋扈。我的忍耐达到了极限,而到我们向往的拉卜楞寺的距离却缩短得非常的慢。

远处,上面提到的车尔钦山和唐古特人叫赞苏拉的拉普蒙尼加山成了我们向南移动的最好标志。每过一个山垭,雄伟的山链就越加清晰地展现在考察队面前,大家终于登上了高于大洋平面13730英尺(4184米)的普特格乔里山口。我们发现,只有一条不宽(1~2俄里)的河谷将前者与高山隔开,赞苏拉的山脊现出袒露的轮廓,山岩和峭壁的有些地方积着一层雪,山腰以上毫无生机可言的单调景色在稍低处被高山草地取代。喧嚣的河水顺着草地奔流而下,流入一条较大的水道——克哈曲河。蜿蜒着羊肠小道的凸凹不平的河谷底部放牧着黄羊,这不禁使人联想起在西藏多山平原,家养的牦牛中间徘徊游荡着的野牦牛的景象。[1]

在考察队翻越了轮廓不大清晰的章德勒草地高原(其实是一个平原状的山垭),进入哈梅尔山垭顶之后,远处偏东北方向上才展现出两条向拉卜楞寺方向延伸的山链。

考察队到达距离哈梅尔两俄里的唐古特人游牧地附近的寒冷地方阿雷达瓦时,天已黄昏。像在中央亚细亚的其他地方一样,人的出现吸引了这里大量盘旋在黑色巴纳克上空的乌鸦。傍晚开始落雪,很快达到 3 英寸(7 厘米)厚,周围的景色发生了很大的变化。一群白腰朱顶雀活泼地叫着从营地上空飞过,偶尔能听到藏百灵的叫声。可是我们没有太多时间享受这份幽静,土著人十分敏感地嗅到俄国人的到来,他们立刻带着没完没了的请求和无礼的好奇来到我们的帐篷跟前。同往常一样,背上吊着长带子的妇女抱着吃奶的孩子,[2]稍大点的孩子则自己跑到我们这里。这些观众毫无拘束地钻进帐篷里要糖,有时不放过任何偷窃手边东西的机会。例如,他们拿走了我的一条短皮鞭,几个旅伴的马镫被割走,汉人的系带也不见了。当汉族旅伴气愤地冲一个贼扬了一下鞭子时,不知从什么地方冲出了一位全副武装,马鞍旁挂着一支杆子的骑士——贼的父亲。他喊叫着开始用马刀吓唬人,明智的同伙勉强让他平静下来,匆忙赶过来的妻子在发狂的丈夫头上敲了几杆子,他的野性再度发作了……

每个唐古特成年人眼神中流露出的下流和好斗的神态极大地激怒了考察队员,蓄意引起冲突或激怒他人的行径使我们产生了要毫不犹豫地残酷报复劫匪的念头。

---

〔1〕据说南山中夏天常有西藏熊出没。

〔2〕我发现,这个地方背带的颜色要黑得多。此外,带子绣着金线,饰有银质贝壳和蓝色、浅蓝色珐琅。

·欧·亚·历·史·文·化·文·库·

土著人的头目是一个自大的喇嘛,最嗜好酒与杀人的武器。他也像其他部分僧人一样缺乏高尚的道德,更不必说同俗人相比。考虑到这个骗子的兴趣和爱好,我们尽量用相应的礼物博得他的好感,同时意味深长地给他出示珍贵的达赖喇嘛像和钦差命令保护我们的文件。但这些努力是徒劳的:考察队在这里只需要一两名向导,他们却硬塞给我们15名,每人每天的报酬是一两银子。劫匪用最简单、最天真的方法解释类似的荒唐行为:他们不久前袭击了途中几个旗的居民,打死了几个人,赶走了一群马。由于害怕报复,他们似乎决定不单独出门,而是成群结队,外出时一般不少于10个人……

18.6 向盗匪开枪

1月19日早上,大地白茫茫雾沉沉的一片。考察队的牲畜艰难地行进在干涸或正确地说是冻结的小草丘上。不时出现的轻盈蹦跳的黄羊吸引着我们,灰暗单调的景色也因此稍稍热闹了一点。

考察队刚绕过山脚,迎面出现了一小队唐古特人。在发现我们之后,小队人马即刻拐到一边,然后狡猾地用途中隆起的缓坡作隐蔽再向我们急驰而来,企图暗中溜进旅行者的队伍。

与驼队同行的喇嘛在恐慌中催促我们立刻向劫匪开枪,而我们在确定了劫匪的企图后,立刻照办了。切蒂尔金和波留托夫毫不拖延地登上附近的一个缓坡,在800步之遥的距离内同时各开了3枪,结果打死了一匹马,打伤两名唐古特人。

没过几分钟,那支小队伍便追上我们,双方开始谈判。对方指责我们残酷地打伤了自己无辜的同伙,叛徒喇嘛全然否认自己说过必须对坏蛋开枪的话,考察队不得不尽全力和平解决这次事变。最后考察队用两匹好马抵偿了被打死的马,给了受伤的人颇大的一笔疗伤费用。谈判几次被土著人的凶狠行径打断,他们不停地扬言要进行肉搏。

大家的心情沉重不安,天气完全与我们的心情吻合,刺骨的寒风穿透了衣服,持续的大雪刺得人眼睛发花。

当地的向导越加暴露出他们贪婪的本性。其中两个从身后靠近我,然后用矛对准我,准备选择最适当的时机对我进行背叛性打击。侥幸的是近卫军士兵捷米金科及时发现了险情,制止了这场致命不幸的发生。

18.7　德格萨扎河谷的一夜

黄昏时分,考察队停留在德格萨扎河谷尼雷克通的一汪美丽泉边。周围是呼号的暴风雪,考察队唯一的燃料——潮湿的干粪好长时间都点不着,能使人焕发精神的温暖再次与我们无缘。

远处的山坡上出现了一名骑手,他长时间一动不动地站在那里注视着我们,然后在苍白的天空留下一个奇特的轮廓,消失在山后面。"那不是人,是一只狼。"我们当中一个拿着双筒望远镜的人低声说道,大家都为自己看走了眼而自嘲了好一阵子。紧张的神经使我们无法安然入睡,再加上面临的各种情况也不利于大家的休息。我们的对手唐古特人丝毫没有掩饰对外国人的仇视,他们把宿营地安扎在考察队的帐篷附近,这就使得我们更加无法合眼。只有极度疲劳的人才会入睡,也只有当人在极度疲劳之下早已顾不上死亡的恐怖时才能入睡。死亡的幻影不止一次降临到我们的头上,又自动消失,让位于完全无所谓的态度。考察队永远的旅伴,天空高悬的月亮在那个不安的夜晚没有背弃我们,在它的帮助下,3个哨兵借助营地所在的开阔地形能及时预防各种袭击。

18.8　遇上齐马旗的首领克加尔马

第二天早上黎明时分,德克萨扎河谷才非常清晰地展现在我们面前。浓密的蒸汽从没有结冰的泉上升起。总的来说,空气异常清新,天气一定不错。在向南、北空出 7 ~ 10 俄里形成的凹凸不平的宽谷中耸立着被草本植物覆盖的山丘,山上完全没有树,甚至灌木也没有。

从哈梅尔山垭开始,我们就沿福德曲河或尔泽曲河紧贴河谷南边的流水行走,缓慢流淌的河水沿岸突然出现了河湾。这条河洗衣槽似

285

的河床宽15～20俄丈(30～40米),河床底部是被高3～4英尺(0.9～1.2米)的陡岸围着的软性黑土。福德曲河在尔泽特浩浩荡荡地向东流去,他冲破山冈,抛开德克萨扎,急速流入附近凹凸不平的纳通河谷。

太阳爬得越高就越能让人感觉到它撒在我们脸上的热气。背阴处的气温不低于 -9.4℃,虽然如此,温热的阳光活跃了入睡的昆虫,我们很快就发现了麻利地在驼队牲口附近飞舞的苍蝇。空中一片寂静,只有大百灵洪亮愉快的叫声。向东、西望去,目力所及之处是一片没有人烟的沟壑纵横之地,远处的宽地上闪动着与黄羊和谐相处的家养牲畜的黑点。看见这些牲畜,我们才注意到不远处的游牧民。

道路急转弯绕过山坡,前面立刻出现了一群唐古特人隐蔽在萨戈雷格的巴纳克。

考察队停下来并把驼队链在一起。这时,几个从头武装到脚的骑手从他们的游牧地向我们冲过来。这支队伍首领显然是一名娴熟的骑手,他引人注目地骑在右边的一匹好马上。袭击完全出乎人的预料……接下来从我们这边走出几个唐古特人向导,他们机智地站在劫匪和俄国人之间,试图阻止将要发生的流血冲突。眼前出现了迫不得已的混乱,唐古特人轻轻勒住马,举着长矛傲慢地排成一列。

我询问来者是谁。原来这伙人是一个活佛的护送队,他们迎过来的目的是想弄清俄国人的打算。我不相信这些阴谋家的话,建议他们派两三个职位较高的唐古特人来与我谈话。我的建议立刻得到有250顶帐篷的大旗齐玛旗的首领克加尔马的响应。这位首领有着汉人的长相,戴一副大眼镜,他在自己英俊的儿子和亲近的谋士陪同下,骑一匹白马来到我们这里。考察队将客人请进帐篷,用唐古特人喜欢的酒招待他们,[1]并送上礼物。年长位高的首领得到一块锦缎,他的儿子得到了一把猎刀,谋士拿了一只红色的"宝贵火药"水壶,我请求转交给老人没在场的妻子一块砖茶……礼物和招待都没有缓和他们的脾气,在对礼物说了几句恭维话,表述了一番对友谊的虚假信任后,唐古特人

---

〔1〕有趣的是,安多人嗜酒。男人、女人,甚至连小孩都喝酒,父母总是以"尝一尝"为借口劝孩子喝酒。

最后为食物、牲畜和向导从我们这里勒索了比其前辈更多的报酬。原来这里和整个安多高原一样，各旗之间不断进行的相互劫掠和残杀使彼此相处在不妥协的敌对状态中，他们之间的这种"睦邻"关系自然非常凄惨地体现在考察队的行军途中，我们要经常忍受各种变故。

可以说，在所有唐古特人首领中，最亲切的还要数我们刚刚认识，答应送考察队通过自己领地直到下一个劫匪古安休敦珠普营地的克加尔马。虽然他不放弃个人利益，但却在除了钱以外的诸多方面同情考察队，情愿作出让步。作为一名天赋理智、阅历丰富的斗士，克加尔马又是个颇有意思的交谈对象，我不止一次与之彻夜长谈。考察队的枪让这位有威信的唐古特人赞叹不已，在夸耀自己相对准确的箭法时，他总要请考察队员显示自己的技巧。

我们总是乐意完成类似的请求，因为出色射手的名声是对我们安全的最好保证。

我们一小伙人时而步行，时而骑马或牦牛，跟在一群挤得驮子碰驮子、发出奇特哼哼声的黑公牛后面。带武器的劫匪骑在矫健的马上敏捷地驰骋在离驼队很近的地方。这支护送队虽然没有博得我们丝毫的信任，但却装出一副保护俄国人的样子。特别在一些可疑的地方，当他们登上附近的峰顶，机警地向远处张望并提醒危险的存在，也许在同一时刻，他们也在亲自设置可怕的陷阱。这支队伍有时会完全出人预料，他们会在飞驰一段距离后停下来聚到一起喝茶。一开始时周围很安静，只能看见唐古特人点燃篝火的身影，后来在山的寂静中突然响起刺耳的叫声，着实能让新手吓一大跳，年轻人不由自主地在马鞍上抖动起来并紧紧地抓住枪支。原来是一场虚惊。唐古特人煮好的茶喷溅出滚烫的水，他们吼喊着向山神祈祷，祈求下一段旅途顺利。夜间的确很可怕，土著人连续几次给我们准备了圣巴托罗缪之夜[1]。值夜班的时候我经常看见数小时停留在远处，并向我们营地张望的劫匪大部队，他们注视着哨兵，就是下不了决心来袭击。数小时难耐并且毫无成效的等

---

〔1〕圣巴托罗缪之夜——巴黎天主教徒于 1572 年 8 月 24 日，圣巴托罗缪节前夜大规模屠杀新教徒，这次屠杀非常残酷，连老人和孩子都没有放过，死亡人数大约 2000 人。

待让值班的哨兵饱受折磨,劫匪却突然跃上马,迅速消失在黑暗中……

18.9　道路特征和考察队的活动

1月21日吃完早饭后,考察队动身前往位于高地上的宽广的沙冬河谷。远处,东北边和西南面耸立的被积雪覆盖的威严山岭给人留下了深刻印象,河谷底部仍然点缀着西藏高山河谷特有的多沼泽小草丘漠多什里科。鸟类给周围地区注入的色彩不多:偶尔飞过优美的鹬,一只鹰快速飞过后,周围的一切又进入半睡眠状态,几只百灵柔和地叫着才打破了这份宁静。

在离萨戈雷格向东北6～7俄里的地方,驼队踏冰走过奇异弯曲的小河,穿过从库库淖尔到拉卜楞寺以南松潘集的大道,在尔泽曲河岸边的贾思拉普多山边扎营。这一天考察队只走了16俄里。

旅行家们毫不掩饰地期待着向往已久的圣地拉卜楞寺。时间过得非常慢,山连着山,从山垭顶上能看见新的山、河谷和小河……它们仿佛没完没了。驼队基本上顺着尔泽曲河的流水而行,只有在它与一条小支流崇曲河交会的地方,我们才深感遗憾地离开这条有研究意义,有吸引力的河流,继续向东赶路。大家终于从附近的一个山丘上看见了将考察队与拉卜楞寺隔开的被积雪覆盖的冷峻山褶。

当我们的队伍从西南边逐渐接近古安休敦珠普的旗时,我们的"朋友"克加尔马前去同自己的亲戚,该旗的首领进行事先谈判,驼队则在胡尔马卢宿营。

距离拉卜楞寺只剩下4天的路程。余下的路一部分经过泽科克山脉,一部分要经过一条横亘在我们路上的基塞尔拉山垭所在的无名山脉,另一部分则穿行在山间界线不甚分明的河谷及黄河水系所在的区域。

我们已经很久不见阳光了!天气每天都是阴沉多云,周围蒙上一层雾的空气让大家无法在必要的范围内进行普通地理学方面的观察。考察队的工作主要集中在记旅行日记、测绘和气象以及天文观测上。大地处于沉睡状态中,除了地质学方面外,其他方面的收集进展缓慢,只有一些四足的猛禽常出现在冷峻的山中。晚上饿狼常偷偷光顾营地,我们不得不开枪把它们吓跑。胡秃鹫、白色与褐色的秃鹫及金雕几乎每天都出现在被雪染白的山顶上空。

麝在时而覆盖着矮生灌木,能抵挡风寒的侧谷中悠闲过冬。侧谷中的鸟类有燕雀、松鸦和大耳朵百灵,警觉的雪鸡在峡谷高处的山岩中找到了藏身之地。严寒和山中大量的积雪并没有阻止生命少量地钻出地面,我的旅伴为 1 月 24 日在险峻河岸边的洞下发现了最早出现的甲虫而兴奋。晚上我们与气候不相适应的夏季行军帐篷常常让人感到很不舒服,大家都眷恋地回忆起舒适温暖的帐篷,但谁也没说抱怨的话,因为同行的当地车夫和我们一样执著顽强,简直可以说是风餐露宿了。这些经历生活磨炼的安多高原居民即使在天气最冷的时候也不改变自己的习惯,他们在激烈争论的过程中时常从右肩上脱掉妨碍行动的衣袖。

18.10 在古安休敦珠普营地

在与古安休敦珠普取得联系后,我们的同行人、忠实的朋友克加尔马准备返回。分手时他又向我们索要礼物,要求对他没有带考察队绕弯路,而是沿一条直线顺利到达胡尔马卢进行奖赏。[1] 在满足了这位狡猾的唐古特人之后,我着手与所在旗的首领谈判。古安休十分客气,见面时他总是弯下自己的身躯,伸手竖起大拇指说:"洪巴德木依纳。"可是客气的态度并没有妨碍他拒绝考察队微不足道的"将考察队直接送到拉卜楞寺"的请求。敦珠普承认,在这个佛教中心恰好有一个商行,不久前他亲手砍死了该商行的一个人。因此,劫匪只同意把我们送到游牧在离拉卜楞寺只有一天路程的一个贝子那里。

1 月 25 日一大早,我们开始给牛装驮。在一大帮土著的协助下,驼队很快就准备就绪,并且精神饱满地向东北方向挺进,逐渐深入泽库

---

〔1〕据克加尔马讲,鲁本科命令他带考察团绕道去拉卜楞。这条线不经过古安休的旗,但他为满足我们的心愿而没有听首领的话。

科山。

南山坡上稠密的灌生植物锦鸡儿被闪动着美丽的金色光泽的良好饲草代替。

在泽库科山的主山垭萨尼加尼加上,地平线被无数小高地遮挡。山垭上刮着刺骨的大风,边上传来红嘴山鸦洪亮的叫声,灌木中有鹨和岩鹨飞过,一大群藏雪鸡在阳光下觅食,天空翱翔着秃鹫和胡秃鹫。

考察队沿着多雪的峡谷从山垭上下来。一条路一直通向位于山脉东北部和西南部游牧地之间的长期活动地,我们的目光集中在游牧民不久前留下的痕迹上。冰雪融化的平坦小草地被践踏得没有了草,这片曾经竖立着帐篷和唐古特人巴纳克的空地一片暗淡,到处乱扔着干粪,偶尔能见到动物的骨头。有一次我甚至发现了一个石器——往地里打橛子的带柄的槌子。

考察队头两天穿行在十分复杂的山冈和独立的高地之间。游牧民依然尚武好战,我们不得不保持警惕。

1月26日,在基塞尔拉山垭附近,当考察队平静地休息喝茶,寂静中突然传来可怕的颤动声。大家朝附近的山顶上一看,眼前出现了一群处于战斗状态的唐古特人骑士,我们的车夫立刻抓起自己的火绳枪,但古安休制止了一场冲突。他及时喊到:"住手,自己人!"简单的呵斥声发挥了作用,劫匪立刻没有了原先气势汹汹的样子,他们将自己的火绳枪挂到肩膀上,转瞬消失在山坡后面……

18.11　深入河谷及出现的灌木和草地

在考察队的下一站萨马林戈多,3条峡谷汇集成一条很宽的河谷,我们再次与土著人发生了小冲突。这次让人不安的是我们的向导,他们非常无礼地要求我们马上支付雇佣牲畜的费用。在付给这些骗子大量银元宝[1]后,队伍又恢复了往日的宁静。

---

〔1〕元宝——重50两的研钵形银锭(11两等于1俄磅,即409.5克)。银锭上打有官印或者铸造元宝的商号的印记。如果所购物品的价值低于元宝本身的价值,就要从元宝上切割下价值相当的一块银子。

进入切尔纳尔甘德河岸后,我们沿着它一直走到拉卜楞寺。这条河在拉卜楞寺与一条水量较大的桑曲河汇合成一条大河。越往东走,切尔纳尔甘德河起初向北,随之又向南出现了许多弯曲处,周围的山变得不大明晰起来,河流大多都化了冰,大家沉醉在水流的声音中。高出周围高地的西北部清晰地勾勒出拉尔扎拉普奇山夏季吸引了无数朝圣者的两个神圣险峰和一个平坦山峰。[1] 右边的山冈笼罩着火焰,草地里去年留下的茂盛余草冒出鲜亮的火苗,火蛇蔓延成十足的大火……

　　在各种灌木和高高的木本植物中出现了与冬天不相称的热闹景象:红色和灰色的雉属、朱雀、白腰朱顶雀、黄鹂、山雀和红尾鸲显然是这里的熟客或更准确地说是常住居民,灰色鹨嘴鹬和优美的河乌愉快地叫着从湍急的切尔纳尔甘德河上空飞过。显然,大自然在我们行进的过程中一时比一时热闹。考察队沿着弯曲的河流转向东南,登上挺拔险峻的陡岸,从这里可以欣赏到整个河谷令人神往的景象……我完全可以想象夏天,在6月份,当切尔纳尔甘德河和它银网似的支流水系湮没在草、灌木和树的茂密绿荫中,绿荫中荡漾着成千上万只鸟儿的声音时的美丽景色……蔚蓝的天空、明媚的阳光更给切尔纳尔甘德河谷增添了无限魅力。

18.12　对敦珠普的严厉措施及
抵达拉卜楞寺

　　1月28日——我们要看见拉卜楞寺的这一天终于来到了。随着寺院的临近,敦珠普变得越发阴郁。当天早上他大耍脾气,并且声明不再往前送我们了,劝说和威胁都不起作用。我明白,必须果断和毫不犹豫地采取粗暴行动。我把敦珠普叫到跟前,一把抓住他的衣领,用枪顶着他的太阳穴,命令他立刻让驼队上路。旗首领即刻屈从了,片刻后我听见他对土著人吆喝:"装驮,快点!……"半小时之后我们已经沿着向东南弯曲的河流精神饱满地走下去。偏向东南延伸着恩久克卡格格

---

〔1〕据唐古特人讲,为了求得神的宽恕,必须围着这三座山顶的鄂博走一圈。

291

尼加山或通常所说的贾弗利桑土德山的支脉,在山脉底部的塔拉河谷中急速流淌着一条随后与切尔纳尔甘德河交会的小河。

我派遣汉族同事及考察队的译员波留托夫为前锋,轻装先行前去拉卜楞寺,并委托他们查找我们的运输货物[1]。大队人马则转向东北,绕过山的突出部分后再次深入到山中。桑曲河右岸往来穿梭着土著的驼队,眼前出现了被农田包围的村落,从双筒望远镜中可以看到在附近放牧的牛、羊,还有狗,甚至鸡,所有这些文化迹象让我们这些极度疲劳的赶路人倍感亲切。

在快到拉卜楞寺的峡谷左上空,有一个紧贴山岩,被峡谷坡地的针叶林环抱的引人注目的嘉木样协巴小寺庙,它是当地大胡图克图夏天的居住地。麝、狐狸、兔子和一群高傲的灰雉自由自在、无所顾忌地在坡上蹿来蹿去,它们刨着疏松的地面,彼此平和地交谈,一点也不避人。任何狩猎在这里被禁止,这里的任何生命都受到在这个幽静偏僻的地方学习认识佛教伟大真谛的僧侣的保护。

稍远处凸向河谷的石岬后面开始出现拉卜楞寺的建筑,左面裸露的山脚下竖立着比较古老的寺庙,桑曲河沿岸是晚期的寺庙。

译员波留托夫和地方商会会长——一个叫马强山的东干商人迎接考察队进入拉卜楞寺,在交给我们许多来自俄国的信件后,他们把疲惫的驼队带到商贸客栈。我们在客栈的一间单独的可爱小屋中找到了考察队存放有序的行李。神经长期处于紧张状态的俄国人在这里,在热情好客的东干人中间第一次感受到了自然和从容……

大家做的第一件事就是读信。在令人愉快的关于我们在哈喇浩特的成果引起学术界极大兴趣的消息中,有一件令人忧伤的消息:地理学会的杰出代表,亚历山大·瓦西里耶夫·葛里高利耶夫去世了。这个人心灵高尚,才智过人,总是用诚挚温暖的友情支持并鼓励我们这些俄国研究家去建立新的业绩,他把自己的一生与地理学会紧密地联系在一起,为它的利益而生存。因此,考察队的每一项成就都令他兴奋,让他感动并得到精神满足。难忘的亚历山大·瓦西里耶夫·葛里高利耶

---

[1]由上尉纳帕尔科夫运送到那里的。

夫的光辉形象极具魅力地展现在我们眼前,我全身心地向往他,好像被他的精神所吸引,感到自己在与他——我过早去世的朋友亲密交流。失去这样一位高尚之人的损失是无法弥补的,要接受失去这样一个高尚之人的事实也是很艰难的。

第二天早上,我们愉快地与考察队的安多车夫告别。送走他们后,大家甚至有点如释重负般的感受。冷漠的勇士敦珠普在分手时出人预料地激动,他送给我一条哈达作纪念并且说:"我尊敬您,本布[1],因为你敢于用武力胁迫我把考察队带到拉卜楞寺。您是一个刚毅果敢、无所畏惧的首领,您的命令一般会得到执行……"

考察队在佛教寺院里度过的日子平静悠闲。这里的一切都能引起我们的兴趣,到处都能发现有趣的观察对象,但最让我们感兴趣的当然还是佛教圣地拉卜楞寺,我们现在就对它进行一番描述。

---

〔1〕本布——唐古特语:首领。

19　安多的拉卜楞寺

19.1　拉卜楞寺的历史

1648 年,在现在的拉卜楞寺附近,Б. Б. 巴拉金写道,"甘加部落"的一个贫穷唐古特游牧民家中出生了一个男孩。[1] 后来这个男孩儿不仅创建了今天的拉卜楞寺,并且成了现代藏传佛教史上最伟大的思想家、学者根钦—嘉木样协巴。

根钦—嘉木样协巴的初等教育是在一名唐古特俗人那里获得的,后来少年时代的他背负行囊去了拉萨。从这点来说他是西藏的莱蒙诺索夫之一,他的心一直向往着自己的莫斯科——拉萨。

在拉萨,这位年轻人进入哲蚌寺闻思院,即"郭莽扎仓"学习。他来这里不久便显露出杰出的才华,引起"伟大的五世"达赖喇嘛的注意。他的一生几乎是在拉萨度过的,他为自己的学校编写新教材代替由喇嘛根钦乔荣编写的旧教材,并被推选为"郭莽扎仓"的堪布。

嘉木样协巴的学术创作活动是后来郭莽学院在拉萨其他学校中占有杰出地位的原因。

作为哲学家和佛教传教士,嘉木样—协巴在与自己同时代的人当中独领风骚,他在拉萨的知名度也是颇高的,舆论尊他为"根钦—嘉木样—协巴—道杰",即"遍知妙音笑金刚"。他本来的名字叫阿旺宗哲。

嘉木样协巴回到家乡的时候,已经是一位老者,他栖身在现在拉卜楞寺附近的一座山寺——"里托德—戈马"中,希望有生之年能严格按

---

[1]参阅 Б. Б. Барадийн. 《Известия И. Р. Г. О.》, том. XLIV. вып. IV. 1908 г., Стр. 205–207.

隐士的日常习惯度过。成为隐士的伟大学者在谛视山中大自然的伟大和宁静的同时,也将自己的知识加以系统化。他那祥和的小寺院周围安闲地游牧着他的同族,唐古特人以及数量不多的额鲁特人及他们的察罕王爷。

1710年,嘉木样协巴终于用创建拉卜楞寺的方式纪念自己的宗教活动。上面提到的额鲁特王爷迎合了嘉木样协巴的愿望,他不仅让出了现在拉卜楞寺的这块地方,将自己的营地移到一边,而且积极协助这位伟大的学者建寺。

起初,人们给嘉木样协巴建了一座小"拉卜楞",意为喇嘛的居所,寺院后来才被称为"拉卜楞—达西—基勒"。

嘉木样于1722年去世,当时拉卜楞寺尚未发展成一座大寺院。它的创立者仅仅建成了不大的集会庙宇,创建了闻思院和续部下学院,给僧侣们修建了数目不多的几间小屋。

图 19 - 1　拉卜楞寺 - 1

拉卜楞寺的声望要归功于两个人:二世嘉木样协巴——晋美昂吾(嘉木样一世的转世),一个精力充沛的务实之人;另一个是他的学生,因自己在佛教哲学方面卓越的著作和教学活动,而让拉卜楞寺的闻思

·欧·亚·历·史·文·化·文·库·

图 19 - 2　拉卜楞寺 - 2

图 19 - 3　拉卜楞寺 - 3

院在其他寺院中处于杰出地位的贡唐—丹贝仲美。曾几何时,蒙古喇嘛以及后来的布里亚特喇嘛(从 19 世纪后半叶起)开始大量来访拉卜楞寺。而现在,拉卜楞寺对整个蒙古和布里亚特的宗教影响无论如何也不次于"拉萨"。

19.2 拉卜楞寺的位置和商业活动

拉卜楞寺[1]位于海拔 9985 英尺（3040 米）处农耕文化的边缘地带，并且是安多高原宗教启蒙和经济的中心。旅行家可以遇到来这里虔诚拜佛的唐古特人、果洛人、藏族人、蒙古人以及形形色色的东干和汉族商人，他们的服装千差万别。唐古特妇女通过与更文明的东干人的血亲关系而表现出文明的萌芽，衣着因而特别讲究。这些女人身着花皮袄，漂亮的狐皮帽上镶着红色的流苏，具有自己民族特色的带状背饰上缀满了金银饰物，男人喜欢的宝石戒指及女人耳朵上沉重的耳环也给他们本来就奇特的装束增色不少。

图 19 - 4　拉卜楞寺的商业区及带着成捆干草交易的安多人

由于考察队住在商业区，队员每天都能看到来往的商队。商队运到拉卜楞寺的是纺织品和金属制品，大量的牲畜也云集于此[2]，发往兰州府、河州、北京和四川的货物有毛被、动物的生皮、粗羊羔皮及其他

---

〔1〕藏语词汇，本意为"活佛的内室"或"活佛的居所"。

〔2〕拉卜楞寺许多地方的围墙是用骨头、颅骨和被杀死的牲畜的角垒成的。

297

·欧·亚·历·史·文·化·文·库·

各种毛皮。四川的汉人常给我们讲述遥远南方自己家乡富饶的大自然,这就更强烈地点燃了我们心中想去看看这片朝思暮想之地的愿望。有必要再次提到的是,我已故的老师普尔热瓦尔斯基生前也十分向往着去那里。商人来到这个祈祷地,他们中的一部分直接聚集在寺院附近,而另一部分则栖身在邻近的村落。商人和商队给虔诚拜佛者的宁静生活带来几分不和谐,但又不乏许多引人入胜处。成功的商品交易无疑扩大了拉卜楞寺作为生活和宗教中心的知名度,这里居民富裕,寺院繁荣兴旺。

19.3　喇嘛和普通百姓对欧洲人的态度

喇嘛作为唐古特居民中较有文化的阶层,他们对欧洲人多持怀疑态度,担心欧洲人会触动自己的利益。普通百姓自然对欧洲人更冷漠,只表现出对外国人的一般好奇罢了。但值得一提的是,民间存在着一种普遍的迷信观念:谁出现在当地最高的地方就赋予这个人控制周围一切的特权。公众视私自出现在禁止攀登的顶峰之举为不能容忍的行为,是企图破坏自己与周围居民平等关系和控制其他居民的犯罪行为。

每当群体之间发生敌视行为时,每一个群体总是尽力控制对方领地内山体的最高峰,并在那里树起自己的战旗"伦塔",而敌对群体则要带着一种迷信的恐惧竭尽全力去消灭对方树起的旗帜。

因此,当我们经常出现在山顶进行一些测量工作时,土著人对这些欧洲考察家的反对态度就显而易见了。如果我们所攀登的这些山顶属于被禁之列的话,土著人就会把欧洲考察家的行为视为一种企图侵犯自己独立和自由的不良举动,并开展一系列敌对行为。[1]

19.4　拉卜楞寺的住持和其他主要活佛

目前拉卜楞寺的僧侣人数总计有 3 千之众,分属 18 名大活佛和 30

---

〔1〕Б. Б. 巴拉金,《俄国皇家地理学会通报》,1948 年版,第 205 页。

名小活佛。如果不将那些次要的转世者计算在内的话,共计有50名活佛。

拉卜楞寺的住持——嘉木样协巴的第四世转世被公认为是个资深的信徒,[1]他在世俗和宗教事务中都起决定作用,是佛教各部许多小著作的作者,他同样也被认为是模范的苦行僧和善于自我剖析的人。他很少住在自己在拉卜楞寺布置的精美房间,宁愿在拉卜楞寺周围富饶美丽的大自然山林中的修道小宅中过孤独生活。

图 19 - 5 阿嘉—葛根

拉卜楞寺地位仅次于嘉木样协巴的活佛是贡唐仓,他是宗喀巴在拉萨的一个堪布的转世。之后是郭莽仓,他是拉萨闻思院一位堪布的转世,这位高龄的活佛被认为是拉卜楞寺的杰出学者和传教士,因而享有与嘉木样协巴同等的知名度。

拉卜楞寺转世者的挑选是按照嘉木样协巴的旨意进行的。

贡唐仓活佛是住持最亲密的助手,这一点特别表现在处理一些世俗性的事务上,同时他还管理着有一定地位的拉卜楞寺卫队。卫队由500名纪律严明的士兵组成,他们所持有的装备是混杂的,有欧式的来复枪、马刀、长矛和自制的燧石火枪或火绳枪。这支队伍驻扎在离拉卜楞寺最近的村落,由两名获得"拉卜楞寺尼尔巴"职位的有文化的指挥官统领。

除了这支一流的队伍外,受贡唐仓调遣的还有一支后备部队,即在危急情况下予以寺院帮助的附近地区的唐古特人、藏族、果洛人。

由于拉卜楞寺得到了长期不断的悉心照料,所有被认为是佛教圣

――――――――――

〔1〕目前的嘉木样协巴四世出生在西藏德格一个普通家庭。

·欧·亚·历·史·文·化·文·库·

物的珍宝均保存完好。这些宝物即使在那场对蒙古和西藏东北部文化来说是一场天灾的东干人起义中也没有遭到洗劫。寺中数量众多的神殿里收藏有丰富美观的西藏、印度佛像及少量的古代佛像。

在得到贡唐仓的热情首肯之后,考察队参观了几座十分出色的神殿。

19.5 拉卜楞寺的神殿和学院

大经堂,拉卜楞寺僧众聚会的场所。殿内有 165 根柱子,因为收藏有"千佛"和隆多喇嘛的金像而惹人注目。拉卜楞寺最主要的佛殿金瓦寺也非常富丽堂皇。属于嘉木样协巴转世的麦特列殿位于寺院西北边缘,该殿有中式风格的鎏金铜瓦屋面,殿内有麦特烈菩萨的全身塑像[1]。与所有神殿一样,金瓦寺的墙上绘有壁画,入口处左边内墙画布上的藏文题词叙述着该殿的历史,描述着殿内的圣物。同时,这里还列举了放入佛像内的祭祀圣物,其中有一件写在棕榈上的非常神秘的梵语手稿,巴利特佛关于中道哲学的著作。殿内陈列的中国皇帝的礼品有著名的《甘珠尔》。[2] 救度佛母殿是 1908 年才建的,从某一方面讲,它是唯一一件圣物——据传说曾保存在不朽导师手中的金佛像的宝藏地。佛端坐在救度母佛殿中央释迦牟尼像上方的小浮屠中,这件珍品一直保存在印度,后来被移到拉萨,拉卜楞寺的创建者嘉木样协巴又把他请到寺中。

其余 17 座主殿中需要强调的还有续部学院、佛教的象征密宗学院。殿内引人注目的是阿里雅巴罗、宗喀巴和菩萨的像。

接下来是医学院、喜金刚院密宗学院和内部摆满全身塑像和雕像,象征佛的心脏的贡唐塔。这里还存放着大量西藏和印度经文、手稿及更多神圣的遗宝。

扎彭—巴森—杜岗是座被花园围绕着的十分华丽的新建筑,喇嘛

---

〔1〕西藏或藏传佛教有一种习俗,在佛像内整齐摆放极为珍贵的神秘祭祀。

〔2〕闻思院的课在麦特列殿附近露天大庭院的佛像、印度和西藏教士的像前进行。

夏天在这里举行辩经活动。

多尔马—哈岗是一座不久前才建造的藏族风格的神殿,它位于一座非常古老的白塔旁边。这座白塔被赋予神秘的意义,祈祷者特别是做了许多坏事的人们十分尽心地绕着它转几圈,做祷告,磕头。

其他神殿有:印刷宗教经文的印经院;珍藏了大量引以为荣的科学、印度和藏文著作的藏经楼;成列着古代兵器(火枪和冷兵器)以及当地植物群标本的乔布泽多菩岗。

在嘉木样协巴的私人内室里有一个类似仓库的建筑,那里存放着所有寺属的金银和珠宝,摆放着各种遗宝:从一世到七世达赖的服装和茶杯、中国皇帝的鞭子、喇嘛在庄严的祈祷仪式上拿出来示众的金册,甚至还有在山中发现、被无知的佛教徒和游牧人视为神物的鱼化石。

作为地区文化教育中心,拉卜楞寺有4所学校——续部学院、时轮金刚院、喜金刚院和医学院(中等教育)以及一所闻思院(高等神学)。学员来自上面提到的各民族,讲经人或者教授主要是西藏或当地出生的人。

年轻喇嘛就住在建于寺院附近山坡上的类似西藏东部的隐士居住的"里多特"的单间排房里。如今藏传佛教在拉卜楞寺不仅没有得到发展,反而在衰落。无论过去还是现在,所有在这里结业的学生都被派到拉萨几年,以便在那里补充自己知识的不足,获得高等学位。

19.6 总体印象

总之,拉卜楞寺给人的印象是富丽堂皇的,行家和佛学爱好者可以从中发现美丽绝伦的罕见佛像。显然,拉卜楞寺的保护人和崇拜者不仅尚武、傲慢,而且虚荣、虔诚。一旦有机会去拉萨和西藏的其他佛教中心,他们就会从各处弄来赐品,装点自己心爱的寺院。蒙古官吏和亲王也在寺院开设了铸造金属佛像的小作坊,当地的产品自然在质量上大大次于西藏,特别是次于印度的制作。

此外,无数的喇嘛还从事圣像创作。夏天你可以欣赏到这些艺术家们在偏僻的角落,在大自然怀抱中勤奋工作的身影……

·欧·亚·历·史·文·化·文·库·

20 安多的拉卜楞寺（续）

20.1 拉卜楞寺的研究者

拉卜楞寺对西藏东北部和南蒙古的佛教徒有很大的吸引力，它同时也吸引着欧洲的研究者，从1885年Г.Н.波塔宁第一次到拉卜楞寺起，[1]先后有法国、德国和英国的旅行家来到这里。但是，为我们提供了关于拉卜楞寺这一安多圣地的较详细叙述的不是欧洲人，而是布里亚特人Б.Б.巴拉金。巴拉金曾在彼得堡接受高等教育，大学毕业后，这位才华横溢的年轻佛教徒便得到科学院和地理学会的精神和物质资助，他去了拉卜楞寺，并在那里生活了1年（1906年）。在此期间，巴拉金详细研究了该寺院的风俗习惯、生活方式，以及日常活动情况。[2]

20.2 拉卜楞寺的节日

拉卜楞寺与其他佛教寺院一样，一年里有几次重大的节庆活动，吸引来大量的祈祷者。2月14日这一天是一世嘉木样协巴圆寂的纪念日——尼末草巧[3]；4月15日是斋戒和祷告的春节；与此相应的还有10月25日的秋节；7月7日纪念拉卜楞寺创建两个世纪的节日[4]，期

---

〔1〕参阅 Г.Н.Потанин.《Тангутско - тибетская окраина Китая и Центральная Монголия》（《中国的唐古特—西藏边区和中央蒙古》），1884 - 1886гг. Том Ⅰ. Стр. 228 - 237.

〔2〕《Известие И. Р. Г. О.》（《俄国皇家地理学会通报》），Том XLIX，вып. IV, 1908г. Стр. 183 - 232.

〔3〕译者按：尼末草巧，意为聚而供养，会期从农历二月初四到初八。

〔4〕拉卜楞寺建造于1709年。

间要举行盛大的法会活动"雷奇扎"[1];第5个节日则是一年一度的最后一个盛典活动"莫冷节"[2]或"民间节"。

在庆祝尼末草巧节时,拉卜楞寺积聚了成千上万的香客,寺庙里也积极准备好了接待的食物。

20.3　庄严的祷告"雷奇扎"

2月14日天快亮时,考察队被黎明时分的喊叫声惊醒:"快起来,看! 寺院正在驱赶一个模样像人的魔鬼!"我们急忙起身走上街头,在那里见到了一种十分奇怪的现象:一名浓妆艳抹得近乎小丑的唐古特年轻人右手不停地挥动一个大的毛制流苏,同时向周围的人请求施舍。这个被称作"魔鬼",蒙古语称"措里克"[3]的人的右半边脸被涂成白色,左半边为黑色。

措里克翻穿着两种颜色的皮袄,同他一起的那个人肩上扛着一条口袋,里面装满了从四面八方源源不断撒来的钱。他们刚走到寺院边上,现场就有人向空中开了几枪,庞大的人群顿时发出一片低沉得近似疯狂的哀号,声音从河谷的一边传到另一边。这时,寺院上空闪耀的鲜艳火焰照亮了巨大的"措里克"草人,没过几分钟,草黄色的魔鬼就被烧掉。浓妆艳抹得稀奇古怪的喇嘛继续向前行并且攀上山路,消失在附近的一溜慢坡后,周围即刻安静下来。

按佛教徒的信仰,可以象征性地让一个人将寺院的各种罪过都揽在自己身上,并将一切邪恶和丑陋诱人的东西从这片圣地上赶走。扮成魔鬼的喇嘛将面部涂成黑、白两色,以便让所有的人能更加直观地感受到在无数罪孽的影响下,人的一面或一部分(黑)将死去,而另一部分将仍然要存活一段时间。措里克要永远地离开寺院,作为对这种献身行为的奖赏,扮鬼者会得到50两银子。一般来说,总会有许多愿意

〔1〕译者按:雷奇扎,意为辩经大会,正式举行的日期为农历七月初八或初九。
〔2〕译者按:莫冷节,在农历十月二十五日至二十七日,纪念宗喀巴、二世嘉木样等高僧圆寂。
〔3〕藏语为"戛尔聪"。

·欧·亚·历·史·文·化·文·库·

作出自我牺牲的被驱逐者。[1]

我们想接近这支队伍,并在来自河州的中国官吏和 4 名骑手的陪同下加入到僧侣的队伍。开始时我们受到了友好的对待,显然是因为他们感到好奇,但很快就听到了愤怒的喊声:"奥鲁斯—奥鲁斯!"不知从何处飞来一些石头,几分钟后,我们被这些凶狠粗鲁的人包围了。他们威胁着向我们这几个外国人逼近,"应该将他们剁碎,"其中一个建议道,人群中立刻有了行动。考察队在瞬时间权衡了眼前的局势并迅速冲到旁边,借着地势沿陡峭落下的山丘底部回到住处。[2]

2 月 14 日早晨,寺院方向传来响亮的祈祷鼓、铃鼓和贝壳声。早上 8 点钟,拉卜楞寺的街道上已经川流不息地行走着僧侣的队伍。烫金的藏文经书、宝石及其他宗教圣物被摆在前面的锦缎上,它们是寺院的骄傲。万头攒动的高空晃动着的遮篷和各种小旗,与唐古特人花哨的服装及喇嘛鲜艳的红色外衣共同组成了一道欢快亮丽的风景线。转完一圈后那支队伍又回到附近飘展着一面面橘黄色大方旗的寺庙,举行完不时被远处传来的祈祷鼓和号角声打断的祈祷之后,人群四散而去。

尼末草巧节过后,拉卜楞寺日渐空旷,留下来的只有那些还没有做完生意的安多人。

20.4 考察队受到接待及周围林中的动物

俄国考察队在拉卜楞寺受到最热情的接待。住持不在,嘉木样协巴的代理人,处理一切世俗事务的果洛人贡唐仓活佛热情地邀请我们到他那里。活佛是一位惹人喜爱的 60 岁老人,他的外表完全像一个圣人,在与贡唐仓活佛的首次会面中我们之间就建立了最真诚的友谊,我

---

〔1〕这个仪式是 1907 年首次从拉萨引入到拉卜楞寺,并安排在建寺 200 周年纪念日期间进行的。

〔2〕不论藏族,还是安多人,他们总是武装到了牙齿,一旦发生争执和误会就会动用武器。为了避免流血冲突,拉卜楞寺的管理当局临时解除了所有在拉卜楞寺的不受拘束的草原和山区之子的武装。

轻而易举地得到了许可[1]，参观并研究了寺庙。我送给老人一些礼物，其中包括他希望得到的几件。作为答谢，活佛给我送来了几个非常好的金属佛像和佛画像，一个小呼勒代，两个有趣的尕吾和两本"金光闪闪的经书"。[2]

考察队长期奔波在草原上，过惯了无拘无束的自在生活，拉卜楞寺这片商贸之地让人感到有点厌烦，沉闷加上尘埃让大家连续数日无法摆脱毫无原因的头痛、咳嗽和胸闷……

我们在了解佛教中心的同时，并没有忽略周围山区的多林地带。天气好的时候，考察队常进行考察、打猎和收集当地植物群种子、树干及岩石样品的活动。

考察队在沿北坡生长并蔓延到桑曲河谷的云杉树林中发现并捕猎到下列鸟类：绿鹂鸪、华美的 Ianthocincla maxima、黑色交嘴雀、普尔热瓦尔斯基鸦、旋木雀、优雅的小山雀、凤头山雀、长尾巴山雀、山燕雀和非常美丽的燕雀。这片林中最常见的居民是灰喜鹊、Pterrorhinus davidi et Trochalopteron ellioioti、岩鹨、褐腹红尾鸲、黄鹂、鹟鹟，沿小河有鹨嘴鹬、河乌和大秋沙鸭。

考察队收集到的哺乳动物有麝，还有一对在当地集市上捉到的非常有趣的猫。

20.5   寺院周边的景色和天气

为了呼吸些新鲜空气，考察队经常到附近的山中或仅仅是登上我们住所的平顶屋，从这里观赏拉卜楞寺河谷上下的美丽景色。特别是在阳光明媚的日子，空气清新，天空一片瓦蓝，凶猛的秃鹫高傲地在天空中翱翔，这一切是多么令人心旷神怡。晶莹剔透的河水在砾石河谷中喧嚣，山的北坡被针叶林染成了青色。南坡，特别是山腰以上，去年的旧草还泛着黄。当地的安多人用镰刀将这些草割倒，一大捆一大捆

---

〔1〕还有到附近打猎的许可。

〔2〕采多经是一部关于延年益寿的经书。另一本书是更加优美的《长寿和安康》经书。两本书均用金写成，用菩萨小型彩画修饰并加了黄色丝绸的硬皮。

地集中到山下的集市空地上。

天气并不十分偏爱我们。几乎整个 2 月都在刮风,只有到了晚上,尘土飞扬的天空才变得明朗起来,我们的呼吸也轻松自如了不少。持续不断的尘幕浑浊了大气,起初根本无法拍照。白天,在偶尔出现的瞬间宁静和碧蓝天空中,阳光的温暖才让人感到春天的气息。小溪欢快地潺潺作声,稚雀相互呼应着发出比以往更洪亮的声音,乌鸦用嘴衔着树枝飞来飞去忙着筑巢,屋顶上的鸽子和它们不共戴天的敌人猫在阳光下悠闲自得。

20.6　该上路了

考察队该上路了。

我打算让主驼队走捷径到兰州府,而自己带一小队人向偏西北方向行进,去拜见当时恰好在公本寺的达赖喇嘛。

2 月 15 日,我对当地的一名女贵族,藏族官吏的遗孀作了告别性的拜访,并拜访了已经是朋友的贡唐仓。

第二天,我抄近道去读者熟悉的公本寺谒见达赖喇嘛……

21   谒见达赖喇嘛

21.1   两座佛教寺院的对比

在从拉萨去北京的那条朝圣大道上，距离深水湖库库淖尔不远处有一座著名的佛教寺院公本寺。由于它所处的地理位置优越，无论过去还是现在，常常有许多地位显赫的香客光顾这座寺院。这些人长期留居在寺院中休息，补充未来路途上所必需的给养物品。

在安多高原的深处则有另一座很有名气而且很富有的佛教寺院拉卜楞寺，英勇善战的唐古特牧民热忱地保卫着这座寺院。拉卜楞寺富丽堂皇，其中收藏的一些宝物完好无损，没有受到穆斯林起义的暴风骤雨的洗劫。单从这一点来说，它要比公本寺幸运得多。

只要看一眼中亚地图，特别是上面的安多高原，我们就会发现公本寺和拉卜楞寺是沿西北—东南的对角线分布的。它们两者之间相距250俄里，并且都地处黄河流域：公本寺在黄河左岸北临黄河的山褶中，拉卜楞寺在黄河右岸被黄河直接从南面包围的山中。它们就像两个彼此为宗教的荣誉和财产而战的兄弟，敏锐地注视着对方⋯⋯

21.2   去公本寺前的准备工作

当考察队在拉卜楞寺时，我们从当地居民那里得知，佛教的最高僧长达赖喇嘛已经到了公本寺，夏季到来之前他将留在那里休息并举行祈祷仪式。这位西藏的领袖人物是从北京前往西藏拉萨的。

我意识到，在达赖喇嘛长期逗留蒙古和内地期间，如果不能去探望这位西藏的统治者，和他见上一面，巩固已经建立起来的交往关系，那

·欧·亚·历·史·文·化·文·库·

将是一件不可原谅的事情。况且,我还有不少的事要托付达赖喇嘛。于是,我决定轻装前往公本寺,而驼队则径直奔向兰州府,并在那里等我。

除了我之外,前往公本寺的人员还有考察队的翻译波留托夫。拉卜楞寺城郊商业集镇的官长马强山为我们雇了 3 匹驮载的骡子和两名骑手,我和旅伴骑自己的马。我们这支小驼队由 4 个人和 7 头牲畜(3 头驮载的骡子和 4 匹马)组成。

2 月 15 日是我们去公本寺的前一天,[1] 考察队的帐篷中从早到晚挤满了我们在当地的一些熟人。来得最多的是各级喇嘛,还有土著人、从西藏和蒙古来的人,甚至还有外贝加尔人,这些可爱之人是前来向我们道别,说一些问候和祝愿的话语的。

考察队终于准备好了出发前的一切。我们的路线是经过小城循化厅、公本寺、西宁,最后到兰州府。

21.3　出发及与会长道别

2 月 16 日一大早吃过早饭,我们这支小队伍首先对一切进行了详细的安排和检查,然后便上了路。太阳几乎爬上了山顶,照耀着桑曲河谷和周围的山坡,针叶林泛着钢蓝色的光芒,稠密的林中隐藏了几多有趣和有益的东西。寺院金色的屋顶及其装饰物——钢丘拉闪着时隐时现的光泽,这种光泽在佛塔(藏经楼)新的金属装饰上显得分外夺目。

离开拉卜楞寺后,队伍很快沿着北部山群的峡谷中急剧上升的砾石路向山垭攀行,马强山带着忠实的仆从和寺院卫队 4 位剽悍的骑手护送我们。在山垭附近,我说服会长回家去忙自己的事,因为第二天他还要忙着张罗考察队主驼队去兰州府的各项事宜。马强山恭顺地听从了我的劝说,他下了马,请我坐到刚刚铺上的一小块地毯上并送给我一件在北京求得的檀紫色青铜铸佛像。这件礼物包含着他对我们旅途的良好祝愿。前一天,为了表达我对马强山的谢意,感谢他的关爱以及为

〔1〕主驼队比我们晚一天离开拉卜楞寺。

我们提供的舒适住所,我赠送给他几件礼物。会长显然对考察队甚是满意。我们继续向上攀行,而马强山却长久站立在峡谷的急转弯处附近,不停地挥动帽子。"真是一位不错的人,"我的旅伴波留托夫叹了口气,漫不经心地说,"他关心着我们的利益,尽全力为考察队的首长效力。"

我们同往常一样,在持续陡峭上升并且有一条简短慢坡与高原相连的纳克策普拉山垭顶部临时停下来,整理一番驮子之后,继续沿着北线行进。在沿同一方向延伸的高原上,丘岗向西逐渐扩大。山间适宜放牧的河谷中流淌着几条注入拉卜楞桑曲河水域的小溪,我们顺着其中的一条贡雅舟巴曲河下行,又逆另一条舟巴曲河而上。

21.4　到循化厅的路

被冲刷得坑坑洼洼的山丘和岸边的山岩由晶状岩石组成。我们的队伍离开山垭不到5俄里便打发放走了藏族护送队。这让这伙拉卜楞寺的士兵特别高兴,他们立刻活跃起来,骑马飞奔而去……

只有车夫们被留了下来,我们开始向他们打问下一段路程,以及前方90俄里处我们正逐渐接近的小城循化厅的情况。小分队要在3天之内走完全程,沿途没有发现任何住人的场所,两边或近或远的距离内能看到唐古特人的羊群和牦牛,唐古特人的游牧营地隐蔽在沟壑纵横的地边上。

在沿舟巴曲河河谷前行的过程中,我看见远处东北方向上有一座不大的夏黑尔贡巴寺庙,据说里面有30名喇嘛。小庙附近是一片黑沉沉的云杉小树林,起初我把这片树林误以为是唐古特人的巴纳克[1]。

我们这支队伍的第一次夜宿地是在一个叫勒马楞[2]的高地上,它位于山岭附近被去年的旧草和低矮灌木丛围着的冰冷河岸上。整个晚上,小分队的车夫轮流值班,他们不时地呼喊:"谁在那儿?(指拴着马

---

〔1〕冬天,唐古特人安身于简单粗糙的土屋;夏天则游牧在高山草场上,并居住在黑色的巴纳克中。

〔2〕勒马楞在距拉卜楞寺35俄里处。

匹的附近地方)我看见了!"据说这种办法有时真能起到阻止盗贼行窃的作用,迫使窃贼在这种情况下用寻常的话作出回应:"自己人,找你的。"

第二天队伍早早地上了路。寒冷的空气,迎面而来的刺骨寒风着实把人给冻僵了。恢复了体力的牲畜轻快地向前移动,车夫们敏锐地回头详视,竭力唤醒我们注意:"稍不留神唐古特人就会猛扑过来!"为了有所防备并让他们放心,我们肩上背着来复枪,挤在一处骑马而行。

当地的景观一如既往。小队伍沿着泉水富足的山原草地渐渐向山中挺进,最后顺利到达谢钦拉山垭的顶峰。山群在这里被深而多石的峡谷弄得纵横交错并突然向北跌落,峡谷底部横七竖八地堆积的灰色漂砾使驼队行进起来显得十分困难。这一段路总的来说是陡峭、坚硬和艰险的。小分队沿着谢钦曲峡谷而下,仿佛进入了无底深渊。

四周是长满了稠密灌木,未经开垦的荒芜之地,地面上到处都是惹人注目的大大小小的云杉树丛。最引人注目的是,堆积的灰色山岩孤零零立在那里,无数小溪喧哗着顺峭壁和陷落处直泻而下,打破了山中的宁静。

在上面所描述的山中,能见到的哺乳动物有我们到达这里时,当地唐古特人用围猎方式猎捕的麝,我们发现的鸟类有野鸡、红燕雀、几种红尾鸲、活泼美丽的 Pterorrhinus davidi et Trochalopteron ellioti、大量的山雀、黄鹂等。总的来说,这里的动物群与南山东部地区有许多相似之处。

21.5　塞钦曲河与章嘎贡河

小分队下行约 50 俄里后,峡谷突然变宽成河谷,山体向两旁闪开并变低,眼前出现了有数座白色小屋相伴的马尔顿贡巴庙。这些白色小屋聚拢在一座幽雅地矗立在覆盖了浓密山杨的陡峭斜坡上的小庙周围。稍远处,在小溪的另一侧,也就是左岸,又出现了一座塞钦贡巴庙。

两座寺庙的周围是耕作粗糙的田地,与汉人的耕地相比要显得逊色许多。

塞钦贡巴以下河谷尚未变窄并完全被陡峭的河岸封闭之前,常会出现一些村落。河床的跌落再次加剧,出现了一些处在冰层之下的瀑布,我们行走的小道经常从岸的一侧移到另一侧。山脚显得十分灰暗沉闷和单调凄凉,风卷起的大量尘土让视野变得模糊,蓝色的天空和清净的空气滞留在了山里。

塞钦曲河一直把我们带到有 100 多间土屋和近 500 名伊斯兰教徒的勤劳的东干或撒拉人[1]的坤鄂门村。村里有一座古老的清真寺由德高望重的阿訇管理,[2]清真寺附近有一座饰有刻花窗户的伊斯兰教圣徒的陵墓,据说是为了纪念两名毛拉而修建的。坤鄂门村的居民全部为种植小麦的农业居民,他们的农家场院被桃树和杏树居多的花园围绕着,园中有少量苹果树和梨树。这里夏季炎热,我们现在要去的黄河河谷就更热了。

据土著讲,坤鄂门村附近的地方蕴藏着金矿,但不知为什么,土著并没有对其进行开采。

队伍在村长家过夜。早、晚从清真寺塔顶传出去作祷告的洪亮的召唤声打破了村庄的宁静,当地的毛拉在那里宣读经文:“真主阿克别尔! 真主阿克别尔!”

今天是我们离开拉卜楞寺的第 3 天,也是我们赶到循化厅的日子,像往常一样,早上天刚亮队伍就出发了。令人遗憾的是,尘土给周围的一切涂上了荒凉的痕迹,天气温暖而平静。我们在密集的东干人及定居的唐古特人中间缓慢向下穿行。道路时而延伸在岸边的台地上,时而又钻入砾石河床的底部,路两侧竖立着高低不一的红棕色宽厚土崖。

塞钦曲河很快与从东而来的一条小溪齐台堡沟汇合成另一条河——章嘎贡河。河的北部出现了中国的一条大河——黄河,它汹涌奔腾向前形成巨大缺口,河南部突起着苍白的昂尼丘纳克峰。

---

〔1〕撒拉人或撒拉穆斯林,Г. Е. 格鲁姆·格尔日麦洛这样称呼他们,是保存了突厥语的突厥部族。参见 Г. Е. Груммy-гржимайло.《Описание путешествия в западный китай》(《中国西部旅行记》). С.-Петербург, 1907г. Стр. 41.

〔2〕据当地居民讲,该寺建于 300 年前。

21.6 循化厅

小分队沿黄河方向继续下行,经过一个非常美丽的地方:左边是一座类似土堆的厚实山丘,中间的章嘎贡河上架设着一座美丽的拱形桥。过了桥,道路即刻从东北转向西北,并且在越过几条小支脉后伸入主河的河谷。我们沿主河右岸溯流而上约 7 俄里就到了小镇循化厅,并在地势较高的城边找到了一处过夜的地方。

小镇循化厅与贵德城一样,坐落在黄河上游的右岸,并且与中国的其他城市一样被城墙包围着。在我们看来,它算不上是一个小城镇,只是个有一条适于车马行走的街道,几十间房子和两三家为土著服务的铺子的小村落。

南面山中一座和尚或司祭掌管的美丽庙宇引人注目。

黄河及其河谷在这里的特征总的来说与贵德地区很相似,至少这种比喻是一下子从我的脑海中冒出来的。河谷宽 2~3 俄里,被缺乏生机的灰色山体包围着。河岸地势高低起伏,在河流的狭窄处常常出现高达数百英尺,被冲刷或风蚀的奇异河岸,道路或小道穿行在狭窄的冠状山脊或惊险的悬崖上。这里的灰色砾石河床有 100 或 150 俄丈宽,有些地方甚至达到 200 俄丈。目前是早春时节,河里的水并不多。河面宽阔的地带,多石河床有相当一片暴露出来。夏天的情况则完全不同,黄河水有时会溢出河岸,河水"宽广无垠、深不见底",水流汹涌湍急,喧嚣的灰色的确很壮观。

循化厅外 7.5 俄里处的伊莽屯有一个把行人从河这边送到对岸的渡口。渡口上有两只不大的船,渡手是 15 名居住在附近村落的东干人。在这里渡河的过程要比在贵德时快一些。

过了河之后,我们依然沿黄河左岸逆流行进 12 俄里,然后向北进入尕拉仓浩滩河谷,[1] 再顺着这条谷地到达一个有 13 户人家的小村落并在那里过夜。随着队伍向北的攀行,黄河的魅力尽收眼前……到

---

〔1〕在我们考察过的地区,黄河河谷总的走向为东西向。

处都是农田,勤劳的汉人今年春天几乎是第一次拿着木犁下地。[1] 春天到了,小溪发出响亮的潺潺声,迁徙的鸟有黑耳鸢,首次露面的栖居鸟有白燕雀。

河谷深处小云杉丛中有一座唐古特人的优雅简朴的杜米勒贡巴小庙,它就矗立在褐色悬崖的下面。据说,小庙大约建于 20 年前,由一名拥有 40 名噶举派僧侣的转世活佛管理。

偏西北方向延伸着一座山脉,据当地居民讲,山中有石羊或者盘羊。

21.7 小镇巴燕戎格

2 月 20 日早上,灰蒙蒙的天气让人无法看到 100 俄丈以外的东西。我们的队伍继续前行,向仿佛被覆盖着草本植物的平顶高山阻断的北部方向行进,山那边不远处是小城巴燕戎格,它就在离我们最后一个营地 25 俄里的地方。由于路上有许多山沟和沙土崖,到处是侧轮廓奇特的山冈,有时在东西两边同时出现被黄河水流带来的沙土堆积层,驼队行走起来相当困难。我们走过的一大半路是通往隆资贡图菩山垭,少部分是去巴燕戎格厅的。山垭本身地势平坦,轮廓不大分明,布满了棋盘似的方块耕地。这里天气稍冷一些,山垭上道路两边覆盖着一层冰,田地也尚未开耕,只是作为肥料的小粪堆被掘开了。

我们在山垭上再次看见了大小相同,飞得很低的鸢。天空翱翔着雪鹭和胡秃,偶尔还会出现高傲美丽的金雕。

我们宿营的小镇巴燕戎格坐落在一个高地上,城门边的围墙呈圆形,城内杂居着汉人、东干人、唐古特人和多民族融合的后裔[2],包括市郊在内的居民人数共计 1000 人。最后需要特别提到的是,这里有一支由 100 个汉人组成的卫队,他们偶尔进行操练。

现在距离公本寺只剩下 3 天的路程了,或者可以说再过两个宿营

---

[1]2 月 19 日。
[2]指混血后裔,即不同种族通婚的后裔。

313

地就能到达我们的目的地。第一个宿营地在小城扎什巴,第二个在沙湾村,村里除了上面提到的杂居居民外,还有服装方面存在差异的居民、即妇女的装束独具特色的撒拉族[1]。像去拉卜楞寺一样,在整个去公本寺的路上,千沟万壑的山地给人留下了深刻印象。河谷或山里居住着农业居民,游牧则民拥挤在高山山脉中。

天气一直多云,还刮着北风,风卷起的尘埃大多密集在主河谷区以内。

21.8　到达公本寺的最后一段路

现在让我来详细描述一下去公本寺的最后一段路。

我们的队伍行进在一条流入黄河的无名小河的河谷中。河谷左岸是连绵不断的库丘小山,右边高耸着克昌山。我曾经说过,在前面的库丘山和邻近的河谷中居住着农业居民,而在峡谷和高山中生活着游牧民。到处是隐蔽的小庙,其中的德加贡巴寺庙坐落在半道上,里面有20~30个喇嘛,小庙在长着云杉林的红色石崖脚旁泛着白光。德加贡巴的对岸是美丽的多林峡谷,我们在这里遇上了几群麻雀。

队伍随后迅速翻越了不高的桑多亚胡丘岗,在途中的喀勒加村休息了1小时。

田野中随处可见开耕土地的播种工具。我们在去公本寺的路上碰上了许多肩背、手牵带着孩子的香客。

我们一路上忙于观察,不知不觉中就到了小城扎什巴。城里露天舞台上正在演出的戏目吸引了附近的居民。扎什巴这座小而活跃的城市里居住着撒拉人、汉人、多民族融合的后裔,总计有260户人家。

2月22日,我们像往常一样早早上了路。片状云彩向西南飘去,汉人一觉醒来后就急匆匆地赶着牲口,驮着粪筐下地了。

眼前屹立着一座覆盖了积雪的雄伟山脉。我们走得非常轻快,太

---

〔1〕关于撒拉族请参阅 Н. М. Пржевальский.《Третье путешествие в Центральной Азии》(《第三次中亚细亚考察》). Стр. 328 – 330.

阳光奕奕闪亮,百灵鸟将欢快的春之歌撒向大地。

早上接近 8 点的时候,队伍已经登上了青沙堡山垭,山垭顶部立着一个用路边收集的石头垒起的鄂博。东北方向耸立着又一个陡峭山岭,被陡峭侧壁围绕的峡谷也向同一方向延伸。

主山脉显得黑沉沉的,山上的植被被草原大火烧烬。山南坡的脚下蜿蜒着一条去贵德的路,北边顺青沙沟河有一条去西宁的路。队伍拐向西北方向,越过许多侧慢坡(其中有一个是大家公认的牛兴山),然后沿祁家沟子河移动了不长时间,后来又沿着另一条穿行于附近缓坡中的河道行进。

我们在这段崎岖不平的道路上观察到不少田野百灵、筑巢的喜鹊、红尾鸲、石鸡、春天活跃异常的河乌,以及其他许多山中或河谷的小鸟,金雕依然高傲地翱翔在蓝色天空中……

沙湾勒或沙湾是一个居住着混杂农业居民(15 户人)的村落。

虽然由于香客的缘故这里要热闹得多,我们刚翻过的山北坡则更加吸引人。对我们来说,到达公本寺的最后一天的行程显得特别漫长。沿路的村庄聚集了许多人,一部分人忙着在田里干活,另一部分人则肩背行囊,慢悠悠地往来于公本寺的路上。

已经能看见有红色粘土和沙子的西宁河谷风光了,这是最后几块能眺望到佛教寺院公本寺的高地。

一大群慈鸟如网般闪动在灰色的天空中。

我们又走了令人厌倦的半小时,驼队已经在沿着寺院的庙宇和 8 个白色佛塔到达熟悉的扎雅克活佛的客店。考察小分队在这里度过了两个星期的美好时光。

·欧·亚·历·史·文·化·文·库·

22 谒见达赖喇嘛(续)

22.1 当日与达赖喇嘛正式会面

达赖喇嘛住在一名富有的藏族人建造在公本寺西边高地斜坡上的别墅中,从那里几乎可以眺望整个公本寺和远处南边地平线尽头的山脉。与所有藏族人的气派屋子一样,这幢建筑被高大的土墙围绕着,华丽的正门旁有一对站岗的藏族哨兵。

到公本寺的时间是 2 月 22 日,[1] 我立即将我们到达的消息通知给达赖喇嘛的办事人员,他们也毫不拖延地安排我第二天就去谒见他们的教主。

与以往在库伦一样,我与达赖喇嘛在这里的第一次会面是官方性质的。我和波留托夫在 1 名藏族官员和 3 名侍从的引领下缓缓登上山,一刻钟之后便已到达目的地,衣着华丽的藏族官员一直把我送到达赖喇嘛的宗教内室。我们经过一对行礼的哨兵进入一个用石块铺成的院子,朝着高处的"拉卜楞"才走了几步,这时,一名叫纳姆甘的年轻人顺着宽阔扶梯的台阶向我们迎来。这个留着短发,穿着红色外衣的人向我们幽雅地行礼,并且邀请我们上去。

这里显然正等待着我们的到来。桌子上已经摆好了形似小面包的点心、饼干、干面包、糖及其他中国的甜点。我们按规矩在安排好的小桌旁边坐定,同时有人端上了茶。喝完茶之后,我们又经过几间房子,最后进入达赖喇嘛的接待室。这间西藏统治者的接待室类似佛教的祈祷室,西藏最高僧长衣着华美,他端坐在接待室中的显要位置上,就像

---

〔1〕按我所走的路线,从拉卜楞寺到公本寺有 250 俄里的距离,我们走了 8 天。

坐在神座上一样。我们走到达赖喇嘛跟前行礼并相互交换哈达,随后达赖喇嘛微微一笑,完全按欧洲方式把手伸了过来……相互问候一番并介绍了路途的情况之后,我们的话题便转到了我的这次旅行。这位西藏的统治者对我们去年在库库淖尔进行的考察十分感兴趣,显然,最让他感兴趣的还是哈喇浩特废墟,以及我们在废墟中发现的古物。

图 22-1　十三世达赖喇嘛

"我们已经是第二次见面了,"达赖喇嘛提醒道,"我们第一次见面是4年前在库伦。除此之外我们以前还在什么地方见过面吗? ……我希望您到拉萨来,那个地方对您这样一个旅行考察家来说还是有许多有趣和有益的东西。我请您去,希望您不会为这种大的旅行要耗费时间而顾虑。您到过许多地方,见多识广,也写了不少东西。但是,最重要的任务还在后面——我会在拉萨等您,然后您将以西藏的心脏为圆心,对其周围地区进行不止一次,而是多次考察。无论自然方面,还是从居民方面来讲,西藏都有许多未经开发的地方。"达赖喇嘛继续道:"我个人非常乐意并有兴趣在您去拉萨旅行之后见到您,欣赏您拍摄的照片、风景照以及您拍摄到的民族风貌,参观您的收集品,亲自聆听您的旅行报告。我有一个很大的愿望,即把欧洲旅行家关于西藏的著作翻译成藏文,我的秘书首先会记录下您生动的语言,并把它作为中部西藏历史地理著作的开山之作……"

达赖喇嘛最后说道:"不要急着走,在这一点上没有人会催您,况

·欧·亚·历·史·文·化·文·库·

且早几天或晚几天动身不取决于任何别的人,完全由您自己决定。我们会每天见面,我有许多事情想跟您谈谈。"

聊天的过程中,我们共饮从同一个银质大茶壶里倒出的茶,一切都显得那样亲切、自然,这充分表明了彼此希望会面的坦诚愿望。

22.2　达赖寓所的陈设

第二天一早,我来到达赖喇嘛那里。现在我们双方再也不必过分拘礼,我见到的西藏最高僧长朴实、可亲。我得到允许参观达赖喇嘛的所有房间,参观他的办公室,同他的近臣交谈。

图 22 - 2　达赖在塔尔寺的居所

在达赖喇嘛的住宅陈设中不时能发现欧洲的东西,一间房子的墙上挂着近 7 架各种出色的双筒望远镜,而另一间房子里几乎有相同数目的照相机。相机由达赖喇嘛的秘书,我们熟悉的纳姆甘管理。

总的说来,达赖喇嘛非常喜好摄影,他请我教会纳姆甘有关摄影的全套方法:拍摄、显影、冲洗相片,还有操作各种大小不等、难易各异的相机。上完摄影课后,我通常会与达赖喇嘛的亲信交谈一番,或者仅仅

图 22 - 3　十三世达赖寓所门口的哨兵

被请到达赖喇嘛那里坐很长一段时间。有一次达赖喇嘛问我是否常收到从俄国来的信,最后一次是在什么时候收到的,欧洲有什么新闻。

在到达公本寺的第二天,由于西宁地方机构的关照,我意外收到一些信和报纸,其中最大的新闻是发生在墨西拿[1]的地震。报纸上说,意大利人向奋不顾身抢救不幸灾民及他们财产的俄国水手表示致意。西藏教主被描写生动的自然灾害所震惊。

在谈论这个话题时,达赖喇嘛把我请到他的书房,递给我一份德文版的大地图,并且请我在上面指出意大利发生灾难的地点。我翻阅地图时发现许多地方有用墨水,或者更准确地说是用墨汁写的藏文标注。原来这是些地理名称的翻译,意大利发生地震的地方也被加上了这样的一个标注。

有的时候,我和同伴及纳姆甘在公本寺周围散步。我们登上最高点,拍摄各种补充照片,回到拉卜楞后又忙着显影和冲洗。有一次,在查看摊开在台子上的照片时,我不经意地回头看了一眼下面庙宇的回廊,达赖喇嘛正在给祈祷者们祝福。祝福仪式的过程是这样的:西藏最高僧

---

〔1〕墨西拿:意大利省会城市。

·欧·亚·历·史·文·化·文·库·

长用一面祈祷用的小旗触一下排着队走过来的藏族或蒙古族人的头部，赐予他们幸福和平安。达赖喇嘛在公本寺时，前来祈福的人非常多。

如果遇上达赖喇嘛在自己的屋顶或台子上散步，所有仆人或过往行人都不允许驻足观望，他们只能尽可能快地在不知不觉中悄悄走开，这是惯例。

图 22-4 十三世达赖在塔尔寺的马厩

从达赖喇嘛高出整个寺院的拉卜楞可以欣赏到远处南部山脉妙不可言的景色，哺育了这里无数羊群或其他牲畜的良好高山牧场从山顶蜿蜒而下，一直延伸到观察者所在的方向。

离别时达赖喇嘛对我说了下面这些话："谢谢您来看我，让我有机会聆听您的谈话并获得我想要知道的问题的答案。请向俄国转达我对它的赞美之情和对这个伟大而富饶的国家的感激之情，希望俄国能与西藏保持友好关系，并且在今后派考察家深入了解我那多山的自然环境和无数居民……"

在正式的官方告别会见之后，我被邀请到熟悉的纳姆甘家里。这里招待我们的是普通的茶水。突然，至少完全出乎我的预料，达赖喇嘛以我这段时间以来完全适应的自然简朴面貌出现了。我们礼貌地行了礼,面对面坐下来。达赖喇嘛又谈起了俄国,对俄国的技术、机械、各种工具大加赞赏一番,同样对俄国军队的武器,从"纳甘"类的左轮枪到自己生产的要塞或海军的远程炮都赞不绝口。[1] 达赖喇嘛随后说:"别忘了给我运送一些像考察队外衣呢子那样的俄国优质黄呢绒。"我向达赖喇嘛行了个礼作为应答,并将他的嘱托记在记事本上。达赖喇嘛注意到这个细节后说:"这就好,顺便记下我的第二个托咐,请把你们旅行所拍的照片寄给我!"

最后的告别让人特别感动,礼节被搁置到了一边,我明白达赖喇嘛的心思,相信他热情邀请我去拉萨是出于诚心!

图 22 - 5 十三世达赖的近臣

我们很快告别了达赖喇嘛的大臣和他的宫廷,这一方面使我变得十分抑郁,另一方面我又觉得自己非常幸运。忧郁的心情越来越强烈地控制了我,主要是因为我不能,并且现在也没有机会加入到达赖喇嘛侍从的行列,同西藏的最高主宰者一起前往拉萨……

达赖喇嘛随后派人给我送来了礼物,有金沙、青铜小佛像和西藏的

---

〔1〕顺便说一句,俄国考察队送给达赖喇嘛一支左轮枪作纪念。

地方产品:一块毛皮和一小块兽毛皮且深红色的西藏毛料。

22.3　与额木奇哈波医生告别

第二天,3月8日早上9点钟,额木奇哈波按我们前一天约定的时间光临我的住处,并带来了他的教主简短的补充嘱托,以及额木奇哈波个人对考察队出发前的问候。按照惯例,这位医生送给我一条丝绸哈达作为纪念,同时还送了一些珍贵的藏药丸和一个茶杯,最主要的是额木奇哈波毫不吝啬地将一张有价值的藏文天文图送给了我……

额木奇哈波同时也没有忽略我的旅伴,他送给波留托夫一条哈达,一枚金币和大量"万应药剂",并且强调道:"我送给你的这些东西是出于我对你们上司的最友好态度,请在你们未来还很漫长并且艰辛的旅途中保护他!"

额木奇哈波是个"聪明"人,他是一名医生,同时也是一位优秀的数学家,他一心希望去莫斯科了解和研究欧洲的医学,以及欧洲的应用天文学。

额木奇哈波最后一次握着我的手说:"什么时候,在什么场合我和您还会见面?"我用手指着拉萨的方向,我的谈话对象信心十足地点点头。

22.4　经西宁去兰州府

白天剩下的时间我们忙着张罗经西宁去兰州府的事,考察队的驼队已经在那里等候很久了。算起来我们离队已经一个星期,或者我们现在处在远离驼队270俄里的地方。

3月8日一大早,由3匹骡子和5匹乘骑的马组成的驼队经过休整后顺利向东北方向进发,沿同一方向倾斜的慢坡加快了我们的行军速度。

队伍在小山边缘停下来观赏公本寺。也许,这是最后一次! 要知道,我们告别的是佛教改革者宗喀巴的诞生地,为纪念这位伟人和佛教徒眼中的圣人,公本寺有一座总是活跃着祈祷者的引人注目的"金色佛塔",它的顶部在白天几乎总是闪耀着金色的阳光……

队伍花了五六个小时才走完到西宁的熟悉道路,路上我们赶超了阿嘉活佛派往北京的华美驼队。沿途处都能听到百灵鸟的叫声,看到田野上辛勤劳作的汉人等。

同往常一样,我队伍在西宁的一家财泰茂商行停下来,熟悉的汉人早已经为我们准备好了民族志学实物。

我们的队伍3月9日离开西宁。天气转坏了,刺骨的风夹带着雨雪。[1] 真侥幸,这样的坏天气持续时间并不长,云彩开始减少,天空终于露出了一片瓦蓝。路边的地里正在播种小麦,成群的灰鹤围着种地人踱来踱去。

从索果浩特,也就是从南蒙古过来了一支装载着达赖喇嘛驮子的华美驼队。

我们沿着熟悉的西宁河谷继续下行。河谷的特征与以往我们所见到的一样,河水时而流进宽阔的河谷,时而又被两岸挺拔险峻的窄谷挤在中间,平稳从容的水流也在顷刻间变得汹涌、湍急。沸腾的河水发出拍打漂砾的喧嚣声,打破了周围的宁静。

居民点上到处都是衣着讲究的汉人,不时响起炮和各种花炮的噼啪声,中间还夹杂着小孩燃放响炮的声音。活跃的戏台吸引了路边、城郊和村镇的观众。

出了老鸦城,我们离开向北延伸到平番的大道,开始攀登左岸的一个石岬。石岬脚下是美丽的中式庙宇和一块立着一座形态优雅的小塔的岛状物。从岬顶可以眺望西宁河上游的美景,顺流向东,西宁河仿佛躲藏起来一般消失在又深又窄的峡谷之中,驮路时而向下,时而向上,变幻莫测地蜿蜒在石崖上。

借着春天水位高的时机,汉人用整张剥下的公牛皮做成筏子,顺流浮运储藏的麦子。

---

〔1〕由于天气的缘故,土著人讽刺说:"多么善良的神,赐予大地这样的寒冷!"善良的神暗指达赖喇嘛。

我们向东移动,周围的山更具有了沙漠的特征。由于含土的岩层或标准的黄土层夹杂物占了多数,山变成了灰黄色。

在西宁河与大通河交汇的下游,河水明显增多,浑浊的水卷动着波浪,山势变低并且常常远离把黄土冲出深深沟痕的河岸。

红翅膀的旋壁雀像蝴蝶一样在岸边的悬崖上飞来飞去,刚刚苏醒的蜥蜴在晒热的地面上奔忙。

些许微风就能把尘土扬起,空中也因此变得暗淡下来。刮起的尘土通常顺着道路弥漫在驼队的上空或个别骑手的头顶上,被尘土搞得快要窒息的人们不停地打着喷嚏,牲畜也打起了响鼻。

因为要急着赶往兰州府,我们每天都要强行军近40俄里。中午过后,火辣辣的太阳让我们感觉到极度的疲劳。在赶往中国总督府邸的最后一天的路上,我们靠由15名渡手划动的舢板过了河。

22.5　抵达兰州府

3月15日,我们终于到达了目的地!

这天,大家起得很早(在新城村),我们一直走在一条热闹的道上。也就是说,这一天我们行进在连绵不断的稀薄黄土尘埃中。

为了能辨别方向并尽量避开令人窒息的尘土,我让自己与道路保持一定距离,同时毫不松懈地记录下观察所得。

在宽广的黄河河谷,河床的个别地方出现了被河底涌上的急流撞击成的碎块,左、右两岸依然是毫无生机的山岭。河水紧贴在左岸,右岸因此成为农业居民宽广的活动空间。行进数俄里之后,景象发生了变化。我们经过黄河的右岸,那里有一条支流,河水清澈晶莹,水面上许多地方还有一层泛着蓝色的冰层。附近浅滩上灰白色的美鹭悠闲地来回走动,一只黑头鸥从附近的悬崖上飞起,远处翱翔着一列大鸬鹚。

目力所及之处,黄河闪光的水面在有些地方很宽,河水蜿蜒着顺流而下。

右侧悬崖后,或准确地说是支脉的后面突然出现了一个岬,岬的阶地上有一座渐次升高的半圆的中式庙宇。

继续前行 7 ~ 8 俄里后,我们就到了兰州府。首先映入眼帘的是兰州府内 4 个朝居住着不安定的东干人的河州城方向建起的历史悠久的塔楼。我们经过的这条街道堆满了木头和看似盛满酒的皮囊,其实是装着小麦的兽皮袋。另一条相邻的街上人更多,更热闹。我们顺着后一条街来到岸边欧洲工程师建造永久桥梁的地方。

　　我的旅伴们就住在附近客栈的院内,他们都平安、健康……

中国西部和蒙古
（1909 年）

23 经阿拉善去哈喇浩特

23.1 在兰州府与驼队会合

3月15日,我的这支小分队从公本寺返回兰州府,与考察队又会合在一起了。见面的第一天,大家相互问候,友好交谈。主驼队从拉卜楞到兰州府用了6天的时间,中途在河州停留了一个星期。

河州城坐落在大夏河河谷向南5俄里,海拔6270英尺(1910米)的高地上。

Г. H. 波塔宁曾写道:"河州在穆斯林起义中变成了废墟,直到10年前居民才返回这里。据河州的居民讲,这场叛乱的首领是出生在河州并且曾经到过西宁的金萨阿訇[1] 城里的所有建筑都是新建的……以前河州有许多穆斯林……在我们的记载中常会遇到一些错误,似乎河州的主要居民是撒拉人[2]。事实上,撒拉族居住在由此向西的循化厅附近,高大的哈喇乌达山把他们的活动区与河州盆地隔开。虽然河州附近没有撒拉族的村落,但撒拉人也常来城里进行贸易。"[3]

驼队经过的是一个绵延155俄里的沟壑纵横之地,多亏了驼队的骡子脚力灵巧、稳健,才使得在陡峭山路和石崖上的旅行进展顺利。在从拉卜楞附近直到河州的地区,我和旅伴见得最多的是游牧的唐古特人,再往东北方向走,开始出现连绵不断的农耕文化。东干人竟能够巧

〔1〕译者按:河州是近代回民起义的发源地,此处所说的起义,即1895年至1896年爆发的河湟回族、撒拉族反清起义,起义首领中有韩穆萨阿訇,或即此处之金萨阿訇。

〔2〕H. Г. 波塔宁称中国的穆斯林——东干人为撒拉人。

〔3〕《Тангутско - тибетская окраина Китая и Центральная Монголия》(《中国的唐古特—西藏边区和中央蒙古》). 1884—1886гг. Том 1. Стр. 169 - 170.

329

妙地将自己的田地安插在河谷的底部、陡峭的斜坡上甚至山顶上。

图 23 - 1　黄河右岸兰州府的西郊

23.2　兰州府印象

　　甘肃总督的府邸兰州府坐落在雄伟的黄河引人注目的右岸,黄河在这里的宽度为 100 俄丈,春季最低水位深 20 英尺。该城地势较高部分的对面有一座横跨黄河的浮桥,欧洲工程师正在附近修建一座永久性铁桥[1]。不相信欧洲建筑艺术的当地居民认为,欧洲人的铁桥是建不成的,首批桥孔的框架在去年冬春航行期被冲毁,欧洲人今后在这方面的努力同样也会被夏季的高水位摧毁。对面左岸的小山上有几座非常漂亮的庙宇。在快速流淌的河水两岸,随处可见一些为城市和农田提供充足用水的巨型轮子——水车。

　　在高出河面近 10 俄丈(20 米)的雄伟厚实的古城墙和西南面居高临下的高地上,4 个 300 年前为防御河州盗匪似的居民而建起的古老

---

　　〔1〕译者按:这座铁桥由德国泰来洋行承建,1908 年 3 月动工,1909 年 7 月竣工,即著名的"天下黄河第一桥"。柯兹洛夫一行到达兰州时,铁桥尚未竣工。

图 23 - 2 巨大的水车

而又奇特的塔楼让人感觉到,兰州府是一座名副其实的城堡。[1] 城堡内方圆大约 10 俄里的兰州府被分成几个街区,其中总督所在的西北街区更趋完善,另一条军事街区因有许多欧式印刷厂及木工作坊、鞋厂、玻璃制造厂等而著称,这里也生产丝织品、白棉布及其他物品。店铺里摆满了琳琅满目的地方产品及其他珍贵的奢侈品——青铜器具、陶瓷。

总的来说,尽管兰州府绿树成荫,有非常好的花园,但整个城市仍然显得脏乱不堪。当地 6 万汉族居民对整洁的概念非常之淡漠,而传教士、技术专家这些文明程度较高的欧洲人数量还少得不足以消除总督府所在地的东方情调。

在参观当地建筑时,我们特别考察了学校。除了拥有 400 名少年步兵和骑兵的军校外,我们还参观了专为官员子弟开设的类似贵族学校的中学,在这所学校里发现了非常出色的矿物学、植物学、动物学博物馆,馆内的鸟类标本、鞘翅目和蝴蝶陈列柜非常精美。

在结束了必要的参观后,我们办理了数件急务:需要关注一下达赖喇嘛所有嘱托之事的完成情况,尽快通知他我从电报上得知的有关北

---

〔1〕兰州府的历史早于西宁。

图 23-3 黄河左岸兰州府郊区的风光

京的消息……还要仔细整理运往渭远县纳帕尔科夫那里的行李,同时建议他尽可能研究甘肃南部,经过这一地区研究较为薄弱的部分前往阿拉善,并大约于 6 月初与驼队在那里会合。

营地的紧张工作常会被来向我们兜售各种中国古代艺术珍品的商人,以及其他来访者打断。到我们这里来的官员只有一名臬台,而总督只是在和他的无数随从慢悠悠地打营地经过时,才向排成一列的考察队问好,并留下了自己的名片。

黄河两岸及附近的小湖上停留了许多成为有趣观察对象的迁徙鸟类。3 月 22 日,这里已经飞来一些悦目的小鸟,如白色或黄色的鹡鸰、在城里和山中偶然发出欢快叫声的燕子。春天

图 23-4 兰州府的臬台

在迅速迫近,甲虫在暖烘烘的太阳底下爬动,蝴蝶和苍蝇在飞舞,甚至出现了动作麻利的蜥蜴,有些地方的草地明显泛青。

图 23 - 5 黄河岸边兰州府北城墙

23.3 考察队决定离开兰州

考察队决定在"报喜节"那天[1]离开兰州,大家已经开始做出发前准备工作。需要雇一些骆驼、尽量充实考察队在民族志学方面的收集并完成对兰州府的详细考察。

"报喜节"这天,考察队早早被惊醒。清晨,一名车夫赶着往黄河左岸运送行李的双轮大车来到营地。喝完茶,吃过清淡的早饭之后,我们给骆驼装上驮子,排列整齐的驼队像一条长龙似地向遥远而亲切的北方出发了。我们沿着高耸于左、右两侧的山丘[2]向平番方向走去,稀薄的尘土和异常干燥的空气使考察队在炎热的日子里的行军变得毫无乐趣可言。夜晚我们睡得很舒服,气温一般在 0℃ 左右。对旅行者来说,在难以忍受的沉寂中频繁遇上土著的驼队[3]也许是一件有些许消遣的事。开始集中出现的尖头蜥蜴、甲虫、苍蝇和首批质朴的粉蝶以

〔1〕译者按:东正教节日,俄旧历 3 月 25 日。
〔2〕黄土下面的个别地方有堆积物。
〔3〕从宁夏运米和从雅图运盐的队伍。

及鸟类,占据了我们全部的业余时间。石鸡和云雀、凤头百灵已经开始发情,空中回响着它们洪亮奇特的春之歌;红嘴山鸦和燕雀依然成群地呆在一起,但也出现了些许不安和奇特朝气;鸦已成双成对,显然就要进入筑巢的季节;只有美丽的红翅旋壁雀还是形影单调,丝毫没有表现出春情。

23.4 偏僻安静的旅行路途

我们离黄河越来越远,缺少饮用水的感觉越发突出。[1] 在平番大道以东相对稠密地居住着农业居民的皮台儿沟,居民从深 12 ~ 15 俄丈的井里取水,但含水层的厚度有时能达到 7 ~ 10 英尺(2 ~ 3 米),例如大葫芦井。这里随处可见人与自然抗争的景象,汉人在这方面技艺高超:这个民族从来不向任何困难屈服,他们顽强地进行着各种繁重且又成效不大的劳动。例如,大葫芦村附近的居民从地下攫取所需土壤,并用一种特制的背篓,靠双肩把这些肥沃土壤铺洒成深 3 ~ 4 俄寸(13 ~ 17 厘米)的大田地。虽然当地的汉人非常勤劳,但土地却远不是总能给他们相应的回报,无数废弃的村落、坍塌的井和被丢弃的寂静得让旅行者感到压抑的塔楼足以证明这一点。

人口稠密的宽阔低地很快就被更多布满灰色丘陵的沟壑纵横的凄凉地方所代替。周围与往常一样寂静,只有山岩上匆忙闪动着敏捷的石鸡,贫瘠的牧场上偶尔晃动着羊群。我们在居民聚集的井旁观察到了岩鹨、粉色的蒙古燕雀、岩雀和山鸽。

驼队缓慢靠近的遥远的东北面是一片由页岩和红色或灰色砂岩形成的丘陵[2],西偏北方向延伸着乌黑庄严的寿鹿山,西南面勾勒出沿黄河右岸分布的整个山群的雪峰轮廓,正北方波状起伏的小山后面是被尘雾笼罩的沙漠。

寿鹿山由几个分布在西北—东南方向的独立垅岗组成,它们在南

---

〔1〕中国的地名同样证明这里的水质不良。例如,离开兰州府后我们的第一个营地叫"不可以喝的水"即"此水不能喝"(这里的水很脏)。译者按:平番大道有"苦水"地名,或即此处。

〔2〕丘陵呈横向分布。

部汇合成一条山脉。山北坡生长着栖息有鹿和麝的稠密云杉和灌木，峡谷中的泉边居住着从事畜牧的汉人，矿工在附近的井下采铜，也有人在稍远处的山脚下开采煤矿。

3月29日，考察队在偏僻的沙漠营地中不知不觉度过了早晨的时光，中午，骆驼又像往常一样不知疲倦地向东北方向行进。蒙古族车夫德勒格尔和他的儿子达志表现得十分出色，"沙漠之舟"的耐力和充沛体力也很令人钦佩。我们眼前又出现了一系列连绵的垅岗，被白刺装点的河谷上部覆盖着蒿草，下面是各种颜色的鸢尾花……大家的目光厌倦了周围的一切，渴望着新的感受。每一洼点缀着充满活力的小植物、树（大多为榆树）和高大茂密的茇茇草的泉水都会给我们带来极大的喜悦。

23.5　毛腿沙鸡

干涸河流的沙石河床把我们带到几个居民点——汉人的酸刺水村以及下面的小城栓后堡。修筑了灌溉渠水的小城里有一座传统的塔楼，城中170间不算小的房屋和店铺足以说明这里居民的富足。精心耕种过的田地上长出了碧绿的嫩芽，耕地北部直到山前伸展着滋养了无数头骆驼和十分驯服的鹅喉羚的草沃滩河谷。个别地方会出现蒙古燕雀、岩鸽或山鸽以及奇特的毛腿沙鸡，成群从沙地飞来的噔格勒津津有味地吃着戈壁杀蓬。驼队打起精神走出草沃滩河谷，登上横向分布的格达山后，便能望见蒙古了。长城是中国内地的屏障，现在这里只能看到被冲毁的土墙和几座高5俄丈以上的塔楼。我们继续前行数俄里，在一个岔路口附近竖立着一块汉、满文石碑，上面写"由此进入阿拉善地区"。从这里向左是去察甘布拉克的路，向右是去宁夏的路。

越往北，地形变得越加平坦。草本植物——茇茇草以及很娇嫩的开花植物，淡紫色的鸢尾花、白色的黄芪和黄色的锦鸡儿在远处的黄沙中形成了一块色彩斑斓的世界。脚下是爬来爬去的蜥蜴、甲虫、偶然会出现爬动的斑纹蛇。夜间，到处是动作敏捷的跳鼠，路边不时飞起已进入筑巢时节的毛腿沙鸡。我们的确观察到大量在路边筑巢的毛腿沙

·欧·亚·历·史·文·化·文·库·

鸡,它们正忙着把蛋直接产在地面的坑里,有时甚至来不及在坑中铺上干草。鸟巢之间的距离有时只有 2~3 俄丈,巢中的蛋 1~3 枚不等。从 4 月 5 日开始所有巢中都已各有 3 枚蛋了,也就是说产满了。雌鸟稳稳地坐在蛋上,只有在万不得已时才跑到地面。雄鸟发出异乎寻常的叫声,雌鸟像黑琴鸡那样丝毫不差地把狗的注意力从鸟巢边引开。

稀疏的蒙古游牧营地和在蒙古东南部从事放牧(羊和骆驼)与拉脚生意的汉人那散落各处的简陋小屋,给这里注入了些许生机。路上常能遇上一伙慢吞吞地拖着自己的家当前去朝圣的人。只有那些身强力壮之人才能完成这一经历千辛万苦的壮举,体弱者因缺水和身体虚弱,通常在未到达目的地之前就升天了。考察队在路上就遇见了一个早已死在路边的不幸的喇嘛——神圣天职的牺牲品。

23.6　行走腾格里沙漠

考察队这次是沿东边早已熟悉的腾格里沙漠边缘行走的,我们借助强壮的骆驼,花了 7 天时间强行军穿越了这片沙漠。4 月 2 日一大早,旅行家们走出多草的草原地带,一下子钻入了真正的沙漠。一直遮挡在太阳前面的薄云和阵阵微风让空气变得清新,不那么灼人。向西、北延伸的连绵不断的灰黄色沙海上起伏着圆形沙丘高地,压实的平地上清晰地显出几条驮道、通向新月形沙丘顶部鄂博的步行小道以及甲虫和蜥蜴踩踏出的微型小道。这些小得勉强才可以发现的线条构成了新奇别致的花纹,最后消失在动作麻利的大头蜥蜴不时出没的圆形洞边。

傍晚,我们在单调景色下变得疲倦的目光欣喜地落在位于霍伊尔胡图克井边的多草沼洼地带。绿油油的芨芨草丛成了灰鹤、海番鸭和灰鹅的栖身地,松鸭在山丘间飞来飞去;鹬在远处大声交谈;凤头麦鸡发出叫喊声;鸥缓慢地挥动翅膀翱翔;一群大鸨从远处的沙地边缘上空快速向西飞去。随着夜色转浓,天气明显变坏,半夜时分突然刮起了强烈的西北风暴。帐篷在风的压力下呻吟、颤动,最后脱离地面,睡在帐篷里的人突然受到令人窒息的尘埃的袭击。

23.7　希里克多隆小湖

在霍伊尔胡图克井到希里克多隆小湖之间有一片沙石、粘土和很坚硬的红色或黑色岩石带,带内的沙地时常被良好的饲草替代,从而形成了不同的可喜景色。我认为,早春的戈壁沙漠完全不像平时所想象的那样荒凉,中亚细亚这一地区的水位不太深,地势较低的地方覆盖着一层厚度从 4 ~ 5 英尺到 10 ~ 12 英尺不等的沙土。的确,在大多数情况下,水不完全是淡水,而是略咸或含石灰质的水。丰富多样的沙漠植物不仅是骆驼的食物,还是马、甚至羊的食物。因此,附近与阿拉善沙漠为邻的蒙古居民完全可以过上小康生活,并且没有理由怨天尤人。只有在少见的十分干旱的年景,沙漠地区居民的生活才变得确实不怎么好。

旅行家们在 7 个"希里克多隆"小湖上发现了先于考察队驼队而到的"客人"。这里有灰鹅、野鸭、小水鸭、一群翘鼻麻鸭和几对不安的海番鸭。滨鹬、白腰草鹬和灰色及黄色鹡鸰在水边的灰绿色湖岸上奔跑、嬉戏,稍远处是质朴的鹦;附近丘岗上的灌木丛中隐藏着松鸭,白头鹞在稍远处静静地飞着……

在湖边绿荫地愉快稍息片刻之后,必须再次深入到流沙地里去的现实让大家感到非常忧郁。大风在一夜之间遮盖了大道,4 月 4 日全天,骆驼不得不沿着东西向的新月形沙丘摸索前行。大家紧张地审视四周,留心观察小高地和碎石凹处的轮廓。终于,东北部地平线上桑金达赉井的旁边清晰地出现了劳兹山鞍状峰顶的轮廓,附近的低地也显现出令人喜悦的白色斑点般的措克多库勒寺。与寺院为邻的是汉人的商店,我们立刻朝那里奔去,期盼着能找到一些急需的物品。可惜商店里没有我们想要的东西,考察队只弄到一只肥羊,大家津津有味地大吃了一顿。从兰州府开始队员们只能吃到味道不佳的腌肉。

·欧·亚·历·史·文·化·文·库·

23.8　眺望阿拉善山脉

深夜,我走出帐篷,长久注视着阿拉善山脉俊美的侧轮廓,考察队很快就要回到分别已久的储藏库和气象站了。周围一片寂静,黑暗处传来蒙古狗的叫声和多次从我们睡觉的帐篷上空飞过的杓鹬发出的独特啁啾声。

驼队以东北方向为主,每天坚持走完 30 ~ 50 俄里的路程,并且成功把无边无际的沙丘、宽谷及河谷甩到身后。4 月 7 日,考察队在阱堡稍事休息之后终于进入巴隆辉特峡谷看到,夏季用峡谷水灌溉的饲料丰富的平原,并且很快便看见了诱人的绿洲。道路变得热闹起来,两旁出现了中国和蒙古定居居民的建筑,田野里和小溪岸边的幼苗闪着碧绿,草地上放牧着羊群和马群,一切都让人感到文明的迫近。

在沿定远营前面的最后一个高地下行时,我们碰上了欧洲人马格鲁塞夫妇,他们是去平番拜会名医的。又过了半小时,旅行家们已经在仓库兴奋地向自己的一位同事表示问候。他不仅出色地保全了考察队的所有财产,并且十分有益地度过了孤寂漫长的时间:责任心强的气象站观察员,近卫军士兵达维坚科夫完全不负众望,出色完成了赋予他的嘱托,因此被提升为上士。

24 经阿拉善去哈喇浩特(续)

24.1 回到定远营的日子

就这样,在长时间告别阿拉善并经历了许多磨难之后,考察队又回到了定远营。与往常一样,我们仍然住在好客同胞舒适的家中。

日子在不知不觉中度过,我忙着装备直接去库伦的重型驼队和前往哈喇浩特完成废墟挖掘工作的小分队,并且对自然历史及其他方面的收集进行重新分类。通常,麻烦最多的是用酒精保存的那一部分收集物。旅伴们则准备干面包、干肉,还有运水的器皿——"囊壶",以及前往死城艰难行程中的一切必需品……可以预料,沙漠是不会热情迎接我们的,它那干燥、炽热的气息只会让徒步旅行者疲惫不堪。但是,我们谁也不会为在炽热沙漠中艰苦奋斗的前景担忧,对所从事的神圣的科学事业的重要性的认识,以及希望尽早回国的念头给我们增添了新的精神和力量。

天阴下雨的时候,我时常从早到晚地忙着写公文信件,编写考察成果报告。而拍摄照片总是成为我在这种情况下的小憩:应该把在兰州拍摄的总督、臬台的照片寄往兰州府。风景照片,还有拍得很成功的巴隆苏尼特蒙古妇女身着奇异民族服装的照片,给人带来极大满足。

在完成日常事务后,我偶尔才抽出一点时间欣赏日渐复苏的阿拉善山的自然风光。花园里的花开了,丁香花已经绽放,越来越频繁地出现了成群欢快的燕子。南风吹来让气温明显上升,同北风一样,它经常会演变成一场真正的暴风,同时带来充足的降水。远处妙不可言的瓦蓝色天空时常被一股不干净的黄色暗尘覆盖,深夜的最低温度能达到

·欧·亚·历·史·文·化·文·库·

图 24－1　定远营新年前的气氛

零度。

山里的春天明显要来得晚一些。4月9日,丁香花还没有开放,但绿洲上的丁香花这时却已经凋谢。早晨,小河被一层午后才能融化的薄冰覆盖,阿拉善山的山坡虽然披上了发乌的绿紫色,但有时也会因为新落的雪而呈现白色。

制备员没有忘记自己的职责,他常常外出考察,鸟类学收集又增添了一些有趣的品种:鸹、鹞和丘鹬;哺乳动物收集增加了两只岩羊。盘羊一般出现在阿拉善山的北部,并不容易被猎到。我们听说,为了捕捉这些美丽动物,当地的射手组成了一个团体,一旦得手的话,阿拉善王就会把它当做送给中国亲王的最好礼物送到北京。

24.2　达赖聪智喇嘛和已故三爷的儿子

我利用晴朗、宁静的夜晚查定地理坐标和时间,观测天文。在进行这些工作时,我的学识渊博并且有求知欲望的朋友,巴隆苏尼特达赖聪智寺[1]的喇嘛达赖聪智格根也常常会参与进来。他对天文工具非常感兴趣，并喜欢用望远镜观察月亮和木星。从达赖聪智那里我了解到我的朋友——郡王及沙克杜勒贡家庭的许多趣事。我与他们是在库伦达赖喇嘛那里结识的，当时我用传统的蓝色哈达表达了对他们的问候。我拜访过的其他阿拉善人有亲王已故的哥哥——三爷那讨人喜欢的儿子。这些年轻人居住在按汉族风格布置得非常华丽和舒适的住宅里，他们用茶和甜食接待我，并且在与我的愉快交谈中回忆起至今仍然以俄国勇士的形象活在他们记忆中的伟大的普尔热瓦尔斯基。亲王住宅的花园一如既往令人赞叹不已，花园的平面结构很有艺术，园中种植着苹果树、梨树、桃树、胡桃树、丁香、有特色的蔓生柳和数种木本及灌生植物。

图 24 - 2　花园一角的亭子

[1]该寺在从库伦向东南15天的路程处。

24.3 欣赏古玩店和红点颏

工作之余,我喜欢去中国古玩店,在那里常能发现一些有趣的日用品、服装和奇特的工艺品。我们给各自买了几块所谓的宁夏地毯,这种地毯因质地柔软、颜色搭配独特、图案精美而驰名。

在汉人的店铺里,我们通常能欣赏到善鸣的鸟儿:百灵和红点颏。鸟的歌声不仅对主人来说是一种享受,同时也给顾客或过路人带来了乐趣。汉人喜欢喂养一两只甚至更多只夜莺,他们很看重这种鸟动人的啼啭声。白天,鸟被一根半俄尺长的带子拴在挂在屋檐下或屋墙下阴影处的木框上;有时鸟会拖着带子试图飞掉,但这时汉人会把木框放在一支伸展的手臂上,很熟练地将它捉住。夜间,鸟在顶部格着格栅、里面有舒适的座子和喂食器具的宽敞大笼子里过夜。汉人清洁、照料和饲养自己的宠物,每天早、晚都要带着它们到田间地头,山中或花园里散步。他们把鸟放到"大自然"中,花上一小时,甚至更多的时间目不转睛地欣赏它们。如果遇上有人赞赏他们的鸟,主人会非常高兴。

24.4 前往哈喇浩特

终于,定远营开始让旅行者们感到颇厌倦了,想去沙漠的愿望一天比一天强烈。完成了驼队的一切准备工作之后,我们在等待纳巴尔科夫大尉的消息。他写信通知我们,鉴于自己在体力、精神方面过度疲劳,目前他正赶往阿拉善,然后去库伦……

4 月 30 日,我的老助手终于同考察队取得了联系。在听取了制备员的报告后,我把主要收集留给他照料,自己则在几个同事的陪同下轻装踏上了前往朝思暮想的哈喇浩特的路。

5 月 4 日,考察队的 21 峰骆驼排成整齐的一列,缓慢但却坚定并且毫不懈息地在灰黄色沙土和多石的道路上摇摆前进。举目望去,左侧所在的西边有许多披着去年绿中透黄的旧草外衣的沙丘,北方微微出现了巴彦乌拉山的轮廓,东边茂密树冠交织在一起的地方展示出充满活力的艳丽景色……阿拉善山脉渐渐消失。在离开人多得让大家感到厌烦并且多风沙的定远营之后,考察队的第一个宿营地在库赖台小河岸挺拔秀美的柳树荫下,这对旅伴们来说是很满足和愉快的一件事。考察队周围是沉默的沙丘,兔子和沙鼠在沙丘上胆怯地跑过;小心谨慎的羚羊在芨芨草丛中觅食;大鸨和毛腿沙鸡隐藏了起来;红点颏、小川鸲鸟、白鹡鸰或灰鹡鸰和石鸡飞向饮马场;灰色细蛇、额上有白斑的黑色细长苍蝇在一些容易受到伤害的地方懒洋洋地晒着太阳。所有这些数量非常之多的居民并没有破坏我们周围的宁静,相反,它们那有特性的外形反而更加吸引着我们,同时也为沙漠增添了一道风景。

戈壁南部,阿拉善到乖咱河谷见不到人们通常所说的沙漠里那种令人不快的单调特征。

与沙土、碱土或砾质土平原不同的是,这块平原上横贯着轮廓不太明晰的山褶,个别地方形成了宽阔的低洼侧谷[1],谷底布满了红色花岗岩碎石。谷地[2]两岸点缀着几行挺拔秀美的榆树、芨芨草、白刺以及其他草本和小灌木植物。

虽然东西向横亘的巴彦乌拉山、杜鲁布里金山、哈拉乌拉山毫无生机,缺少饲草,但它们仍然给周围整个凄凉的景象增添了几分令人愉快的不同色彩。

沙漠的绝对高度波动在 3500～4000 英尺(1070～1220 米)之间,山丛的最高点达到 5470 英尺(1666 米),盐沼凹地的高度却下降到约 2700～3000 英尺(820～915 米)。

24.5　愉快的井边一幕

小溪及相距 10～15 俄里以内,在鲜艳的绿荫衬托下大老远就能看见的井,在戈壁南部沙漠地区有着特别的魅力,让人倍感亲切。水把所有的生命都聚拢在自己的周围,为这里散落在简陋的小土屋、游牧帐篷

---

〔1〕类似沙拉布尔杜盆地。

〔2〕例如苏门—戈尔河和乌兰—莫登河河谷。

·欧·亚·历·史·文·化·文·库·

和临时搭建的帐篷中的汉人和蒙古人提供了生存的可能。有时,当我们坐在绿洲挺拔的白杨树荫下,倾听浓密的树叶发出的簌簌声,便会不由自主地闭上双目,任思绪飞向远方,飞往家乡北部的森林……考察队驼队的到来又让周围的一切活跃起来,土著比以往更频繁地牵牲畜到井边饮水并长时间驻足观察我们,[1]到处都能听到欢快的说笑声,还夹杂着低语声。

这不,一位 15 岁的健壮姑娘正向营地走来。她面颊绯红,有着惊人高挑的优美身姿。姑娘不时回过头,胆怯地瞟一眼我们这群外国人,特别是考察队那条奔到井边解渴的狗。沙漠女人那双活泼、敏捷的黑眼睛里充满了好奇,她一会儿把闪亮的目光投向远处,一会儿又把审视的目光一次又一次从她没有见过的东西和陌生奇怪的欧洲人脸上滑过……她徒劳无益地寻求着占据了自己受狭窄眼界局限的意识中对诸多问题的答案……

24.6　沙尔赞苏迈寺和伊施喇嘛

在向既定的西偏北方向行进的同时,驼队时而迈上我们在蒙古—喀木旅行时就已经熟悉的道路,时而又慢腾腾地走在一年前考察队精神饱满地向南挺进的小道上。

旅行家们从熟悉的杜尔本莫托井开始离开以往所有的线路,经过雅马雷克沙地的交叉点,径直向沙尔赞苏迈寺走去。砂砾高地与低地相互交替,这里的沙丘结构复杂,稀奇古怪,它从北向南,自西向东曲折蜿蜒,高度从 30 ~ 40 英尺(9 ~ 12 米)不等。

沙尔赞苏迈寺鲜艳的纯白色建筑在阳光下变成一个鲜亮的斑点,让人在大老远处就能看见它。隐居的佛教徒在山褶中淡水井附近的凉爽处为自己的寺庙选择了一块非常僻静幽雅的地方。

我们按照佛教习俗转动着寺庙入口旁的大经轮胡勒代进入院内,映入眼帘的是 3 座一字排开的神殿,院子两侧有两座佛塔。

---

〔1〕贫瘠的牧场上成天游荡的大多为骆驼和羊。

我们在佛教寺院的凉爽地方愉快地度过一天中最炎热的时光,随后便又踏上了令人忧郁的炎热旅途。北部与沙尔赞迈苏寺相连的山体上突出着由泥质页岩脉矿切割的半倒塌的风化粉色花岗岩壁障,多石的土壤严重影响到骆驼柔软的脚掌,给它们带来了不少痛苦,也促使我们产生了尽快重新装备驼队的想法。

北部与藏青色阿雷克山连接的宽阔的沙尔赞阿拉河谷,扎根胡图克井附近延展着阿拉善人皆知的伊施喇嘛的富饶营地。利用孤独并十分可爱的亚洲大财主的友好态度,我向他提出替换疲惫不堪的牲畜和向导的建议。伊施十分殷勤地满足了考察队的要求,并准备经过哈喇浩特把考察队送到库伦。热情的喇嘛十分亲切地在自己豪华的毡帐中接待旅行家,用当地的小吃招待我们,同时委婉地询问考察队是否缺钱。最后,他向我表达了自己深深的敬意,并且说认识俄国地理学家是一件值得骄傲的事……在谈到考察队苦心经营的产儿——戈壁中的死城时,我了解到,城墙以东10俄里处有一口不错的井。我的朋友告诉我,蒙古人多次在这些地方发现了青铜器、镏金佛像及其他物件,因此,伊施建议我把注意力投向哈喇浩特东边的地方。

24.7 沙漠中的天气

考察队越是深入到沙漠中心,炎热的天气就越让人感到窒息。背阴处的气温经常上升到34℃和37℃,沙子表面的温度达到61.2℃。在盐沼地附近的凹地里,大家的呼吸会变得特别困难,这里谈不上通风,晒得沉闷的空气彻底失去了最后的水分,就连骆驼也痛苦地张开大嘴巴,拼命捕捉吹来的每一丝微风。让人奇怪的是,在这样炎热的天气下仍有几种动物一刻不停息自己积极的生命活动,如蜥蜴、蛇、甲虫和苍蝇,它们显然感觉良好。

只有在日落后,人才能稍稍振作起来。沙漠的夜晚确实很迷人,一股清爽的空气流入疲惫的胸膛,明朗深邃的夜空闪烁着看似很近并且十分耀眼的星星,周围庄严敏感的宁静令人心旷神怡。在戈壁沙漠中,我多次想起我喜爱的诗人 M. Ю. 莱蒙托夫的诗句:"夜色深沉,沙漠用心倾听着上帝的心扉,星与星在对白。啊,多么神奇,庄严的夜空! 大地沉睡在蓝色的光芒中……我又缘何如此难过,如此困苦……"

在 30 多俄里的长时间行程中,大家被永不满足的口渴感搅得疲惫不堪,唯一的安慰就是拿着双筒望远镜仔细察看周围。

虽然冷漠的植被,甚至有些鸟,如黄鹂鸧、雨燕常常围在咸水区或沼泽地沙拉—胡鲁松周围,但等待我们的却并不是休息,而更多的是失望。尽管如此,无边黄色沙海中的每一小块绿地还是能够引起大家最强烈的反映……大家的要求已经变得很低,几乎没有什么讲究了!

24.8 富饶的乖咱河谷

5 月 16 日,当考察队进入乖咱凹地,看到沙沙作响的宽阔芦苇丛和闪烁其中的泉水时,再也不敢奢求比这更好的东西了。行人贪婪地呼吸着潮湿植物发出的清新气味,捕捉从浓密灌木丛飞出的鸟儿发出的愉悦声音。苇莺比其他鸟都活跃,一刻也不中断自己那尖溜溜的奇特叫声;灰鹤在苏斯林附近的小湖边持重地踱着方步;鸻迅速地点着头嬉戏着追逐小蚊子;海番鸭在空中飞翔的同时发出洪亮的鸣叫;白头鹞在更高处悄无声息地翱翔着。

乖咱河谷是蒙古最低的部分,也是一个令人愉快的地方,它仿佛被从四面向它袭来的沙地夹在中间,通常能引起人的沉思,思索这个地区的地理历史。我个人认为,不论乖咱,还是这片凹地向西延伸的部分,即额济纳河下游的地区、索果淖尔和嘎顺河流域,在不久前仍是一片水区——古老海洋的残余部分[1]。如今在沙漠酷热天气的影响下,这个海的水几乎全部蒸发,袒露出富有瀚海沉积的底部,离源头很近的地方尚有极小的水区。

乖咱凹地的居民比戈壁的其他地方要稠密一些,在我们每天的行程中都能遇到蒙古人的牧场,骆驼、马、绵羊,甚至还有一种看起来悠闲自得的牛。凹地的植被主要有芦苇、柽柳、梭梭、芨芨草,以及少量在极

---

〔1〕考察队的地质学家认为,"乖咱凹地曾经是瀚海底部的最深处"。

其恶劣的凹凸不平的盐土中生长繁殖的榆科绿荫小树林。

24.9 到达死城

5 月 22 日,考察队行进在库库伊利苏沙地高原,道路时而攀上台形高地,时而又下到沟底。道路两旁开始出现古文化的痕迹:几乎倒塌的塔楼、依稀可辨并且随着时间的流逝被填埋的曾经灌溉过粮田的水渠,考察队正在向哈喇浩特接近。眼前出现了博罗村子塔楼,透过飞扬的沙尘隐约可以看见西北边死城灰色的墙壁……

1909 年 5 月 22 日,一个凉爽的日子。早晨,考察队到达哈喇浩特。制备员在废墟以东 4~5 俄里处分布着沙丘的河谷捉到一只非常有趣的小跳鼠,我们把它完好地保存在浓烈的酒精中。据专家们鉴定,这只"小动物"原来是一只新品种的柯兹洛夫跳鼠[1]（三趾心颅跳鼠）。

―――――――――――

〔1〕由俄国科学院动物博物馆收藏家 Б.С.维诺格拉多夫鉴定。

·欧·亚·历·史·文·化·文·库·

25 二访哈喇浩特

25.1 再访"死城"和有计划地挖掘

考察队在 19 天内强行走完从定远营到哈喇浩特总计 550 俄里的荒漠路程,途中没有停留修整。

这一次,考察队的营地没有像往常一样搭在有历史意义的围墙中央,而是设在靠近城西北角的一间大房子的废墟附近。考察队离开的这段时间里没有人到过这里,废墟还保持着我离开时的模样,[1]我们从废墟和垃圾底下挖出的一些多余之物还丢弃在那里,没被人碰过。

考虑到要进行一个月的挖掘工作,我便与仍然在距离哈喇浩特 20多俄里的额济纳戈尔上的土尔扈特贝勒取得了联系,并且在雇佣挖掘工人的事情上得到他的支持和帮助。体力劳动增加了,人员的数量也增加了 1 到 2 倍,这就需要更多的水和羊肉,我又临时雇佣土尔扈特人每天从额济纳为我们运送食物。

死城热闹起来了:考察队开始行动,工具发出敲击的声音,空中弥漫着沙尘。从额济纳戈尔雇来的驴子驮队每天中午为我们运来水和食品,同时也带给我们一些新闻。为了能亲眼目睹俄国人在废墟中的生活状况,土尔扈特贝勒的官员有时也过来看望我们。

真想把我们自己在死城的情况告诉远近的朋友和一些社会机构!我决定从哈喇浩特发出最后一份大邮包,里面装有写给地理学会的报告和给库伦以及俄国的私人信件。

---

〔1〕需要说明的是,在哈喇浩特的城墙上至今还放置着一块砾石。当年被围困的哈喇浩特人就是用这种砾石击退敌人的。

我的旅伴和当地的工人很快就投入到挖掘工作之中,大家每天谈论的话题离不开哈喇浩特。晚上,队员们要对白天的挖掘工作加以总结,而每天早上起床开始工作之前,大家又会对当天可能取得的进展进行猜测。考察队同往常一样,每天天一亮就起床,乘着天气凉爽的时候进行挖掘工作。

25.2　沙漠中的高温和风暴天气

背阴处的气温达到37℃以上,地表温度在阳光下超过60℃。在这种天气条件下大家只好白天休息,否则极消耗体力的炎热会让人更加难熬。

被热风卷起的尘埃和沙子的确让大家饱受煎熬。身体本来就弱的上士伊万诺夫饱受闷热天气的折磨,在不幸从骆驼上重重跌下来后,他一直感到不适,甚至很为自己的生命担忧。

考察队停留在沙漠城市废墟里将近一个月的时间中只下过一场大雨,这场喜雨湿润了土地,震耳欲聋的霹雳使长时间以来一直处在干燥状态的空气有所改善。天上偶尔落下几丝细雨,之前刮起的西北或者西南风暴,总是带来夹杂着几滴湿气的黄色尘云,深蓝色的雨云因此变幻成了不干净的灰色。这种尘暴的到来总是可以根据从远处地平线上刮起,在沿途摧毁一切的可怕云状物及时察觉。起初在沙漠中泛起一股旋风,随后地面上的一层土被突然发作的大风卷起,并且开始在空中盘旋。帐篷微微垂向地面,格栅状框架像动物的骨骼一样发出咯吱咯吱的响声,临时搭建的帐篷被吹得像鼓满的帆竭力想飞到空中去。这时,聚集在营地的蒙古人发出近乎疯狂的嚎叫,声音被喧嚣的暴风压过。蒙古人几乎手脚并用地紧紧抓住自己的住所,尽量避免它遭受风神的袭击……这当然不是总能成功的。

经过这场风暴之后,远处很快放晴,气温略有降低。旅行者可以从容地收拾自己的住所:到处都是尘埃和沙子,为了不弄脏因酷热干燥而裂口子的手,任何东西都不能碰。风暴之前被汗水浸湿的衣服晾干后有一层硬硬的盐和小沙粒……我们每个人都感到自己疲惫得快散架

欧·亚·历·史·文·化·文·库·

了。

每当营地上出现两只叼食垃圾的黑耳鸢时,我总是感到非常的快乐。这些鸟很快就同我们大家熟悉了,并且胆敢落在我们的附近。我的旅伴也习惯了鸟儿们的这些举动,他们向空中抛出几块肉,结果被黑耳鸢很熟练地叼到了嘴里。我们忠实的伙伴,驼队整个旅行途中的朋友"连卡"[1],它不喜欢这些鸟儿,并且不停地与它们发生争吵。特别是在第一周,在挖掘工作消耗了大量体力却收获甚少的情况下,鸟儿和狗简直可以说是活跃了我们在哈喇浩特的单调生活。

25.3　单调的发现物

挖掘工作本身是按照预先制订的计划进行的:蒙古工人在我的旅伴——布里雅特蒙古人的监管下系统挖掘了哈喇浩特几条街上的土屋废墟,并试图在我指定的地方挖出一些深坑;俄国人除了在城内挖掘外,还在哈喇浩特城墙外距离远近不同的范围内进行寻找工作。

从挖掘开始到现在,我们碰到的都是一些家庭日用品、简单的奢侈品、崇拜物、还有书信、公文、金属币和纸币等。[2] 纸币是考察队在商贸场所发现的。

有时候,漫步在空无人烟的寂静街道,你会发现被砾石覆盖的地面恰似有花纹图案的地板,真让人眼花缭乱。一切都融成一片灰色,举目上眺,环顾四周之后,我又缓慢而艰难地挪动脚步。一堆有趣的碎片在这里闪闪发亮,瞧,又是一串珠子,这儿有一枚硬币,稍远处有一个绿色的软玉制品……我用手小心地刨出发现物并且长久地注视它那奇特的棱边和陌生新奇的外部轮廓……每一件从沙子底下出土的新奇小巧的什物都能引起人们内心异乎寻常的喜悦,促使其他旅伴产生要更加投入地进行挖掘工作的愿望。

顺便提一下,在这段时间内我们发现了一个依要塞北墙而建在从

---

[1]考察队一条狗的名字。

[2]在挖掘哈喇浩特废墟时,我们捉到了很有趣的夜蜥、草原蟒蛇和飞鼠。

25-1 佛像-1

25-2 佛像-2

25-3 佛像-3

25-4 佛像-4

西面数第三个侧防塔楼上的有趣的隐秘祈祷场所。坍塌了的顶棚和其他碎物的远处呈现出如下景象：小庙入口处的对面有一张几乎散了架的供桌、数件佛像的底座。完好无缺的小墙根部显现出绘着圣徒与双

图 25 - 5　隐蔽的祈祷场所

头绿鹦鹉的壁画。[1]

25.4　佛塔及其财富

单调简单的发现物终于让我们感到厌倦了,大家体力也在减弱。与此同时,为了集中进行新的挖掘,我们重新进行了现场勘察和选点工作,最后决定把分布在要塞外面干涸河床右岸的一处佛塔作为集中挖掘的对象。这个佛塔在距离西城墙四分之一俄里的地方。

正是这座"著名的"佛塔占据了我们以后的所有时间和精力。它赐予考察队大量的收集品,一批书、画卷、手稿,近 300 件画在画布、薄丝绸丝织物和纸上的佛像。在许多杂乱地堆积在佛塔中的书和彩画中,我们发现了非常有趣、文明水平参差不齐的金属和木质佛像、铜板、佛塔模型及其他物品。一块代表着高超编织技艺的双面挂毯特别富丽

---

[1]С.Ф.奥尔登堡院士认为,这个祈祷场所"很可能是庙被封闭的部分,根据照片判断,墙边立着三尊佛像:也许是佛与两位菩萨或者学生,也许是三位菩萨"。

图 25 - 6　城外著名的佛塔及开始挖掘

堂皇。由于这些发现物被完整保存于异常干燥的气候条件下,因此,它们的价值就更加无法估量。的确,大量书、手稿、还有神像在地下沉睡了几个世纪后,其色彩鲜亮清晰的程度让人惊叹不已。不仅书页保存完整,就连以蓝色居多的纸质和丝绸书皮也是如此。

　　只要看一眼刚刚从佛塔中挖出的这尊或那尊佛像,这本或那本书,或被发现的单个小雕像,特别是青铜或镏金的小雕像,就会勾起心中的许多乐趣,喜悦之情油然而生……我永远不会忘记这种幸福的时刻,同样也永远不会忘记两幅写在网状织物上的汉语书画对我和我的旅伴所产生的那种强烈印象。

　　当我们打开这些神像画时,展现在我们面前的是妙不可言、沐浴在淡蓝色和浅粉色光辉中的坐像。我们可以从这些佛教珍宝中领略到一种栩栩如生的完美表现力,因为它们是如此的美妙绝伦,无与伦比,让我们在很长一段时间里无法将的目光从它们的身上移开。但是,只要你从旁边随便拿起一幅画,画面上的多数颜料就会立刻脱落,与色彩一起幻影般消失的还有它的所有魅力,往昔的美丽只留下一丝淡薄的回忆……

·欧·亚·历·史·文·化·文·库·

图 25 - 7　阿弥陀佛 - 1　　　　　25 - 8　阿弥陀佛 - 2

25 - 9　哈喇浩特出土的画像 A　　　25 - 10　哈喇浩特出土的画像 B

25-11　哈喇浩特出土的画像 C　　　　25-12　哈喇浩特出土的画像 D

图 25-13　观世音菩萨

与上面提到的财富一起保存在佛塔中的还有一位大概是僧人,他的骨骸呈坐姿放置在墓志铭北墙旁边略高于台座的位置,这个骨骼的

图 25 - 14　金刚佛　　　　图 25 - 15　松赞干布像

颅骨后来被我们收藏。[1]

　　有必要再次提醒读者,所有在佛塔中发现到的宝贵财富:书、神像、全身雕像和其他物品被杂乱地放置着。宝库下边的东西摆放得还有些秩序,在叠放的几百页西夏文手稿前诵经的喇嘛全身粘土雕像被头朝里放在一个相对较高的地方。

　　越往上,佛塔中堆积的财富就越混乱无序。书籍密集地堆成一堆,或者紧贴在分别用木轴卷起的神像旁边,也有挨个放置或紧靠分别用木轴卷起的神像放置的。杂乱堆积的还有各种书和神像,全身雕像

图 25 - 16　双头的菩萨

〔1〕参阅 Ф. Волков.《Человеческие гости из субургана в Хара-хото》(《发现自哈喇浩特佛塔的骨骸》)。С тремя рисунками в тексте. Из второго тома Материалы по этнографии России. 1914г.

同样被放在其中。只有在佛塔的基座上才发现了几本谨慎地裹在丝绸中的书籍。

佛塔中保存最多的是青铜小雕像、铜板、木刻板、佛塔模型。

总的来说,"著名的"佛塔为我们提供了几乎一切,特别是在书和神像方面,从而充实了考察队的挖掘成果。同时,以上所有的文物确为院士 C. Ф. 奥尔登堡的著作《哈喇浩特佛像资料》提供了资料。虽然我们手头还没有关于书籍、手稿和神像的确切清单,但可以毫不夸张地说,书、手稿和单页手稿的总数超过 2 千卷或份。至于众神像,其数量如上所述,大概近 300 尊。

佛塔本身突出地面近 4 ~ 5 俄丈(8 ~ 10 米),由台座、阶梯式中央和由于时间或人的好奇缘故而近乎倒塌的锥形尖顶三部分组成,台座中央的底部竖立着一根顶上没有任何装饰物的杆子。

25.5　打听哈喇浩特的故事

虽说考察队把全部时间和精力都投入到对唐古特王朝都城的仔细挖掘,但我仍没有忽视对死城附近地区的兴趣。听说周围还有一个叫"博罗浩特"的废墟,我派旅伴加姆博·巴特玛扎波夫领着两个蒙古人完成了去东北部的旅行。他们不负所托,带来了一些关于土著在戈壁沙漠中生活的补充资料。当宏大而美丽的哈喇浩特屹立在向东北流去的额济纳戈尔两岸的繁荣昌盛时期,哈喇浩特东北 20 俄里处额济纳戈尔旧河床[1]左岸的博罗浩特在繁华程度上丝毫也不逊色。

利用和土著人见面的所有机会,我们不厌其烦地与他们谈起哈喇浩特,自然会谈到我们之前是否有人到过废墟,或从中发现了什么等话题。关于这个话题我听到了大量不一定真实的故事。概括如下:

首先,额济纳土尔扈特人由于惧怕哈喇浩特的鬼魂和他们的魔力,尽量避免光顾此地,特别是单身到此,更谈不上在其中进行任何挖掘。"的确,"土尔扈特人说,"在我们中间确实不乏胆大之人,他们结伙在

---

〔1〕被沙子填埋的旧河床是额济纳戈尔的一条支流。

哈喇浩特活动,的确也发现了一些东西。比如,青铜镏金的小雕像,成锭的银子和许多其他物件。这不,在许多年前,一位勇敢而走运的老妇人就在那里发现了一大串珍珠项链。这件事的经过是这样的:

"老妇人和自己的儿子们一起寻找几匹丢失得无影无踪的马,结果遇上了暴风。可怜的土尔扈特人意外地闯入哈喇浩特废墟,在城墙的庇护下过了一夜,直到第二天早上风暴平息。在动身返回额济纳之前,土尔扈特人打算在空无人烟的城里走上一圈。就这样,老妇人发现了露出地面的闪闪发光的项链[1],观赏一番之后,她把这串装饰物挂在自己的脖子上。

"回到额济纳之后,所有的土尔扈特人便知道了所发生的一切。大家前来观赏这串有趣的发现物,其中一个土尔扈特人甚至能判断出项链的真正价值,并告诫这位幸运的老妇人,不要轻易出手。

"这时,一支普通的汉人驼队载着大量商品来到土尔扈特人的驻地。土著人立刻向汉人讲述了老妇人发现珍珠项链的故事。一开始贪得无厌的小贩先是推说项链不好,不值钱,但土尔扈特老妇人一再坚持,最后,汉人用包括整个驼队在内的价钱购买了这串珍珠。

"老妇人慷慨地奖赏了出谋划策的土尔扈特人,同时立刻将自己出售价值连城的发现物赚回的各种物品分给了自己的同辈……"

25.6 收藏品的保护和蒙古文献

"著名的"佛塔发现的资料无疑对研究唐古特都城及其居民的历史,甚至其他许多方面的情况提供了新的线索。考察队仔细查勘了哈喇浩特的所有街道和建筑,并开始准备上路。经过一番挖掘,考察队的驼队发展为一支规模不小的队伍,真让人担心它能否将我们的考察所得完好无损地运送回国。

1909 年秋,全部蒙古—四川考察的科学成果,所有的收藏品被以

---

〔1〕一般在大风暴之后,地表面会彻底改变原有轮廓,要么彻底暴露,要么被沙子填埋。能像这位发现珍珠项链的老妇人那样在偶然的机会里进入废墟并有所发现,是最有趣和最有收获的。

一个大邮件的方式顺利送到圣彼得堡，特别是送到了地理学会刚刚重建完工的会所。在接下来的 1910 年，地理学会向世人展示了考察队的所有成果。[1]

随后，哈喇浩特的大部分收集品被列入俄国博物馆民族学分馆，书籍、画卷、手稿等少量发现物则被归入俄国科学院亚洲博物馆。

值得一提的是，В. Л. 科特维奇对哈喇浩特发现的蒙文古文献的描述：

1226—1227 年成吉思汗击溃唐古特人之后，西夏被并入蒙古人建立的王朝。虽然唐古特人遭受了毁灭性的打击，但国家的民族文化生活并没有就此衰败，文字独特并且内容丰富的唐古特文献就是一个很好的证明。它表明，历史上唐古特人主要受汉、藏文化的影响，同时蒙古文化也对他们有一定的影响。后者的影响并没有仅仅局限在相互之间的政治关系上，我们可以根据 П. К. 柯兹洛夫蒙古—四川考察时在哈喇浩特发现的蒙文古文献来研究这种影响的特点。

虽然这些文件没有确切的日期，但它们的古文字特征及它们被与蒙古人在中国发行的纸币一起发现这一事实让我们有理由将上述文献与蒙古人有世界意义（在全世界范围内）的统治，即 1368 年以前的那段历史联系起来。因此，П. К. 柯兹洛夫的发现是对有关这一时期为数不多的蒙文古文献的重要补充。迄今为止，我们掌握的类似文件（根据来源或者发现地点）来自金帐汗国、波斯、东土耳其斯坦、西伯利亚、中国和北蒙古。在金帐汗国、波斯和格鲁吉亚曾发现过模压着蒙文的硬币，现在，在这个名单上需要增添一个新的地区——唐古特人的国家。

哈喇浩特发现的蒙文古文献共计 17 个编号，其中有近 104 个小残卷，1 本 34 页的手写本（14 × 7.5cm），其余为 10～12 行的古文献。虽然这类收藏品数量不多，但内容却十分繁杂。

上面提到的小书是占卜，特别是挑选吉日的用书，是按照至今仍然

---

〔1〕《Отчёт Императорского Русского Географического Общества за 1910 год》（《皇家地理学会 1910 年的报告》）. Стр. 54, 56, 57, 58 с четырьмя таблицами рисунков.

在中国通用的方式编写的。这本书的主人显然掌握汉语知识,因为书中随处可见用中国象形文字或蒙古文字标注的记号,书的末尾甚至用汉字完整记述了一系列治疗马的疾病时使用的药方。这些药方显然曾经引起了从事畜牧业的蒙古人的浓厚兴趣,并因此被记入书中,书磨损的外形说明着它的使用频率。

有一件 14 行的残卷带有训导性质,根据已经整理好的部分断定,它是成吉思汗训言的片段。类似的训言迄今为止,有不同的文本保存在蒙古部落。我们可以根据这份文件断定它们早就被蒙古人记录下来,并且与口头传承一起成为 19 世纪初著名的波斯历史学家拉施特哀丁研究蒙古人历史的巨著中关于成吉思汗训言的史料文献。显然,在残卷中有成吉思汗的名字,可惜,文中的这个地方被损坏,保存下来的只有按照中国官方的礼节形式,在训言竖行最上方的"成"字的上半部分。然而,残卷却完整保存了为成吉思汗建立伟大功绩的著名的博戈罗楚(拉施特作品中的布尔吉—诺颜)的名字。显然,训言保存下来的部分正是对他的训话,从中我们可以领略到蒙古诗歌作品中常见的辅音重复法。这种印本已经是对成吉思汗的言语进行了加工的史诗作品,在其他已发现的训言版本中没有相关的内容。

残卷的背面有 5 行法律方面的文字(第 3 章,第 15 页),显然是用汉语术语表述的某个机构的功能和规章。

文件的大部分为公文书信:馈赠物品的信件、偷盗马匹的诉状、两份有债务人和担保人及证人名字与印章(旗)的小麦借据。后两份文件以在东土耳其斯坦发现的回鹘人通用的借据格式写成,显然是蒙古人吸收回鹘文化的结果[1]。除了单纯的日常生活细节以外,这些文件还为我们提供了相当数量的人名,其中有一部分大概是唐古特人的名字。因为唐古特文献部分还没有整理出来,而中国历史文献把原有的

---

〔1〕回鹘——游牧于中央亚细亚北部的突厥族。13 世纪中期他们占据了现在蒙古的土地,建立了强大的政权,直到 840 年被当时生活在上叶尼塞流域的吉尔吉斯人摧毁。后来,被摧毁的维吾尔部族南下,在哈密地区和甘肃省建立了公国。维吾尔族人借用伊朗索格德人早在公元 3 世纪仿效前亚细亚阿拉米字母创造的字母,创造了维吾尔文。成吉思汗时期维吾尔字母传到蒙古人那里,后来又传入满族人中。

名字转达得失去了原意,而部分蒙古语的表述却能说明唐古特语的特点。虽然蒙古语字母存在不完善的问题,但在任何情况下却能使这些名字更接近真实。援引其中的一些名字(各种可能的读法):策索诺(措索诺)、萨萨(喀萨)、伊西那木布(伊氏那木博)、纳木布(阿木博)、苏特施(库特施)、乾素囊(仓古囊)、苏撒拉木巴特、幸库力,也许这些名字不完全是唐古特人的。

在哈喇浩特发现的蒙文文献是用被称作回鹘蒙文的文字撰写的,这些文献具有一些保留至今的回鹘古文献所具有的特征。这再次说明蒙古人在刚开始接受回鹘文字时,并没有对之做任何的改变,并且,现代蒙文所具有的那些差别产生于更晚的时代。

25.7 波斯手稿《七智者》片断

十分有趣的是,在哈喇浩特的文献中有两件木刻的印刷残卷。不久以前我们尚没有掌握早于 17 世纪中叶的蒙古木刻印刷品,1907 年 Γ. 曼讷林在东土耳其斯坦发现了一小块用八思巴文字刻成的佛教木版书,它应该属于蒙古人具有世界意义的统治时期的成果。如今,我们发现了那个时期回鹘文的蒙古木版印刷模具。这些木刻版更加直观地说明了蒙古文字与回鹘文字的共性,我们注意到时断时续竖立的字母"M"的旧轮廓。

哈喇浩特发现的古文献无论其内容,还是形式都很吸引人。

С. Ф. 奥尔登堡院士曾充满激情地写到:"П. К. 柯兹洛夫在哈喇浩特的众多出色发现物中,著名的波斯文《七智者吉塔布和辛德巴特》残卷占有突出的地位。这本曾在阿拉伯和波斯人中流行,并且在东方和西方都很有名的作品源于印度,阿拉伯和波斯的许多诗人都对它进行过加工。我们知道,这个作品在土耳其和蒙古流传,但是,此前我们并没有《七智者》在蒙古地区传播的直接证据。现在一切都清楚了:唐古特人中间居住着波斯人,是他们把这本书的波斯文译本带到这里。显然,这本书随后又传到蒙古人那里。也许,随着时间的推移,我们还会发现这本书在西藏的痕迹,到那时这些书在亚洲辗转流传的说法就会自成体系。在柯兹洛夫的发现之后,我们将会更有把握断定那些传承故事和纪事可能的传播途径,以及它们在从一个民族向另一个民族传播过程中属于文学加工的,而不仅仅是简单的民间复述的意义。"

图 25 - 17　哈喇浩特废墟外的清真寺

С.Ф.奥尔登堡院士认为:"彼·库·柯兹洛夫上校 1908 年和 1909 年在哈喇浩特进行挖掘时收集到的佛像画和小雕像对从事佛像研究有着突出的意义,它将促使我对这些出色的收集物进行精心细致地研究。现在我要接受俄国博物馆民族学分部的建议,对我们著名的中亚和西藏考察家极具价值的发现物作初步描述。

"在目前所能作的这个初步描述中,我要介绍神像研究资料的分类,并描述其中的个别作品。希望能给专家们提供可能的机会,特别是借助拓本把新的、丰富的资料运用到日常的学术研究,为世人揭开佛教艺术史的新的一页。"

26 回国

26.1 离开死城并考察"马圈"

考察队在死城哈喇浩特极其艰苦的条件下工作了近 4 个星期,在完成了预定在城内和城外的考古挖掘计划之后,旅行家们准备继续赶路。持续不断的酷暑、灰尘和由于缺水而无法摆脱的污垢让我们感到十分疲惫,大家都渴望着大自然令人愉快的新景象,希望能够再次欣赏树的绿荫,倾听树叶的沙沙声,捕捉潮湿的草本植物散发出的气息。

6 月 16 日,考察队满载着无价历史宝藏的驼队从唐古特都城的西门出发,经过城墙的西北角向额济纳走去。

我在哈喇浩特废墟西北 3 俄里的地方停留了片刻,考察可能曾经是当地居民的露天马厩,甚至有可能是哈喇浩特守军的城堡或者前哨的奇特的"阿克腾胡勒"废墟,或"马圈"。

阿克腾胡勒北部直接与额济纳戈尔干涸的旧河床毗连,东、西、南三面似乎是一段周围蜿蜒着深沟的环状河流,深沟的两边是高大的要塞城墙。如今城墙已被损坏了一半,木头部分完全不见了,只留下一些敞开的窟窿,变成了隼、小鸮和其他一些猛禽的栖息场所。"马圈"周围的个别地方依稀可见曾经浇灌田地用的灌溉沟渠的痕迹。在阿克腾胡勒甚至没有留下住宅的痕迹,发现的陶瓷碎片也极少。因此我认为,这个废墟要比哈喇浩特早得多。

考察队离死城渐远,一种莫名的忧郁占据了我的心,仿佛对我来说,在这些没有生命的废墟中有最亲切最宝贵,今后将要与我的名字连在一起的某种难舍难分的东西……我无数次回头打量笼罩在尘雾中的

·欧·亚·历·史·文·化·文·库·

要塞古老城墙,与自己白发苍苍的老朋友作别,一种奇特的感觉令我意识到,现在哈喇浩特上空孤单耸立的古老佛塔将来也会像其他忠实的朋友一样永久消失,被人类大脑的求知欲毁灭。

26.2　额济纳戈尔之夏

考察队在额济纳戈尔河谷持续行进数小时后,河床暴露出来,穆鲁金河彻底干涸,考察队宿营地设在河的右岸[1]。南山的水流仅仅在个别地方的旋涡处形成数个小湖或池塘,给周围非常鲜明的灌木,主要是草本植物提供了水分,水里有一种鱼。

木本植物有 3 种:各种叶子的沙漠胡杨、沙枣、柳树。河谷边缘生长着柽柳、白刺、枸杞、罗布麻、霸王属和骆驼刺,到处都能见到猪毛菜、苦豆子、茅香属、野胡麻、委陵菜、荚、糖芥属、灰毛假紫草、白前属、佛子茅属等。Г. Н. 波塔宁曾经说过:"这一片狭窄的草木地带汇集了这里品种单调的植物区系中的所有财富。值得一提的是,这里见不到我国北方的那种草地,甚至没有鄂尔多斯以及普尔热瓦尔斯基和我所说的柴达木草地,沿着沙地分布着未能形成茂密的绿色植被的小苔草属灌木。"[2]

这里的动物少得可怜。我们亲眼见到的兽类有鹅喉羚、狼、兔子和更小的啮齿目,但据土著讲,穆鲁金河谷也有野猫,甚至猞猁。

考察队在这里发现的鸟类有麻雀、凤头百灵,前者喜欢呆在木本植物中,后者则出现在河谷的开阔部分。潮湿的草地上有 Agrodroma richardi、黄鹡鸰,河谷中有小伯劳、沙漠莺、苇莺[3]、石鸡、好动的 Rhopophilus pekinensis albosuperciliaris、燕子、雨燕。夜莺在晨曦和晚霞中从驼队的牲畜旁边飞过,白腰草鹬常常拉着呼哨滑落在水塘的浅滩处,临近的灌木丛中飞出一只想迁移到更安全地方的环颈雉。鱼鹰将巢筑在

---

〔1〕额济纳戈尔河右岸河谷在这里的宽度徘徊在 1～2 俄里之间。

〔2〕Г. Н. Потанин.《Тангутско‐тибетская окраина Китая и Центральная Монголия》(《中国的唐古特—西藏边区和中央蒙古》)。

〔3〕叫声洪亮并有节奏的苇莺无愧于自己的名称,它主要栖息在岸边的芦苇丛中。

最大的一个多鱼池塘边上优美的百年杨树的干燥树梢上,它时常在额济纳戈尔洁净的水面上滑翔。

额济纳戈尔河区的鱼类有鲫鱼,Г. H. 波塔宁曾经提到过条鳅属[1] 按照考察队的哥萨克的观察,这里"有毒的动物"有蝎子、塔兰图拉毒蛛等,我们经常用鬃毛套索对付上面提到的畜生,效果不错[2]

在走过死一般寂静和单调的沙漠后,额济纳戈尔河谷虽然凄惨,但对考察队来说却像是天堂。空气明显变得清新和潮湿,风也不再灼烧大家的呼吸道,而是带来一阵令人愉快的清新,夜间气温降到 8.5 ℃ 。

我的旅伴们不厌其烦地在水中扑腾,洗澡和洗衣物。午饭时侯,令人生厌的腌肉换成了新鲜羊肉、鲜鱼汤和每天根据需要定量捕捞的鱼。

26.3　停留在土尔扈特贝勒营地

巴都旗土尔扈特居民的生活称得上富裕,他们的牲畜保养得膘肥体胖。母马提供了大量做马乳酒的马奶,我每天都到附近的牧场享用这种味美并且有益于健康的饮料。我们在这里十分偶然地发现了至少对我来说完全新奇的蒙古人风俗。原来,在一家之长去世后,蒙古人的家庭在 40 天,有些人家甚至在更长的时间内不能把自己的任何东西拿出帐篷。因此,我们从一个富有的蒙古寡妇那里买到的马乳酒也无法带回营地,必须亲自到服丧者的家中,在她的帐篷内饮乳酒解渴。

考察队打算在额济纳戈尔右支流的达尔加兰特稍做停顿,以便给土著和地方机构支付酬金。账单上总计有几百两银子,我匆忙坐船到土尔扈特贝勒的营地。这位有世袭权的王爷显然有点不安,他担心我在到过兰州府和公本寺后,会知道他的一些败坏名声的事,因此避而不见,他的手下在他的授意下顺利完成了书面谈判、问候和其他各种事务。

---

〔1〕Г. Н. Потанин.《Тангутско - тибетская окраина Китая и Центральная Монголия》(《中国的唐古特—西藏边区和中央蒙古》),第 1 卷,第 455 页。

〔2〕根据 С. Ф. 察廖夫斯基的鉴定,我们在额济纳戈尔下游捉到的爬行动物有蛙和新品种蟾蜍。

土尔扈特贝勒最后还是没有控制住自己。考察队停留在达尔加兰特的最后一天,他在当时还是少年的儿子及一群近臣陪同下突然出现在我们的营地。会面非常亲切,我由衷地感谢土尔扈特机构对考察队在哈喇浩特工作的协助,答应王爷会请求彼得堡科学机构奖赏给他相应的礼物,他对考察队这次送给他的纪念品,俄国的贵重物品赞叹不已。

26.4　再次进入沙漠

办完所有的事,购买了必需的食品并从贝勒的马群中买了几匹马之后,6月20日一大早,考察队重新骑上沙漠之舟,沿着额济纳戈尔有节奏地向北行进,队伍时而穿行在长满柽柳的丘岗,时而置身于嫩绿的芦苇丛中。东边是被土尔扈特人称为阿嚓松志依里素,即"双塔"[1],以及沙拉布兰根里素,即"黄水洼"[2]的沙地,北部不大清晰地暴露出博罗鄂博山顶,从山顶上可以眺望到索果淖尔淡水区的对岸和更远处的诺彦博格多高地。

我们在河边度过了非常愉快的最后一夜。傍晚开始下起大雨,雨后潮湿的草散发出诱人的香气,地面湿漉漉的,苍蝇和蚊子全不见了,只有一些大且不伤人的金龟子在那里飞来飞去。空气变得清新起来,星星在洁净的天空中闪烁、陨落,月光柔和地撒在额济纳戈尔洗衣槽形的河床深处那长长的水面上,衬托出鱼拍打岸边形成的正圆形。考察队身处绿洲与中央蒙古沙漠的交接处。

当考察队再次进入依旧笼罩在折磨人的炎热中的多砾石沙漠[3]时,大家只有一个念头:尽快走出沙地,钻进凉爽宜人的古尔班赛堪山。现在别无选择,只能忍受早已熟悉,并且总是令人忧郁和苦闷的环境。方圆几百里的地方像铺着一块大地毯似的,布满了岩漆发黑的碎石,并

---

〔1〕沙地南部的名称。

〔2〕沙地北部的名称。

〔3〕砾石沙漠——表面被本生岩小云状物质、沙砾覆盖的沙漠。沙砾直径不超过5厘米,粗糙且凹凸不平。

不美观的芨芨草和稀少的白刺丛显得蹩脚和荒芜。除了腿脚快的鹅喉羚、单调的扁头蜥蜴、在索果淖尔下游让我们饱受折磨的令人生厌的牛虻、以及偶尔在深夜光顾营地的跳鼠以外,我们没有发现其他生命。游牧民也不知躲到什么地方去了,也许是令人无法忍受的炎热把这些习惯沙漠生活的孩子赶到诺彦博格多高的凉爽地方去了。只有大旋风像神秘的恶魔一样漫步在空旷的平原,并放肆地狂舞。大自然死一般地沉睡着,死去的动物,沙漠里骆驼和马的骨架令人痛心,让人想到死亡。

考察队带着一种特别的轻松感觉,同时又有一点忧郁,离开土尔扈特贝勒的领地,一下子钻入巴尔金扎萨克的地界。两位王爷领地的界限由西向东延伸到巴嘎洪果尔哲以东,标志是一座半塌的土塔楼。

26.5　将伊凡诺夫留在措贡达

考察队经过伊亨衮胡图克后,便离开原来的线路,选择了一条新的沿东北方向的捷径奔向库伦。我们进入一边是胡户阿雷克山,另一边是像一顶深灰色的帽子一样扣在平原上的塔林海尔汗高地。北边出现了波状多石高地的模糊轮廓,[1]祖鲁穆台、乌尔惕海尔汗和大阿尔加林特峰居高临下地雄踞在高地上。

措贡达井和同名的清澈泉水耽搁了考察队的轻快行程:在这个可爱的偏僻地方,我们不得不因为受疾病折磨的伊凡诺夫老人而停下来休息。请来的喇嘛医生只能短时间缓解病人的病情,可怜的老人明显衰弱,他因担心能否康复而忧心忡忡,不断提到死亡二字。6 月 26 日,他把我叫到跟前告别并诉说最后的要求……看来,出现皆大欢喜结局的指望不大了。我们依然相互鼓励,谁也没有气馁。

在最艰难的时刻,当地落在池塘边的鸟类算是我们的一点排遣。每天早、晚天气凉爽的时候,地面上到处是急急忙忙来饮水的鸟儿,与毛腿沙鸡的叫声交相辉映的是滨鹬和沙鸻的声音。动物世界无论何时何地都充满了无忧无虑的喜悦。

---

〔1〕考察队将经过高地。

考虑到到深受大家尊敬的伊凡诺夫的命运,我决定不再让他经受正规行军的折磨,暂时把病人留在天气凉爽的措贡达,并且留下年轻的同事切蒂尔金和索特鲍耶夫照顾病人。主驼队计划在古尔班赛堪作长时间停留,一旦有可能,运输队将载着可怜的老人随后赶到。

就这样,6月27日,我们怀着沉重的心情告别伊凡诺夫,精神饱满地踏上了通往乌尔惕海尔汗和祖鲁木台之间断层处的路,河谷被更具沙漠特征的棕褐色多石高地代替。

26.6　到山中旅行

在措斯托[1],考察队从土著那里买来新鲜肉食补充体力,之后便深入到被红色的堆积陡岸和紧贴陡岸的独立榆树包围的峡谷,然后攀上从祖鲁木台地方而下长满莨苊草的轮廓不太分明的台地。远处勾勒出宗赛堪山的影子,稍近处耸立着大阿尔加林台和敦杜赛堪山,后者的西端被左林和库库努鲁峰遮住。

考察队在水草肥美的巴欣台辉特寺附近进行了一次3天的修整,良好的牧草给牲畜恢复体力提供了条件,[2]毗连的沼地也为我们提供了几种鹬科动物收集。我的同伴在这里猎到了大白腰杓鹬、弯嘴滨鹬、红脚鹬。此外,我们在芦苇丛中发现了绿头鸭、海番鸭、蓑羽鹤浮鸥、凤头麦鸡等,制备员在附近的沙地里捉到几只普尔热瓦尔斯基蜥蜴、20来只甲虫,其中大多为象甲。天气很好,夜间可以自由呼吸,白天在洁净的空气下能看见深蓝色的远方,古尔班赛堪山十分美丽地凸起在浅色背景中。

---

〔1〕措斯托这个地方还有另外一个名字,叫布雷克台。迷信的蒙古人认为,住在这个地方的人只能叫它布雷克台,只有在距离此地很远的地方才可以用它的第二个名字——措斯托,不遵守这个规矩的人会招致严重后果。

〔2〕根据 B.Л.科马罗夫的鉴定,在从南延伸到古尔班塞勘山的河谷中,考察队沿途收集到了如下植物:榆树、白刺、野李树、委陵菜、独行菜、林荫千里光、铁线莲、脓疮草、鸢尾科、小甘菊、角茴香、燥原荠、蟹胡草、苦豆子、蓝刺头、坡针叶黄花、冰草属、毛茛、尾叶甲等。

弗拉基米尔·列昂吉耶维奇·克马罗夫(1869—1915),科学院院士、伟大的植物学家。著有植物分类学和植物地理学方面的著作,对亚洲的植物区系有深入研究。1936—1945 年任苏联科学院院长。

在喇嘛的帮助下,考察队很快同山里的地方机构,以及不久前游牧到远处巴伦干营地的朋友扎萨克取得了联系。原来,年轻的王爷遭遇了不幸:扎萨克当喇嘛的哥哥死于严重的传染病,并且这种病已经传染给了王爷家的几个成员,他因此避开了所有的人。派往官员图萨拉克齐和扎希拉克齐那里的信使很快完成了我们的嘱托,并带来了两封兰州府的信和一封 Ц. К. 巴特玛扎波夫的信。原来,他在不久前去了库伦。我的这位同事对没能在寺院会面表示遗憾,同时告诉我,纳帕尔克夫大尉已经于 5 月 9 日离开阿拉善衙门。因此,这位幸运的地形测绘员现在已经在享受着各种文明生活。

7 月 2 日,考察队顺着乌兰布雷克山丘的位置向北移动,计划从这里去敦杜赛堪山南坡长期旅行,了解这座山的动植物区系。考察队出发的前夕,病体稍有康复的上士伊凡诺夫突然到来,营地上顿时热闹起来。他现在可以在凉爽的天气里和我们这个集体中舒适愉快地休息。到故乡的距离明显缩短,给病人找一位俄国医生的念头也不断增强。

考察家们在寺院河谷的上空垂直攀登近半俄里之后,将营地扎在地下流出的一淙清澈爽人溪流的岸边。北边陡峭山体的脚下是闪动着羊群的诱人的绿草地,高处突起着巨大的褐色山岩。

考察队沿着古尔班赛堪山南坡行进,在考察线路和营地以西乌兰布雷克泉附近收集到银灰旋花、补血草、二刺叶、角茴香、糖芥、山棘豆、荨麻属、大麦属、针茅、玉蜀黍、野黑麦、脓疮草、鹤虱属、还羊参属、小裂叶荆芥、玄参、矮锦鸡儿、毛茛、野豌豆、天门冬属、蒲公英、苔草等植物。

游牧于考察队附近一贫如洗的牧民每天晚上把牲畜赶到我们的泉或阿梅努苏井边,他们十分乐意与俄国人交谈。这些人很坦率地对待外国人,对我们把自己的多余之物分给他们的友好举动总是报以亲切的问候,最感动人的还是来自那些忙碌在毫无尽头的贫困生活中的穷苦人的问候。

7 月 4 日,一个灰蒙蒙的凉爽早晨。初升的太阳给敦杜赛堪山的几个制高点披上金色的光芒,一队活跃的骑士队伍从考察队营地出发径直向峡谷驰去,驮在一匹小马上的两个简单驮子和一顶小帐篷说明这是一小伙轻装做短期旅行的欢快人群。大家精神饱满，心情愉快。我们期望能发现有趣的动物和鸟类，好好地打一次猎。队伍越是深入到山中，植物就越发变得艳丽诱人。

山南坡的半山腰上生长着野针叶茶藨、几种委陵菜、山草莓属、腺毛唐松草、列当属、点地梅、紫花景天、铁线莲、假荆芥、牛扁、鹤虱、飞燕草和高山紫菀。

山岩旁闪出一群山羊并很快消失，不远处矮生灌木茶藨丛后闪过一只狐狸。高傲的金雕在天空中翱翔，燕雀、白腰朱顶雀、石鸡和其他易轻信人的小鸟在附近无忧无虑地嬉戏。马跑得气喘吁吁，好在陡峭的攀登已经接近尾声，前面出现轮廓不大分明的绿色的胡尔登达坂山口。中央蒙古平原向北无限延伸，平原的上空是被太阳照亮的金黄色层云，深红色山岩围绕的峡谷像一条细蛇蜿蜒而下，从双筒望远镜中可以看到蒙古人的牧场和畜群。羊、家养的牦牛或杂交牛以及在深绿色草地上踱步的马儿……附近悬崖上传来雪鸡的叫声，布谷鸟在不远处回应着；雨燕发出剧烈的声响从头顶上飞过；一对红尾鸲从容优雅地在石头上跳来跳去；悬崖下的老鹰与近似于鹰的鸟发生了口角；两只高傲的胡秃鹫没有挥动翅膀，在近距离内相互追逐着翱翔于天空……我们长久站立在胡尔登—达坂欣赏周围的一切，徐缓遮住地平线的铅色乌云促使我们在更僻静的地方找到了藏身之地。慢坡背后很快出现了打猎的帐篷，附近是一堆吸引人的篝火。天很快下起了雨，气压计的水银柱继续下降，看来天气不会很快转晴。

雨一停，我们就去打雪鸡。被土著人称为"霍伊雷克"的雪鸡是这里的一种常见动物。蒙古人说，这种动物冬天会下迁到半山腰，现在是夏天，它们会留在山顶上。上面提到的鸟儿虽然一窝有 3~4 只和成双成对的，但我们遇到的通常是 10~12 只，甚至 20 只一群的。每逢早晚天气明朗的时候，雪鸡发出的奇特哨声让人联想起其他种类，特别是雪鸡属的叫音。雪鸡的叫声刚刚响起，山顶上便传来其他鸟的回应声。远处听到的阵阵哨声长久回荡，说明鸟儿占据的区域很大，雪鸡在下雨天沉默不语，因此被蒙古人当做一种晴雨计。蒙古人有时也捕猎雪鸡，但后者非常机警,不容易被打中。当发现猎人以后,鸟开始警觉起来,它们抬起头,发出短促的嘎嘎声,并飞向峡谷另一侧的山崖。除人以外,猎捕雪鸡的还有金雕……

首次捕猎雪鸡的活动是不成功的。因为我们不了解它们生活的地方,也就是说,没有熟悉地形和鸟的习性,后来一切都很顺利,考察队的鸟类学收集又增添了几种非常有趣的鸟。

我在山中呆了两天之后必须返回主营地,那里有一些不能拖延的工作等着我,还要进行例行的天文观测。我的同伴们的任务是继续研究敦杜赛堪山,开展地质学、植物学和动物学收集[1]……

26.7　信件交流

在乌兰布雷克的日子过得同往常一样有人缝补衣服、鞋子,有人清洗衣物,还有些人在阉制沙漠行军的必备食物——干肉。回到营地后,我除忙着上面提到的观测工作以外,还要晾干植物,准备好最后一批发回国内的公务邮件,还要写信给地理学会、科学院、总部以及我的朋友,那位让我在中亚细亚考察的艰难时刻精力充沛的地理学教授德米特里·尼古拉耶维奇·阿努钦。

在忙碌的工作状态下日子总是过得很快,当库伦来的信使带着信件突然出现在营地时,我们这些在亚洲离群索居的隐士便又回忆起亲人和朋友。也只有这时,我们才突然感觉到心神异常疲惫,时间仿佛停顿了,每一刻都让人感到既漫长又乏味。

在大量来自科研机构、亲人和朋友的信件中,有一条纳帕尔克夫发来的小消息,他在这条消息中讲了一些非常重要的信息。地形测绘员

---

[1] 该山山腰以上的南北两坡为考察队提供了丰富的植物标本:内蒙古黄芪、青兰属、腺毛唐松草、血见愁、蓬子菜、百里香、短茎柴胡、高原罂粟、老芒麦、野麦属、冰草、柳穿鱼、波叶大黄、大黄属、白婆婆纳、卷耳、南芥属、花旗竿属、齿缘草、燥原荠、蚤缀属、大果点地梅、北点地梅、葶苈属、高山紫苑、阿尔泰紫苑、香芥属、球茎虎耳草、冰岛罂粟、水棘针、婆罗门参属、蒙古莸、栉叶蒿、黑蒿、欧洲千里光、条叶庭荠、樱桃属、锐枝木蓼、金色补血草、北芝香草、扭藿香、狼毒大戟、宽叶独行菜、大黄花、石头花属、石头花属、匍生蝇子草、狗尾草、冰草、针茅属、犄牛儿草、假紫星属、红砂、马先蒿、紫罗兰属、藜属、大蒜芥属。

提到："6 月初,一支法国考古队经库伦沿科布多方向运行,这支考察队的目的是详细研究准噶尔城市废墟及东土耳其斯坦。"科学界对远古的乌伦古湖和罗布泊湖水区的关注和兴趣愈加强烈,其他国家的考察家正踏着俄国人开辟的道路而来。[1]

26.8　敦杜赛堪山的收集

我们的队伍也在进行上路前的各项准备工作,驼队的骆驼和马在白欣台寺的良好牧场上恢复了体力,现在已经归队,随时准备出发。

旅行家们也从敦杜赛堪山返回,并且带来了 100 多种植物、近 20 只鸟、几件啮齿目毛皮以及一件带骨架的山羊皮。

昆虫类的收集显得很少,出人预料的是,敦杜赛堪山的外表虽然很迷人,但在自然历史方面却十分疲乏。山中的哺乳动物有 15～20 只组成一群的山羊、偶尔才能见到的三三两两的盘羊,山脚下有时会出现从河谷中跑出的羚羊。这里的啮齿目有岩鼠兔和草原鼠兔、黄鼠。至于猛兽,古尔班赛堪山有许多经常搅得牧民的牲畜不安的狼、狐狸和艾鼬,有时还能见到作为稀有动物的中国矮雪豹和可能是从蒙古西北部的阿尔泰山更高的山岩上下来的花斑豹。

7 月 13 日,考察队拆除了山中最后一个长期营地,打算在到达库伦之前以每天 35～40 俄里的速度强行军。走出敦杜赛堪山,展现在我们面前的是时而布满岩石遭到破坏形成的小沙粒,时而又满是花岗岩被风雨冲刷形成的碎片的波状平原,在花岗岩碎片中偶尔能够发现疏松有眼儿的熔岩。

26.9　德勒格尔杭盖的风光

遥远的北方,忧郁、裸露的德勒格尔杭盖山齿状山峰变得更暗。附

---

[1]1914 年春,英国考察家斯坦因来到哈喇浩特。地理期刊,1916 年 9 月,奥雷尔·斯坦因先生 1913—1916 年中亚细亚探险旅行,K. C. I. E. Sc. D. Zitt. (The Geographical journal. September 1916. A third journey of exploration in Central Asia,1913—1916. Sir Aurel Stein, K. C. I. E., D. Sc. D. Zitt.)

近的东北方向上,大雨过后才会出现泥泞的保木博腾湖在早晨阳光的照射下闪闪发光。

周围长满了野生的锦鸡儿,河床中茺茺草的上端高耸着凄惨孤单的杨树,山丘的缓坡上蔓延的大多是发黄的醉马草。[1] 马迈着轻捷的步伐,[2] 很快追过了慢腾腾地挤在一起的骆驼。我通常远远地走在前面,选择一块不错的草地让马在上面吃点青草,而自己却手拿望远镜躺在地上,长时间欣赏自然界中的生命。[3] 沙百灵、大耳朵百灵在附近跑来跑去,山顶上闪动着休息的猛禽黑糊糊的身影:鸢、隼和偶尔出现的鹰。从山丘那边突然跳出一只兔子,它蹲在那里,竖起耳朵警觉地往我这边望,不远处传来鼠兔的啼啭声。好奇又轻信人的蜥蜴没有察觉到危险的迫近,居然爬到我的衣襟上晒太阳。稍远处有一对悠闲地吃草的羚羊,透过双筒望远镜可以看到它们天真好奇的目光和绷紧的躯体。听到可疑的沙沙声,母亲立刻警觉起来,它抬起头,轻轻打着响鼻,会神地仔细打量。不一回儿,两只羚羊纵身速跃入寂静无边的平原。

26.10 草原景色

考察队越往北走,周围的一切就越发变得有吸引力:多石的沙漠被居住着很多牧民的草原代替,每一口井几乎都成了牧民和他们的牲畜的聚集地。蒙古牧场附近的井水总是散发出一股难闻的味道,因为没有人会关心它的清洁问题,解了渴的牲畜常直接留在这里,它们的排泄物弄脏了周围的一切。

---

〔1〕考察队的向导,可爱的蒙古人阿格瓦给我们指点了几种有毒的醉马草,马吃了这种草不仅会得病,而且常常会死掉。

〔2〕从额济纳戈尔下游到库伦的旅程,考察队有三四匹马。除我之外,制备员和我的哥萨克通信员也骑着马。

〔3〕从古尔班赛堪山到库伦,考察队的收集并不丰富:针茅、黄芪属、疗齿草属、多裂委陵菜、菊叶委陵菜、金露梅、二裂叶委陵菜、早熟禾属、闪草、冰岛罂粟、苜蓿属、北扭藿香、楔叶茶藨、展枝唐松草、榆树、北芸香属、小叶锦鸡儿、矮生锦鸡儿、飞燕草属、地榆、块根糙苏、细叶黄乌头、鸭脚艾、宿根亚麻、并头黄芩、羽裂假报荆芥、无芒雀麦、斜升秦艽、湖滨龙胆、北疆风铃草、角茴香、大蒜萝蒿、阿氏蒿、大白蒿、万年蒿、欧亚旋覆花、翦股颖、柳属、蒿柳、梨属、柳属、尖刺山楂、稠李、看麦娘属、冰草属、老芒麦、狗尾草、草原老鹳草、石竹、香芥属、裂叶芥属。

繁茂的草原植被使这里动物的数量明显增多,奇特有趣的旱獭不时发出阵阵哨声并用后脚支撑着观察无人的平原。一群大鸨在到处觅食,黄羊和羚羊依然用温存的目光打量着旅行家。[1] 由红色岩石,特别是花岗石形成的高墙似的阿拉—乌尔特缩小了东边的地平线,山岩、山峰和峭壁像无数黑色斑点矗立在沿山坡而下的蓬松草地和巴嘎—阿塔齐克、伊赫阿塔齐克两条大河的沿岸……

翻过海拔近 5485 英尺(1671 米)的甘根达坂高地,驼队下行到布古克戈尔河谷。从河谷的一个小山丘上望去,早已熟悉并且向往已久的土拉河在阳光下闪闪发亮。

远处出现了库伦的影子……雄伟的博格多—乌拉山沉睡在蓝色烟雾中,蒙古朝圣中心寺庙的顶部在落日前的阳光下发出亮光,佛塔变成了一个艳丽的亮点,……平静、从容的羊群正从牧场返回家园,……很远处传来长鞭摔打发出的劈啪声,空气在周围的宁静中凝固。疲惫的赶路人不忍心用说话声打破这宁静,他们停下来,怀着敬慕的心情着魔似的注视着蒙古首都不大清晰的轮廓,同时也意识到,艰难的旅行终于结束了!

26.11 最后一天

我不由得想起曾经两次在这个高地上体验返回家乡时的惊喜之情的普尔热瓦尔斯基,无论过去还是现在,旅行家周围的环境同样发生着急剧的变化。游牧生活结束了,亲切的欧洲已经近在眼前,我们被无法遏制的激动控制。

土拉河的水位很高,考察队决定在这里过夜,在第二天一大早,即7 月 26 日,顺利走完最后一段路。

夏日的夜晚很快笼罩了大地,宁静的夜空繁星闪烁,营地一片寂静,偶尔能听到同伴的谈话声:"明天天气会如何? ……"而我却长时

---

〔1〕在具有草原性质的地方几乎经常能见到大群的黄羊,羚羊通常三五成群,有时甚至单独呆在沙漠中。沙漠与草原的交接地带也是黄羊和羚羊混杂的地方。

间无法入睡,脑海里不断出现安多、拉卜楞、库库淖尔、哈喇浩特的情景。蒙古、中国、西藏的典型代表活生生地从我眼前闪过,与达赖喇嘛分别时我精神饱满,精力充沛。与此同时,我产生了有必要进行一次新的、完成我伟大导师最后遗言的旅行的想法……

令人难忘的一天,天空刚刚发亮。考察队的驼队有节奏地进入到河谷深处,土拉河咆哮着,高高的浪峰喧啸着拍打河岸。驼队停下来,把驮子和马镫紧紧拴在一起并且顺利地蹚过了河。行军一小时后,远方出现了俄国领事馆的建筑,心情越来越迫切,熟悉的屋院终于出现了亲切的面庞,我们听到了故乡的话语。亲切的国人、相互的询问、亲友的来信、问候的电报、干净的房间、各种丰盛可口的食品和散发着清香的衣物,所有这些立刻让考察家们恢复到原来的样子,过去的一切如同一场梦幻……

·欧·亚·历·史·文·化·文·库·

后　记

　　本书的第 6、7、8、9、10、11、12、13 章是由王希隆翻译的,丁淑琴承担了其余各章的翻译工作;王希隆对全书的专用名词作了校对和订正,并对全文进行了审定。书中的一些小地名,由于难以找到更为详细的地图,详查订对,有些只好音译。一些照片由于原版本中略有模糊,只能按原样翻拍印出。感谢俄罗斯科学院圣·彼得堡东方学研究所所长波波娃·伊利娜教授给与的支持,感谢兰州大学出版社副编审施援平和编辑罗晓莉两位女士辛勤的劳动。

　　由于我们水平有限,难免有错误之处,还请读者原谅。

译　者

2011 年 4 月 25 日

索　引

·欧·亚·历·史·文·化·文·库·

378

·欧·亚·历·史·文·化·文·库·